高等学校碳中和城市与低碳建筑设计系列教材

高等学校土建类专业课程教材与教学资源专家委员会规划教材

丛书主编　刘加平

低碳建筑材料与构造

Low-Carbon
Building Materials and Construction

崔艳秋　何泉　主编

中国建筑工业出版社

图书在版编目（CIP）数据

低碳建筑材料与构造 = Low–Carbon Building
Materials and Construction / 崔艳秋，何泉主编 .
北京：中国建筑工业出版社，2024.12. ——（高等学校
碳中和城市与低碳建筑设计系列教材 / 刘加平主编）（
高等学校土建类专业课程教材与教学资源专家委员会规划
教材）. —— ISBN 978–7–112–30656–5

Ⅰ . TU5

中国国家版本馆 CIP 数据核字第 2024YP7971 号

为了更好地支持相应课程的教学，我们向采用本书作为教材的教师提供课件，有需要者可与出版社联系。
建工书院：https://edu.cabplink.com
邮箱：jckj@cabp.com.cn　电话：（010）58337285

策　　划：陈　桦　柏铭泽
责任编辑：胡欣蕊　柏铭泽　陈　桦
责任校对：赵　菲

高等学校碳中和城市与低碳建筑设计系列教材
高等学校土建类专业课程教材与教学资源专家委员会规划教材
丛书主编　刘加平

低碳建筑材料与构造
Low–Carbon Building Materials and Construction
崔艳秋　何泉　主编

*
中国建筑工业出版社出版、发行（北京海淀三里河路 9 号）
各地新华书店、建筑书店经销
北京海视强森图文设计有限公司制版
北京中科印刷有限公司印刷
*
开本：787 毫米 ×1092 毫米　1/16　印张：19　字数：359 千字
2024 年 12 月第一版　2024 年 12 月第一次印刷
定价：**69.00 元**（赠教师课件）
ISBN 978–7–112–30656–5
　　　　（43901）

《高等学校碳中和城市与低碳建筑设计系列教材》总序

党的二十大报告中指出要"积极稳妥推进碳达峰碳中和，推进工业、建筑、交通等领域清洁低碳转型"，同时要"实施城市更新行动，加强城市基础设施建设，打造宜居、韧性、智慧城市"，并且要"统筹乡村基础设施和公共服务布局，建设宜居宜业和美乡村"。中国建筑节能协会的统计数据表明，我国 2020 年建材生产与施工过程碳排放量已占全国总排放量的 29%，建筑运行碳排放量占 22%。提高城镇建筑宜居品质、提升乡村人居环境质量，还将会提高能源等资源消耗，直接和间接增加碳排放。在这一背景下，碳中和城市与低碳建筑设计作为实现碳中和的重要路径，成为摆在我们面前的重要课题，具有重要的现实意义和深远的战略价值。

建筑学（类）学科基础与应用研究是培养城乡建设专业人才的关键环节。建筑学的演进，无论是对建筑设计专业的要求，还是建筑学学科内容的更新与提高，主要受以下三个因素的影响：建筑设计外部约束条件的变化、建筑自身品质的提升、国家和社会的期望。近年来，随着绿色建筑、低能耗建筑等理念的兴起，建筑学（类）学科教育在课程体系、教学内容、实践环节等方面进行了深刻的变革，但仍存在较大的优化和提升空间，以顺应新时代发展要求。

为响应国家"3060""双碳"目标，面向城乡建设"碳中和"新兴产业领域的人才培养需求，教育部进一步推进战略性新兴领域高等教育教材体系建设工作。旨在系统建设涵盖碳中和基础理论、低碳城市规划、低碳建筑设计、低碳专项技术四大模块的核心教材，优化升级建筑学专业课程，建立健全校内外实践项目体系，并组建一支高水平师资队伍，以实现建筑学（类）学科人才培养体系的全面优化和升级。

"高等学校碳中和城市与低碳建筑设计系列教材"正是在这一建设背景下完成的，共包括 18 本教材，其中，《低碳国土空间规划概论》《低碳城市规划原理》《建筑碳中和概论》《低碳工业建筑设计原理》《低碳公共建筑设计原理》这 5 本教材属于碳中和基础理论模块；《低碳城乡规划设计》《低碳城市规划工程技术》《低碳增汇景观规划设计》这 3 本教材属于低碳城市规划模块；《低碳教育建筑设计》《低碳办公建筑设计》《低碳文体建筑设计》《低碳交通建筑设计》《低碳居住建筑设计》《低碳智慧建筑设计》这 6 本教材属于低碳建筑设计模块；《装配式建筑设计概论》《低碳建筑材料与构造》《低碳建筑设备工程》《低碳建筑性能模拟》这 4 本教材属于低碳专项技术模块。

本系列丛书作为碳中和在城市规划和建筑设计领域的重要研究成果，涵盖了从基础理论到具体应用的各个方面，以期为建筑学（类）学科师生提供全面的知识体系和实践指导，推动绿色低碳城市和建筑的可持续发展，培养高水平专业人才。希望本系列教材能够为广大建筑学子带来启示和帮助，共同推进实现碳中和城市与低碳建筑的美好未来！

丛书主编、西安建筑科技大学建筑学院教授、中国工程院院士

前言

全球气候变化带来的严峻挑战背景下，低碳经济已成为社会发展的重要方向。建筑业是能源消耗和碳排放的重要领域，其绿色低碳转型迫在眉睫。因此，推动建筑节能，发展被动式建筑、近零能耗建筑、低碳建筑等，已成为全球可持续发展的重要举措。

近年来，科技进步的日新月异带来了建筑材料、建筑结构、施工建造等技术的多元化革新。现代建筑设计所关注和解析的内容发生了显著变化，在综合考虑建筑文化、建筑功能、建筑造型等要求的同时，还应强化低碳、节能、绿色、环保、安全等可持续发展的技术设计理念。其中，建筑构造技术是建筑设计不可分割的组成部分，是创造健康空间环境的关键支撑，也是建筑师创作的灵感源泉。

《低碳建筑材料与构造》一书，面向城乡建设"碳中和"新兴产业创新人才培养需求，基于编写团队的教育教学改革创新成果，深度融合了低碳建筑研究前沿与中国特色实践，从建筑学角度出发，注重科教融汇、产教融合，紧扣国家现行绿色、低碳建筑设计相关标准，以低碳建筑基本构造技术为主线，重点阐述低碳建筑材料选型、构造设计原理、建造施工方式，科学引入建筑新理念、新技术、新工艺，系统分析典型工程案例的低碳构造设计方法，使学生能够理解并掌握低碳建筑材料应用及构造创新设计策略。此外，该书依托国家级虚拟教研室，构建系统性知识图谱，融入多模态数字资源，实现教材知识的结构化、可视化、多样化，以满足学生个性化、开放式学习需求。

《低碳建筑材料与构造》是由山东建筑大学国家级教学名师崔艳秋和西安建筑科技大学何泉担任主编；长安大学何文芳和山东建筑大学王亚平担任副主编；山东建筑大学的房涛、蔡洪彬、杨倩苗、郑海超，西安建筑科技大学的何梅等参加了本教材的编写工作。

崔艳秋教授负责全书策划、统筹和统稿工作，同济大学的宋德萱教授担任主审。各章分工如下：第1章由崔艳秋编写；第2章由蔡洪彬编写；第3章由杨倩苗、何泉、何梅编写；第4章由何泉编写；第5章由王亚平、郑海超编写；第6章由房涛编写；第7章由何文芳、郑海超编写。

本书可作为高等学校建筑学、城乡规划、风景园林、环境设计等专业本科生及研究生教材，也可根据教学要求筛选相应章节作为高职高专教材，还可作为建筑设计、施工管理人员等的参考用书。截至2024年底，已建成配套核心课程 5 节，建成配套建设项目 10 项，教材配套课件 5 个，很好地完成了纸数融合的课程体系建设。

另外，在本书的内容编写、插图制作、数字资源开发以及在线课程建设等过程中，同济大学、山东大学、重庆大学、塔里木大学、中国建筑工业出版社、中建八局第一建设有限公司、山东省建筑设计研究院有限公司、中联西北工程设计研究院有限公司、山东华盛建筑设计研究院、中国建筑西南设计研究院有限公司、昆明有色冶金设计研究院股份有限公司等单位，提供大力支持和协助工作；山东建筑大学研究生孙宁晗、陈正舒、丁欣、徐嘉奇、韩喜涛、范陈辰、杜悦童等，西安建筑科技大学研究生卢一迪、刘冰、张彤、韩晓雪等，参与了资料收集及图片绘制工作，在此一并致以诚挚的感谢！

目录

第1章 绪论

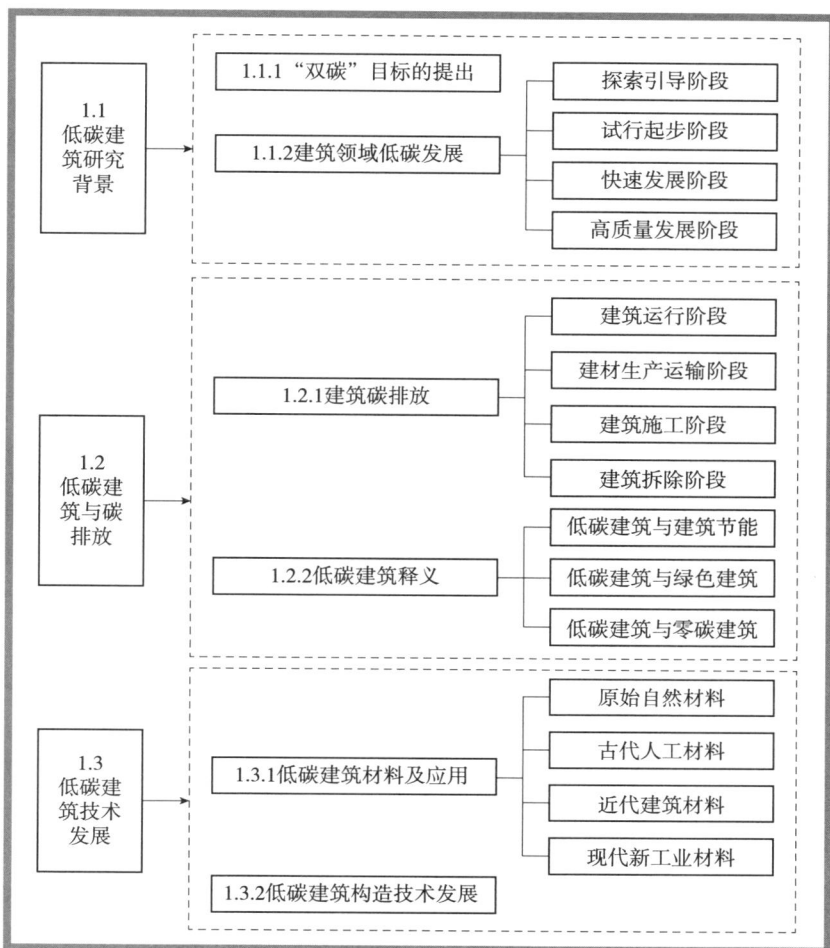

1.1 低碳建筑研究背景	1.1.1 "双碳"目标的提出	
	1.1.2 建筑领域低碳发展	探索引导阶段
		试行起步阶段
		快速发展阶段
		高质量发展阶段
1.2 低碳建筑与碳排放	1.2.1 建筑碳排放	建筑运行阶段
		建材生产运输阶段
		建筑施工阶段
		建筑拆除阶段
	1.2.2 低碳建筑释义	低碳建筑与建筑节能
		低碳建筑与绿色建筑
		低碳建筑与零碳建筑
1.3 低碳建筑技术发展	1.3.1 低碳建筑材料及应用	原始自然材料
		古代人工材料
		近代建筑材料
		现代新工业材料
	1.3.2 低碳建筑构造技术发展	

▲ 气候变化给人类社会和生态系统带来什么挑战?

▲ "双碳"目标背景下,建筑领域低碳发展的重要途径?

▲ 低碳建筑的内涵主要包括哪些内容?

　　在全球气候变化带来的日益严峻挑战背景下,可持续发展的理念已深入人心,低碳经济已经成为社会发展的重要方向。建筑业是能源消耗和碳排放的重要领域,其绿色低碳转型迫在眉睫。

　　本章将系统地阐述低碳建筑的背景和意义、低碳建筑的内涵和发展历程以及材料与构造对于实现低碳建筑的支撑作用。为建筑师从事低碳建筑设计提供理论依据,探索如何通过建筑材料和构造方法的技术创新,实现建筑的节能减排,推动建筑行业向更加环保、高效的方向发展。

1.1.1 "双碳"目标的提出

在人类发展史上，西方工业革命的出现，使得人类社会发生了巨大变化，同时也加快了人类现代化进程。自工业革命以来，由于化石燃料的大量燃烧以及森林与草地的严重破坏，大气中的二氧化碳浓度持续攀升，进而全球温室效应加剧，对地球环境构成了日益严峻的危害。

进入 21 世纪，气候变化问题持续受到国际社会的高度关注，已经成为全人类共同面对的重大挑战。第 21 届联合国气候变化大会通过的《巴黎协定》是全球应对气候变化的重要里程碑。《巴黎协定》涵盖了绝大多数国家，体现了共同但有区别的责任原则，要求联合国气候变化框架公约的缔约方，根据自身情况制订并通报其减排目标。在此背景下，作为世界上最大的发展中国家和最大的煤炭消费国，中国尽快实现碳达峰以及到 21 世纪中叶左右实现二氧化碳净零排放，对全球气候应对至关重要，为推动实现可持续发展的内在要求和构建人类命运共同体的责任担当，2020 年 9 月，国家主席习近平在第七十五届联合国大会一般性辩论上宣布"中国将提高国家自主贡献力度，采取更加有力的政策和措施，二氧化碳排放力争于 2030 年前达到峰值，努力争取 2060 年前实现碳中和"。

2021 年 10 月，国务院印发实施了《2030 年前碳达峰行动方案》，强调应推进城乡建设绿色低碳发展、加快提升建筑能效水平、加快优化建筑用能结构、推进农村建设和用能低碳转型，明确了减少城乡建设领域降低碳排放的任务要求。在"双碳"目标的引领下，住房和城乡建设部先后发布了《关于加强县城绿色低碳建设的通知（征求意见稿）》《城乡建设领域碳达峰实施方案》《"十四五"建筑节能与绿色建筑发展规划》和《加快推动建筑领域节能降碳工作方案》，提出了建筑行业低碳发展的时间表和路线图，推动了建筑领域的绿色低碳转型。

"双碳"目标的提出展示了我国为应对全球气候变化做出的新努力和新贡献，体现了我国对多边主义的坚定支持，为国际社会全面有效落实《巴黎协定》注入了强大动力，有助于重振全球气候行动的信心与希望，彰显了中国积极应对气候变化、走绿色低碳发展道路、推动全人类共同发展的坚定决心。实现碳达峰、碳中和，是中国向世界做出的庄严承诺，也是一场广泛而深刻的经济社会系统性变革。中国提出碳达峰、碳中和目标与中国开启全面建设社会主义现代化国家新征程的时间节点高度重合，这不仅表明中国要实现的现代化是人与自然和谐共生的现代化，也要求把实现碳达峰、碳中和目标纳入中国经济社会发展战略之中。

1.1.2 建筑领域低碳发展

"双碳"目标的提出，不仅描绘了中国未来实现绿色低碳高质量发展的蓝图，也为落实《巴黎协定》、推进全球气候治理进程注入了强大政治推动力。建筑业是能源消耗和碳排放的重要领域。据《2022 年全球建筑建造业现状报告》，2021 年建筑行业及相关行业能源消耗和碳排放占全球总能源消耗和碳排放的比例为 36%。《2023 中国建筑与城市基础设施碳排放研究报告》中，2021 年全国房屋建筑全过程碳排放总量为 40.7 亿 tCO_2，占全国能源相关碳排放的比重为 38.2%，如图 1-1 所示。不难看出，推进建材生产运输、施工建造、运行维护等建筑全生命周期的节能减排工作，是实现建筑领域低碳发展的重要途径。

我国建筑领域低碳发展过程可以分为以下四个阶段，如图 1-2 所示。

1. 探索引导阶段

我国的低碳建筑是从建筑节能工作开始的，随着传统建筑的能耗过大，建筑节能逐渐成为关注的重点。20 世纪 80 年代，我国正式开始建筑节能标准的实施工作，颁布了民用建筑的节能标准，提出建筑节能分三步走的要求，标志着我国进入了绿色、低碳建筑的探索起步阶段，之后又陆续颁布实行了设计规范和设计通则，把建筑节能作为核心内容和突破口，自 1986 年后 10 年的时间里我国先后出台了多个与建筑节能有关的政策性文件。1992 年，基于对联合国环境与发展大会签署的《气候变化框架公约》中关于全球可持续发展思想的共识，我国结合实际国情编制实施了《中国 21 世纪人口、环境与发展白皮书》；1994 年发表了《中国 21 世纪议程》，首次对与低碳建筑相关的绿色建筑做出概念解释，随后我国关于绿色建筑的标准法规体系逐渐建立；1996 年，我国正式实施《民用建筑节能设计标准（采暖居住建筑部分）》

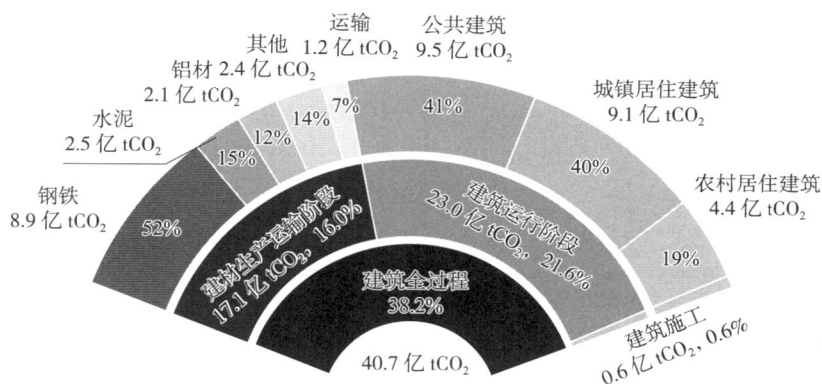

图 1-1　2021 年中国房屋建筑全过程碳排

1. 探索引导阶段
- 1994《中国 21 世纪议程——中国 21 世纪人口、环境与发展白皮书》
- 1995《建筑节能"九五"计划和 2010 年规划》建办科 [1995]80 号 《民用建筑节能设计标准（采暖居住建筑部分）》JGJ 26—1995
- 1996《中华人民共和国人类住区发展报告》
- 1997 中华人民共和国主席令第 90 号《中华人民共和国节约能源法》 中华人民共和国主席令第 91 号《中华人民共和国建筑法》

2. 试行起步阶段
- 2001《中国生态住宅技术评估手册（第一版）》 《绿色生态住宅小区建设要点与技术规划》
- 2002《中国生态住宅技术评估手册（第二版）》 《中华人民共和国环境影响评价法》中华人民共和国主席令第 77 号
- 2003《中国生态住宅技术评估手册（第三版）》 《绿色奥运建筑评估体系》GBCAS
- 2004《全国绿色建筑创新奖管理办法》建科函 [2004]183 号
- 2005《公共建筑节能设计标准》GB 50189—2005 《关于发展省地型住宅和公共建筑的指导意见》 建科 [2005]78 号 《绿色建筑技术导则》建科 [2005]199 号 《住宅性能评定技术标准》GB/T 50362—2005
- 2006《绿色建筑评价标准》GB/T 50378—2006

3. 快速发展阶段
- 2007 建科 [2007]205 号《绿色建筑评价技术细则（试行）》 建科 [2007]206 号《绿色建筑评价标识管理办法》 建质 [2007]223 号《绿色施工导则》 GB/T 17981—2007《空气调节系统经济运行》
- 2008 建科 [2008]113 号《绿色建筑评价细则补充说明 （规划设计部分）》 国务院令第 530 号《民用建筑节能条例》 建科综 [2008]61 号《绿色建筑评价标识实施细则（试行 修订）》
- 2009 建科函 [2009]235 号《绿色建筑评价细则补充说明 （运行使用部分）》
- 2010 建科 [2010]131 号《绿色工业建筑评价导则》 GB/T 50640—2010《建筑工程绿色施工评价标准》 JGJ/T 229—2010《民用建筑绿色设计规范》
- 2011 国发 [2011]26 号《"十二五"节能减排综合性工作方案》
- 2012 JGJ/T 267—2012《被动式太阳能建筑技术规程》 建科 [2012]72 号《"十二五"建筑节能专项规划》 建科 [2012]76 号《绿色超高层建筑评价技术细则》
- 2013 国办发 [2013]1 号《绿色建筑行动方案》 GB 50878—2013《绿色工业建筑评价标准》 GB 50908—2013《绿色办公建筑评价标准》 建村 [2013]190 号《绿色农房建设导则（试行）》 建办 [2013]195 号《绿色保障性住房技术导则》
- 2014 GB/T 50378—2014《绿色建筑评价标准》
- 2015 GB/T 51100—2015《绿色商店建筑评价标准》 GB/T 51141—2015《既有建筑绿色改造评价标准》 GB/T 51153—2015《绿色医院建筑评价标准》 建科 [2015]21 号《绿色数据中心建筑评价技术细则》

4. 高质量发展阶段
- 2015 建科 [2015]179 号《被动式超低能耗绿色建筑技术导则（试行）（居住建筑）》
- 2016 GB/T 51165—2016《绿色饭店建筑评价标准》 GB/T 51148—2016《绿色博览建筑评价标准》 SB/T 11164—2016《绿色仓库要求与评价》 JGJ/T 391—2016《绿色建筑运行维护技术规范》 建科 [2016]74 号《"十三五"节能减排综合工作方案》
- 2017 MH/T 5033—2017《绿色航站楼标准》 GB/T 51255—2017《绿色生态城区评价标准》 JGJ/T 425—2017《既有社区绿色化改造技术标准》
- 2018 JGJ/T 449—2018《民用建筑绿色性能计算标准》
- 2019 GB/T 50378—2019《绿色建筑评价标准》 GB/T 51350—2019《近零能耗建筑技术标准》 T/CECS 609—2019《医院建筑绿色改造技术规程》 T/CECS 629—2019《绿色村庄评价标准》 T/CECS 51356—2019《绿色校园评价标准》
- 2020 GB/T 38849—2020《绿色商场》 建标 [2020]65 号《绿色建筑创建行动方案》
- 2021 国发 [2021]33 号《"十四五"节能减排综合工作方案》 T/TJSES 002—2021《零碳建筑认定和评价指南》
- 2022《2030 年前碳达峰行动方案》2021 年国发 [2021]23 号 《城乡建设领域碳达峰实施方案》建标 [2022]53 号 《"十四五"建筑节能与绿色建筑发展规划》建标 [2022]24 号

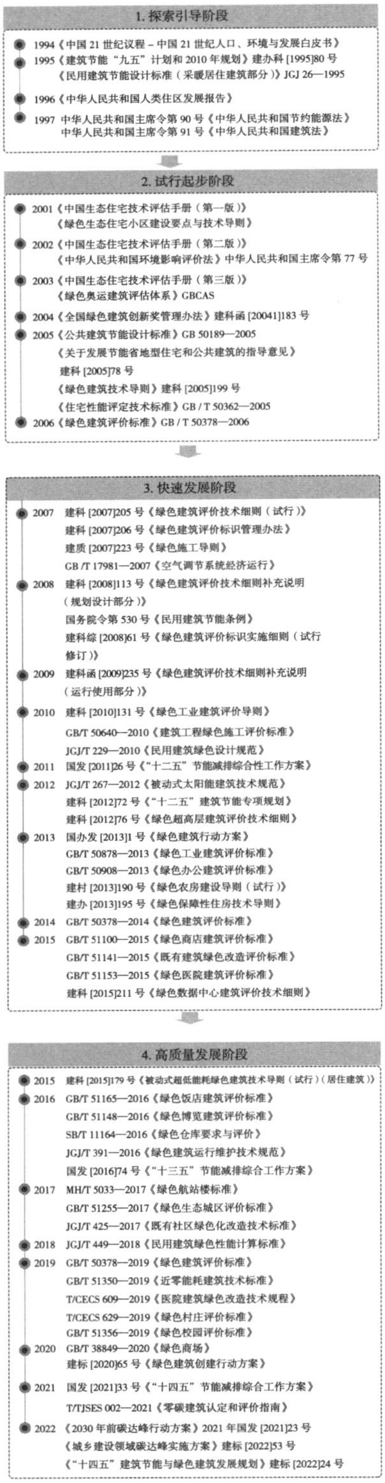

图 1-2 我国建筑领域低碳发展四个阶段

JGJ 26—1995，要求节约 50% 的采暖用煤。以上系列政策性文件的颁布及标准的出台，对我国初步探索低碳建筑起到了启蒙引导作用。

2. 试行起步阶段

2001 年起，由原建设部科技司组织编写发布了《中国生态住宅技术评估手册》并随后对其内容进行了两次修订（2002 版和 2003 版），成为我国早期绿色建筑的设计建设指导和评价工具；2004 年国家发展改革委颁布《节能中长期专项规划》；2005 年颁布《公共建筑节能设计标准》GB 50189—2005；2006 年由原建设部和国家质检总局联合发布了第一版《绿色建筑评价标准》GB/T 50378—2006，该标准首次明确了中国"绿色建筑"定义，并为能从多目标、多层次综合评价中国住宅和公共建筑的绿色性能确立了"四节一环保"的基础指标，成为我国绿色建筑评价体系发展过程中的一个重要里程碑。从此我国的绿色建筑工作走上正轨，发展速度稳步提升，标志我国绿色低碳建筑进入发展的第二个阶段。

3. 快速发展阶段

2007 年，在北京召开了低碳经济与环境政策研讨会，同年我国提出的《能源发展"十一五"规划》，明确规定要降低单位 GDP 能耗，并于当年启动了"绿色建筑示范工程""低能耗建筑示范工程""可再生能源与建筑集成技术应用示范工程"，发布了气候应对白皮书；2008 年住房和城乡建设部提出大力推广绿色建筑的新思路，成立了建筑节能专业委员会；2008 到 2009 年，中国城市科学研究会"绿色建筑与节能专业委员会"和"绿色建筑研究中心"相继成立，其后我国相关职能部门重点围绕民用性质建筑的绿色评价展开了立项研究和实践，为下一步指导健全专项评价标准夯实了基础；2013 年初，国务院办公厅印发的国办发 1 号文件《绿色建筑行动方案》提出了"加快制（修）订适合不同气候区、不同类型建筑的节能建筑和绿色建筑评价标准"保障措施。此后参考《绿色建筑评价标准》GB/T 50378—2019"三版两修"提供的基础性指标，围绕民用、工业、农用建筑以及旧房、村庄改造等不同范畴的绿色建筑技术标准陆续颁布实施，共同构成了相对细化健全的评价体系。

4. 高质量发展阶段

为进一步提高建筑节能与绿色建筑发展水平，在充分借鉴国外被动式超低能耗建筑建设经验并结合我国工程实践的基础上，我国进入了超低能耗或近零能耗建筑的快速发展阶段。2015年11月，住房和城乡建设部制定了《被动式超低能耗绿色建筑技术导则（试行）（居住建筑）》；2016年8月，颁布《住房城乡建设事业"十三五"规划纲要》，第十四章"大力推动建筑节能和绿色建筑"中明确指出：在不同气候区尽快建设一批超低能耗或近零能耗建筑示范工程（图1-3），发挥建筑能效提升标杆引领作用；2019年1月，住房和城乡建设部和国家市场监督管理总局联合发布《近零能耗建筑技术标准》GB/T 51350—2019，明确了"超低能耗建筑""近零能耗建筑"和"零能耗建筑"的定义和能效指标。超低能耗建筑是近零能耗建筑的初级表现形式，零能耗建筑是高级表现形式，超低能耗建筑、近零能耗建筑能耗水平较建筑节能设计标准分别降低50%、60%~75%。2021年9月，住房和城乡建设部和国家市场监督管理总局联合发布《建筑节能与可再生能源利用通用规范》GB 55015—2021，是我国在建筑节能领域首次发布的全文强制的工程建设性规范，提出了节能和减碳的双控目标，对工程建设项目实施建筑节能与可再生能源利用，落实国家节能减排，实现碳达峰碳中和目标具有重要指导意义。近年来，建筑节能设计标准不断完善和提升，为工程建设设计阶段实现节能减碳目标提供技术支撑。

图1-3 超低能耗或近零能耗建筑示范工程
（a）秦皇岛在水一方被动房住宅项目；（b）山东建筑大学装配式钢结构超低能耗示范项目；
（c）"零能耗"既有建筑改造工程博鳌新闻中心低能耗示范项目

我国建筑领域低碳发展取得重大进展：绿色低碳建筑实现跨越式发展，法规标准不断完善，标识认定管理逐步规范，建设规模扩大迅速；城镇新建建筑节能标准进一步提高，超低能耗建筑建设规模持续增长，近零能耗建筑实现零的突破；公共建筑能效提升持续推进，重点城市建设取得新进展，合同能源管理等市场化机制建设取得初步成效；既有居住建筑节能改造稳步实施，农房节能改造研究不断深入；可再生能源应用规模持续扩大，太阳能光伏装机容量不断提升，可再生能源替代率逐步提高；装配式建筑快速发展，政策不断完善，示范城市和产业基地带动作用明显。

因此，大力发展低碳建筑，全面提高建筑能效水平，充分利用可再生能源，优先选用绿色建筑材料，有效加强建筑设计的气候适应性等，以减少建筑全寿命周期内的资源消耗和废弃物产生，是实现我国"双碳"目标和应对气候变化的重要举措。

1.2 低碳建筑与碳排放

1.2.1 建筑碳排放

建筑碳排放计算是一项复杂的系统工程，涉及建材生产、建造施工、运行维护等不同阶段，与工业、电力、运输等行业存在不同程度的交叉。建筑碳排放的温室气体包括二氧化碳（CO_2）、甲烷（CH_4）、氧化亚氮（N_2O）、氢氟碳化物（HFCs）、全氟化碳（PFCs）和六氟化硫（SF_6）等，其中二氧化碳排放量最大。

降低建筑碳排放来应对环境问题已是全世界达成的共识，《温室气体核算体系》GHG Protocol 与《温室气体——第 1 部分：组织层面温室气体排放和减排进行量化和报告的规范》ISO14064-1：2018 通过对碳排放源进行分类，提出碳排放计算范围应包括直接碳排放、间接碳排放和其他间接碳排放。《环境管理生命周期评估原则与框架》GB/T 24040—2008、《建筑工程的可持续性—建筑物环境性能评估—计算方法》BSEN 15978：2011，以及我国的《建筑碳排放计算标准》GB/T 51366—2019 和《建筑碳排放计量标准》CECS 374：2014，从全寿命期角度出发，提出建筑全寿命期碳排放应包括建材生产和运输、建造施工、运营维护、拆除及材料处置等方面的碳排放总和。

根据计算思路和范围，建筑碳排放计算的基本方法分为自上而下和自下而上两种方法。自上而下方法是先估算总体建筑能耗与碳排放，再进行时间和空间的降尺度分析，计算模型包括 LCA、IOA、RE-BUILDS、Scout、BLUES、ELENA 等，主要适用于建筑业宏观层面碳排放的核算；自下而上方法是先计算单个建筑的逐时能耗，再放大到区域尺度进行碳排放计算，

计 算 模 型 包 括 Invert/EE-Lab、ECCABS、RE-BUILDS、CoreBee、Scout、BLUES 等，主要适用于建筑单体的碳排放计算和核查。模型的输入参数主要通过排放因子法、过程分析法和投入产出法获取。《建筑碳排放计算标准》GB/T 51366—2019 和《建筑碳排放计量标准》CECS 374：2014 依据排放因子法对建筑碳排放核查、计算和预测进行了规定，但其过程较为复杂，并不能反映绿色建筑有关技术措施的节能减排效果。

建筑全生命周期碳排放计算公式：

$$C = C_M + C_{JZ} + C_{CC} + C_{SC} + C_{YS}$$

$$C_M = \frac{[\sum_{i=1}^{n}(E_i EF_i) - C_p]y}{A}$$

$$C_{JZ} = \frac{\sum_{i=1}^{n} E_{JZ,i} EF_i}{A}$$

$$C_{CC} = \frac{\sum_{i=1}^{n} E_{CC,i} EF_i}{A}$$

$$C_{SC} = \frac{\sum_{i=1}^{n} M_i F_i}{A}$$

$$C_{YS} = \frac{\sum_{i=1}^{n} M_i D_i T_i}{A}$$

式中　　　　　　　　　C——建筑全生命周期单位建筑面积碳排放量，kgCO$_2$/m^2；

C_M、C_{JZ}、C_{CC}、C_{SC}、C_{YS}——分别是建筑运行阶段、建造阶段、拆除阶段、建材生产阶段、建材运输阶段单位建筑面积碳排放量，kgCO$_2$/m^2；

E_i——建筑第 i 类能源年消耗量，单位 /a；

EF_i——第 i 类能源的碳排放因子；

$E_{JZ,i}$——建筑建造阶段第 i 种能源总用量，kWh 或 kg；

$E_{CC,i}$——建筑拆除阶段第 i 种能源总用量，kWh 或 kg；

M_i——第 i 种主要建材的消耗量；

F_i——第 i 种主要建材的碳排放因子，kgCO$_2$/ 单位建材数量；

D_i——第 i 种建材平均运输距离，km；

T_i——第 i 种建材的运输方式下，单位重量运输距离的碳排放因子，kgCO$_2$/（t·km）；

i——建筑消耗终端能源类型，包括电力、燃气、石油、市政热力等；

C_p——建筑绿地碳汇系统年减碳量，$kgCO_2/a$；

y——建筑设计寿命，a；

A——建筑面积，m^2。

建筑全生命周期碳排放计算细节参考《建筑碳排放计算标准》GB/T 51366—2019。

1. 建筑运行阶段

建筑运行阶段是建筑生命周期里的主要阶段，碳排放主要来源为供暖、空调、通风、照明、热水供应及电器等。其中，供暖和空调产生的能耗占65%，为主要构成部分，热水供应占15%，电气设备占14%，其余占6%。该阶段的总能耗由各部分的分项能耗以及建筑使用年限决定。建筑的使用年限一般取50年，与我国普通建筑的设计使用年限相同。

建筑运行阶段的CO_2排放，主要是各种能源消耗带来的间接碳排放。相应的，由于利用可再生能源（如利用太阳能发电）以及绿色植物吸收CO_2会对环境有正面作用，能够抵消使用常规能源排放的CO_2。该阶段的数据主要有两种来源：实际运行的监测数据、使用能耗分析软件进行模拟估算。

2. 建材生产运输阶段

建筑生产运输阶段是指从建材原材料的开采、运输、加工和建材生产，一直到建材运输至施工现场的过程。该阶段的碳排放主要来源于上述过程中的能源消耗以及生产工艺环节中的物化反应，是除运营阶段之外碳排放量最大的阶段，占整个生命周期的10%~30%。

建材生产及运输碳排放计算应包括建筑主体结构材料、建筑围护结构材料、建筑构件和部品等，参与计算的主要建筑材料的总重量不应低于建筑所耗建材总重量的95%。此外，也应考虑可回收建材跨生命周期的反复使用而减少的建材生产产生的碳排放，如典型的具有高回收率的主要建材：玻璃、木材、钢筋、型钢及铝合金型材。由于现有建材产品种类繁多，通常都以主要建材为研究对象，如钢材、水泥、混凝土砌块、砖、陶瓷等，各大权威机构（如IPCC）及许多文献都列举了各建筑材料的碳排放因子。

3. 建筑施工阶段

建筑施工阶段是指建材运送到施工场地以后，在现场的施工和建造过程。建筑施工阶段的能耗主要是各种机械设备用电以及各施工工艺的燃料消耗等。对于施工阶段的能源消耗国内的研究比较缺乏，实际工程的施工能耗数据也不易获得。目前施工过程的碳排放计算多根据建筑施工机械台班定额确定，各施工工艺量或者施工机械数量乘以相应的碳排放因子，便可以求和得到施工阶段碳排放总量。

4. 建筑拆除阶段

建筑拆除及回收阶段指废弃建筑在拆除过程中的现场施工、场地整理以及废弃建筑材料和垃圾的运输和处理等过程。建筑废弃阶段的碳排主要来自施工机械设备的电耗和其他燃料的消耗、运输工具的能耗以及填埋过程的能耗的碳排放。与建筑施工阶段一样，拆除及回收阶段的实际能耗数据不易获得，且以往研究的案例很少能够真正涉及拆除过程。通常建筑拆除阶段的碳排按照施工过程碳排放的 90% 估算。

相关研究表明，建筑施工和拆除阶段的碳排放在建筑全生命周期碳排中所占比例很小，在目前的研究和计算中可以考虑忽略。

1.2.2　低碳建筑释义

低碳建筑是指在建筑的设计、施工、使用和拆除的整个生命周期中，通过使用绿色低碳材料、绿色低碳技术和可再生能源利用等技术手段，减少化石能源的使用，提高建筑能效，减少碳排放量，从而实现建筑的可持续发展。

低碳建筑的内涵主要包括以下几个方面：

建筑节能：低碳建筑强调在设计阶段就应充分考虑建筑的能源效率，通过对总体布局、建筑体型、建筑朝向等的优化设计，充分利用天然采光和自然通风。采用围护结构保温隔热技术、雨水收集系统等节能措施，提高建筑的能源利用效率。

绿色低碳建材：选择高性能、低环境影响的建筑材料，如使用可回收或可再生的材料，减少在生产和使用过程中的能耗和碳排放。

高效能源系统：采用高效的供暖、制冷和照明系统，提升能源效率水平，减少能源消耗。

可再生能源利用：利用太阳能、地源热泵、风能等可再生能源，减少对传统化石能源的依赖。

全生命周期评估：考虑建筑在其整个生命周期中对环境的影响，包括建筑材料的生产、建筑施工、建筑运营和拆除等各个阶段。

低碳建筑的发展是响应全球气候变化挑战、推动可持续发展的重要途径，也是实现国家"双碳"目标的关键措施之一。

1. 低碳建筑与建筑节能

建筑节能是指在满足建筑舒适性要求的前提下，通过采取一系列技术措施和管理手段，提高建筑能源利用效率，减少能源消耗和浪费。早期的建筑节能强调减少能源使用（Energy Saving），强调的是绝对数量；随着时代的发展，人们认识到：需要平衡舒适性与减少能源消耗之间的关系，因此，"建筑节能"开始强调提高能源的使用效率（Energy Efficiency），这是人类观念的重大转变，体现了对生活质量的重视。

低碳建筑强调从全生命周期的角度减少碳排放，而建筑节能则是实现这一目标的重要手段之一。通过高效的围护结构热工设计和高效建筑用能设备，减少建筑的能源需求，提高能源使用效率，可以直接降低建筑的碳排放。

全生命周期碳排放计算过程非常繁复、计算范围界定困难、基础数据获取困难，已有大量研究采用建筑运行阶段的碳排放量作为评价依据，在这种情况下，建筑节能的效果直接表征建筑碳排放的优劣。

2. 低碳建筑与绿色建筑

绿色建筑是在全生命周期内，节约资源、保护环境、减少污染、为人们提供健康、适用、高效的使用空间，最大限度地实现人与自然和谐共生的高质量建筑。

《绿色建筑评价标准》GB/T 50378—2019作为规范和引领我国绿色建筑发展的根本性技术标准，2006年首次发布，2014年第1次修订版发布，2019年第2次修订版发布。该标准在我国绿色建筑发展中起到了重要作用：一是2006年版标准首次明确了我国绿色建筑的定义、评价指标和方法，为评估建筑绿色程度、保障绿色建筑质量、规范和引导我国绿色建筑健康发展奠定了重要基础；二是促进形成了具有我国特色的涵盖绿色建筑设计、施工、审查、评价、运维、检测等工程建设的全过程技术标准体系；三是有力推动了我国绿色建筑的规模化发展。

绿色建筑的基本内涵包括减轻建筑对环境的负荷，即节约能源及资源、减少碳排放，而低碳建筑则主要集中于研究建筑物全生命周期内的 CO_2 排放量。因此，绿色建筑的涵盖范围大于低碳建筑，绿色建筑中的节能、节材措施可以运用于低碳建筑设计，二者在核心内容和发展趋势上是一致的。

3. 低碳建筑与零碳建筑

低碳建筑与零碳建筑的理念，均根植于碳减排的迫切需求之中，旨在深刻削减建筑行业的碳足迹，积极应对全球气候变化的挑战，进而促进人类社会的绿色可持续发展。理论上低碳是零碳的发展基础，即在追求零排放的终极愿景之前，每一栋致力于减少碳排放的建筑实践，本质上均属于低碳建筑的范畴。反之，零碳建筑则象征着低碳追求的至高境界，预示着低碳建筑发展的终极形态。零碳建筑的概念不仅周详而深远，其明确的目标设定与具有强烈的挑战性，更彰显出一种对环境保护坚定不移的决心，力求将建筑从设计、建造到使用的全过程对环境的影响缩减至最低，乃至实现零影响。

低碳建筑的概念侧重于提出覆盖建筑全生命周期的减排导向，然而，在具体减排目标上略显模糊，所倡导或容许的减排策略也显得较为宽泛。相较之下，零碳建筑则明确设定了减排指标，其多样化的定义虽在技术路径与生命周期覆盖阶段上各有侧重，但均展现出高度的内部一致性与互补性。针对运行阶段实现零碳的目标，策略多聚焦于减少碳排放源与提升能效；而针对全生命周期或"建造＋运行"双阶段零碳目标，则灵活采用碳中和与碳补偿机制，在确保运行阶段碳排放极低的基础上，达成整体零碳愿景。

从建筑碳减排的深远意义出发，以全生命周期为评估尺度，零碳目标无疑具有高度的前瞻性与倡导价值。值得注意的是，若仅聚焦于运行阶段的减排成效，而忽视建造阶段的碳足迹控制，可能因总体碳排放的潜在增加而背离初衷。因此，全面考量、科学规划，确保从设计到拆除的全过程中均融入低碳乃至零碳理念，是实现建筑行业绿色、低碳转型的必由之路。

1.3 低碳建筑技术发展

建筑材料和建筑构造是实现建筑功能、确保建筑安全、提升建筑性能的关键因素。其中，建筑材料是构成建筑物的物质基础，建筑构造是营造建筑物的技术手段。建筑物的建造过程是在合理选择建筑材料和建筑构配件基础上，按照一定的构造方法将其连接成为一个整体。其中，建筑材料性能、连接加工性能（施工、加工性能）、设备调控性能等共同构成建筑物的综合性能。

1.3.1 低碳建筑材料及应用

建筑材料是建筑物的物质基础，它反映一个时代的物质文明和精神文明，随着社会生产力和人们对建筑功能的要求而发展。建筑材料固有的外观、物理、力学性质，直接影响建筑的适用、经济、绿色、美观等性能，同时，建筑材料也赋予了建筑物以时代的特性和风格。回顾历史上建筑材料的发展情况，可以分为原始自然材料、古代人工材料、近代建筑材料和现代新型材料四个时期，如图 1-4 所示。

1. 原始自然材料

原始社会，人类穴居于巢，挖土凿石为洞，伐木搭竹为棚，这一阶段使用的建筑材料是天然物料，就地取材，量材而用，主要为泥土、草木、石材、皮毛织物等。例如，我国原始人类搭建在树上的庇护所，仿鸟巢而建的

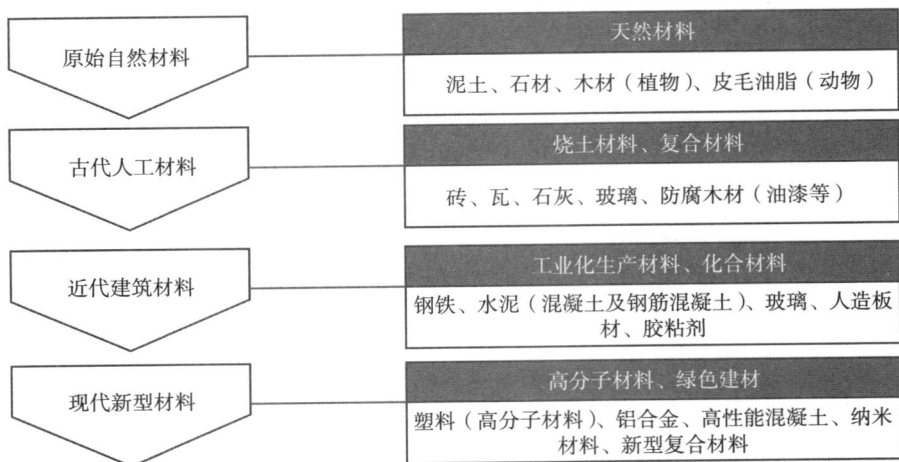

原始自然材料	天然材料
	泥土、石材、木材（植物）、皮毛油脂（动物）
古代人工材料	烧土材料、复合材料
	砖、瓦、石灰、玻璃、防腐木材（油漆等）
近代建筑材料	工业化生产材料、化合材料
	钢铁、水泥（混凝土及钢筋混凝土）、玻璃、人造板材、胶粘剂
现代新型材料	高分子材料、绿色建材
	塑料（高分子材料）、铝合金、高性能混凝土、纳米材料、新型复合材料

图 1-4　建筑材料的发展

"巢居"，是以自然木材为主体结构材料；半坡遗址复原图再现了新石器时代的民居，此时期的建筑材料也多为泥土和草木，一般是木骨涂泥的构筑方法。图 1-5 为我国原始自然材料的复原图。

（a）　　　　　　　　　　　（b）

图 1-5　原始自然材料
（a）我国早期的巢居（木构草皮）；（b）半坡遗址复原图（木骨泥墙）

2. 古代人工材料

随着生产工具的进一步提高，人类能够用黏土烧制砖、瓦，用岩石烧制石灰、石膏之后，建筑材料由天然材料进入人工生产阶段，出现了防腐木材、砖、瓦、石灰和玻璃等人工建筑材料，为较大规模地建造房屋创造了基本条件。古巴比伦人首先发明并使用"烧结型建筑砖块"，以黏土、页岩、煤矸石等原料，经粉碎、黏合、烧制而成，这是西方国家用于替代建筑石料的一种尝试。我国将土坯烧制成砖发生在距今大约 2500 年前的战国时期。

对于古代人工建筑材料，西方国家主要使用石头，中国主要是木材，这是因东西方在信仰、审美、建筑风格等方面不同所造成的。西方人认为石头是高贵的、石头建筑可永远流传；中国人则认为木材在"五行"中代表生机、承载万物，所以喜欢大量用木材来构建房屋。在3000多年前的西周时期中国就已经出现了瓦。不过，受生产力水平的限制，那时的瓦只用于屋脊，又过了几百年，瓦材覆盖了整个屋顶，甚至覆盖了墙头。图1-6为中西方古代人工建筑材料。

（a）　　　　　　　　　　　　　　　　（b）

图1-6　古代人工建筑材料
（a）故宫（砖墙琉璃瓦）；（b）巴黎圣母院（砖石＋哥特窗花）

3. 近代建筑材料

第二次工业革命推动了科学技术应用于工业生产，建筑业在此背景下开始了蓬勃发展，建筑材料也逐渐加工工厂化、运输机械化。近代建筑材料主要以混凝土、金属材料、玻璃、合成树脂等多样化的人工复合建筑材料为主。

1824年，波特兰水泥问世，标志着近现代建筑时代的到来，从普通混凝土到钢筋混凝土，后来又发展了预应力混凝土。1860年前后，新的冶炼方法，使钢材的产量和质量极大提高；1885年，世界上第一幢钢筋混凝土结构建筑"芝加哥国内保险公司大楼"在美国落成（图1-7），标志着现代混凝土建筑

（a）　　　　　　　　　　　　　　　　（b）

图1-7　近代建筑材料
（a）芝加哥国内保险公司大楼；（b）毕尔巴鄂古根海姆博物馆（钛金属表皮）

发展进入了快车道；建成于 1889 年的法国的埃菲尔铁塔，作为钢结构的一种代表而发展起来；20 世纪 50 年代，西方国家开始大量应用轻质高强、防腐防锈的材料，这就是铝和塑料，轻质高强、美观方便。由此，人类开启了历史上全球范围内的建设高潮。

中国近现代建筑是从 1949 年中华人民共和国成立后广泛开展起来的，钢材、水泥、混凝土、玻璃等多种材料在不同时期得到不同的应用，建筑材料多元化，需求明显增加。随着城市化进程的推进，房地产行业在全国经济总体量中占比越来越重，建筑材料逐渐成为国民经济重要的基础性材料。目前，我国是全球最大的建筑材料生产和消费国。

然而，建筑材料传统生产方式消耗大量的资源、能源，同时产生大量的碳排放。根据中国建筑材料联合会公布的数据，中国建材工业年排放二氧化碳量占全国碳排放总量的 16%，以水泥、混凝土、墙体材料等为代表的建筑材料能源消费总量约占全国能源总消费量的 7%，生产过程中的二氧化碳排放位居我国工业领域首位。建材行业减少碳排放，对我国实现碳达峰、碳中和起到极为重要的作用，建材的低碳化发展将助力建筑业的绿色发展。

4. 现代新型材料

近年来，随着环保要求的提高，各种新型节能建筑材料应运而生，例如光伏材料、新型保温系统材料、新型隔墙板、陶瓷防火构件、PVC 地板等，如图 1-8 所示。建筑材料的低碳化生产是发展低碳建筑的重要基础环节。我们国家高度重视绿色建材技术发展及推广应用，"十二五""十三五"期间对绿色建材的研发给予了持续支持。

国办发〔2013〕1 号文件首次从国家层面对推进绿色建材的发展进行部署，随后国家质检总局、工业和信息化部、住房和城乡建设部等国家有关部门开展绿色建材认证工作，积极推进绿色建材产业化发展。2021 年 3 月，住

（a）　　　　　　　　　　　　　　　　（b）

图 1-8　现代新型材料
（a）光伏材料；（b）高性能窗框材料

房和城乡建设部印发《绿色建造技术导则》，强调在建筑材料方面宜优先选用获得绿色建材评价认证标识的建筑材料和产品，并联合财政部、工业和信息化部等国家部委，开展绿色建材下乡活动、政府采购支持绿色建材促进建筑品质提升试点城市建设，从需求端扩大绿色建材应用潜力，鼓励建材企业进行绿色技术创新和产品研发，从而持续推动绿色建筑材料的发展。

针对建筑材料的减碳排放目标，展望未来建筑材料的发展，亟需创新低碳技术，探索建筑材料的碳捕集与碳贮存及利用等技术，研发水泥、混凝土及墙体材料的低碳技术及进行工艺优化。同时，发挥建筑材料在固体废弃物循环再生方面优势，加大工业副产品在建筑材料领域的循环利用率和高效再生，实现资源的替代和节约，降低温室气体排放。最终，借助绿色技术积极推进低碳建筑材料的发展。概括起来，具有以下特征：

（1）对于建筑材料的要求更趋于轻质高强、多功能、高保温性、高耐久性，需要合理运用材料发挥其本身的性质特性，并采用先进的制造技术制造各种复合材料。

（2）采用低能耗制造工艺和无污染环境生产的建筑材料，尤其注重对废旧资源的利用，生产原料尽可能少用天然资源、大量使用尾渣、垃圾、废液等废弃物。

（3）对建筑材料更关注"健康"品性的评价，注重建材对人体健康所造成的影响，采用无污染、不会对人体造成伤害的建筑材料。

建筑节能材料、建筑储能材料、建筑产能材料，是服务我国绿色建筑转型的重要材料保障，绿色建材评价认证和推广应用稳步推进，政府采购支持绿色建筑和绿色建材应用试点持续深化，未来要进一步发展以高端化、绿色化、智能化为主题的新型建材，为城市绿色发展、建筑品质提升和低碳转型提供支撑。

1.3.2　低碳建筑构造技术发展

建筑学的英文"Architecture"是指设计和建筑物建造的艺术与科学（"Architecture: the Art and Science of Designing and Erecting Buildings"），或者说关于建造的方法、过程、结果的研究体系。建筑物"Building"是人类建造活动"to Construct, to Build"的物质产物，是建造过程的固化结果。英文中的建造、构筑，就是指通过组合材料或部件而形成整体（Build, Construct——to Form by Combining Materials or Parts）。"构造"的英文"Construction"，其原型 Construct 的词源是拉丁语"Construere"，指 con-"同、结合"与Struere"堆起"，即组合连接和堆积，是古代乃至现代的基本构造方法。正如英国建筑评论家杰克逊所言："建筑学的重点不在于美化房屋，而应在于美好地建造。"建筑物性能的实现，即建筑物建造的最重要的方面，就是材料与构法（构造方法）以及由此形成的节点细部和整体设计。

人类对建筑材料的使用是与工具（加工工具、运输工具、测量工具）的发展和构筑方法（构法、工法）密切相联的，形成了相应的节点连接方式和工艺形态特征，通过习俗、法律、师承、象征等方式固定化和范式化而成为传统延传下来。结合建筑发展历程，建筑构造技术的发展可以分为古典（古代）、现代和当代建筑构造三个阶段。

首先，古代农耕社会，人类的建造主要以自然拟态为中心的类比性模仿，采用编制、堆砌、模筑、架构、包裹等方式，由于缺乏起重设备和垂直运输机械，施工方法采用小块搬运垒叠或大型材料的斜面土台施工。构法体系以自然界天然重力形态，如动植物枝叶、骨骼为对象的类比认知和拟态式应用，在两种基本的天然材料"木"和"土"（砖石）的利用上形成的两种基本手法"建"（构）与"筑"——木构（组构、编织、包裹）和堆筑（砌筑、模筑）。

在建造技术的早期阶段，通过简单的绑扎和石块堆砌来构建基本的建筑空间，但这些构造难以抵御各种环境和自然灾害的侵袭，因此并未形成具有足够整体强度的真正"结构"。随着人们开始改造自然材料，使用独特的加工工具重新设计构件的连接方式，使得材料与构件之间的联系更加科学合理，并形成了稳定、耐久的支撑体系，这些构造才使得房屋具备了正式的"结构"。例如，浙江余姚市河姆渡遗址所展现的令人惊叹的卯连接构造，如图 1-9 所示，就已经初步形成了"木结构"系统的形态。

北宋时期，李诚所著的《营造法式》总结了一套针对中国木构建筑特有的建造法式，这是一套完整且科学的模数控制系统。该系统以最小的结构构件为基本模式，实现了建筑的各部分构造，见图 1-10。

图 1-9　浙江余姚市河姆渡遗址卯连接构造

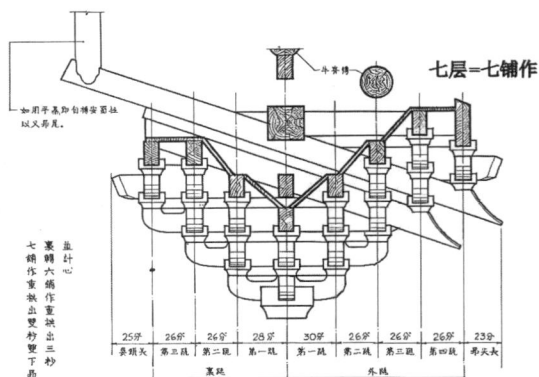

宋《营造法式》——七铺作重栱出双杪双下昂，里转六铺作重栱出三杪并计心

图 1-10　宋《营造法式》中的七铺作重栱

其次，近现代工业社会，建造房屋有了科学的范式。随着社会化建筑教育体系的建立，也产生了研究建筑物各组成部分的构造原理和构造方法的学科，即建造构造。建筑构造作为建筑的物质构成要素，是建造技术的重要组成部分。构造技术反映了整个社会的组织、选择和制造建筑材料的方法，构件组合的方式，组织建造的方法，人工分配的方法，经济核算以及人们的决策对生态的影响等。建筑构造是建筑设计中的一个重要环节，根据建筑的功能、材料、性能、受力情况、施工方法和建筑艺术等要求选择经济合理的构造方案，以作为建筑设计中综合解决技术问题及进行施工图设计的依据。

进入 19 世纪，铸铁和钢筋混凝土在建筑领域的广泛应用进一步促进了新的构造系统的诞生（图 1-11 和图 1-12）。除了传统的砌筑构造方式外，更轻便、更灵活的框架构造方式即钢筋混凝土结构和钢结构应运而生。这一变革标志着建筑构造的研究范围从自然材料扩展到了人工材料。

图 1-11　金贝儿美术馆的钢筋混凝土拱顶

图 1-12　蓬皮杜文化中心的钢结构

19 世纪 70 年代，随着信息技术的蓬勃发展，顺应工业化技术的发展趋势，美国建筑师康拉德·瓦克斯曼在其著作《建造的转折点》中，以及斯蒂芬·基兰与詹姆斯·廷伯莱克合著的《再造建筑》一书中，提出了模块化建筑工业化生产与组装技术所面临的诸多挑战与设想，为构造技术的发展注入了新的、更为本质的内容，即建造的方法和流程的创新与优化，进一步推动了建筑构造技术的蓬勃发展。

我国自 20 世纪 80 年代开始了建筑工业化的发展之路。经过 30 多年的发展，我国建筑业取得了显著的成果，物质技术基础也显著增强。但是在建筑产品的工厂化预制程度、设计管理模式以及部品部件研发创新等方面还有待提升。

当今社会，材料科学与产品工程的进步对建筑产品构造技术的进步产生了巨大影响。这些技术进步在大量构造技术手册中得到了集中体现，其中，爱德华·艾伦和约瑟夫·亚诺编著的《建筑施工基础：材料与方法》便是典型代表。此外，诸如《材料构造手册》《砌体构造手册》《玻璃构造手册》《混凝土构造手册》《立面构造手册》《屋顶构造手册》等手册为当下的建筑实践提供了典型的构造技术设计的基本指导原理和案例示范。

同时，建筑技术的重要性开始在国内各个领域得到普遍关注。2016 年 9 月国务院办公厅印发《国务院办公厅关于大力发展装配式建筑的指导意见》，推动建造方式创新，大力发展装配式混凝土建筑和钢结构建筑，在具备条件的地方倡导发展现代木结构建筑，不断提高装配式建筑在新建建筑中的比例。住房和城乡建设部成立了住宅产业化促进中心，开展国家住宅产业现代化综合试点城市建设，2017 年发布了《装配式建筑评价标准》GB/T 51129—2017，2021 年发布《装配式内装修技术标准》JGJ/T 491—2021，2014 年发布《装配式混凝土结构技术规程》JGJ 1—2014 等技术标准、规程，指导装配式建筑持续发展，通过发挥装配式建筑集成化、规模化、系统化的优势，实现建筑质量的提升，能源资源消耗及二氧化碳排放的降低。

在此背景下，国内高校、企事业单位研发了先进的工业化预制装配建造技术和节能环保的绿色建筑产品，围绕工业化建造技术、绿色与低碳的可持续建筑规划设计等方向展开了广泛而深入的研究。山东建筑大学综合实验楼，是集钢结构、装配式、超低能耗、被动技术于一体的绿色低碳示范项目，见图 1-13。通过交叉学科的优势互补，产教融合，学校取得了技术应用与示范教育等多方面的重大突破。在国家政策的扶持与支持下，建筑构造技术的全面发展已经成为必然趋势。

面向未来社会的低碳发展，建筑材料主要为以高分子材料、复合材料、

图 1-13　山东建筑大学超低能耗综合楼

纳米材料和绿色环保材料（节能、降排、无污染、资源循环）为主的新型建材。随着科技不断进步，建筑构造技术也在不断地发展和创新。建筑构造技术将以计算机的精确计算和虚拟建造、集成制造为依据，以材料工业的定制设计研发为基础，向着更为精密的智能建造方向迈进。

课后习题

1. 绿色建筑和低碳建筑有何区别？分别简述绿色建筑和低碳建筑的概念。

2. 低碳建筑的内涵主要包括哪几个方面？国际社会低碳建筑的发展历程是什么？我国低碳建筑的发展又经历了哪几个阶段？

3. 回顾历史上建筑材料的发展情况，可以分为哪几个时期？

4. 针对建筑材料的减碳目标，未来建筑材料需要具备什么特征？

本章参考文献

［1］ 董建锴，高游，孙德宇，等 . 建筑领域碳中和相关定义、目标及技术路线概览 [J]. 暖通空调，2023，53（10）：69-78.

［2］ 唐晓霞，雷杨，宋映雪，等 . 双碳背景下低碳建筑研究进展及前沿分析 [J]. 建筑经济，2023，44（S1）：359-363.

［3］ 张时聪，王珂，徐伟 . 低碳、近零碳、零碳公共建筑碳排放控制指标研究 [J]. 建筑科学，2023，39（2）：1-10+35.

［4］ 陈易 . 低碳建筑 Low Carbon Architecture[M]. 上海：同济大学出版社，2015.

［5］ 刘晓钧 . 低碳建筑评价指标体系的构建及对策建议 [D]. 广州：华南理工大学，2019.

［6］ 俞天琦，宋铭，张亚雪 . 国内外近二十年（2002—2022）低碳建筑相关文献聚类及主题演化研究 [J]. 华中建筑，2023，41（11）：5-9.

［7］ 虞志淳 . 英国低碳建筑：法规体系与技术应用 [J]. 西部人居环境学刊，2021，36（1）：51-56.

［8］ 夏冰 . 低碳建筑设计策略的潜力分析与比较 [J]. 新建筑，2018，（1）：90-93.

［9］ 欧晓星 . 低碳建筑设计评估与优化研究 [D]. 东南大学，2016.

［10］ 刘科 . 夏热冬冷地区高大空间公共建筑低碳设计研究 [D]. 东南大学，2021.

［11］ 陈娜 . 低碳建筑发展影响因素及对策研究 [D]. 青岛：青岛理工大学，2022.

［12］ 王丞 . 我国绿色建筑和低碳建筑评价体系的发展比较及优化建议 [J]. 建筑科学，2023，39（2）：235-244.

［13］ 毛建西，卞素萍，葛翠玉 . 绿色低碳建筑节能技术 [M]. 北京：中国建筑工业出版社，2023.

［14］ 中国城市科学研究会 . 中国绿色低碳建筑技术发展报告 [M]. 北京：中国建筑工业出版社，2022.

［15］ ATMACA A, ATMACA N. Carbon footprint assessment of residentiabuildings, a review and a case study in Turkey[J]. Joural of Cleaner Producton, 2022.（340）：1-19.

第2章 低碳建筑材料

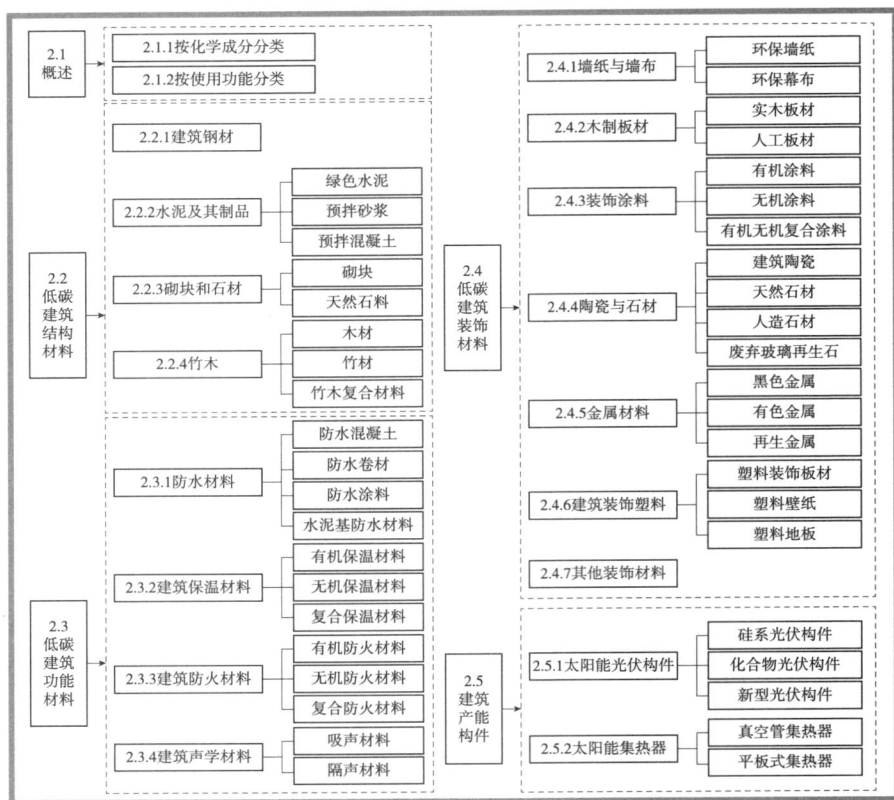

2.1 概述
- 2.1.1 按化学成分分类
- 2.1.2 按使用功能分类

2.2 低碳建筑结构材料
- 2.2.1 建筑钢材
- 2.2.2 水泥及其制品
  - 绿色水泥
  - 预拌砂浆
  - 预拌混凝土
- 2.2.3 砌块和石材
  - 砌块
  - 天然石料
- 2.2.4 竹木
  - 木材
  - 竹材
  - 竹木复合材料

2.3 低碳建筑功能材料
- 2.3.1 防水材料
  - 防水混凝土
  - 防水卷材
  - 防水涂料
  - 水泥基防水材料
- 2.3.2 建筑保温材料
  - 有机保温材料
  - 无机保温材料
  - 复合保温材料
- 2.3.3 建筑防火材料
  - 有机防火材料
  - 无机防火材料
  - 复合防火材料
- 2.3.4 建筑声学材料
  - 吸声材料
  - 隔声材料

2.4 低碳建筑装饰材料
- 2.4.1 墙纸与墙布
  - 环保墙纸
  - 环保幕布
- 2.4.2 木制板材
  - 实木板材
  - 人工板材
- 2.4.3 装饰涂料
  - 有机涂料
  - 无机涂料
  - 有机无机复合涂料
- 2.4.4 陶瓷与石材
  - 建筑陶瓷
  - 天然石材
  - 人造石材
  - 废弃玻璃再生石
- 2.4.5 金属材料
  - 黑色金属
  - 有色金属
  - 再生金属
- 2.4.6 建筑装饰塑料
  - 塑料装饰板材
  - 塑料壁纸
  - 塑料地板
- 2.4.7 其他装饰材料

2.5 建筑产能构件
- 2.5.1 太阳能光伏构件
  - 硅系光伏构件
  - 化合物光伏构件
  - 新型光伏构件
- 2.5.2 太阳能集热器
  - 真空管集热器
  - 平板式集热器

▲ 建筑材料与建筑功能空间的关系是什么?

▲ 低碳建筑材料有哪些? 具有什么特点?

▲ 太阳能光伏构件的主要材料及特点?

　　建筑材料是建筑工程的重要物质基础,在制作建筑构配件、构成建筑骨架、实现建筑功能等方面都发挥着极为重要的作用。而建筑构造则是建筑物各部分基于科学原理的材料选用和连接组合做法等,其主要任务是根据建筑物的功能、材料性质、受力情况、施工方法和建筑形象等要求选择合理的构造方案。建筑材料与建筑构造相互依存,密不可分,都对彼此的性能有直接的影响。而低碳建筑材料则注重在建筑材料的获取、生产及使用阶段最大化地降低以 CO_2 为主的温室气体排放,并采取合理的建筑构造措施提高建筑性能,降低环境压力。

2.1
概述

建筑材料是指一切用于房屋建造的天然物资及其人工制造的半成品或初级产品，如天然砂、石、木材、水泥、石灰、砖、瓦、玻璃、建筑用钢材、型钢、铝型材等。建材行业产能在整个建筑业产能中的占比较大。但当前我国建材行业面临着传统建材资源能源消耗高、污染排放总量相对较大、产能严重过剩等突出矛盾。因此，建材领域的绿色低碳化发展是推进"双碳"目标的重要内容之一。

低碳建筑材料是在生产和使用过程中碳排放较低的材料。相对于传统建筑材料，低碳建筑材料通常具有资源消耗低、无污染、高性能、耐久性好、可再生利用等特点，是契合于"双碳"目标和可持续发展的绿色环保建材。使用高性能、耐久性好的材料可以有效减少材料和资源消耗，选用高强度的结构材料可有效减小构件断面，既节省材料用量，又可增加使用面积，而对其他材料而言，选用高性能和耐久性好的材料有助于延长使用寿命、减少后期维护带来的能源和资源消耗，从而减少碳排放量。

目前低碳建筑材料包含多种品类，且性能也各不相同。主要从材料的化学成分和使用功能两个角度进行类型划分。

2.1.1 按化学成分分类

按照材料的化学成分，低碳建筑材料可分为有机材料、无机材料和复合材料。

有机材料是指含碳化合物及其衍生物，包括有机聚合物、有机玻璃、有机纤维、有机涂料、有机溶剂、有机颜料等多种类型，在日常生活、建筑、化工、医药、材料、农业、食品等多个领域被广泛应用。平时常见的木材、竹子、皮革、塑料、橡胶、蛋白质、涂料、纤维等，都属于有机材料。有机材料大多具有柔韧性较高、可塑性较强、电绝缘性较好、易燃易爆等特点。

无机材料则是指由无机化合物制成的材料，其主要成分为金属、非金属和金属氧化物等，通常不包含碳元素，或碳元素含量极低。常见的无机材料包括金属材料、陶瓷材料、玻璃材料、半导体材料等，广泛应用于建筑、化工、电子、能源、医药等领域。无机材料通常具有较高的强度和硬度、良好的导电性和热导性、耐高温、耐腐蚀和化学稳定性好等特点。绿色和可持续发展的理念深刻地影响着无机材料的低碳化发展，推动更加环保高效和低环境压力的新型无机材料的不断研发与创新。

复合材料是指由两种或两种以上的不同材料复合在一起制成的建筑材料。复合材料既可最大限度地保留各组成材料的优点，又能够有效克服或改善单一材料的缺点。尤其在绿色建材领域，具有高性能和低环境影响的绿色环保建材成为传统建筑材料的理想替代品。目前常见的建筑复合材料有纤维混凝土复合材料、玻璃钢、植物纤维增强材料、木塑复合材料等。建筑复合材料大多具有质量轻、高强度、高刚度、耐高温、耐腐蚀、环境压力小、使用寿命长等优点，在绿色环保建材领域发挥着越来越重要的作用。

2.1.2　按使用功能分类

按照材料的使用功能，低碳建筑材料可分为低碳建筑结构材料、低碳建筑功能材料、低碳建筑装饰材料、建筑产能构件以及工业化建筑构件。

建筑结构材料是用于构建建筑物主体结构，能够承受各种荷载作用的材料。低碳建筑结构材料则在充分保证建筑物足够的荷载承受能力、延长建筑使用寿命、实现建筑结构安全的同时，又有效地提高建筑性能和能效、降低对环境的压力。

建筑功能材料通常不承担建筑物的荷载，主要用于实现防水防潮、保温隔热、采光通风、吸声隔声等具体的建筑物功能，是影响建筑使用效果和空间环境品质的重要因素。低碳建筑功能材料则在此基础上更加注重增强建筑功效、降低能耗和减少环境压力。

建筑装饰材料通常是指铺设或涂布于建筑物表面，既美化装饰建筑空间、又保护建筑主体结构和构件的材料。低碳建筑装饰材料则更注重降低能耗、减少污染物排放、提高室内环境质量等。

建筑产能构件是指可以通过能量转换来满足建筑需求，同时又可以提升建筑形象的建筑构件。主要包括光热构件、光伏构件等。建筑产能构件是提升建筑性能、解决能源危机和环境污染问题的重要途径之一。

工业化建筑构件是采用现代化工艺和机械化手段代替传统的手工业生产方式，生产制作的标准化建筑构配件。工业化建筑构件有利于保证建筑构件的质量稳定性和一致性、提高施工效率、降低成本、节约资源、降低环境污染。

2.2 低碳建筑结构材料

传统的建筑结构材料在原料获取、生产加工以及使用过程中会消耗大量资源和能源且释放大量 CO_2 等温室气体，并产生废水废物等，造成严重的环境污染。因此，既能充分发挥材料的力学特性、满足不同的建筑需求，同时又注重节能减排、绿色环保的低碳建筑结构材料将成为未来的主要发展方向。目前常见的建筑结构材料包括钢材、水泥和混凝土、砖石和砌块、竹木等。

图 2-1 钢结构建筑

2.2.1 建筑钢材

目前建筑工程中通常采用轻型结构体系和重型结构体系。其中,轻型体系多为冷弯薄壁型钢和铝合金等金属材料。重型结构体系则多以钢材为主。

冷弯薄壁型钢是以热轧或冷轧带钢为原料,在常温状态下经压力加工制成的各种复杂断面型材,通常为薄壁型钢,具有轻质高强、造价低、加工性能好等特点,见图 2-1。其大部分建筑构件在工厂制造,运到现场快速拼装,减少现场湿作业,且重量轻、强度高、抗震性能好、施工周期短、环保性能好,目前在建筑工程中的应用越来越广泛。

铝合金是以铝为基体,加入适量的其他合金元素(如镁、铜、锌、锰等)形成的合金材料。加入的合金元素可有效改善铝的基本特性,使其具有更优良的机械、物理和化学性能,从而满足不同的工程和制造需求。铝合金质量轻、强度高、抗腐蚀、可塑性好,且美观实用,广泛应用于建筑、桥梁、车辆、船舶等领域中。特别是用于建筑结构时,能有效减轻结构自重,可在保证结构安全的前提下减少材料的使用量,实现节能环保的目的。

重型钢结构是由高强度钢材制作,其钢材截面尺寸较大,能够承受比较大的荷载和应力。具有强度高、稳定性好、抗震能力强、施工周期短、空间利用率高等特点,广泛应用于体育场馆、展览馆、大型厂房等建筑。

用于钢结构建筑的钢材是具有一定的形状、尺寸和力学、物理、化学性能的钢产品,是一种重要的建筑材料。其具有强度高、质量较轻、塑性和韧性好、易于加工和装配、性能可靠等特点。

1)按钢材品质划分,钢材可分为碳素钢和合金钢。碳素钢按含碳量的高低,又分为低碳钢、中碳钢和高碳钢三种。碳素钢的性质主要取决于含碳量。钢材的强度和硬度会随着含碳量的增加而增加,而塑性、韧性和可焊性则会随含碳量的增加而降低。合金钢根据其中所含合金元素总量的不同又可以分为低合金钢、中合金钢与高合金钢。建筑钢材主要应用于建筑工程中,尤其适用于钢结构建筑,如图 2-1 所示。其中,主要应用于建筑结构工程的碳素钢称为碳素结构钢。而低合金结构钢是应用于建筑结构工程的合金结构钢。

2)依照不同的应用外形,建筑钢材主要包括型钢、钢板、钢管、钢筋等多个品类。

(1)型钢是具有一定截面形状和尺寸的条形钢材。按其断面形状又可分为圆钢、方钢、角钢、工字钢、H 型钢、槽钢、T 型钢及各种异形钢等。

圆钢是指截面为圆形的实心长条钢材，通常以直径来表示其不同规格，单位为mm，通常以符号"φ"来表示。例如，"φ8"代表直径为8mm的圆钢。圆钢根据制造工艺主要分为热轧、锻制和冷拉三种类型。圆钢具有良好的力学性能，特别是在加入适量的合金元素后，可进一步提高其性能，使其具有更好的强度、韧性、耐磨性、耐腐蚀性和可加工性能。广泛适用于建筑工程中的梁柱、屋架、楼梯、桥梁等结构承重构件。小直径的圆钢还常被用于制作钢筋混凝土中的钢筋。

角钢是指两边互相垂直成角形的长条状钢材。又分为等边角钢和不等边角钢。等边角钢的两个边宽相等，其规格以边宽×边宽×边厚的毫米数表示。比如"∠30×30×3"，是表示边宽为30mm、边厚为3mm的等边角钢。也可用型号来表示，型号是边宽的厘米数，如∠3#。型号不表示同一型号中不同边厚的尺寸，因而在合同等单据上将角钢的边宽、边厚尺寸填写齐全，避免单独用型号表示。角钢具有耐压性和耐磨性强、耐腐蚀性好和易于切割和安装等优势，广泛适用于建筑工程中的框架、屋面、支架等建筑结构，以及用于制作建筑物中的楼梯和护栏，如图2-2所示。

工字钢是指截面为工字形的长条状钢材。工字钢的规格可以用腰高×腿宽×腰厚的毫米数表示，如"工160×88×6"，表示含义是腰高为160mm，腿宽为88mm，腰厚为6mm的工字钢。也可以用腰高的厘米值来表示的，如10号工字钢，其腰高为10cm。腰高相同的工字钢，如有几种不同的腿宽和腰厚，需在型号右边加a、b、c予以区别，如32a号、32b号、32c号等。工字钢重量轻、承载能力强、抗风抗震性好、耐老化、抗冲击和抗磨损性能好、使用寿命长，易于切割和焊接、施工方便，在建筑工程中常作为梁、柱等重要结构构件使用，如图2-3所示。

H型钢是由工字钢优化发展而成的一种断面力学性能更为优良的经济型断面钢材，由其断面与英文字母"H"相近而得名。其具有强度高、重量轻、耐腐蚀、易于加工和安装、施工方便等特点。在建筑工程领域中，常被用于制作建筑物的梁、柱、框架等重要结构构件，来承受较大荷载，如图2-4所示。

图2-2　角钢　　　　　　　　　图2-3　工字钢　　　　　　　　图2-4　H型钢

槽钢是指截面为凹槽形的长条钢材。其规格可以用腰高 × 腿宽 × 腰厚的毫米数表示，如"120×53×5"，表示腰高为120mm、腿宽为53mm、腰厚为5mm的槽钢，或也可以用型号来表示，型号是腰高的厘米数，即12号槽钢。腰高相同的槽钢，如有几种不同的腿宽和腰厚也需要在型号右边加a、b、c予以区别，如25号a、25号b、25号c等。槽钢具有强度高、重量轻、耐腐蚀、易于加工，以及施工方便等特点。常被用于制作建筑物中的梁、柱、桁架、楼梯等主要承重构件，还可以用于制作各种支架、支撑和起重设备，如起重机械、起重梁等，如图2-5所示。

（2）钢板是用钢水浇筑、冷却后轧制而成的平板状钢材，主要包括普通钢板、镀锌钢板和压型钢板等。钢板具有强度高、耐用性好、抗拉、抗压及抗弯曲性优良、抗疲劳、耐腐蚀、防火阻燃、易于加工等特点。普通钢板按厚度划分为三类，分别为薄钢板（0.2~4mm）、厚钢板（4~60mm）和特厚钢板（60~115mm）。镀锌钢板是在表面电镀或热镀锌层的焊接钢板，可有效提高耐腐蚀性能。压型钢板是将涂层板或镀层板经辊压冷弯、沿板宽方向形成波形截面的成型钢板，既加强了板材刚性和提高了板材强度，又具有美观的效果。

钢板常用于建筑物的基础、支撑结构和屋面等部位，以提高建筑物的稳定性和强度，如图2-6所示。

图2-5 槽钢　　　　　　　　　　　　　　图2-6 钢板

（3）钢管是指具有空心截面且其长度远大于直径或周长的钢材。其截面形状多样，包括圆形、方形、矩形和异形等。按生产方法可分为无缝钢管和有缝钢管。按其用途又可分为装饰用管、流体输送管道用管、热工设备用管、机械工业用管等。钢管具有强度高、稳定性好、耐腐蚀、施工方便、使用寿命长、安全性高等特点，在建筑工程中被广泛应用于横梁、立柱、墙体等主要建筑结构的承重和支撑，并提高建筑结构的整体稳定性，如图2-7所示。

（4）钢筋是指钢筋混凝土用和预应力钢筋混凝土用钢材，其横截面为圆形，或有时为带有圆角的方形，主要包括碳素结构钢和低合金结构钢两大品类。按外形可分为光圆钢筋、带肋钢筋和扭转钢筋，交货状态为直条和盘圆两种。按直径分类，包括钢筋（6~40mm）和钢丝（2.5~5mm）。按加工过程又可以分为热轧钢筋、高延性冷轧带肋钢筋、碳素钢丝、刻痕钢丝和钢绞线等。一般钢筋混凝土结构中大量应用的是热轧钢筋。如图 2-8 所示。

图 2-7　钢管　　　　　　　　　　　　　　　　　　　　　　　图 2-8　钢筋

2.2.2　水泥及其制品

水泥是一种粉状水硬性无机胶凝材料，主要成分为石灰或硅酸钙。水泥与水混合搅拌后形成浆体，这种浆体能在空气中或水中硬化，并能将砂石等材料牢固地结合在一起。水泥粘结性好、硬度较大、耐久性好，广泛应用于建筑、交通、水利等领域。

但传统水泥的环境污染比较严重，其生产过程会产生大量二氧化碳，据某科学机构检测，全球二氧化碳排放的 8% 来自水泥。所以，有效控制传统水泥及其制品的环境危害备受世界各国关注。

1. 绿色水泥

水泥的绿色化发展是针对传统水泥工业存在的较为严重的环境问题，而在原材料选用、生产冶炼技术和工艺等方面采取的绿色化措施。绿色水泥主要是指利用在生产和使用过程中对环境影响较小的材料，如生活垃圾的焚烧灰或下水道污泥等为主要原料，并采用环保的冶炼技术和工艺，处理加工制成的水硬性胶凝材料。绿色水泥具有强度较高、耐久性好、防水性好、防火阻燃等特点，且其充分利用各种废弃物、资源及能源消耗低、CO_2 排放低、无污染、环境压力小，可有效改善空间环境品质，具备明显的环保特征。

宏观来看，绿色水泥是对具备"绿色、健康、环保"特质的水泥品类的统称，是一种新型环保建材，广泛适用于建筑工程中的墙体、楼板、基础等构造部分，在充分发挥建筑结构力学性能的同时，减少污染和碳排放，降低环境负担。绿色水泥种类多样，常见的如高贝利特水泥、无熟料水泥和生态水泥等。

1）高贝利特水泥（HBC）

高贝利特水泥（HBC）又称为高性能低热硅酸盐水泥，是以硅酸二钙为主导矿物（含量40%~70%），具有水化热低、后期强度高、抗化学腐蚀和耐磨性能优良、环保、耐久性好等特点。与传统硅酸盐水泥相比，在大体积混凝土工程中应用高贝利特水泥可有效减少碱-骨集料反应、温度应力等问题所引起的混凝土开裂的风险。

2）无熟料水泥

无熟料水泥一般指的是不用或使用少量硅酸盐水泥熟料作为碱性激发剂而制成的水泥。其主要由活性混合材料（如粒化高炉矿渣、粉煤灰、火山灰、钢渣等）和碱性激发剂（如石灰等）或硫酸盐激发剂（如石膏等），按比例混合磨细而制成的水泥材料。按无熟料水泥所采用的原料分类，主要包括石膏矿渣水泥、石膏化铁炉渣水泥、石灰烧黏土水泥、石灰粉煤灰水泥、赤泥硫酸盐水泥等。无熟料水泥的晶体结构更为致密，强度和密度更高，还具有更好的耐久性，且节约资源、绿色环保。适用于处于地下、水中或潮湿环境中的建筑工程，以及普通民用建筑和路面、地坪工程等，但不适用于冻融交替频繁、要求早期强度较高、长期处于干燥环境的建筑工程。

3）生态水泥

生态水泥是指将城市垃圾焚烧灰、矿渣和污泥及其他废弃物回收再利用为主要原料，与石灰石经烧制、粉磨而制成的水硬性胶凝材料。生产初期要利用金属回收系统将垃圾焚烧灰中的铜、铅、锌等金属成分分离出来，并且需对污泥作脱氧处理。生态水泥采用回收再利用的废弃物作为主要原料，且生产过程更加环保，可有效减少环境污染和碳排放，是一种强度高、耐久性好、环保无害的绿色低碳建材。

2. 预拌砂浆

预拌砂浆是由专业化厂家根据科学计量、按照一定比例将砂、水泥、施工所需的添加剂等通过专业设备搅拌而成的砂浆拌合物，和传统的现场搅拌制浆工艺相比，预拌砂浆具有品质稳定、抗收缩、抗龟裂、施工速度快、耐久性好、减小劳动强度、减少资源浪费、节约成本、节能环保等优势。

目前常用的预拌砂浆一般又可分为湿拌砂浆和干混砂浆。

湿拌砂浆是指将水泥、细骨料、矿物掺合料、外加剂、添加剂和水等全部组分按一定比例搅拌而成的湿拌拌合物，可在现场直接使用。但需在砂浆凝结之前使用完毕，最长存放时间不超过24h。

干混砂浆是指由水泥、干燥骨料或粉料、添加剂以及根据性能确定的其他组分，按一定比例，在专业生产厂经计量、混合而成的干混混合物，以散装或袋装形式供应。干混需要在施工现场加水或配套液体搅拌均匀后使用。

图 2-9　干混砂浆设备

干混砂浆的储存期比较长，通常可达 3 个月或 6 个月。

预拌砂浆广泛适用于各种建筑物的砌筑、抹灰、地面、防水、保温等。特别是在保温和防水方面，预拌砂浆的应用更为广泛，因为其具有优良的保温和防水性能，能够满足现代建筑对于节能和环保的要求，如图 2-9 所示。

3. 预拌混凝土

混凝土（简称"砼"）是以水泥作为胶凝材料，砂和石作为集料，与水（可能含有外加剂和掺合料）按一定比例配合，经过均匀搅拌和密实成型，以及必要的养护过程而硬化形成的人工石材。其具有原料丰富、价格低廉、生产工艺简单、抗压强度高、耐久性好等特点，是目前最重要也是应用最为广泛的建筑工程材料。但混凝土的生产过程中也会产生大量二氧化碳，以及少量的氮氧化物、二氧化硫等有害物质，以及废水、废弃物，生产过程中存在比较严重的环境问题。

预拌混凝土又称商品混凝土，是指由水泥、集料、水以及适量外加剂、矿物掺合料等组分按一定配合比和搅拌工艺预先生产而成，然后通过运输车在规定时间内运送到施工现场的混凝土拌合物。相比于传统的现场搅拌混凝土，其工艺技术水平更先进、生产管理更专业，有助于确保混凝土质量的稳定性和强度保证率；且预拌混凝土集中生产，通过搅拌运输车直接运输至施工现场，可加快施工速度、提高施工效率，减少资源和能源消耗，减少环境污染，降低生产成本；同时，预拌混凝土的工业化生产与使用还有效提升了建筑的工业化程度，增强了混凝土的耐久性和抗渗性，以及提高建筑物的性能和耐久性。预拌混凝土广泛应用于各种建筑工程、桥梁建设、道路建设、地下工程、水利工程、新能源建设等诸多领域，如图 2-10 所示。

图 2-10　预拌混凝土

2.2.3　砌块和石材

砌块和石材应用于建筑工程中，由于其优良的抗压强度、良好的耐火性和耐久性、较为理想的保温隔热性能、易获取、成本较低等优点而在传统建筑中得到广泛应用。

1. 砌块

砌块是利用混凝土、黏土、工业废料（炉渣、煤矸石、火山灰等）或地方材料制成的人造砌筑块材。与传统的黏土砖、混凝土、水泥砖等相比，砌块重量轻、保温隔热性能好、工艺简单、施工方便、成本低廉。

目前应用较为普遍的砌块类型主要有蒸压加气混凝土砌块、混凝土小型空心砌块、石膏砌块等。

1）蒸压加气混凝土砌块

蒸压加气混凝土砌块是以硅质材料和钙质材料为主要原料，掺和发气剂及其他调节材料，通过配料浇筑、发气经停、切割、蒸压养护等工艺制成的用于墙体砌筑的多孔轻质硅酸盐建筑块材。其具有质量轻、抗震性能好、保温隔热、防火、隔声吸声、抗渗水好、加工方便、耐久性好等特点。并且其原料主要来自灰砂、矿渣、粉煤灰、煤矸石等废弃再利用的材料，有利于节约资源，且生产过程不需烧制，不使用重金属等有害物质，环保无污染。其碳排放因子也比较低，约为 $270kgCO_2/m^3$，是理想的低碳环保建材。

蒸压加气混凝土砌块适用于各类建筑地面（±0.000）以上的内外填充墙和地下室的室内填充墙。但应注意建筑物处于 ±0.000 以下的部位，或长期浸水或者经常干湿交替的部位以及受化学侵蚀的环境和砌体表面经常处于80℃以上的高温环境和屋面女儿墙等处，不得使用蒸压加气混凝土砌块，如图 2-11 所示。

图 2-11　蒸压加气混凝土砌块

2）混凝土小型空心砌块

混凝土小型空心砌块以水泥为胶凝材料、砂石等为粗细骨料，再加入其他化学外加剂和矿物外加剂，经计量、配料、搅拌、振动加压成型、养护制成的具有一定空心率（一般为25%~50%）的建筑砌块材料。当采用轻砂或普通砂，以及页岩陶粒、粉煤灰、煤渣、火山渣、膨胀珍珠岩、煤矸石等轻粗骨料时，可制成轻骨料混凝土小型空心砌块。其具有自重轻、强度高、保温隔热性能好、防火、耐久性好、施工便捷等特点，且具有较低的碳排放因子，仅为$180kgCO_2/m^3$，是理想的低碳环保建材，适用于各种民用建筑的承重墙和非承重墙体，起围护和保温的作用，如图2-12所示。

图2-12 混凝土小型空心砌块（左）及其墙体（右）

3）石膏砌块

石膏砌块是以建筑石膏（生石膏或称半水石膏）为主要原料，掺入适量轻骨料和外加剂，经加水搅拌、浇筑成型和干燥制成的建筑石膏制品。石膏砌块具有重量轻、强度较高、保温隔热、防火、隔声、施工便捷等特点。其原料采用了可回收再利用的工业废弃物，且不含甲醛和放射性物质，制造过程中也几乎不会产生废气、废渣、废水等有害物质，是一种绿色环保的新型建材。适用于框架结构和其他结构建筑的非承重墙体，特别适用于室内隔墙或隔断，实现室内功能空间的灵活分隔。若在生产过程中掺入特殊添加剂，也可以制成防潮石膏砌块，用于浴室、厕所等湿度较大的空间。石膏砌块也可以用于建筑室内吊顶、隔断、背景墙等处的装饰装修，不仅满足室内审美需求，又可达到隔热、隔声、消除噪声等效果，如图2-13所示。

2. 天然石料

天然石料是指从天然岩体中开采出来的，并经加工成块状或板状材料的总称。建筑中采用的天然石材主要包括花岗石和大理岩两种。

花岗石是岩浆岩中分布最广的一种岩石，其主要造岩矿物有石英、长

图 2-13 石膏砌块（左）及其墙体（右）

石、云母和少量暗色矿物，属晶质结构，块状构造。花岗石的颜色有深青、紫红、浅灰和纯黑等，色彩主要由长石的颜色所决定，因为花岗石中长石含量较多。花岗石坚硬致密，抗压强度高，抗压强度为 120~250MPa，表观密度为 2600~2700kg/m³，孔隙率小（0.19%~0.36%），吸水率低（0.1%~0.3%），耐磨性好，耐久性高，使用年限可达数十年至数百年。

大理岩由石灰岩或白云岩变质而成。由白云岩变质而成的大理岩性能优于由石灰岩变质而成的大理岩。属等粒变晶结构，块状构造。大理岩抗压强度高（100~300MPa），表观密度较大（2600~2700kg/m³），纯大理岩为白色，俗称汉白玉，产量较少。多数大理岩因含杂质（氧化铁、二氧化硅、云母及石墨等）而呈现不同的色彩，常见的有红、黄、棕、黑和绿等颜色。大理岩彩色花纹取决于杂质分布的均匀程度。大理岩质地致密但硬度不大（3~4），加工容易，经加工后的大理岩色彩美观，纹理自然，是优良的室内装饰材料。

用于建筑石砌体结构的天然石料主要是大理石或花岗石、石灰岩等重质岩石，由于其较高的抗压强度和较好的耐久性，可适用于一般民用房屋（一般不超过 6 层）的承重墙、柱和基础，见图 2-14。

图 2-14 花岗石及其石墙

2.2.4　竹木

木材和竹材都是种植历史悠久、来源广泛、绿色环保、易于加工建造的可再生的重要生物质材料，具有典型的"负碳"特性，是人类最早应用于建筑工程的材料之一。

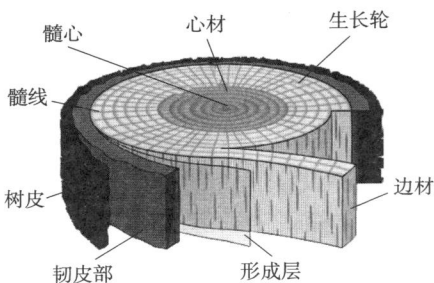

髓心　心材　生长轮
髓线
树皮
韧皮部　形成层　边材

图 2-15　原木的断面

图 2-16　木结构建筑

数字资源 2.1
木结构与可持续性

1. 木材

木材主要有原木和锯材，其中原木主要由树皮、形成层、髓心等部分组成，如图 2-15 所示。

将木材作为结构承重构件已有数千年的历史，特别是在我国古代盛产木材，木构架建筑成为主要的建筑类型。与混凝土和砌体材料相比较，木材重量较轻，有较高的强度、刚性、韧性及耐冲击性，弹性好，可加工性强，且导热系数较低，有良好的保温和吸声性能，通常，硬度、强度及耐磨耐腐蚀性较好的杉木、橡木、柞木等，常被用于作为木结构承重构件的原料，还因其自然的质感和优美的纹理，也具有理想的装饰效果，作为环保建材具有天然、健康、可更新、经久耐用等特征，如图 2-16 所示。

2. 竹材

竹材同木材一样，都是自然生长的生物质材料。但相比木材动辄二三十年的成材周期，四五年左右即可成材的竹材逐渐得到愈发广泛的重视和应用。

竹材生长速度快，且可再生，其制品无毒无害，符合当前的绿色环保要求。且其具有质地坚硬、强度和硬度高，有较好的承重性，可作为建筑的骨架材料。竹材可弯曲、韧性强、耐久性好，且纹理美观、质感柔美，可实现各种竹建筑不同的造型和装饰需求。竹材作为一种新型环保材料，具有广泛的应用前景和市场潜力，如图 2-17 所示。

竹钢，其全称为"高性能竹基纤维复合材料"，是一种以我国南部地区资源丰富的天然竹材为主要原料经改进制成的新型环保建材。其主要成分为竹纤维、酚醛树脂和水。竹钢是以竹基纤维帘为基本构成单元，结合酚醛树脂导入技术，按顺纹理方向经热（冷）压胶合而成的板材。竹钢克服了传统竹材易受潮、易开裂、难加工等缺点，具有强度高、密度大、易加工、耐候性强、阻燃性好、防潮防腐、耐磨等优良性能。特别是竹钢的抗拉强度，可以

图 2-17 竹建筑

达到同等重量的钢材的 3 倍，且寿命可达 50 年，其优良的力学性能使其能够替代部分木材用于木结构或钢木混合结构中，以实现较大跨度梁、柱和楼板结构而成为理想的建筑结构用材。同时，竹钢还具有负碳排放、甲醛释放量低、无废渣废水和粉尘排放等特点，是理想的新型绿色低碳工程材料。

目前，因其优良的物理性能和天然的纹理质感，竹钢被广泛应用于轻型建筑结构及表皮、户外装置、景观设施、室内装饰装修、门窗家具产品、风电叶片等诸多领域，如图 2-18、图 2-19 所示。

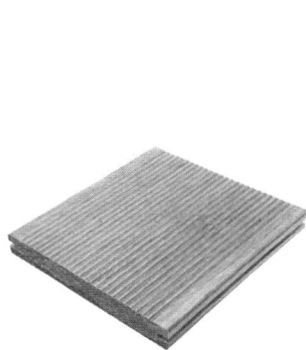

图 2-18　竹钢

图 2-19　成都某建筑外廊和挑檐采用了竹钢斜撑

3. 竹木复合材料

竹木复合材料是将竹片、竹篾、竹碎料等与木板、木刨花、木纤维等材料进行组合，经热压胶合而制成的复合材料。竹木复合材料具有强度高、硬度高、韧性好、环保性能好、耐腐蚀、耐磨、稳定性好等特点。

目前，竹木复合材料有多种应用形式，主要可分为结构用竹木复合材料和功能性竹木复合材料。结构用竹木复合材料主要用于各种工程中的结构受力构件，常见的如竹木复合层积材、竹木复合胶合板、竹木条定向成材等，可以用作结构梁、柱、建筑撑木、集装箱地板等，具有广阔的应用前景。而功能性竹木复合材料则主要用于装饰和家具用材，常见的如竹木纤维集成墙板、竹木复合胶合板、竹贴面装饰板等，如图 2-20~ 图 2-22 所示。

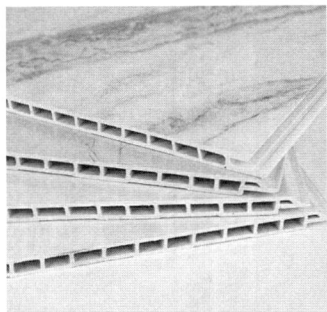

图 2-20　竹木纤维集成墙板　　　　图 2-21　竹木复合胶合板　　　　图 2-22　竹贴面装饰板

2.3 低碳建筑功能材料

建筑功能材料通常是指能够满足防水防潮、保温隔热、隔声吸声、防火阻燃、防腐蚀等建筑功能需求的建筑材料。建筑功能材料能够有效改善建筑性能、延长建筑使用寿命，节约资源和能源消耗、减少环境污染、降低碳排放。常见的建筑功能材料主要包括防水防潮材料、保温隔热材料、建筑防火材料、建筑声学材料、建筑防腐材料等。

2.3.1　防水材料

建筑防水材料是一种用于防止建筑结构、构件及其内部材料受到雨雪水、地下水或湿气、蒸汽及其他有害气体和液体侵蚀和损坏的建筑材料。防水材料品种繁多，目前常见的包括防水卷材、防水混凝土、防水涂料和水泥基防水材料等。

低碳建筑防水材料意指在保持优良的防水性能的基础上，具备更低的碳排放和更小的环境压力，并促进可持续发展的绿色材料。

1. 防水混凝土

防水混凝土是指通过调整混凝土配合比、使用新型水泥或者掺入外加剂等方法提高其自身密实度、抗渗性和憎水性，使其抗渗等级大于或等于 P6 级别的混凝土，具有抗渗性好、耐水性好、防潮效果好、抗风化、抗冻融、耐久性强、施工便捷等特点，主要应用于建筑物内外墙体和屋顶以及地下工程来防止雨水和地下水的渗透。防水混凝土一般分为普通防水混凝土、外加

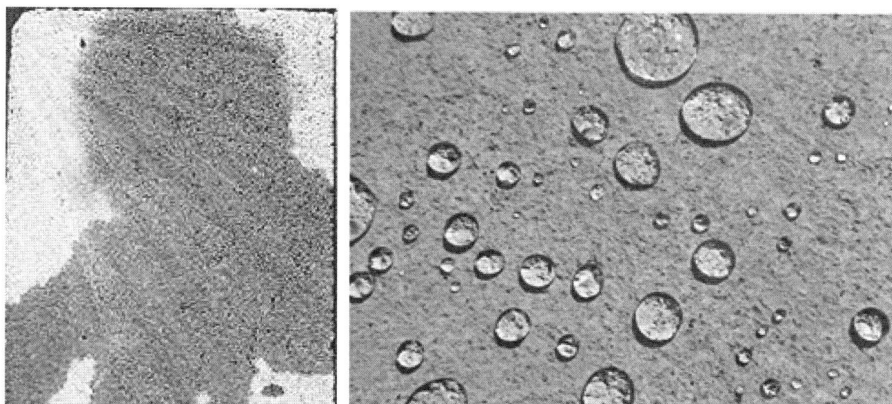

图 2-23　普通防水混凝土（左）和外加剂、膨胀水泥防水混凝土（右）对比

剂防水混凝土、膨胀水泥防水混凝土三种主要类型，如图 2-23 所示。

　　普通防水混凝土是通过调整配合比的方法来满足提高自身密实度和抗渗性要求的防水混凝土。

　　外加剂防水混凝土是在普通混凝土中掺入适量的有机或无机物外加剂来改善混凝土的和易性，从而提高其密实性和抗渗性的防水混凝土。按照加入的外加剂种类的不同，又可分为减水剂防水混凝土、引气剂防水混凝土、三乙醇胺防水混凝土、氯化铁防水混凝土。

　　膨胀水泥防水混凝土又被称作补偿收缩防水混凝土，是以膨胀水泥为胶结材料或在普通混凝土中掺入适量膨胀剂配制而成的一种防水混凝土。

2. 防水卷材

　　防水卷材是以沥青或高分子材料为主要成分制成的一种具有一定宽度和厚度、可卷曲的片状防水材料。根据主要组成材料不同，分为沥青防水卷材、高聚物改性沥青防水卷材和合成高分子防水卷材。防水卷材应具有良好的耐水性、一定的机械强度、延伸性和抗断裂性以及抗老化性能等。目前后两类卷材在综合性能上明显优于沥青防水卷材，因此被国家大力推广应用。

　　高聚物改性沥青防水卷材是以合成高分子聚合物改性沥青为覆盖层，纤维织物或纤维毡为胎体，粉状、粒状、片状或薄膜材料为覆面材料制成可卷曲的片状材料。相较于传统的沥青卷材，由于在沥青中添加了橡胶或塑性树脂进行了改性，明显改善了沥青本身的低软化点、高针入度和低温脆性等缺陷，具备了高温不流淌、低温不脆裂、拉伸强度较高、延伸率较大等优点。目前常见的高聚物改性沥青卷材主要是 SBS、APP 改性沥青防水卷材，以及橡塑改性沥青防水卷材。其中 SBS 改性沥青防水卷材所占比例较大，APP

改性沥青防水卷材因原料需要进口，则限制了其国内用量。SBS改性沥青防水卷材具有良好的耐低温性能，因此适用于北方寒冷气候下的建筑防水。而APP改性沥青防水卷材则具有优异的耐高温性能，因此更适合于南方炎热气候下的建筑防水。橡塑改性沥青防水卷材则同时具有良好的高温和低温性能，也逐渐被推广应用，如图2-24所示。

图2-24 高聚物改性沥青防水卷材（左）及施工现场（右）

合成高分子防水卷材是以合成橡胶、合成树脂或两者的化合物为主要原料，加入适量的化学助剂和填充料等，经不同工序加工制成的可卷曲的弹性或弹塑性片状防水材料；或者把上述材料与合成纤维等复合形成两层或两层以上可卷曲的片状防水材料。目前常见的有三元乙丙橡胶防水卷材（图2-25）、氯化聚乙烯防水卷材、聚氯乙烯防水卷材、氯丁橡胶防水卷材、聚乙烯橡胶防水卷材等。高分子防水卷材具有重量轻，适用温度范围宽（−20~80℃），耐候性好，抗拉强度高（2~18.2MPa），延伸率大（>45%）等优点。

图2-25 三元乙丙橡胶防水卷材（左）及施工现场（右）

3. 防水涂料

防水涂料通常是指呈液态黏稠状合成高分子材料，涂刷于基层表面，固化后形成与基层粘结良好且完整致密坚韧的防水薄膜，能起到良好的防水、防渗及防护的作用。防水涂料具有重量轻、成膜快、附着力强、施工简便、造价较低、耐水、耐污染等特点，被广泛地应用于建筑防水工程中。根据涂料的液态类型，防水涂料通常划分为溶剂型、乳液型、反应型三种。

1）溶剂型防水涂料

溶剂型防水材料是以各种高分子聚合物为主要成膜物质溶解于有机溶剂中形成的防水涂料。常见的溶剂型防水涂料有氯丁橡胶沥青防水涂料、丁基橡胶沥青防水涂料、聚氨酯防水涂料、丙烯酸酯防水涂料、环氧涂料等。溶剂型防水涂料依靠溶剂挥发或涂料组分间的化学反应而结膜，具有涂膜较薄且结构致密，强度高、弹性好、防水性更好、可在较低温度下施工等特点，但施工和使用过程中有易燃易爆有毒的有机溶剂逸出，对环境和人体健康有较大危害，生产、贮存及使用时应注意安全。

2）乳液型防水涂料

乳液型防水涂料是高分子材料成膜物质以极微小的颗粒稳定悬浮在水中而形成的乳液状涂料。其具有透气性好、无毒、不燃、施工方便、可在潮湿地面施工、使用寿命长、生产成本低等特点，并且其结膜过程依靠水分挥发和乳液颗粒融合完成，没有有机溶剂逸出，可以有效降低环境污染。但由于涂料干燥缓慢，一次成膜致密度低于溶剂型涂料，一般不适合5℃以下施工。

3）反应型防水涂料

反应型防水涂料是通过液态的高分子预聚物与相应的物质发生化学反应成膜的一类涂料。在这类涂料中，大多数涂料由双组分或单组分组成，几乎不含溶剂。其具有良好的附着能力、防潮防水效果好、优良的耐化学腐蚀性能和耐紫外线性能、耐久性好、施工方便等特点，广泛适用于各类建筑物的防水工程。

4. 水泥基防水材料

水泥基防水材料是一种以水泥、石英砂、高分子乳液和防水助剂等为主要成分的防水材料。其具有良好的防水性能、耐腐蚀和耐久性，且施工便捷，环保无污染，广泛适用于建筑工程中的防水处理。常用的水泥基防水材料包括水泥基渗透结晶型防水材料、聚合物水泥防水砂浆和聚合物水泥防水浆料等。

1）水泥基渗透结晶型防水材料

水泥基渗透结晶型防水材料是以硅酸盐水泥为主要成分，掺入一定量的活性化学物质配制而成的粉状防水材料，适用于水泥混凝土结构防水工程。其与水作用后，材料中含有的活性化学物质以水为载体在混凝土渗透，与水泥水化产物生成不溶于水的结晶体，填塞毛细孔道和微细缝隙，提高了混凝土致密性与防水性，从而大幅度提升混凝土自防水效果。水泥基渗透结晶型防水材料具有防水性好、耐久性强、耐根穿刺等特点。

2）聚合物水泥防水砂浆（PCM）

聚合物水泥砂浆是由胶凝材料（如水泥、石膏等）、骨料（如石英砂、玻化微珠、珍珠岩等）、外加剂（保水、憎水、增稠、引气、早凝、缓凝剂等）、聚合物（一种或多种单体聚合而成的共聚物）等材料混合而成的复合防水材料。通常，根据聚合物的种类和制备方法，又可分为聚合物砂浆（PM）、聚合物浸渍砂浆（PIM）和聚合物改性水泥砂浆（PMM）三类。

聚合物砂浆是将砂浆中的水泥部分用聚合物取代，聚合物作为胶凝材料与骨料和其他组分（外加剂）组成的一种复合材料。用作胶凝材料的聚合物可以全部凝结聚合，因而砂浆内部没有连通孔隙，水泥的脆性得到明显改善。相比于普通水泥砂浆，聚合物砂浆具有早期抗压强度高、抗冲击性好、抗折强度高、抗渗透性好、耐腐蚀、耐久性好等特点。聚合物砂浆常用的聚合物主要包括不饱和聚酯树脂、环氧树脂、呋喃树脂、酚醛树脂等。聚合物砂浆价格高，通常用于有特殊要求的建筑工程。

聚合物浸渍砂浆是指将已水化的水泥砂浆用可聚合的单体、预聚体或黏度较小的低分子聚合物等浸渍，在特定条件下深入砂浆内部微缝、微孔及骨料界面中的单体或预聚体进行聚合生成聚合物复合砂浆。聚合物浸渍砂浆常用的聚合物主要包括丙烯酸甲酯、甲基丙烯酸甲酯、苯乙烯等。聚合物浸渍砂浆具有力学性能好、耐候性优异、结构密实、抗渗性好等特点。并且，其可在结构表面形成封闭的薄层罩面，起到良好的隔绝效果，可用于维修和加固破旧混凝土、桥梁路面等结构。但由于其工艺流程太复杂、成本很高，因此难以大面积商业化使用。

聚合物改性水泥砂浆是指分散或溶解在水中的聚合物与水泥、骨料以一定的比例混合，制备出的一种"有机改性无机"的复合材料。聚合物的掺量一般为水泥用量的 5%~30%。其所用到的聚合物主要包括聚合物乳胶、可再分散性聚合物粉末、水溶性聚合物和液体聚合物。聚合物改性水泥砂浆具有防水效果好、使用方便、工艺简单、成本较低等优点，并且提高了砂浆的粘结性、强度和耐久性等，广泛适用于工业及民用建筑墙体、建筑屋面、卫生间、地下室等的防水防渗漏处理，以及建筑结构混凝土加固和人防设施的防水堵漏，并可用于建筑墙面、地面和屋顶的修补和翻新，填补和修补裂缝等。

3）聚合物水泥防水浆料

聚合物水泥防水浆料是以水泥、细骨料为主要组分，聚合物和添加剂等为改性材料按适当配比混合制成的、具有一定柔性的防水材料。其防水机理是通过形成一层附着于基层表面的防水膜来阻止水分渗透。其具有强度高、耐水性好、抗渗性好、粘结性好、柔韧性好、施工方便、绿色环保等特点，广泛适用于卫生间、厨房、阳台等部位的防水工程。

2.3.2　建筑保温材料

日益凸显的能源短缺和环境污染问题，使公民的节能减排和环境保护意识不断增强，建筑保温也随之受到越来越多的关注。并且随着国家"双碳"目标的发布与深入实施，以及建筑节能标准的逐步提高，建筑保温材料在其中也发挥着越来越重要的作用。

在建筑工程中，通过在建筑外围护结构上采用绝热材料形成保温系统，减少冬季建筑物室内热量向室外散失，同时也可以降低夏季建筑物室外高温向室内的渗透，既可以保持室内热环境始终处于较为舒适的状态，又有助于建筑物的节能降耗。

保温材料的种类繁多，按材料的化学成分不同通常分为有机保温材料、无机保温材料和有机无机复合保温材料。

1. 有机保温材料

有机保温材料是以有机高分子材料为主要成分，添加一定的催化剂、发泡剂等化学助剂而制成的保温材料。目前常见的有机保温材料有模塑聚苯乙烯泡沫（EPS），挤塑聚苯乙烯泡沫（XPS）、聚氨酯泡沫（PU）、酚醛泡沫（PF）、聚苯颗粒砂浆等。

1）模塑聚苯乙烯泡沫（EPS）

模塑聚苯乙烯泡沫板是由含有挥发性液体发泡剂的可发性聚苯乙烯珠粒，经预发、熟化、加热成型、烘干、切割等加工处理后，制成的有机保温材料。含有大量微细闭孔是其典型的结构特点。EPS板具有质量轻、导热系数低、吸水和防潮性能好、隔声性能好、抗冲击力强、耐火性好等优点（表2-1），被广泛用作建筑围护结构的节能保温板、隔声板、墙体填充材料，以及建筑的门套、窗套、檐角线及腰线等部位的装饰构件。

模塑聚苯乙烯泡沫（EPS）的主要性能参数　　　　表2-1

导热系数 [W/（m·K）]	表观密度（kg/m³）	抗压强度（MPa）	吸水率（%）	燃烧性
0.03~0.04	21~51	0.14~0.36	≤ 4	B2 级

2）挤塑聚苯乙烯泡沫（XPS）

挤塑聚苯乙烯泡沫板是以聚苯乙烯树脂为主要原料，掺合入聚合物、催化剂等，经加热混合、挤压成型为具有连续性闭孔发泡的硬质泡沫塑料板。其具有质量轻、抗压强度高、导热系数低、吸声隔声、防火阻燃、防水防潮抗渗透、防腐蚀、抗老化、使用寿命长等特点（表 2-2），广泛适用于建筑墙体、屋顶和地面的保温隔热。

挤塑聚苯乙烯泡沫板（XPS）的主要性能参数　　　表 2-2

导热系数 [W/（m·K）]	表观密度（kg/m³）	抗压强度（MPa）	吸水率（%）	燃烧性
≤ 0.043	≤ 45	≥ 0.18	≤ 2	B2 级

3）硬质聚氨酯泡沫（PU 硬泡）

聚氨酯泡沫是以异氰酸酯和聚醚为主要原料，配以发泡剂、催化剂、阻燃剂等多种助剂，经高压喷涂现场发泡而成的高分子聚合物。聚氨酯泡分软泡和硬泡两种。聚氨酯硬泡由于是闭孔结构，具有良好的保温和防水性能，且质量轻、比强度高、隔声效果好、耐磨、耐酸碱、化学稳定性好等特点（表 2-3）。

硬质聚氨酯泡沫（PU 硬泡）的主要性能参数　　　表 2-3

导热系数 [W/（m·K）]	表观密度（kg/m³）	抗压强度（MPa）	吸水率（%）	燃烧性
0.037~0.048	30~40	≥ 0.20	≤ 3	B2 级及以上

4）柔性泡沫橡塑绝热制品

柔性泡沫橡塑绝热制品是以天然或合成橡胶为基材，含有其他聚合物或化学品，经有机或无机添加剂进行改性，经混炼、挤出、发泡和冷却定型，加工而成的具有闭孔结构的柔性绝热制品。其具有质量轻、柔性和弹性好、导热系数低、防火性能较好、耐腐蚀性强、耐候性好等特点，广泛应用于建筑外墙、屋顶、楼地面的保温隔热及降噪，以及冶金、船舶、化工、电力等行业。

5）植物纤维保温材料

植物纤维保温材料是利用各种植物纤维材料进行加工而成的一种保温材料。植物纤维保温材料具有优良的保温性能和吸声性能，同时也具有良好的环保性，不会产生任何污染物，可以进行循环利用。

6）菌丝体保温材料

菌丝体保温材料就是一种由菌类生物制成的可持续、可生物降解的保温材料。菌丝体是一种形成真菌根系的生物材料，其以农业废物为食，并在此过程中隔离储存在这种生物质中的碳。因此，菌丝体保温材料不仅具有优良的保温性能，而且据有关研究表明，在材料制造过程中每月至少能吸收约16吨二氧化碳当量，并且完全可生物降解，可见其是一种理想的负碳环保建材。另外，由于菌丝体中含有一种天然的阻燃剂——甲壳素，因此具备天然的防火性能，如图2-26所示。

图 2-26 菌丝体保温材料

2. 无机保温材料

无机保温材料是指以矿物质或非金属物质为主要原料，经过化学反应或物理加工得到的一类保温材料。相对于有机保温材料来说，无机保温材料的导热系数较大、保温隔热略差、吸水率高、防水性能较差，但其强度较高、防火性能优异、化学稳定性好、耐高温、抗老化、使用寿命较长等。常用的无机保温材料主要有岩棉及其制品、加气混凝土、泡沫混凝土、泡沫玻璃、玻化微珠保温砂浆、玻璃棉、矿棉及其制品、膨胀蛭石、膨胀珍珠岩及其制品等。

1）岩棉保温板

岩棉保温板是以熔融的矿物纤维为主要原料，经高速旋转喷射加工而成的无机纤维板。其具有导热系数低、轻质高强、防火性能好（A1级）、吸声降噪、防水防潮、耐久性好等优点（表2-4），且其不含有害物质，绿色环保。岩棉保温板广泛应用于建筑屋顶、墙体、地面等部位的保温与隔热，以及交通运输、冷库、船舶、飞机等领域的保温和防火保护。

岩棉保温板的主要性能参数　　　　　　　　　　　　　　表2-4

导热系数 [W/（m·K）]	表观密度（kg/m³）	压缩强度（MPa）	吸水率（%）	燃烧性
≤ 0.04	≥ 140	≥ 0.04	≤ 2	A 级

2）玻璃棉保温板

玻璃棉是以石英砂、石灰石、白云石等天然矿石为主要原料，与纯碱、硼砂等化工原料按一定比例配制成混合料，经高温熔融为玻璃液，在融化状态下使其流经高速旋转的离心器，在离心力作用下被甩成絮状细纤维，而形成的人造无机纤维。由于相互立体交叉缠绕的纤维与纤维之间形成许多细小的孔隙，因此可将玻璃棉看作多孔材料，具有良好的保温绝热和吸声隔声性能（表2-5）。另外，玻璃棉还具有耐腐蚀、防火性能好、易加工等优点，广泛适用于建筑墙体、屋顶和地面的保温隔热以及隔声减振。

玻璃棉板的主要性能参数 表2-5

导热系数 [W/（m·K）]	表观密度（kg/m³）	抗拉强度（MPa）	使用温度（℃）	燃烧性
0.035~0.041	80~100	≥ 0.03	≤ 300	A级

3）泡沫玻璃板

图 2-27 泡沫玻璃板

泡沫玻璃板是以碎玻璃为主要原料，配合发泡剂、改性添加剂和发泡促进剂等助剂，精细粉碎、均匀混合及高温熔融发泡、退火制成的具有闭孔结构的人造无机纤维。泡沫玻璃板重量轻、抗压强度较高，且具有良好的保温绝热、防潮防水、隔声降噪和耐腐蚀性能（表2-6），适用于建筑外墙、屋顶及地面的保温隔热和吸声隔声等，此外也是地下室、冷库、烟道等保温工程的常用保温材料，如图2-27所示。

泡沫玻璃板的主要性能参数 表2-6

导热系数 [W/（m·K）]	表观密度（kg/m³）	抗压强度（MPa）	使用温度（℃）	燃烧性
0.04~0.05	150~220	1~2	≤ 400	A1级

4）真空绝热板

图 2-28 真空绝热板

真空绝热板是以无机超细粉体、纤维和吸气剂为芯材，涂以高性能复合气体阻隔膜和真空包装技术制成的高性能建筑保温材料。其具有厚度薄、强度较高、导热系数低、防火性能好（A级）、防潮防水性好、耐久性好等特点（表2-7），并且其采用无毒无刺激性的无机材料，绿色环保，广泛应用于新建及既有建筑改造项目的内外墙、屋面及楼地面的保温，如图2-28所示。

真空绝热板的主要性能参数   表 2-7

导热系数 [W/（m·K）]	表观密度（kg/m³）	压缩强度（MPa）	表面吸水量（g/m²）	燃烧性
≤ 0.008	100~160	≥ 0.1	≤ 100	A 级

5）发泡陶瓷板

发泡陶瓷板是以陶土尾矿、陶瓷碎片、陶瓷固体废料、河道淤泥、掺加料等为主要原料，经磨成粉状后添加无机发泡剂，采用湿法或干法制料，经布料成型、窑炉高温焙烧制成的一种高气孔率的、均匀闭孔的硅酸盐陶瓷材料。其具有轻质高强、保温隔热、防火阻燃、防水防潮、隔声降噪、使用寿命长等特点（表2-8），并且其采用无机非金属材料为原材料，且大多是固体废料的回收再利用，不仅生产和使用过程中无有害物质排放，而且有利于节约资源，是一种理想的绿色环保建材。发泡陶瓷板广泛适用于建筑内外墙体的保温隔热、建筑室内装饰以及作为工业、交通等领域的保温隔热和隔声材料。

发泡陶瓷板的主要性能参数   表 2-8

导热系数 [W/（m·K）]	表观密度（kg/m³）	抗压强度（MPa）	使用温度（℃）	燃烧性
≤ 0.065	≤ 180	≥ 0.20	≤ 1000	A1 级

3. 复合保温材料

复合保温材料是在不同保温材料之间或各种保温材料与其他材料之间，经一定的加工处理形成一个整体的保温材料。复合保温材料综合了不同材料的特性，具有良好的保温隔热性能，且防火阻燃、变形系数小、抗老化、性能稳定、使用寿命长，且其原材料来源广泛，有利于节约资源，环保性好。目前常见的复合保温材料有水泥聚苯复合板、酚醛铝箔复合保温板、金属氟碳保温复合板、气凝胶保温隔热材料、复合岩棉板等。

1）水泥聚苯复合板

水泥聚苯复合板是以废旧聚苯乙烯泡沫破碎后的颗粒为骨料，用普通水泥做胶结料，加入稳泡剂、发泡剂等添加剂，按一定比例搅拌后浇筑成型制成的材料。其具有质量轻、导热系数低、不吸水、耐冻融、粘结强度高、施工方便、造价经济、使用寿命长等优点，主要用于建筑墙体和屋面隔热保温、复合保温板材的保温层等。

2）酚醛铝箔复合保温板

酚醛铝箔复合保温板是由铝箔和酚醛泡沫经过先进的连续化生产线一次

图 2-29　酚醛铝箔复合保温板

性复合而成的保温材料。通常做成双面铝箔的夹芯结构。其具有导热系数低、绝缘性好、耐候性和耐热性好、不吸水，耐酸碱、耐老化、高阻燃、低发烟等特点，并且发泡过程不使用氟氯化合物，无毒无味，是理想的低碳环保建材。适用于新建建筑的保温节能工程以及既有建筑的保温节能改造，亦可作建筑装饰之用，如图 2-29 所示。

2.3.3　建筑防火材料

建筑防火材料是阻止火灾发生或火势蔓延的一类建筑安全材料。建筑防火材料在火灾发生时利用自身耐火、耐高温、不易燃烧等特性或通过添加特定的具有防火特性基质的合成材料来达到有效延缓或阻止火焰的蔓延的目的，从而争取了更多高贵的人员疏散时间，并减少火灾造成的损失。

1. 有机防火材料

有机防火材料是指以含碳化合物、碳氢化合物及其衍生物为主要成分的防火阻燃材料，通常由碳、氢、氧、氮等元素构成，具有防火性能优良、热稳定性好、无毒无污染物质释放等优点。常见的有机防火材料有有机防火涂料、有机阻燃剂等。

有机防火涂料是将以难燃有机聚合物为主要成分的涂料涂覆于可燃性基材表面，有效降低基材的可燃性、阻止或减缓火焰的传播，从而提高构件的耐火极限的一种特殊涂料。其除了有优异的防火阻燃性能外，还具有良好的防水防锈、防腐耐磨、耐候性好、涂层均匀、附着力强等特点。且由于其通常是用不含重金属及其他有害物质的新型环保材料制成，是一种绿色环保的建筑材料，广泛适用于钢结构、混凝土、木材等的防火阻燃。

2. 无机防火材料

无机防火材料是指以不含碳或含碳量很少的无机物为主要成分的防火阻燃材料。通常具有耐高温、耐腐蚀、不易燃烧、不产生有毒气体等特点。常见的无机防火阻燃材料有防火石膏板、硅酸钙板、矿棉板、玻璃棉板、无机防火涂料等。矿棉板和玻璃棉板由于其短纤维对人体健康的威胁和较差的板材强度和装饰性，以及对火灾烟气蔓延的阻隔性较差等原因，已逐渐被其他新型防火材料取代。

防火石膏板是在传统纸面石膏板的基础上，加入耐火玻璃纤维等添加剂，既具有纸面石膏板轻质高强、保温隔热、隔声、收缩率小、施工方便、可加工性好等特点，又使板材在火灾发生时，能够保持较长时间的结构完

图 2-30　硅酸钙板

整，起到较好的防火阻燃的作用，适用于建筑室内隔墙、吊顶、屋面板等。

硅酸钙板，亦称作硅酸钙纤维板，是以钙质材料（如石灰、水泥、电石泥等）和硅质材料（如石英粉、粉煤灰、硅藻土等）等为主要原料，以无机矿物纤维或纤维素纤维等松散短纤维等为增强材料，经制浆、成型，并在高温高压饱和蒸汽中加速固化反应后形成硅酸钙胶凝体而制成的无机建筑材料。其轻质高强，具有良好的防火（A1 级）、防潮、隔声、防虫蛀等优点，且可加工性好、耐久性较好，广泛适用于建筑室内隔断墙板、吊顶、隔墙面板、防火隔墙、钢结构的防火包裹等，如图 2-30 所示。

无机防火涂料是以无机材料为主要成分的防火涂料。目前常用的无机防火涂料包括硅酸盐涂料、钾基无机防火涂料、磷系无机防火涂料、氢氧化镁涂料等。与有机防火涂料相比，无机防火涂料防火性能更好，原料来源广泛，且主要来自大自然，资源丰富，同时其基料的生产和使用过程几乎无有害物质释放，是一种环境友好的绿色建材。可广泛适用于建筑室内和室外的建筑装饰、隔热保温、管道绝热等领域。

3. 复合防火材料

复合防火材料是由不同的防火材料组合而成，主要包括纤维水泥板、金属复合防火板、防火夹层玻璃等。

纤维水泥板是以水泥为胶凝材料，有机合成纤维、无机矿物纤维或纤维素纤维等为增强材料，经成型、加压（或非加压）、蒸压（或非蒸压）养护制成的复合材料板材。其具有 A 级防火、良好的抗压和抗弯强度、保温隔热、防水防潮、耐腐蚀、稳定耐久等优点，且不含石棉、甲醛等有害物质，生产和使用中不会释放有害气体或辐射，绿色环保。广泛适用于建筑外墙、屋顶等的保温隔热，也是各类建筑物及公共场所防火阻燃材料的最佳选择之一，如图 2-31 所示。

金属复合防火板是由金属材料和非金属材料组合制成的复合防火材料。通常由两层或多层金属材料面层和阻燃无毒的非金属材料芯材组成。常见的金属复合防火板有铝复合板（图 2-32）、铜复合板、不锈钢复合板、钛锌复合板等。金属复合防火板具有耐火隔热性能优异、质量轻、强度较好、耐久性好、装饰效果好、施工便捷等优点，并且由于其主要采用环保材料，不会产生有害气体，是一种环保无害的绿色建材。适用于住宅、商业建筑、办公建筑、工业建筑等多种建筑类型。

防火夹层玻璃是一种由多种材料组合而成，在规定的耐火试验中能够保持其完整性和隔热性的特种玻璃（图 2-33）。通常是将两片及两片以上的单

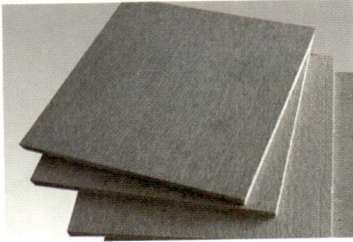
图 2-31　纤维水泥板

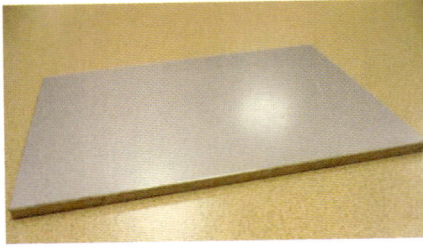
图 2-32　金属防火铝复合板

图 2-33　防火夹层玻璃

层平板玻璃用膨胀阻燃胶结剂粘接复合，并选择具有良好耐热性、耐候性和抗冲击性能的 PVB 材料和 EVA 材料作为中间膜，或在两层或多层玻璃之间夹入如陶瓷纤维、耐火胶片等的特殊防火材料。防火夹层玻璃具有良好的透光性能、防火隔烟以及隔声和抗冲击性能，适用于需要同时满足透明采光和防火耐高温的建筑构件，例如装饰钢木防火门、窗、隔断墙、采光顶、挡烟垂壁等。

2.3.4　建筑声学材料

工业噪声控制及室内音质设计中，常采用建筑声学材料来降低噪声污染，提高室内声环境质量，主要包括建筑吸声材料和隔声材料等。

1. 吸声材料

吸声材料是指具有足够吸声性能的建筑材料。吸声系数是衡量材料吸声性能的重要指标，吸声系数越大，材料的吸声性能越好，通常，我们将吸声系数大于 0.2 的材料称为吸声材料。在需要降低室内混响时间，减轻反射噪声影响，消除回声等声学缺陷时，常采用吸声材料进行室内装修，以提高声环境质量。

吸声材料按照吸声机理，主要分为多孔吸声材料、共振吸声结构、特殊吸声结构。

1）多孔吸声材料

多孔吸声材料内部含有大量内外连通，且分布均匀的微小孔洞和间隙，声波进入，带动孔隙中空气振动，并与孔壁摩擦产生热能，消耗声能，因此，多孔吸声材料具有良好的中高频吸声性能。多孔吸声材料种类繁多、应用普遍，常用的多孔吸声材料包括纤维类、泡沫类吸声材料等。

纤维类吸声材料是指以纤维状物质为主要成分的吸声材料，分为有机纤维和无机纤维。有机纤维类吸声材料主要包括棉、毛、麻、棕丝、稻草或木质纤维等天然纤维材料和聚酯纤维、聚丙烯纤维等人工合成纤维材料。无机纤维类吸声材料主要包括岩棉、玻璃棉、矿渣棉等。由于天然纤维原料较易获得，且对人体和环境几乎无危害，因此是目前低碳环保吸声建材的主要发展方向。

泡沫类吸声材料主要由聚氨酯、聚酯、聚乙烯等材料制成，吸声性能良好，并且具有质量轻、隔热、防火、防潮、耐腐蚀、减振等特点，广泛应用于建筑声学设计中，改善室内音质。

2）共振吸声结构

共振吸声结构是利用入射声波与结构固有频率的共振效应，达到吸声效果的声学结构。共振吸声结构在共振频率处吸声系数最大，而在远离共振频率的地方，吸声系数迅速减小，具有较好的中低频吸声特性。常见的共振吸声结构主要包括薄膜与薄板共振吸声结构、穿孔板共振吸声结构和微穿孔板共振吸声结构。

（1）薄膜共振吸声结构

薄膜共振吸声结构是将处于张拉状态的塑料薄膜、皮革、人造革等不透气薄膜材料周边固定于框架上，与其背后预留的一定厚度的空气间层共同组成的共振系统，如图2-34所示。

（2）薄板共振吸声结构

薄板共振吸声结构是将薄木板、胶合板、硬质纤维板等轻质薄板材周边固定在龙骨上，与其背后形成的一定厚度的封闭空气间层共同组成的共振系统，如图2-35所示。

（3）穿孔板共振吸声结构

这种结构是通过在板材上打孔并在孔后方设置一定深度的密闭空腔组成的。当声波的频率与这一系统的固有频率一致时，孔内的空气会激烈振动，增强了吸收效果。

（4）微穿孔板共振吸声结构

微穿孔板吸声结构是在普通穿孔板的基础上，为了加宽吸声频带，用板厚、孔径均在1mm以下、穿孔率为1%~5%的薄金属板与背后空气层组成共振吸声结构。由于穿孔细而密，因而比穿孔板的声阻大得多，而声质量小得多，声阻与声质量之比大为提高，不用另加多孔材料就可以成为良好的吸声结构，如图2-36所示。

3）特殊吸声结构

（1）空间吸声体

空间吸声体是一种将吸声材料或吸声结构悬挂在建筑室内空间中的吸声体。由于空间吸声体有两个及以上的界面暴露在空间中，相当于增加了入射声波与吸声材料的接触面积，即增加了有效吸声面积，提高了吸声效率。同时，空间吸声体还可根据使用场所的空间特色和具体需求，设计成各种形

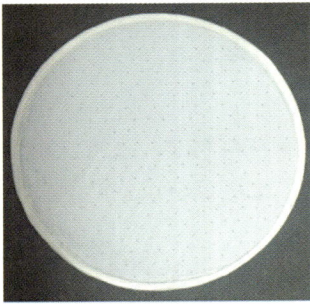

图 2-34 微孔软膜顶棚吸声材料

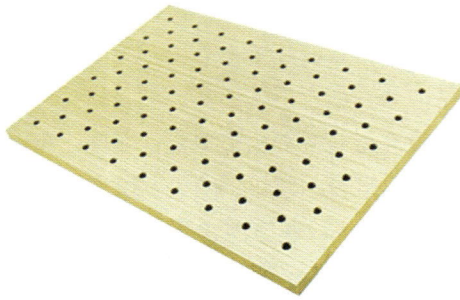

图 2-35 穿孔吸声板

图 2-36 微穿孔铝蜂窝金属吸声板

态，在取得良好声学效果的同时创造优美的建筑空间艺术效果，如图 2-37 所示。

（2）吸声尖劈

吸声尖劈是一种特殊的吸声体，通常分为尖部和基部两部分。安装时在尖壁和壁面之间留有空气层。当声波从尖端入射时，由于吸声层逐渐过渡的性质，材料的声阻抗与空气的声阻抗能较好地匹配，从而能够高效地吸收入射声能。入射的声波几乎可以全部被吸收，一般用于消声室中。

（3）织物帘幕

织物帘幕是具有透气性能的纺织品，具有多孔材料的吸声特性。如果将帘幕安装在距离墙面或窗洞一定距离的位置，就如同在多孔材料的背面设置了空气层，对中高频有一定的吸声效果。

2. 隔声材料

隔声材料一般是质量重、密实、无孔隙的材料，透射吸声小，能够有效隔绝噪声的传播，如钢板、铅板、砖墙等。建筑中常用的实心砖块、钢筋混凝土墙体等具有良好的隔声性能。为减轻墙体的重量，并保证隔声性能，常采用多层组合结构，如轻钢龙骨石膏板墙体的隔声性能较低，而在两层石膏板之间增加一层或多层矿棉吸声材料，能够显著提升墙体的隔声性能。

图 2-37 空间吸声体

建筑装饰材料是安装于建筑物的内外表面，主要起装饰和保护作用的建筑材料。

2.4.1 墙纸与墙布

墙纸是以纸为基层，表面覆盖丝、棉、麻、毛、树叶、软木等不同材料，经涂布、印刷、压纹、表面涂覆等加工而成的；墙布是以天然纤维或人造纤维织成的布为基层，并通过平织的方式在其上作印花或轧纹浮雕形成表面图案，与墙纸相比，墙布具有更强的立体感和表现力，以及吸音和调节室内温度等功能。

墙纸和墙布一般采用裱糊方式固定墙面基层上，具有施工方便、图案多样、装饰效果好等特点，是住宅、公寓、办公室、酒店、宾馆、餐厅等建筑内部空间常用的墙面装饰材料。

1. 环保墙纸

近年来，为提升室内环境品质常采用环保墙纸，环保墙纸主要采用天然、无害的原材料，更加环保、安全，并且环保墙纸还避免采用含有甲醛的胶粘剂，降低了安装过程中的环境污染，有利于保持室内环境质量。另外环保墙纸还具有透气性好、安全阻燃、不吸附灰尘、耐磨耐老化等特点，是未来健康低碳建材的重要选择。

目前常见的环保墙纸有木纤维墙纸、硅藻泥墙纸、无纺布墙纸等。

1）木纤维墙纸

木纤维墙纸是指将优质树种中提取的天然植物纤维经特殊工艺直接加工制成的墙纸。其花色繁多、质地柔和自然，且具有良好的透气性、防霉、防潮、防蛀、易清洁、耐擦洗、环保阻燃等特点，适用于卧室、客厅、餐厅、走廊、办公室等建筑室内空间的装饰装修，如图 2-38 所示。

图 2-38 木纤维墙纸

2）硅藻泥墙纸

硅藻泥墙纸是以硅藻土为原料的建筑室内装饰材料。硅藻泥是一种天然环保材料，不含有害物质，具有净化空气、防火阻燃、调节室温、吸声降噪、杀菌除臭、使用寿命长等特点，且色彩丰富、纹理多样，适用于住宅客厅、卧室、书房、公寓、幼儿园、会所、写字楼、疗养院等的内墙装饰。但由于硅藻泥可吸收水分，在厕所这类空气湿度过大的场所，不利于水分释放，而在厨房中容易吸附油烟，影响硅藻泥功能，因此，不适合在厕所、厨房等处使用，如图 2-39 所示。

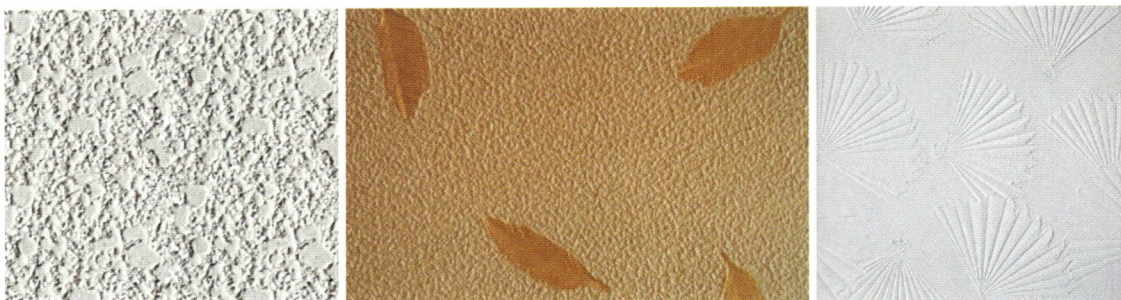

图 2-39　硅藻泥墙纸

3）无纺布墙纸

无纺布墙纸是采用天然植物纤维通过无纺工艺制成的一种高档墙纸。其具有柔韧质轻、透气、防潮、隔热、隔声降噪、粘贴牢固、使用寿命长等特点，并且其采用天然材料（纤维丝、蚕丝等）为原材料，不含化学成分，比传统 PVC 墙纸更环保，广泛适用于住宅居室、高档酒店、写字楼、餐厅、学校、医院等场所的装饰装修，如图 2-40 所示。

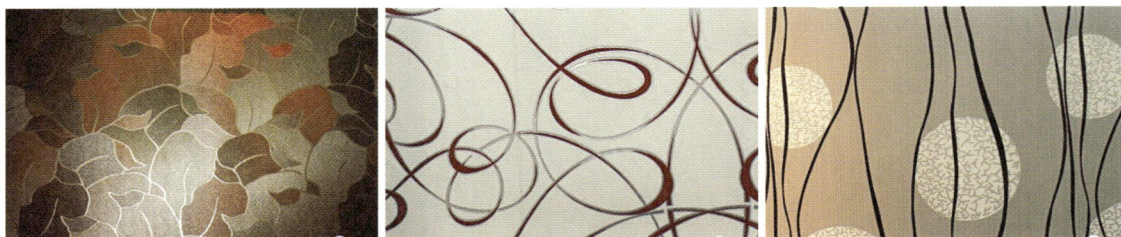

图 2-40　无纺布墙纸

2. 环保墙布

环保墙布有效消除了传统墙布质地较薄、易破损、安装过程中有甲醛等有害气体挥发等缺陷，并且具有美观大方的装饰效果。考虑墙布材质容易吸湿，因此其适用于空气湿度小的建筑室内装饰工程。目前常见的环保墙布有竹炭墙布、蚕丝墙布等。

1）竹炭墙布

竹炭墙布也称竹炭纤维墙布，是以天然竹炭纤维为主要成分，配合其他纤维材料经特殊处理制成的一种新型环保装饰材料。竹炭纤维是取天然毛竹为主要原料，经高温炭化处理后制成的一种黑色纤维，具有吸湿透气、抑菌抗菌、抗紫外线等优点，并且竹炭纤维对甲醛、苯、甲苯、氨等有害物质和粉尘有非常强的吸附能力，净化空气效果十分明显，同时还可以发射较高浓度的负离子，有益于身心健康，因此以其为主要成分制成的竹炭墙布是一种绿色环保、高品质且耐用的绿色墙面装饰材料，如图2-41所示。

图 2-41　竹炭墙布

2）蚕丝墙布

蚕丝墙布是主要以蚕丝为原材料，配合其他天然或人造材料混纺而成的一种高档装饰墙布。蚕丝墙布色泽款式多样、立体浮雕感强、装饰效果好、手感舒适、透气性好且保温隔热和吸声性能较好，常用于高档住宅、办公建筑、酒店等场所的高档装饰，如图2-42所示。

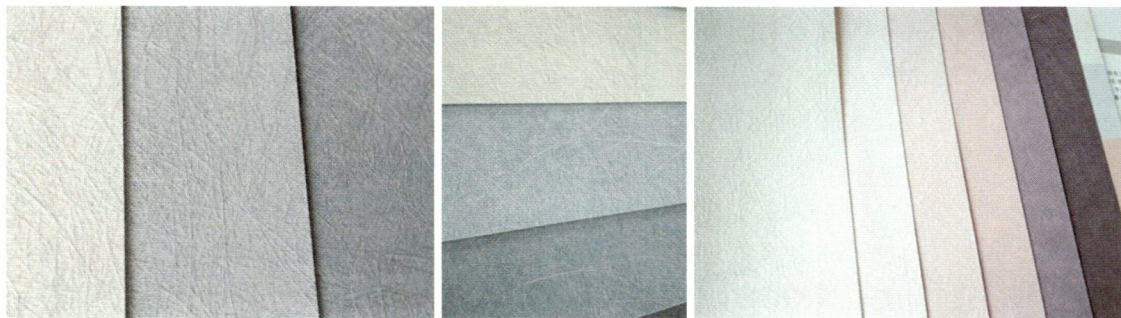

图 2-42　蚕丝墙布

2.4.2　木质板材

木质板材是以木材为原材料，经加工处理制成的装饰材料。由于其纹理自然、坚固耐用，是建筑装饰装修备受青睐的装饰材料。主要分为实木板材和人工板材两大类。

1. 实木板材

实木板材是以天然生长的树木为原材料，由整块天然木材经刨锯加工制成。其制作工艺简单、舒适耐用，且保留了天然木材的纹理质感，美观大方，为建筑室内装饰带来自然的美感。同时实木板材不含任何化学添加剂，天然环保。但由于天然木材原料不易获得，价格较高，并且应该注意实木板材的防潮变形问题。

根据所用木材的种类，实木板材可分为硬木板材和软木板材。常见的硬木板材包括橡木、黑胡桃木、桦木、柚木、枫木等。其中，橡木是最为常见的硬木板材之一。硬木板材强度高、质地坚硬、木质纤维密度较高、结构稳定、装饰效果好、使用寿命长，适用于制作地板、家具、门窗等，如图 2-43 所示。

图 2-43　橡木板材（左）及其装饰效果（中、右）

常见的软木板材包括松木、楠木、樟木、杉木等。软木板材通常质地较为柔软、木质纤维较松散，弹性和吸振性较好，主要用于建筑保温、隔声、防水等构件或产品以及室内装饰装修，如图 2-44 所示。

2. 人工板材

人造板材是将木材、竹材或其他植物纤维的切片或碎屑等，添加胶合剂、填充剂等材料后，经高温高压粘合而制成的板材。与实木板相比，人造板材的原料更易获得，生产成本更低，且具有易加工、抗变形能力强、纹理

图 2-44 松木板材（左）及其装饰效果（中、右）

自然美观等特点，在各类建筑室内装修、家居产品、船艇内饰等领域都得以广泛应用。但人造板材的加工过程中可能释放甲醛等有毒挥发性物质，在环保性上不如实木板材。目前在建筑装饰领域常见的人造板材有胶合板、刨花板、纤维板、细木工板、木丝板等。

1）胶合板

胶合板是将木段旋切成的单板或木方刨切成的薄木片用胶粘剂胶合而成的多层板状材料。胶合板是将木屑或木纤维等材料回收再生，减少了资源浪费。且其具有较高的强度和稳定性、变形小、可加工性能良好，以及平滑适宜涂饰的表面，因此是一种广泛应用的装饰材料，如图 2-45 所示。

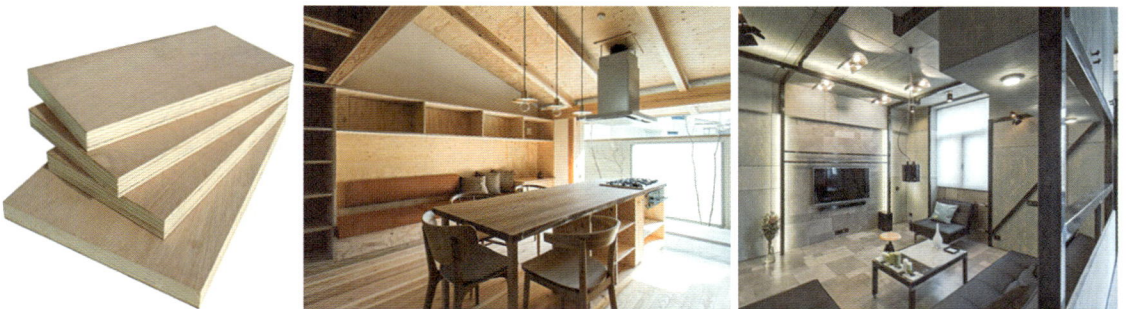

图 2-45 胶合板（左）及其装饰效果（中、右）

2）刨花板

刨花板是将速生木材、小径木、木屑等切削成一定规格的碎片，加入添加剂后经高温高压制成的一种人造板材。其内部呈排列不均的颗粒状结构，因此也被称为颗粒板。刨花板表面平整、不易变形、强度较高、耐用性好、可塑性强，且具有良好的吸声隔声性能，适用于建筑室内装饰，如图 2-46 所示。

3）纤维板

纤维板又称作密度板，是以木质纤维或其他植物纤维为原材料，施加胶

图 2-46　刨花板（左）及其装饰效果（中、右）

粘剂在加热加压条件下加工而成的人造板材。按密度可分为高密度纤维板、中密度纤维板和低密度纤维板。纤维板内部结构均匀、纵横强度差小、不易变形开裂，具有良好的物理和力学性能，且其表面光滑，方便涂饰和二次加工，利于创造多样的造型装饰效果。但纤维板也存在防潮性能差、握钉力差等缺陷，如图 2-47 所示。

图 2-47　纤维板（左）及其装饰效果（中、右）

2.4.3　装饰涂料

涂料是指能够涂覆于物体表面，且与物体牢固粘结以形成连续完整而坚韧的涂膜的材料。其形成的涂膜对物体可以起到理想的装饰和保护作用。装饰涂料是指涂覆于建筑物表面起到装饰和保护作用的涂料，与其他装饰材料相比，具有质量轻、附着力强、色彩丰富、施工及维修方便、耐水、耐污染、易清洁以及耐老化等特点，是重要的建筑装饰材料之一，涂料的产量大，广泛应用于建筑室内外墙面、顶棚、地板等的装饰装修。

按涂料的化学成分分类，装饰涂料通常可分为有机涂料、无机涂料和有机无机复合涂料三种。

1. 有机涂料

有机涂料是指以高分子化合物为主要成膜物质而形成的涂料，主要包括三种类型，分别为溶剂型涂料、水溶性涂料和乳胶涂料。

溶剂型涂料是以高分子合成树脂为主要成膜物质，以有机溶剂为稀释剂，加入适量的颜料、填料以及助剂，经混合、搅拌溶解、研磨而成的涂料，常见的有丙烯酸酯涂料、聚氨酯丙烯酸涂料和有机硅丙烯酸涂料。溶剂型涂料具有耐候性好、附着力强、耐腐蚀性好、色泽艳丽、光泽度好等优点，有较好的装饰效果，主要用于建筑内部和外部装饰、工业设备及结构等。但它也存在易挥发、有毒、易燃、易爆等缺点，在使用中会对环境和人体造成一定危害，聚氨酯丙烯酸涂料，如图 2-48 所示。

图 2-48　聚氨酯丙烯酸涂料

水溶性涂料是以水溶性合成树脂为主要成膜物质，以水为溶剂或分散介质的涂料加入适量的颜料和助剂、经溶解搅拌、研磨加工而形成的涂料。水溶性涂料以水为分散介质，几乎不含有毒性的有机溶剂，是环保无污染的"绿色建材"。并且水溶性涂料生产工艺简单、施工简便、价格低廉，在国内装饰材料市场逐渐占据较大份额。同时，因其具有涂层附着力强、透气性好的特点，且无毒、无味、不燃，非常适合于室内建筑表面的涂装，主要应用于建筑室外或室内装饰。目前市场上常用的真石漆（图 2-49）是一种具有酷似大理石或花岗石装饰效果的水溶性建筑装饰涂料，它以水为溶剂，与天然石粉、彩砂和乳液、助剂等配制而成，其附着力强，具有良好的耐水性、耐碱性、耐污性、耐候性、防火阻燃性、抗紫外线以及使用寿命长等优势，并且其不含有害的有机溶剂，无毒环保，是一种理想的绿色低碳建筑材料。由于其突出的天然石材的色泽和质感表现，广泛适用于别墅、公寓、办公楼、酒店等各类建筑的室内外装饰装修。

乳胶涂料也被称作乳胶漆，是以合成树脂细微颗粒溶解于水后形成的乳液作为主要成膜物质，并加入适量的颜料、填料和助剂，配制加工而成的有机涂料。乳胶涂料具有装饰效果好、成膜快、施工方便、造价低廉、透气性

图 2-49 真石漆效果（左）及建筑应用（右）

图 2-50 乳胶漆（左）及其装饰效果（右）

好、无毒无味、耐洗刷等优点，被广泛应用于住宅室内装修中，如图 2-50 所示。

2. 无机涂料

无机涂料是一种以无机材料为主要成膜物质的涂料，其全称为全无机矿物涂料。因无机涂料具有耐候性好、耐高温、环保无毒且装饰效果好等特点，被广泛应用于建筑、航空航天、船舶、石化、钢铁等领域。

在建筑工程中，无机涂料是以碱金属硅酸盐水溶液和胶体二氧化硅的水分散液为主要胶粘剂，通过加入颜料、填料以及各种助剂经研磨、分散制成的硅酸盐和硅溶胶（胶体二氧化硅）无机涂料。其主要取材于自然、环保无毒、价格低廉、使用寿命长、不易褪色，具有良好的耐水、耐污染、耐碱防腐和透气性能（图 2-51）。

3. 有机无机复合涂料

有机无机复合涂料兼具有机涂料和无机涂料的优点，又能有效克服两者的不足，是当今全球涂料产业"绿色化"发展中的重要一环。如聚乙烯醇水玻璃内墙涂料以聚乙烯醇树脂水溶液和水玻璃为胶粘剂，加入一定数量的颜料和少量助剂，经搅拌、研磨制成，其具有良好的耐久性、耐水性、透气性和环保性，适用于住宅、商店、医院、学校等建筑物的内墙装饰。

图 2-51　无机涂料效果（左）及其建筑应用（中、右）

2.4.4　陶瓷与石材

1. 建筑陶瓷

陶瓷，亦称烧土制品，是指以黏土、长石、石英等天然硅酸盐为主要原料，经粉碎混炼、成型、焙烧等工艺过程所制成具有一定形状和强度的各种制品。建筑陶瓷是陶瓷大家族中的重要成员，是主要用于建筑物饰面、建筑构件和卫生设施的陶瓷制品。而其中，建筑装饰陶瓷是主要用于建筑物墙面、地面和卫生设备的陶瓷材料，常见的包括陶瓷墙地砖、建筑琉璃制品、陶瓷瓦、卫生陶瓷、陶管等。陶瓷墙地砖又分为釉面砖、陶瓷锦砖、通体砖、抛光砖、玻化砖等几种类型。

1）釉面砖

釉面砖是在瓷砖的表面覆盖一层釉料，经高压烧制而成，主要由土坯和表面的釉面两部分组成。一般分陶坯和瓷坯两种。当用陶坯烧制时，背面呈现红色，吸水率较高，强度相对较低，通常仅用作墙砖，当用瓷坯烧制时，背面呈现灰白色，吸水率较低，强度相对较高，既可以用作墙砖又可以用作地砖。釉面砖花色丰富、强度较高、防潮耐污、耐腐蚀，且有一定的耐冷热性能，被广泛应用于建筑室内墙面和地面的装饰装修（图 2-52）。

亮光釉面砖　　　　　　　　　　亚光釉面砖

图 2-52　釉面砖

2）陶瓷锦砖

陶瓷锦砖是由优质瓷土烧制而成的小尺寸瓷砖，又被称为马赛克。其花色多样、色泽美观、质地坚实，且具有耐磨、耐火、吸水率小、不渗水、抗腐蚀、易清洁等特点，适用于卫生间、浴室、餐厅、走廊、工作间等建筑室内空间墙面和地面的装饰装修（图 2-53）。

图 2-53　陶瓷锦砖（左）及其应用效果（中、右）

3）陶瓷瓦

陶瓷瓦是一种以陶瓷材料制成的瓦片，其取材自天然材料，不含有害物质，且可以回收再利用，有效减少了环境污染，是一种环境友好的绿色建材。陶瓷瓦色彩丰富、装饰性好，且其强度较高、使用寿命较长、防火性好、防水性好、耐候性和耐久性好、安装维护相对简单、保温隔热效果较好，是近年来颇为流行的一种建筑屋面材料（图 2-54）。

图 2-54　陶瓷瓦

2. 天然石材

天然石材是指开采自天然岩体的毛石，或经加工制成的各种块状、板状或其他特定形状的天然建筑装饰材料。天然石材资源丰富、就地取材，且具有花色丰富、装饰性好、抗压强度高、硬度高、耐磨、耐久性好等特点，是

建筑室内外装饰领域重要的建筑材料。目前常见的天然石材主要包括大理石、花岗石、砂岩等,其中以前两者最为常用。

大理石是大理岩的俗称,因其盛产于云南大理而得名,是石灰岩或白云岩经地壳内的高温高压作用形成的变质岩。其主要矿化学成分是碳酸盐,在室外容易被空气中的 CO_2、SO_2、水汽以及酸性介质等所腐蚀,从而使表面失去光泽、变得粗糙多孔,严重影响装饰效果。因此,大理石一般不用于室外装饰。大理石强度高、耐高温、抗腐蚀、使用寿命长,且其花色丰富、纹理自然、装质感柔和,格调高雅,被广泛应用于宾馆、酒店、别墅等高档消费场所的室内装饰。汉白玉是一种通体洁白的大理石,其杂质较少、颗粒细腻、质地坚硬,是为数不多可以用于室外的大理石品种。我国古代经常将其应用于宫殿建筑的基座、石阶和护栏等,华丽如玉,因此得名(图2-55)。

图2-55 汉白玉(左)、华表(中)、汉白玉栏杆(右)

花岗石是一种由地表之下熔融的岩浆由地壳内部上升后缓慢冷却凝结而形成的火成岩,主要由长石、石英和少量云母等矿物组成,主要化学成分是 SiO_2。花岗石硬度高、抗压强度高、抗冻性好、吸水率小、耐腐蚀性强、使用寿命长,且不易风化,色泽美观,大多被应用于室外墙面和地面的装饰,在一些高级建筑装饰工程及其大厅地面装饰中,也可见到花岗石的身影(图2-56)。

3. 人造石材

人造石材是以天然大理石或方解石、白云石、硅砂等天然石材碎料为主要成分,辅以适量的胶粘剂、固化剂、辅助剂等,经混合粘结、瓷铸、振动压缩、积压成型等而制成。人造石材具有天然石材的质感、色泽艳丽、光洁度高、装饰效果好,且具有强度高、强度高、耐磨耐腐蚀、韧性好、密度小、不吸水、施工简便、放射性低等优点。

图 2-56 花岗石花色（左）及其建筑应用（中、右）

1）水泥型人造石材

水泥型人造石材是以各种水泥为胶结材料，以砂为细骨料、碎大理石、花岗石、工业废渣等为粗骨料，经配料搅拌、加压蒸养、磨光抛光而制成的人造石材。如果在配制过程中添加色料，可制成彩色水泥石。水泥型人造石材具有硬度高、抗压强度较高、密实性高、不易受潮、耐火性好、易加工、耐久性好等优点，但其耐磨性和抗冲击性较差、易破裂、不耐冻融、耐久性差、容易受污染，因此，应根据不同需求选择适合的应用场景。

2）树脂型人造石材

树脂型人造石材是以不饱和聚酯树脂为胶粘剂，按照一定比例与碎大理石、石英砂、方解石粉或其他无机填料相配合，再加入催化剂、固化剂、颜料等外加剂混合搅拌，经固化成型、脱模烘干、表面处理抛光等工序后加工制成。其具有花色丰富、色泽鲜艳、质轻高强、耐磨耐腐蚀、耐污染、可加工性强、装饰效果好等特点，且无放射性，绿色环保。但耐热性较差，易老化（图 2-57）。

图 2-57 树脂型人造石材（左）及其建筑应用（中、右）

3）复合型人造石材

复合型人造石材是将水泥、石粉等无机材料制成的水泥砂浆坯体浸入至有机高分子材料形成的有机单体中，在一定条件下聚合而成的人造石材。其结合了无机胶凝材料（如快硬水泥、白水泥、普通硅酸盐水泥、铝酸盐水泥、粉煤灰水泥、矿渣水泥或熟石膏等）和有机高分子材料（如苯乙烯、甲基丙烯酸甲酯、醋酸乙烯、丙烯腈、丁二烯等）的特性，具有强度高、耐磨耐腐蚀、防污染、易清洗、可塑性强、装饰效果好等特点，且原料生产过程不含放射性物质，安全无害、绿色环保。但受温差影响后聚酯面易产生剥落或开裂，在使用过程中需要注意材料的保护和使用环境的控制（图2-58）。

图2-58 复合型人造大理石

4）烧结型人造石材

烧结型人造石材的生产方法与陶瓷工艺相似，是将长石、石英、辉绿石、方解石等粉料和赤铁矿粉，及一定量的高龄土共同混合，一般配比为石粉60%、黏土40%，采用混浆法制备坯料，用半干压法成型，再在窑炉中以1000℃左右的高温焙烧而成。烧结型人造石材的重量轻、强度高、抗冲击、耐污染、耐腐蚀、装饰性好，性能稳定，但其能耗大，造价高。适用于建筑室内外墙面、地面、厨房、洗手间等的装饰装修。

4. 废弃玻璃再生石

废弃玻璃再生石，也称作再生玻璃骨料，是通过将回收的废旧玻璃熔融成玻璃块，再经粉碎、筛分等工艺加工处理制成的一种石材类绿色建材。

其具有结构致密、硬度高、相对密度较小、耐磨耐压、耐冲击、不易变形或开裂等特点，且色彩多样，装饰效果好，适用于建筑室内装饰装修。废弃玻璃再生石可在一定程度上替代传统石材，有效减少对天然石材的开采和消耗，并通过回收再利用降低了废旧玻璃造成的环境压力，是理想的绿色低碳装饰建材。

2.4.5　金属材料

金属材料是以金属元素或金属元素与非金属元素组成的具有金属光泽的一类建筑材料。其富有延展性、可加工性好，且具有良好的导电性和导热性等特性，被广泛应用于建筑工程、交通等领域。金属材料通常包括黑色金属和有色金属两大类。将金属应用于建筑及其装饰中，这种做法在我国也有着悠久的历史，例如建于清代的颐和园铜殿、建造于明代的泰山岱庙铜亭等，都将中国传统建筑特色淋漓尽致地展现出来（图2-59、图2-60）。

图2-59　颐和园铜殿

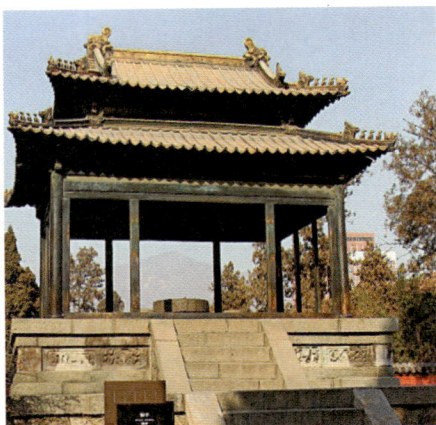

图2-60　岱庙铜亭

1. 黑色金属

黑色金属主要包括铁、锰、铬等及其合金，如钢、生铁、锰铁、铬铁等。黑色金属并不一定都是黑的。黑色金属中被用于建筑装饰的主要有不锈钢材料、彩色涂层钢板、彩色复合钢板等。

1）不锈钢

不锈钢一般是指铬含量在10%以上，碳含量最大不超过1.2%的钢材。将以铬为主的元素添加到钢中，由于铬元素化学性质活泼，容易与大气中的氧化合生成一层与钢基体牢固结合的致密氧化铬保护膜，其拥有良好的化学稳定性和热稳定性，耐火、耐磨、抗腐蚀，进而有效提高了合金钢的抗腐蚀性，不易生锈。铬元素含量越高，抗腐蚀性越强。不锈钢良好的力学性能和抗腐蚀性能及其材料表面光亮平滑的质感，使其具有理想的装饰效果，常被用作建筑内外墙面、柱面、屋面、门窗及其五金装饰配件、楼梯栏杆扶手等部分的装饰装修。而通过对不锈钢表面进行着色处理，还可以使其表现出多种不同色彩，常用的如钛金板、蚀刻板、钛黑色镜面板等，使原本单调的不锈钢拥有了绚丽多彩的装饰效果，在酒店、会所等高档场所的建筑室内装饰中得到广泛应用（图2-61~图2-63）。

图 2-61　钛金板装饰墙面　　　　　　　　图 2-62　不锈钢栏杆　　　　　　　　图 2-63　不锈钢防盗窗

2）彩色涂层钢板

彩色涂层钢板，也称为彩钢板，是以冷轧钢板，电镀锌钢板、热镀锌钢板或镀铝锌钢板为基板经过表面脱脂、磷化、络酸盐处理后，涂覆以有机涂料经烘烤而制成的金属装饰板材。彩钢板具有重量轻、防水防潮、隔声隔热、耐腐蚀、耐火、美观耐用等特点。广泛适用于钢结构厂房、车间、仓库、活动板房、大型商场、体育馆、展览馆、温室大棚、畜牧养殖车间等的墙面和屋面，以及用于制造室内和室外的家居设施等，比如书桌、椅子、储物柜等（图 2-64）。

图 2-64　彩钢板（左）、彩钢板墙面（中）和彩钢板屋面（右）

2. 有色金属

通常我们把除了铁、锰、铬之外的其他金属及其合金称作有色金属，又可细分为重金属、轻金属、贵金属、稀有金属和半金属。虽然有色金属的产量及用量都比不上黑色金属，但其具备良好的导电导热性、化学稳定性和耐腐蚀性等，在我国的国民经济中占据着重要地位。同时，由于有色金属特有的光泽和丰富的色彩，且经久耐用，使其在建筑装饰中发挥着十分重要的作用。

1）铝及其合金

铝是地壳中含量最丰富的金属元素，占地壳总储量的约 8%。铝及铝合金

的产量在金属材料中也仅次于钢铁材料。因此是有色金属材料中使用量最多、应用范围最广的材料。铝呈银白色，且具有金属光泽。其具有质量轻、延展性好、易加工、反射率高以及良好的导电与导热性等特性。在铝中添加适量的铜、镁、锰、锌等元素形成铝合金，可有效改善其性能。铝合金具有质轻、耐腐蚀、导热和导电性能好、塑性强、可加工性好，且强度相比于铝有明显提高，被广泛应用于建筑、航空、交通、机电等领域。同时，铝合金通过电镀可形成光亮且具有多彩色泽的表面，且因其良好的可塑性而容易被加工成各种规格形状的制品，因此具有理想的装饰效果，又加之其较好的表面硬度和耐腐蚀性，成为重要的建筑室内外装饰材料。如目前建筑外墙装饰常用的穿孔铝板就是由纯铝或铝合金通过压力加工制成的材料，质量轻、强度高、耐腐蚀，用在建筑外立面中还可以起到隔热、隔声、抗风力等作用（图 2-65）。

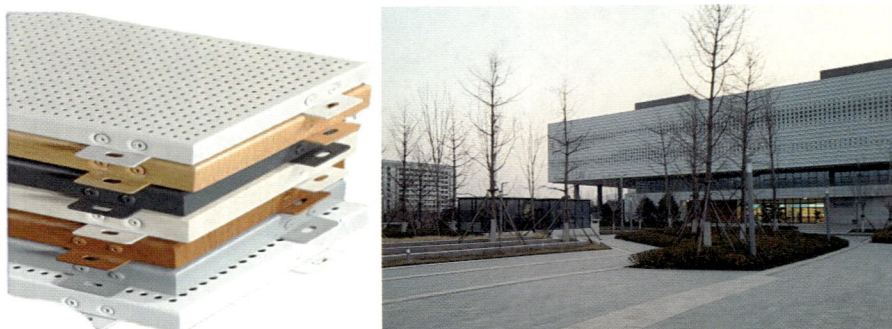

图 2-65　穿孔铝板（左）及采用穿孔铝板的山东建筑大学烟台产学研基地学生活动中心（右）

2）铜及其合金

距今五千多年前的原始社会末期就已经开始出现铜及其相关冶炼技术，这是人类最早使用的金属。纯铜又称作紫铜，其铜的纯度通常超过 99%，具有良好的导电性、导热性、耐磨性和延展性，适用于电子电气、建筑工程、交通运输等领域。以纯铜作为主要成分与其他元素组成的合金称为铜合金，黄铜、白铜和青铜是常用的几种铜合金。黄铜是铜与锌组成的铜合金，具有质软、耐磨性能好、导电性能优异等特点，在此基础上再加入铅、锡、锰、镍等元素，又可形成特殊黄铜，可明显提高其机械性能，强度高、硬度大、耐化学腐蚀性强。白铜是以铜与镍为主要组成元素的铜合金，具有较高的强度和硬度、良好的耐腐蚀性、导电性和导热性、加工性能和可塑性，以及低磁性。青铜是以铜与锡或铅为主要组成元素的铜合金，相比于纯铜，其具有低熔点、更高的强度和硬度、较高的韧性和可塑性，以及良好的导电性、导热性、耐磨性、可加工性和装饰性。铜合金由于其良好的物理性能和装饰效果被广泛应用于建筑墙面、地面、顶棚、门窗等处的装饰装修（图 2-66）。

图 2-66 铜背景墙（左）、铜屏风（中）、铜吊顶（右）

图 2-67 再生铝建筑立面

3. 再生金属

再生金属是通过将废旧金属和工业生产过程中产生的金属废料经冶炼加工处理而形成的可二次利用的金属及其合金。与从矿石中提取金属产生的能耗相比，从金属废杂物料中回收金属的能耗要低很多，对环境的负面影响也小很多，并且也能有效降低碳排放，因此，再生金属对于环境保护和可持续发展有着重要的意义。常见的再生金属装饰材料包括再生铝板、再生铜板、再生不锈钢等。

再生铝板是将回收的废旧铝制品经处理和加工制成的可再利用的建筑材料，其具有良好的可塑性和可加工性、抗腐蚀性强、轻质耐久等特点。并且相比于原生铝 $18790kgCO_2/t$ 的碳排放因子，再生铝的碳排放因子较低，仅为 $730kgCO_2/t$，有效减少了温室气体排放，绿色环保，适用于建筑内外墙、屋顶、门窗等处的装饰装修（图 2-67）。

2.4.6　建筑装饰塑料

塑料是以合成树脂为主要成分，将各种填料、增塑剂、固化剂、着色剂等其他助剂按一定比例加入其中，在一定的温度和压力作用下经混炼、塑化成型的有机合成高分子材料。通常将用于建筑及其装饰工程中的塑料制品称为建筑塑料。建筑塑料在一定温度和压力下具有较大的塑性，容易制作成能够在常温下保持固定形状和必须强度的制品。其具有质量轻、强度高、装饰效果好、加工性能优良、化学稳定性和电绝缘性好等优点，在许多领域都得到广泛应用。但同时，建筑塑料也存在刚度小、易变形、不耐老化、耐热性差、易燃烧且生成毒气等缺点，在使用中应特别注意。随着相关研究的发展，在建筑塑料制品中加入阻燃剂和其他添加剂，明显改善了其性能，具备自熄性和难燃性的产品的出现促进了建筑装饰塑料的发展。

常见的用于建筑装饰的塑料制品有塑料板材、塑料壁纸、塑料地板等。

1. 塑料装饰板材

塑料装饰板材以合成树脂为主要成分，将表层纸、装饰纸、覆盖纸、底层纸分别浸渍树脂，并经干燥、组胚、热压后制成的建筑装饰板材。塑料装饰板材适用于建筑内外墙及屋面等部位的装饰装修。常用的塑料板材主要包括 PVC 板、PC 板材、亚克力板、ABS 板材、PP 板材等。

1）PVC 板

PVC 板是以聚氯乙烯（PVC）树脂为主要原料制成的塑料板材。通过添加稳定剂、增塑剂、着色剂和其他助剂，可以改善 PVC 板材的物理和化学性能，使其具有良好的耐热性、耐腐蚀性、阻燃性以及较高的机械强度，且因其可进行多样化的表面处理，具有理想的装饰效果，广泛适用于建筑装饰、家具制造、食品包装、广告标志等行业。PVC 板有多种类型，按软硬程度可分为 PVC 软板和 PVC 硬板，按制作工艺可分为 PVC 结皮发泡板和 PVC 自由发泡板，按是否透明可分为透明 PVC 板和不透明 PVC 板（图 2-68）。

2）PC 板

PC 板是一种以聚碳酸酯为主要成分、辅以其他添加剂制成的高分子材料板材。这是一种新型的高强度透光建筑材料，具有与玻璃类似的良好透光性能，同时又比玻璃具备更好的耐冲击和防爆性能，且轻便、耐候性能好，在某些特定场所是玻璃的有效替代材料。另外，PC 板导热系数低，具有良好的隔热性、可塑性、隔声和防火阻燃性能，其生产和使用过程中不添加有毒物质，不会释放有害物质，且具备良好的防紫外线性能，有利于减少能源消耗和环境污染，是一种无毒无污染的环境友好绿色建材。广泛适用于民用建筑的采光屋顶、幕墙、门窗、隔断、雨篷以及室内外装饰装修等，并且在汽车电子、工业控制、能源设备、照明控制、通信设备等领域也起到重要作用。

3）亚克力板

亚克力板，又称 PMMA 板，是以聚甲基丙烯酸甲酯（PMMA）为主要成分按特定工艺制成的有机玻璃板材，是一种具有很好的透光性能的热塑性塑料。按制作工艺不同一般分为亚克力浇铸板和亚克力挤出板。亚克力板具有质量轻、韧性好、透光率高、耐候性好、硬度高、抗冲击性强、可加工性好、色泽丰富、装饰效果好等特点，广泛应用于建筑工程中制作隔声门窗、采光罩、室内隔墙隔断、玻璃幕墙、天窗、楼梯扶手、卫浴设施以及家居装饰等（图 2-69）。

4）ABS 板

ABS 板是由一种丙烯腈、丁二烯和苯乙烯共聚酯而成的热塑性高分子材

图 2-68　PVC 板

图 2-69　亚克力板

料，也称为 ABS 树脂。其具有优良的力学性能和抗冲击性能，强度高、韧性好、吸水性低、耐腐蚀性较好、耐热不变形、易加工，广泛适用于建筑工程中制作屏风、工艺门窗、各种家具设施等，另外在汽车制造、电子电讯、机械仪表、轻工纺织等领域也得到广泛应用。

2. 塑料壁纸

塑料壁纸是以某种材料为基材进行表面涂塑，经压延、涂布及印刷、压花、发泡等多种工艺制成的一种墙面装饰材料。又可将其细分为印花壁纸、压花壁纸、发泡壁纸、特种壁纸、塑料墙布等几大类。塑料壁纸具有花色纹理多样、装饰效果好、施工方便、加工性能好、使用寿命长、易维修保养等特点，已成为建筑内墙重要的装饰材料之一。

3. 塑料地板

塑料地板一般是指用于室内地面装饰的塑料块材（地板砖）和卷材地板（地板革）。塑料块材具有色彩选择性强、可自由拼接、轻质耐磨、光洁平整、有弹性、不易腐蚀、遇明火自熄性好，造价低、施工方便等特点，而塑料卷材地板则具有易于仿照各种天然图案、耐磨、耐污染、耐腐蚀、弹性好、清洗更换方便、可自熄等特点。聚氯乙烯（PVC）地板是目前最常用的塑料地板，具有质轻防滑、弹性好、耐磨、易清洁、易保养、造价低、施工方便等特点，广泛应用于建筑室内地面装饰。

2.4.7　其他装饰材料

数字资源 2.4
其他低碳建筑装饰材料

此外，在建筑装饰工程中，还在逐步采用其他一些具有低碳环保特征的装饰材料，如石塑墙板、木塑复合材料（WPC）、再生橡胶地板、再生装饰混凝土等。具体内容详见数字资源 2.4 "其他低碳建筑装饰材料"。

产能构件是指在绿色能源系统中具备特定功能的模块化预制单元，通过将可再生能源转换为电能或热能，来满足人类能源需求。目前常见的建筑产能构件主要包括太阳能光伏构件、太阳能集热器等。

2.5.1 太阳能光伏构件

太阳能光伏构件是指在工厂模块化预制，具备光伏发电功能的建筑材料或建筑构件，是太阳能光伏发电系统中的核心部分。光伏构件内含太阳能电池，能单独提供直流电流输出，并能安装在建筑上。光伏构件主要由铝框、高透光玻璃、EVA膜、太阳能电池以及背板等组成（图2-70）。目前常用的太阳能光伏构件包括硅系光伏构件、化合物光伏构件和新型光伏构件。

1. 硅系光伏构件

硅系光伏构件是指由硅晶体为主要材料制成的光伏构件。主要包括单晶硅、多晶硅以及非晶硅光伏构件（图2-71）。硅系光伏构件的技术已经比较成熟，是目前市场上最常见的光伏构件。其中，单晶硅光伏构件采用单晶硅制造，具有高转化率（已超过20%）、稳定耐用、价格较高等特点，因此适合制作高效率的光伏太阳能板；而多晶硅光伏构件采用多晶硅制造，其价格较低，但转换效率稍低，适合制作低成本的光伏太阳能板；非晶硅光伏构件是以非晶硅材料及其合金制造的，其具有较高的光吸收系数、轻薄灵活、成本较低、环保无污染等优点，也存在转换效率较低、衰减速率较高、稳定性稍差的不足，主要应用于制作太阳能计算器、太阳能手表、园林路灯和汽车太阳能顶罩等。

2. 化合物光伏构件

化合物光伏构件是采用光伏胶膜将由镉、铜、铟、镓、硫等元素的多

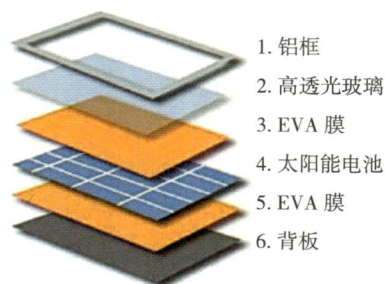

1. 铝框
2. 高透光玻璃
3. EVA膜
4. 太阳能电池
5. EVA膜
6. 背板

图2-70 光伏构件的组成

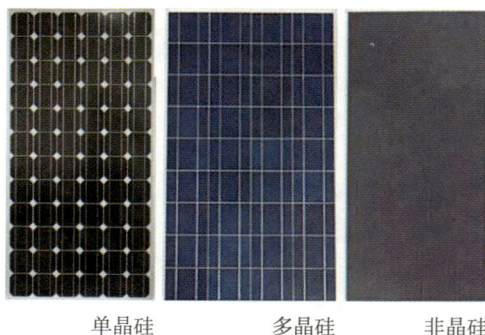

单晶硅　　　多晶硅　　　非晶硅

图2-71 硅系光伏构件

元化合物作为材料的电池片封装起来，与光伏玻璃和背板进行粘接，起到保护电池片的作用。目前常见的化合物光伏构件有碲化镉（CdTe）、砷化镓（GaAs）、铜铟镓硒（CIGS）等，具有重量轻、消耗材料少，制备能耗低、光电转换效率较高、衰减率低等优点，当应用于建筑工程时，能够与建筑立面材料和智能玻璃等良好结合，适用于太阳能光伏建筑一体化（BIPV）（图 2-72）。

碲化镉光伏构件　　　　砷化镓光伏构件　　　　铜铟镓硒光伏构件

图 2-72　化合物光伏构件

3. 新型光伏构件

新型光伏构件主要包括钙钛矿光伏构件、染料敏化光伏构件、有机光伏构件等。该类光伏构件具有成本较低、工艺较简单的特点，在实验室深化研发的助推下，转换效率也在不断提升，是具有较大发展潜力的新型光伏组件。

2.5.2　太阳能集热器

1. 真空管集热器

真空管集热器由若干被抽成真空的玻璃管组成。真空管是集热器的核心部件，主要由内部的吸热体和外层的玻璃管组成，能够有效地抑制真空管内空气的传导和对流热损失；并且其中的选择性吸收涂层具有很低的红外发射率，可以明显地降低吸热体的辐射热损失。按照吸热体的材料可分为玻璃吸热体真空管（又称全玻璃真空管）和金属吸热体真空管（又称玻璃－金属真空管）。

全玻璃真空管由外玻璃管、内玻璃管、选择性吸收涂层、弹簧支架和消气剂等部件组成，形似一个被拉长变细的暖水瓶胆。太阳光透过外层玻璃照射到内层的玻璃管外表面的吸热体上，使太阳辐射能被转换为热能，进而加热内层玻璃管中的传热流体。由于夹层之间被抽成了真空，热量无法向外传递，因而有效降低了向周围环境散失的热损失，可显著提高集热效率。

2. 平板式集热器

平板式集热器是由若干个表面涂有特殊涂层的扁平吸热板组成，主要包

图 2-73 管板式吸热板

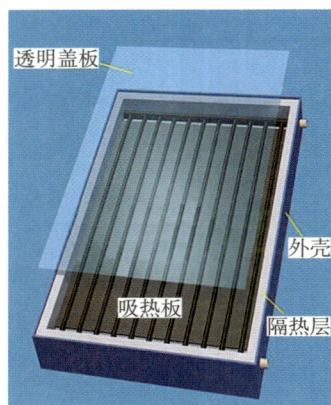
图 2-74 翼管式吸热板

括吸热板、透明盖板、隔热层和外壳等几部分。在集热器工作时，太阳辐射透过透明盖板投射到吸热体上，通过吸热体表面的吸热涂层材料将太阳辐射能转化为热能，从而将吸热板内部充满的流体传热工质（如水或油）加热以达到传递热量的目的。平板式太阳能集热器主要分为管板式、翼管式、扁盒式、蛇管式以及平板热管式五种结构类型。

管板式吸热板是将排管与平板以一定的结合方式连接构成吸热条带，然后再与上下集管焊接成吸热板，是目前国内使用较为普遍的吸热板结构类型（图 2-73）。

翼管式吸热板是利用模子挤压拉伸工艺制成金属管两侧连有翼片的吸热条带，然后再与上下集管焊接成吸热板。翼管式吸热板的优点包括热效率高，管和平板一体化，无结合热阻；耐压能力强，铝合金管可以承受较高的压力。也存在一些缺点，如水质不易保证，铝合金会被腐蚀；材料用量大，工艺要求管壁和翼片都有较大的厚度；动态特性差，吸热板有较大的热容量（图 2-74）。

扁盒式吸热板是将两块金属板分别模压成型，然后再焊接成一体构成吸热板，吸热板材料可采用不锈钢、铝合金、镀锌钢等。扁盒式吸热板的优点包括热效率高，管子和平板一体化，无结合热阻；不需要焊接集管，流体通道和集管采用一次模压成型。扁盒式吸热板也存在一些缺点，如焊接工艺难度大，容易出现焊接穿透或者焊接不牢的问题；耐压能力差，焊点不能承受较高的压力；动态特性差，流体通道的横截面大，吸热板有较大的热容量；有时水质不易保证，铝合金和镀锌钢都会被腐蚀（图 2-75）。

蛇管式吸热板是将金属管弯曲成蛇形，然后再与平板焊接构成吸热板。蛇管式吸热板的优点有：不需要另外焊接集管，减少泄漏的可能性；热效率高，无结合热阻；水质清洁，铜管不会被腐蚀；保证质量，整个生产过程实现机械化；耐压能力强，铜管可以承受较高的压力。同时也存在一些缺点，如流动阻力大，流体通道不是并联而是串联；焊接难度大，焊缝不是直线而是曲线（图 2-76）。

平板热管式太阳能集热器主要由透光率约 91.5% 的超白玻璃盖板、太阳能吸收率约 95% 的吸热蓝膜、微平板热管群、保温板、铝合金边框以及容水量小的循环水箱等部件组成。其具有抗冻性强、可承压运行、得热效率高、内部构造无焊接点等优点。

透明盖板

外壳

吸热板

隔热层

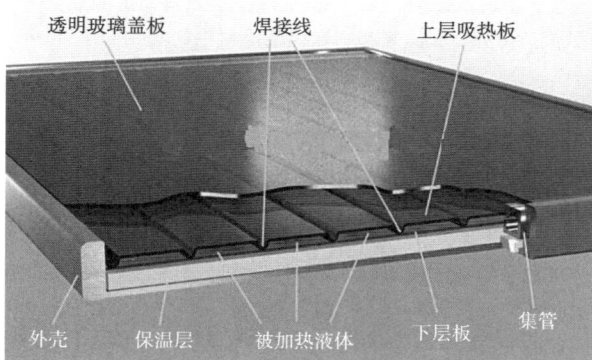

图 2-75　扁盒式吸热板

图 2-76　蛇管式吸热板

课后习题

1. 低碳建筑材料的特点是什么？

2. 按材料的化学成分分类，低碳建筑材料的类型及各自特点。

3. 按材料的使用功能分类，低碳建筑材料的类型及各自特点。

4. 碳素结构钢主要分为哪两种？各自的特点是什么？

5. 绿色水泥主要包括哪些种类及各自的特点，预拌混凝土的特点及其建筑应用。

6. 目前常用的砌块类型、各自特点以及建筑应用。

7. 常见防水材料的类型、特点及其建筑应用。

8. 常见建筑绝热材料的类型、特点及其建筑应用。

9. 常见建筑防火材料的类型、特点及其建筑应用。

10. 常见的环保墙纸和环保墙布分别包括哪几种，试思考各自的特点和建筑应用。

11. 常见的建筑涂料的类型、各自特点及其建筑应用。

12. 常用的天然石材和人造石材分别包括哪几种，试思考各自的特点和建筑应用。

13. 太阳能光伏构件主要由哪几部分组成。

14. 常见的太阳能光伏构件主要包括哪几种类型，试思考各自特点。

15. 常见的平板式太阳能集热器主要包括哪几种类型，试思考各自特点。

本章参考文献

[1]　龙恩深，欧阳金龙，王子云. 绿色建筑材料及部品 [M]. 北京：中国建筑工业出版社，2017.

［2］李继业，张峰，胡琳琳．绿色建筑节能工程材料 [M]．北京：化学工业出版社，2018.

［3］李秋义，王亮．固体废弃物在绿色建材中的应用 [M]．北京：中国建材工业出版社，2019.

［4］李继业，胡琳琳，张平．绿色建筑材料 [M]．北京：化学工业出版社，2016.

［5］材见船长．低碳建筑选材宝典 [M]．北京：中国建筑工业出版社，2023.

［6］郝际平，田黎敏．现代竹结构建筑体系研究与应用 [M]．北京：中国建筑工业出版社，2022.

［7］王崇杰，蔡洪彬，薛一冰．可再生能源利用技术 [M]．北京：中国建材工业出版社，2014.

［8］中华人民共和国住房和城乡建设部．建筑太阳能光伏系统设计与安装：16J908-5[S]．北京：中国计划出版社，2016.

［9］中华人民共和国住房和城乡建设部．建筑与市政工程防水通用规范：GB 55030—2022[S]．北京：中国建筑工业出版社，2022.

［10］姚华宁．平板热管式太阳能 PV/T 热泵系统的性能与优化 [D]．北京：北京建筑大学，2022.

［11］孙文博．低碳导向下建筑屋顶雨太阳能光伏一体化设计研究 [D]．济南：山东建筑大学，2023.

［12］宋德萱，朱丹．绿色建筑设计概论 [M]．武汉：华中科技大学出版社，2022.

［13］冯鸣．2022 年一级注册建筑师职业资格考试要点式复习教程——建筑材料与构造（知识题）[M]．北京：中国建筑工业出版社，2022.

［14］万忠，贾福鑫，马文庚，等．低温环境对多孔材料声学性能的影响研究 [J]．振动与冲击，2023（10），42：260-265.

［15］王源．竹建筑高质量发展关键影响因素及作用机理研究——基于产业链视角 [D]．南京：南京林业大学，2023.

［16］朱洪祥，孙增桂，朱传晟．建筑节能与结构一体化的技术集成研究 [J]．建设科技，2012（12），23：22-25.

［17］陈一全．北方寒冷地区建筑保温与结构一体化技术应用及发展策略研究 [J]．建设节能，2019（12）：35-49.

［18］中华人民共和国住房和城乡建设部．民用建筑热工设计规范：GB 50176—2016[S]．北京：中国建筑工业出版社，2016.

［19］中华人民共和国住房和城乡建设部．建筑节能基本术语标准：GB/T 51140—2015[S]．北京：中国建筑工业出版社，2015.

［20］陈易．低碳建筑 [M]．上海：同济大学出版社，2015.

［21］杨守禄，黄安香，章磊，等．木塑复合材料在绿色建筑中的应用 [J]．工程塑料应用，2018，（1），46：123-127.

［22］张凌怡，韩建军，於林锋，等．蒸压加气混凝土砌块的绿色化生产 [J]．混凝土与水泥制品，2017（5）：68-70.

［23］陈潞红．绿色低碳建筑材料应用现状及发展前景研究 [J]．建材发展导向，2023（10）：8-10.

［24］蒋彬，江宏伟，陈玉，等．高活性贝利特水泥及混凝土性能研究 [J]．混凝土，2018（8）：86-91，99.

［25］端小亚．被动式建筑热环境及其适用材料研究 [D]．兰州：兰州大学，2021.

［26］李孟璇．基于案例统计的现代木建筑材料表现研究 [D]．哈尔滨：哈尔滨工业大学，2016.

［27］王喜龙．竹木复合材料力学性能的数值仿真 [D]．哈尔滨：东北林业大学，2021.

［28］章健．可再生材料在建筑中的应用——以砖石材料为例 [J]．安徽建筑，2020（12）：125，191.

［29］产斯友．建筑表皮材料的地域性表现研究 [D]．广州：华南理工大学，2014.

［30］刘珊珊，夏佰慧，李明亮，等．气凝胶材料在建筑领域的应用前景探索 [J]．建设科技，

2023（12），23：31-34.

［31］黄金玉.寒冷地区外墙外保温系统全生命期碳排放比较研究［D］.西安：西安建筑科技大学，2023.

［32］王培军.超薄石材一体保温墙体板材的性能、施工工艺与应用研究［D］.青岛：青岛理工大学，2018.

［33］刘霞，荀其宁，黄辉，等.太阳电池及材料研究进展［J］.太阳能学报，2012（12），33：35-40.

［34］肖丁天.生物质固废资源化利用制备墙面装饰材料的研究［D］.昆明：昆明理工大学，2021.

［35］潘婵.多孔材料声学性能研究现状分析［J］.四川建材，2023（12），49：13-17.

［36］任月敬.新型绿色建筑材料的应用现状及发展趋势［J］.佛山陶瓷，2023（11）：105-107.

［37］王晓彬，王辉珉，李国凯.复合保温材料在节能建筑外墙外保温中的应用研究［J］.合成材料老化与应用，2022（4）：124-126.

［38］王志辉，张晨，娄广辉，等.建筑防火材料分类及发展趋势［J］.河南建材，2018（4）：247-248.

［39］张建平.防火建材对现代保温建筑的重要性探讨［J］.建材发展导向，2023（8），21：5-8.

［40］夏彦.不同芯材保温装饰一体板的性能分析及对比研究［J］.四川水泥，2021（8）：342-343.

第3章 建筑基本构造

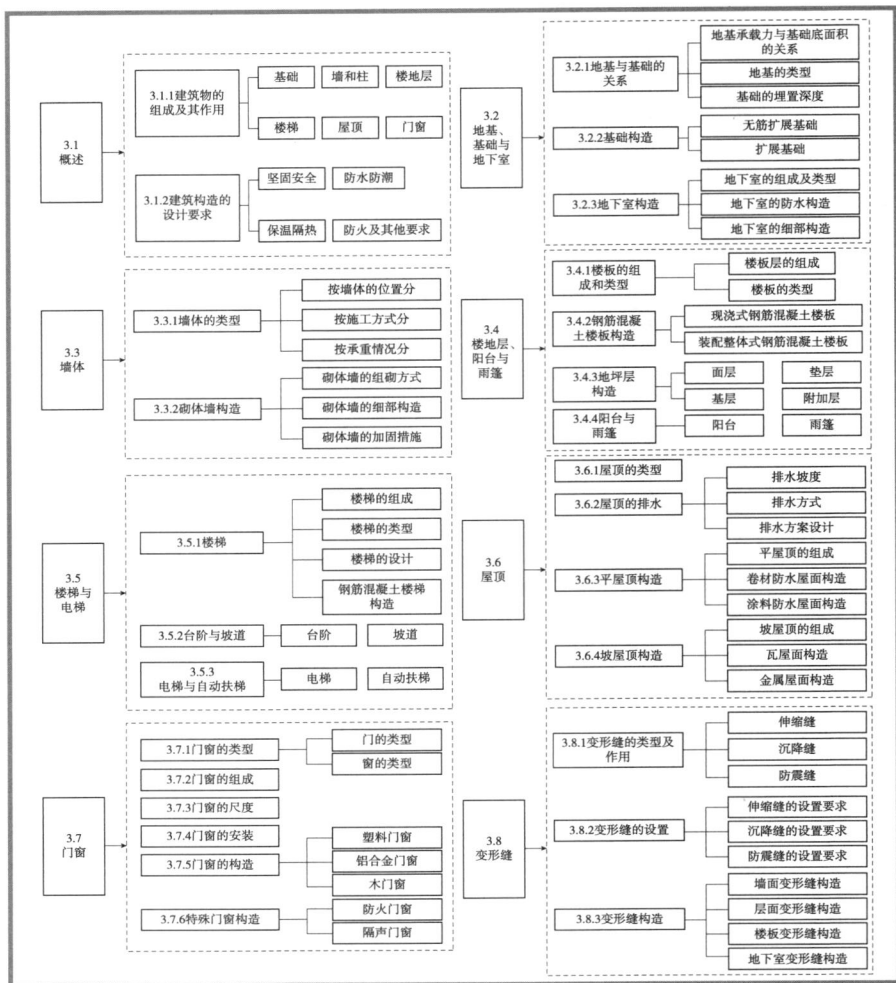

3.1 概述

3.1.1 建筑物的组成及其作用
- 基础
- 墙和柱
- 楼地层
- 楼梯
- 屋顶
- 门窗

3.1.2 建筑构造的设计要求
- 坚固安全
- 防水防潮
- 保温隔热
- 防火及其他要求

3.2 地基、基础与地下室

3.2.1 地基与基础的关系
- 地基承载力与基础底面积的关系
- 地基的类型
- 基础的埋置深度

3.2.2 基础构造
- 无筋扩展基础
- 扩展基础

3.2.3 地下室构造
- 地下室的组成及类型
- 地下室的防水构造
- 地下室的细部构造

3.3 墙体

3.3.1 墙体的类型
- 按墙体的位置分
- 按施工方式分
- 按承重情况分

3.3.2 砌体墙构造
- 砌体墙的组砌方式
- 砌体墙的细部构造
- 砌体墙的加固措施

3.4 楼地层、阳台与雨篷

3.4.1 楼板的组成和类型
- 楼板层的组成
- 楼板的类型

3.4.2 钢筋混凝土楼板构造
- 现浇式钢筋混凝土楼板
- 装配整体式钢筋混凝土楼板

3.4.3 地坪层构造
- 面层
- 垫层
- 基层
- 附加层

3.4.4 阳台与雨篷
- 阳台
- 雨篷

3.5 楼梯与电梯

3.5.1 楼梯
- 楼梯的组成
- 楼梯的类型
- 楼梯的设计
- 钢筋混凝土楼梯构造

3.5.2 台阶与坡道
- 台阶
- 坡道

3.5.3 电梯与自动扶梯
- 电梯
- 自动扶梯

3.6 屋顶

3.6.1 屋顶的类型

3.6.2 屋顶的排水
- 排水坡度
- 排水方式
- 排水方案设计

3.6.3 平屋顶构造
- 平屋顶的组成
- 卷材防水屋面构造
- 涂料防水屋面构造

3.6.4 坡屋顶构造
- 坡屋顶的组成
- 瓦屋面构造
- 金属屋面构造

3.7 门窗

3.7.1 门窗的类型
- 门的类型
- 窗的类型

3.7.2 门窗的组成

3.7.3 门窗的尺度

3.7.4 门窗的安装

3.7.5 门窗的构造
- 塑料门窗
- 铝合金门窗
- 木门窗

3.7.6 特殊门窗构造
- 防火门窗
- 隔声门窗

3.8 变形缝

3.8.1 变形缝的类型及作用
- 伸缩缝
- 沉降缝
- 防震缝

3.8.2 变形缝的设置
- 伸缩缝的设置要求
- 沉降缝的设置要求
- 防震缝的设置要求

3.8.3 变形缝构造
- 墙面变形缝构造
- 层面变形缝构造
- 楼板变形缝构造
- 地下室变形缝构造

▲ 建筑物是由哪些构件组成的?

▲ 每个构件都有什么作用?

▲ 建筑构造设计需要满足哪些要求?

建筑材料与建筑构造相互依存，密不可分，都对建筑的整体性能有直接的影响。建筑物是由若干建筑构件或部品按照一定的规律组合而成，建筑构造主要研究建筑物各组成部分的构造原理和构造方法，是建筑设计不可分割的一部分。其主要任务是根据建筑功能、艺术造型、建筑技术等要求，通过对建筑材料和部品部件的选型、构造细部设计以及施工建造方法的研究，确定合理的构造方案，实现建筑的结构安全、功能合理、形式美观、造价经济、节能减碳等目标。

3.1

概述

3.1.1 建筑物的组成及其作用

建筑物主要由基础、墙和柱、楼地层、楼梯、屋顶和门窗六大基本构件（图 3-1），按照一定的方法或规则，组合成建筑整体，基本构件各自发挥着不同的作用。

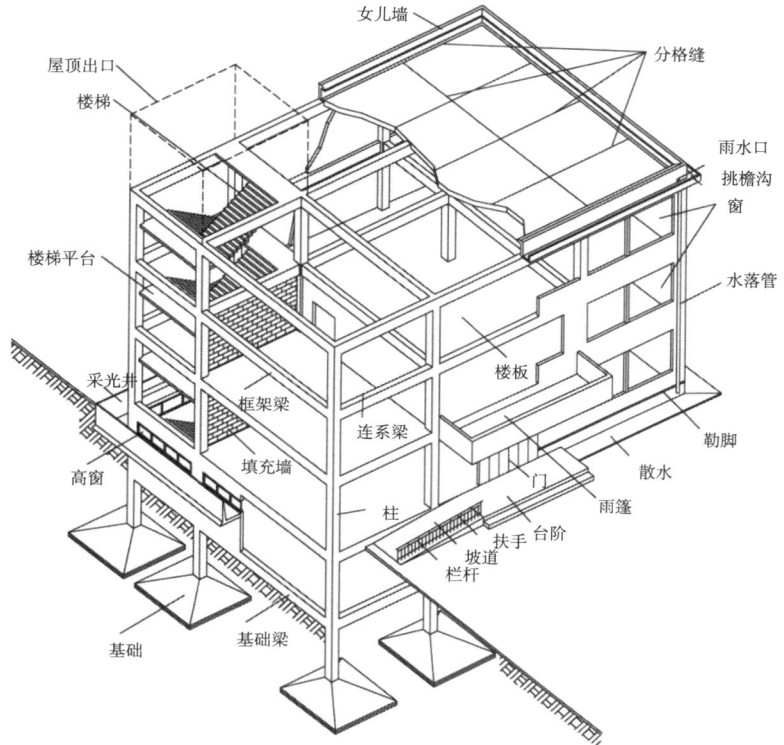

图 3-1　建筑物的构造组成

1. 基础

基础是位于建筑地面以下的竖向承重构件，承受建筑物的全部荷载，并将这些荷载连同自重传给地基。基础应具有足够的承载力和稳定性。

2. 墙和柱

墙体是建筑物的承重构件和围护构件。作为承重构件，墙体承受来自屋顶和楼板层传来的荷载，并把荷载传给基础。作为围护构件，外墙可以抵御和调节外界各种因素的影响；内墙用于分隔空间，形成独立的、互不干扰的小空间。因此，墙体应具有足够的强度、稳定性以及良好的保温、隔热、隔声、防火、防水等性能。

柱是框架或排架等以骨架结构承重的建筑物的竖向承重构件，承受屋顶和楼板层传来的荷载，并将这些荷载传递给基础，要求其具有足够的强度、刚度和稳定性。

3. 楼地层

楼地层包括楼板层和地坪层。

楼板是水平方向的承重构件，要承担楼板上所有的人员、家具、设备等荷载，并将建筑分隔成上下空间，增加了使用面积，同时对墙身还有水平支撑作用，增加了建筑整体刚度，有利于抗震。因此，楼板应具有足够的强度、刚度和隔声性能，还应具备足够的防火、防潮、防水等能力。

地坪是建筑物底层房间与土壤层的隔离构件，承受着底层房间内的荷载，应具有一定的强度，还应具有防水、防潮、保温等能力。

4. 楼梯

楼梯是楼层建筑中解决竖向交通的建筑构件，在处于火灾、地震等事故状态时供人们紧急疏散。因此，楼梯应具有足够的通行能力和安全疏散能力，并满足坚固、耐磨、防火、防滑等要求。

5. 屋顶

屋顶是建筑物最上部的承重构件，承受屋面上全部的荷载。同时屋顶作为围护构件，抵御着自然界中不利气候因素对建筑物顶层空间的影响。因此，屋顶应具有足够的强度、刚度及保温、隔热、防水等能力。屋顶的造型对建筑的形象也具有较大的影响。

6. 门窗

门主要供人们内外交通之用，有的还兼有采光作用。窗主要做采光、通风和观望之用。根据所在位置和功能的不同，门窗应具有抗风压性、水密性、气密性，及保温、隔热、耐火、隔声等性能。

3.1.2 建筑构造的设计要求

在进行建筑设计时，需要满足"适用、经济、绿色、美观"的基本建筑方针。作为实现建筑空间的物质载体，建筑构造具体应满足以下几方面的要求：

1. 坚固安全

建筑构造设计中首先应考虑建筑结构的安全性，各构配件需要具有一定的强度、刚度和耐久性，以及相互连接的可靠性，使得建筑物在承受外部荷载、自重、地震以及人为影响等各种作用时，能够保证建筑安全可靠、经久耐用。

2. 防水防潮

数字资源 3.1
工程防水等级

建筑物受自然界的气候和环境等影响较大，为营造良好的室内空间品质，应充分考虑当水汽进入建筑构件中，会削弱材料的性能，导致室内渗水、表面起泡、发霉等问题，这将关系到建筑的使用寿命。因此，在建筑构造设计时，应重视建筑构件和部品的防潮防水处理措施。

如何根据工程防水类别和防水使用环境确定防水等级，见数字资源 3.1。

3. 保温隔热

为应对外界气候的温度变化，维持舒适稳定的生活、生产、学习环境，建筑的外围护结构，如外墙、屋顶、外门窗等，肩负着分隔建筑室内外空间的作用，建筑的外围护结构也关乎建筑运行过程中供暖和制冷能耗的高低，从而影响到建筑的碳排放量。在寒冷的冬季需要隔绝热量，减少热量从室内向室外散失；在炎热的夏季需要阻隔热量从室外向室内传递，因此建筑构造设计应依据现行热工规范的相关要求，做好保温隔热构造措施。

4. 防火及其他要求

建筑物应具有良好的抗火能力，防止火灾扩大蔓延。建筑物的耐火等级是根据构件的燃烧性能和耐火极限来确定的，共分为四级。建筑构造设计中，应合理确定建筑的耐火等级，其各级建筑构件的燃烧性能和耐火极限不应低于表 3-1 要求。

不同耐火等级建筑相应构件的燃烧性能和耐火极限（h）　表 3-1

构件名称		耐火等级			
		一级	二级	三级	四级
墙	防火墙	不燃性 3.00	不燃性 3.00	不燃性 3.00	不燃性 3.00
	承重墙	不燃性 3.00	不燃性 2.50	不燃性 2.00	不燃性 0.50
	非承重墙	不燃性 1.00	不燃性 1.00	不燃性 0.50	可燃性
	楼梯间和前室的墙 电梯井的墙 住宅建筑单元之间的墙 和分户墙	不燃性 2.00	不燃性 2.00	不燃性 1.50	难燃性 0.50
	疏散走道两侧的隔墙	不燃性 1.00	不燃性 1.00	不燃性 0.50	难燃性 0.25
	房间隔墙	不燃性 0.75	不燃性 0.50	难燃性 0.50	难燃性 0.25

构件名称	耐火等级			
	一级	二级	三级	四级
柱	不燃性 3.00	不燃性 2.50	不燃性 2.00	难燃性 0.50
梁	不燃性 2.00	不燃性 1.50	不燃性 1.00	难燃性 0.50
楼板	不燃性 1.50	不燃性 1.00	不燃性 0.50	可燃性
屋顶承重构件	不燃性 1.50	不燃性 1.00	可燃性 0.50	可燃性
疏散楼梯	不燃性 1.50	不燃性 1.00	不燃性 0.50	可燃性
吊顶（包括吊顶格栅）	不燃性 0.25	难燃性 0.25	难燃性 0.15	可燃性

此外，根据建筑环境和功能需求，建筑构造还需要满足耐候、耐酸碱、隔声、防爆等要求。同时建筑构造还应满足经济、美观、节能环保、施工便利等方面的要求。如在建筑工业化的发展趋势下，预制装配式建筑设计为了实现建筑制品、建筑构配件的定型化和工厂化，减少构件类型，提高构件的通用性和互换性，应符合建筑模数的规定。建筑模数相关内容见数字资源 3.2。

数字资源 3.2
建筑模数

3.2 地基、基础与地下室

基础是将结构所承受的各种作用传递到地基上的结构组成部分，地基是支撑基础的土体、岩体及加固体的总称。地基和基础的设计关系到建筑物的结构安全、施工便利和工程造价。

科学地处理地基，合理地选择基础结构类型，可节省材料，减少土方开挖和运输，降低成本，缩短工期，减少工程施工中的污染和碳排放，同时避免建筑的不均匀沉降，保证工程质量，延长建筑的使用寿命。

3.2.1 地基与基础的关系

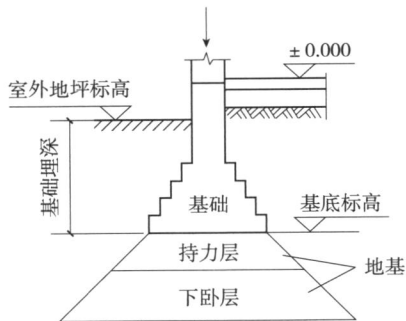

地基由持力层和下卧层组成。具有一定的地基承载力，直接支撑基础的土层称为持力层，持力层以下的土层称为下卧层（图 3-2）。

1. 地基承载力与基础底面积的关系

对基础和地基应进行承载力计算，使其具有足够的强度、刚度和稳定性，才能保证建筑物的安全和正常使用。

地基每平方米所能承受的最大压力，称为地基允许承

图 3-2 地基与基础的关系

载力，也称为地基承载力，用 f（kN/m^2）表示。当荷载一定时，加大基础底面积可以减少单位面积地基上所受到的压力。如以 N（kN）表示建筑物的总荷载，A（m^2）表示基础底面积，则可列出如下关系式：

$$A \geqslant N/f$$

由上式可以看出，当地基承载力不变时，建筑总荷载愈大，基础底面积也要求愈大。或者说当建筑总荷载不变时，地基承载力愈小，基础底面积将愈大。地基土层在荷载作用下产生的变形，随着土层深度的增加而减少，到了一定的深度则可忽略不计。

2. 地基的类型

地基按土层性质不同，分为天然地基和人工地基。

1）天然地基

天然土层具有足够的承载能力，不需经人工改善或加固便可作为建筑物的地基，称天然地基。岩石、碎石、砂石、黏土等，一般均可作为天然地基。

设计地基时应尽量利用天然地基的承载能力，采用天然地基方案。设计人员需要依据地基勘察报告和建筑上部荷载，判断选择建筑基础的类型进行基础结构设计。

2）人工地基

当建筑物上部的荷载较大或地基的承载能力较弱，缺乏足够的稳定性，须预先对土壤进行人工加固后才能作为建筑地基，称为人工地基。

常采用的地基处理方法有压实法、换土法、打桩法等，较天然地基费工费料，造价高，只有在天然土层承载力较差、建筑总荷载较大的情况下方可采用。

3. 基础的埋置深度

1）基础埋置深度的定义

基础埋置深度是指建筑室外设计地面至基础底面的垂直距离（图3-2），简称埋深。浅基础一般埋深在0.5~5.0m，深基础埋深大于5.0m。除岩石地基外，基础最小埋置深度不宜小于0.5m。

2）埋置深度的影响因素

（1）建筑自身

建筑用途、高度及荷载，有无地下室、设备基础和地下设施，以及基础的形式和构造，都对基础的埋置深度有直接影响。天然地基上的箱形和筏形基础的埋置深度不宜小于地面以上建筑物总高度的1/15；桩箱或桩筏基础的埋置深度（不含桩长）不宜小于建筑物高度的1/18。

（2）工程地质

基础埋深应选择土层厚度均匀、压缩性小、承载力高的土层，作为基础的持力层。在满足地基稳定和变形要求的前提下，优先采用浅基础。若地基土质差，承载力低，则应该将基础深埋，或结合具体情况进行加固处理。

（3）水文地质

为避免地下水的变化影响地基承载力，及防止地下水对基础施工带来影响，基础宜埋置在最高地下水位以上。在地下水位较高的地区，一般宜将基础底面设在当地最低地下水位以下200mm，同时基础材料选择和基坑施工应考虑防水和排水。

（4）土壤冻融

在季节性冻土地区，冬天土层的冻胀力可能会将房屋基础拱起，天气转暖冻土解冻时又会产生基础陷落，使建筑物产生变形甚至破坏，因此基础埋置深度宜大于场地冻结深度。

（5）相邻建筑基础

当存在相邻建筑物时，新建建筑物的基础埋深不宜大于原有建筑基础。当埋深大于原有建筑基础时，两基础之间的水平距离一般控制在两基础底面高差的1~2倍内，或采取一定措施加以处理，以保证原有建筑的安全和正常使用。（数字资源3.3）

数字资源 3.3
相邻建筑基础

3.2.2　基础构造

基础的类型较多，从基础的材料及受力来划分，可分为无筋扩展基础、扩展基础；按基础的构造形式划分，可分为条形基础、独立基础、筏形基础、箱形基础、桩基础。

1. 无筋扩展基础

无筋扩展基础是指用烧结砖、毛石、混凝土或毛石混凝土、灰土、三合土等受压强度大，而受拉强度小的刚性材料做成，且不需配筋的墙下条形基础或柱下独立基础，又称为刚性基础。基于刚性材料的特点，基础剖面尺寸必须满足刚性角 α 的要求，即对基础的出挑宽度 b 和高度 H 之比进行限制，以保证基础在此夹角范围内不因受弯和受剪而破坏（图3-3）。无筋扩展基础台阶宽高比允许值及具体做法见数字资源3.4。

数字资源 3.4
无筋扩展基础

无筋扩展基础施工技术简单，材料可就地取材，造价低廉。在地基条件许可的情况下，适用于多层民用建筑和轻型厂房。

2. 扩展基础

扩展基础采用钢筋混凝土材料，将上部结构传来的荷载，通过向侧边扩

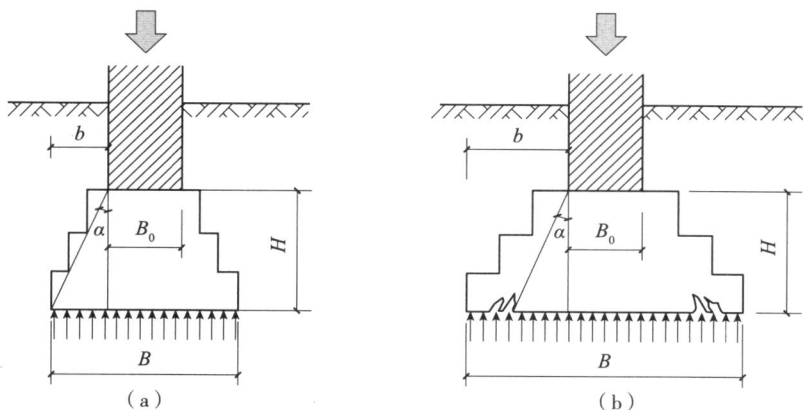

图 3-3　无筋扩展基础台阶高宽比（b/H）示意
（a）基础受力在刚性角范围以内；（b）基础宽度超过刚性角范围而破坏
（注：B_0—基础顶面墙体宽度；H—基础高度；B—基础底面宽度；b—基础台阶宽度；α—刚性角）

展一定的面积，使作用在基底的压应力等于或小于地基土的允许承载力，而基础内部的应力同时满足材料本身的强度要求。这种起到压力扩散作用的基础称为扩展基础，又称为柔性基础，见数字资源 3.5。

扩展基础不受刚性角限制，能够做到"宽基浅埋"，具有较大的抗拉、抗弯能力。常见扩展基础有独立基础、条形基础、十字交叉基础、筏形基础、箱形基础等（图 3-4）。

1）柱下独立基础（图 3-4a）：适合于上部结构采用骨架承重的情况，呈独立的矩形块状，形式有台阶形、锥形和杯形等。杯形基础指当柱子采用预制构件时基础做成的杯口状，柱子嵌固于杯口内。

2）条形基础（图 3-4b、c）：条形基础呈连续带形，可分为墙下条形基础和柱下条形基础。

3）井格基础（图 3-4d）：又称为十字交叉基础。当框架结构处在地基条件较差的情况下，为了提高建筑整体性，避免柱子的不均匀沉降，常将柱下基础沿纵、横方向连接起来。

4）筏形基础（图 3-4e）：当上部结构的荷载很大，地基承载力很低，独立基础和条形基础均不能满足承载要求时，将建筑物下部做成整片的钢筋混凝土基础，称为筏形基础，是满堂基础的一种。可分为平板式筏形基础和梁板式筏形基础。

5）箱形基础（图 3-4f）：简称箱基。当基础埋深较大，且设有地下室时，为增加整体刚度，可将地下室的顶部、底板和墙体现浇成为箱形，具有较大的强度和刚度，适用于重型建筑或高层建筑。

6）桩基础（图 3-4g）：是深基础的一种形式，适用于建筑荷载较大或地基土上部软弱土层较厚的情况。桩基础由桩柱和承台板（梁）组成，整体性

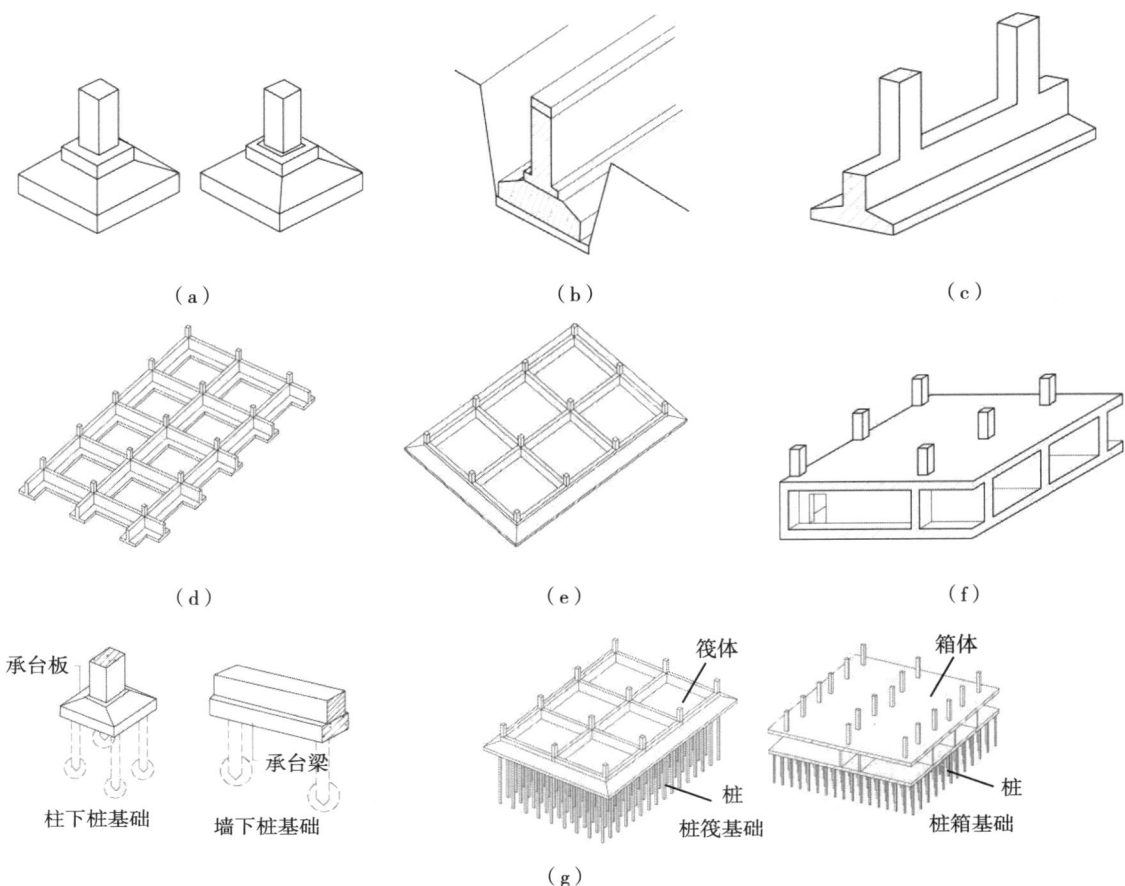

（a）　　　　　　　　　（b）　　　　　　　　　（c）

（d）　　　　　　　　　（e）　　　　　　　　　（f）

承台板

柱下桩基础　　　承台梁　　筏体　　　　　　　箱体

墙下桩基础　　桩　　　　桩

桩筏基础　　　　桩箱基础

（g）

图 3-4　常见扩展基础的类型

（a）柱下独立基础；（b）墙下条形基础；（c）柱下条形基础；（d）井格基础；（e）筏形基础（梁板式）；
（f）箱形基础；（g）桩基础

好，承载能力强，沉降量小，在高层建筑中应用普遍。

桩基础按上部结构不同可分为柱下桩基础和墙下桩基础，还可与筏形基础、箱形基础组合成为桩筏基础和桩箱基础。按受力状态不同，分为摩擦桩和端承桩。摩擦桩的竖向荷载主要由桩侧阻力承受；端承桩的竖向荷载主要由桩端阻力承受。按施工方法，桩基础可分为预制桩和灌注桩。

3.2.3　地下室构造

1. 地下室的组成及类型

地下室是建筑物下部的地下使用空间，一般由顶板、底板、侧墙、楼梯、门窗等组成（图 3-5）。

地下室按照埋入地下的深度可分为全地下室和半地下室。全地下室是指

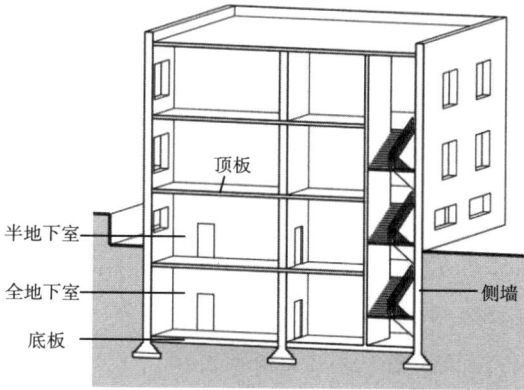

图 3-5　地下室的组成

房间地面低于室外设计地面的平均高度大于该房间平均净高 1/2 者；半地下室是指房间地面低于室外设计地面的平均高度大于该房间平均净高 1/3，且不大于 1/2 者。

2. 地下室的防水构造

地下室由于所处位置的特殊性，必须采取有效的防水防潮设计，以确保墙体和底板在使用时不受潮、不渗漏。地下室防水工程的设计应以防为主，防排结合。

1）防水位置

建筑物地下室凡与土壤接触的墙面、底板均需做防水处理。附建式全地下室或半地下室的防水设防范围应高出室外地坪不小于 300mm（图 3-6）。

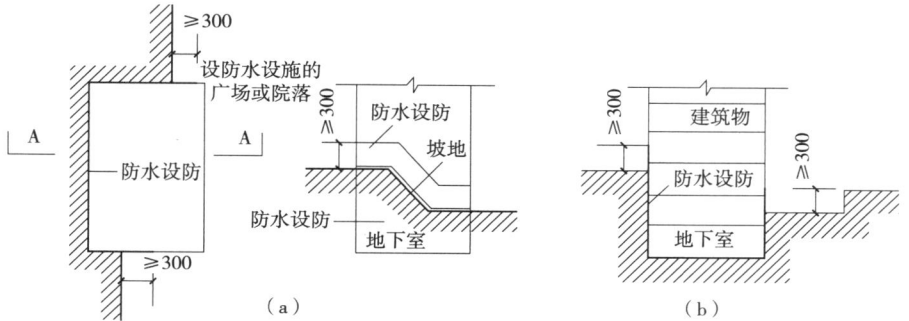

图 3-6　地下室防水设防范围
（a）平面图；（b）A-A 剖面图

2）防水类型

地下室防水构造应根据建筑物的性质、重要程度、使用功能和设计使用年限按不同等级进行设防。

民用建筑地下室采用明挖法，其相应的防水做法应符合表 3-2 要求。地下室主体结构应采用防水混凝土浇筑，并根据防水等级的要求采取其他外设防水层，包括卷材防水、防水涂料、水泥基防水材料等构造做法。

明挖法地下工程主体结构防水做法　　　　　　　　　　表 3-2

防水等级	防水做法	防水混凝土	外设防水层		
			防水卷材	防水涂料	水泥基防水材料
一级	不应少于 3 道	为 1 道，应选	不少于 2 道；防水卷材或防水涂料不应少于 1 道		
二级	不应少于 2 道	为 1 道，应选	不少于 1 道，任选		
三级	不应少于 1 道	为 1 道，应选	—		

有人员活动的民用建筑地下室均属于一级防水，需要多道设防，并应符合刚柔相济的原则。除主体结构的防水混凝土自防水外，其他两道外设防水层，应至少选用 1 道防水卷材或防水涂料。

（1）防水混凝土

地下室底板和墙壁应采用防水混凝土浇筑，并满足抗渗等级和强度的要求。

（2）防水卷材

防水卷材层适用于一定程度的微量变形的地下工程，应铺设在混凝土结构主体的迎水面上，并应铺设在结构主体底板垫层至墙体上。

防水卷材包括聚合物沥青类防水卷材和合成高分子类防水卷材，施工方法包括热熔法、热沥青粘结法、胶粘法、自粘法、预铺反粘法等。其中，预铺反粘法是将覆有自粘胶膜层的防水卷材空铺在基面上，然后浇筑结构混凝土，使混凝土浆料与卷材胶膜层紧密结合的施工方法。与传统铺贴方式不同的是，这种做法将卷材粘结面朝上，与防水混凝土两者粘结牢固，防水性能优越，也不需要找平层和保护层，缩短了工期，降低了成本，并且容易明确渗漏点，易于维修。

（3）防水涂料

防水涂料能够封闭基层裂缝合毛细孔，适合复杂的施工作业基层。防水涂料在外围护结构的内侧还可作为补漏措施。

地下室的防水涂料宜采用反应型或水乳型聚合物水泥防水涂料等有机防水涂料或水泥基类无机防水涂料。有机防水涂料应设置在主体结构的迎水面，无机防水涂料可用于主体结构的迎水面和背水面。

（4）水泥基防水材料

地下工程使用的水泥基防水材料指防水砂浆和外涂型水泥基渗透结晶防水材料，可用于主体结构的迎水面和背水面。

水泥基渗透结晶型防水材料与水作用后，所含有的活性化学成分在混凝土中渗透，生成不溶于水的针状结晶体，填塞毛细孔道和细微缝隙，从而提高混凝土的致密性与防水性，可分为防水涂料和防水剂两类。

3. 地下室的细部构造

地下室的细部构造包括侧墙构造、底板构造、顶板构造，以及管道穿墙的防水构造等。

采用防水混凝土自防水的顶板厚度不应小于 200mm，底板及侧墙厚度不应小于 250mm，迎水面钢筋保护层厚度不应小于 50mm；采用防水卷材时，在转角处，应做成圆弧或 45° 折角，并增设 1~2 层附加防水卷材；采用防水涂料时，应设置胎体增强材料，以防开裂，并应分层喷涂或刷涂，涂层应均匀。

穿墙管设置防水套管时，防水套管与穿墙管之间应密封（图 3-7）。

数字资源 3.6 表示了地下室预铺反粘法卷材防水构造做法，以及地下室卷材防水加水泥基渗透结晶型防水涂料的构造做法。

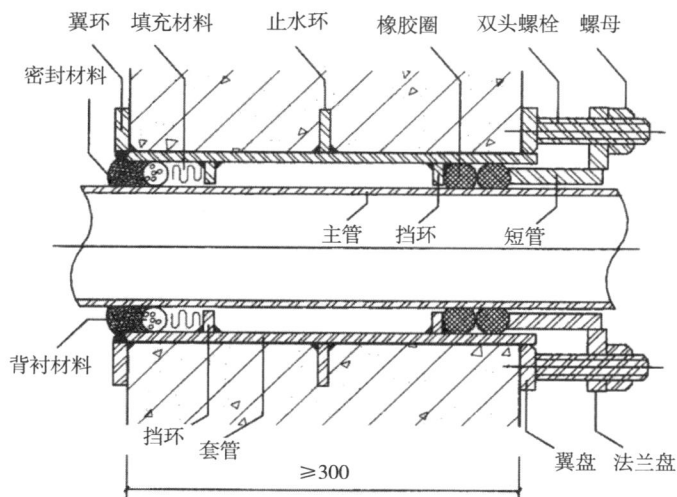

图 3-7 地下室套管式穿墙管防水构造

3.3 墙体

建筑墙体主要起承重、围护和分隔空间的作用，作为建筑围护结构的外墙，直接受气候环境的影响，因此，墙体构造对于提升室内环境品质，降低建筑能耗和碳排放量具有重要意义。

在墙体设计中，应优先选用轻质、高强、节能、环保的建筑材料，并确定适宜的结构布置及构造做法，从而满足结构安全、功能合理、经济环保以及建筑工业化的要求。

3.3.1 墙体的类型

1. 按墙体的位置分

1）内墙，外墙（图 3-8）：建筑物与外界接触的墙称为外墙，作用是分隔建筑的室内外空间。位于建筑内部的墙称为内墙，主要用于分隔室内空间，保证建筑各空间的正常使用。

2）横墙，纵墙（图 3-8）：根据墙体的方向，沿建筑物短轴方向布置的墙称为横墙，内横外墙一般称为山墙；而沿建筑物长轴方向布置的墙称为纵墙。

3）窗下墙，窗间墙，女儿墙：根据墙体与门窗的位置关系，立面窗洞口之下的墙称为窗下墙；窗与窗之间或门与窗之间的墙称为窗间墙；屋顶四周高出屋面部分的墙称为女儿墙。

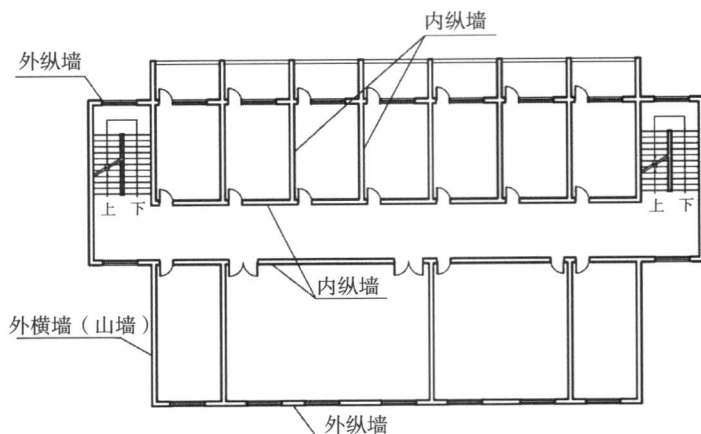

图 3-8　内墙与外墙、横墙与纵墙

2. 按施工方式分

墙体按照施工方式可分为块材墙、版筑墙、板材墙（图 3-9）。块材墙为将预先加工好的各种块材用胶凝材料叠放砌筑而成，如灰砂砖墙、轻质砌块墙。版筑墙为在墙体部位直接立模，在模板内浇筑材料而成，如现浇钢筋混凝土剪力墙。板材墙为在工厂预制好各种墙体构件，在施工现场进行机械安装而成，如装配式轻型墙板。

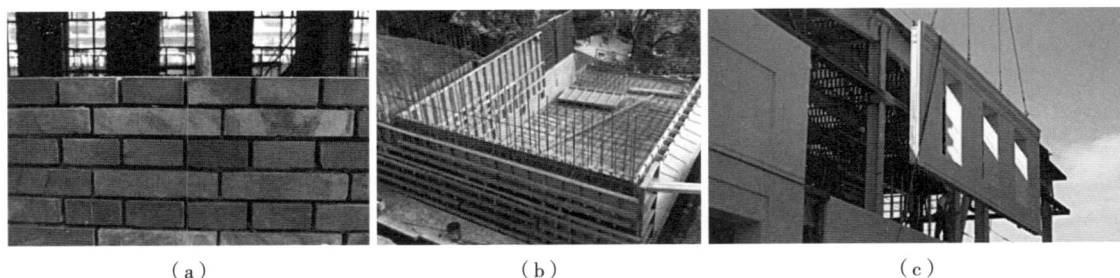

（a）　　　　　　　　　　（b）　　　　　　　　　　（c）

图 3-9　墙体按照施工方式分
（a）块材墙；（b）版筑墙；（c）板材墙

3. 按承重情况分

按承重情况，墙体可分为承重墙、非承重墙（图 3-10）。

1）承重墙

直接承受上部屋顶、楼板所传来荷载的墙称为承重墙，同时它也承受着风力、地震力等荷载。由于承重墙所处位置不同，又有纵向承重墙和横向承重墙之分。常用的承重墙材料有：混凝土中小型砌块、粉煤灰中型砌块、页岩砖、灰砂砖、粉煤灰砖、多孔砖，以及钢筋混凝土剪力墙等。

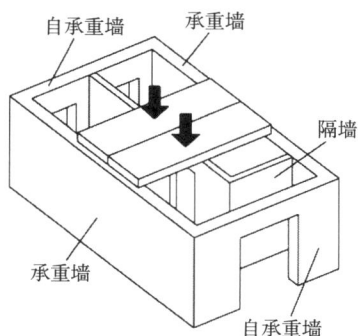

图 3-10 承重墙与非承重墙

自承重墙 承重墙

隔墙

承重墙

自承重墙

2）非承重墙

不承受外来荷载，主要承受墙体自身重量的墙，称为自承重墙。自承重墙一般都直接落地并有基础。常用自承重砌体墙的材料有加气混凝土砌块、陶粒空心砌块、混凝土空心砌块、黏土空心砖、灰砂砖等。

不承受外力，仅起分隔房间作用的内墙，称为隔墙。隔墙一般支撑在楼板或梁上。除现场砌筑或立筋隔墙外，还有各种轻质板材隔墙。

在框架结构中，填充在柱子之间的墙称为填充墙，悬挂在建筑结构外部的轻而薄的墙称为幕墙。

3.3.2 砌体墙构造

目前砌体墙的材料多用空心砖、多孔砖、蒸压灰砂砖等，以及混凝土小型砌块。砌块是比标准砖尺寸大的块材，用之砌筑砌体可减轻劳动量和加快施工进度。

1. 砌体墙的组砌方式

一般情况下，各种块材砌体的砌筑均应满足灰缝"横平竖直、错缝搭接、灰浆饱满、薄厚均匀"的要求。组砌方式见数字资源 3.7。

2. 砌体墙的细部构造

1）过梁

为承受门窗洞口上部的荷载，并将其传到门窗两侧的墙上，以免压坏门窗框，所以在洞口上要加设过梁。目前常用过梁有钢筋混凝土过梁和钢过梁等。

钢筋混凝土过梁坚固耐用，施工简便。梁长、梁宽及梁高均和洞口尺寸有关，并应符合砖或砌块模数（图 3-11）。有抗震设防要求时，过梁支撑长度，6~8 度时不应小于 240mm，9 度时不应小于 360mm。

钢过梁轻质高强，安装方便，可形成更大的跨度，有槽钢过梁、角钢过梁、工字钢过梁等多种类型（图 3-12）。可用于各种形状的门窗洞口和加芯保温的双层墙结构，尤其适用于清水砖墙饰面。

2）窗台

窗洞口的下部应设置窗台，窗台根据窗的安装位置可分为外窗台和内窗台。

外窗台分为不悬挑窗台、悬挑窗台及凸窗窗台（图 3-13~ 图 3-15）。目

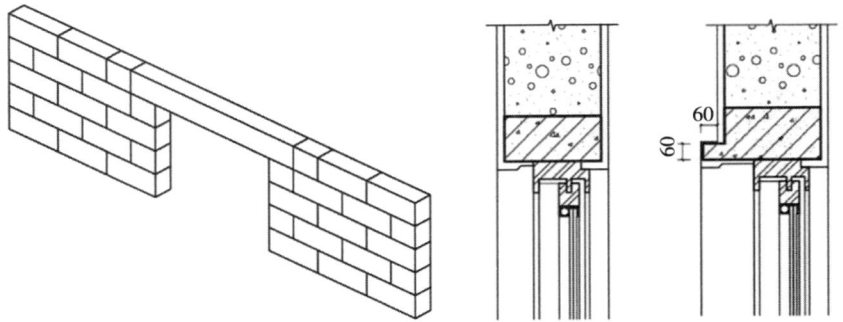

图 3-11　钢筋混凝土过梁

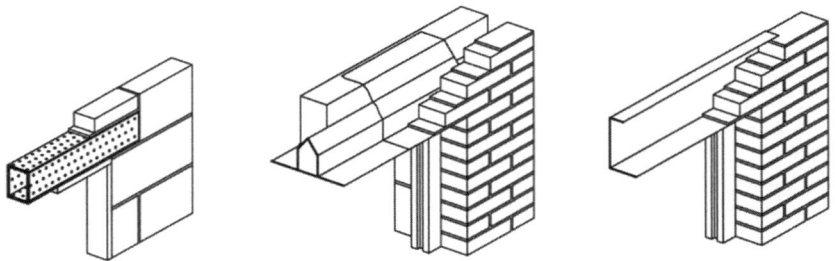

图 3-12　钢过梁

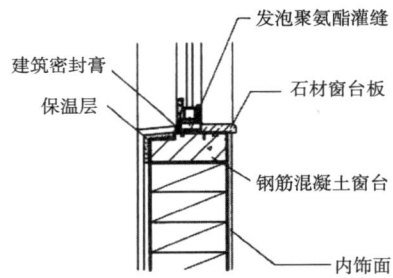

图 3-13　不悬挑窗台构造

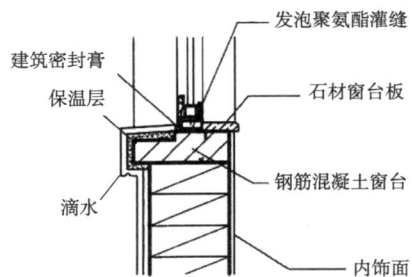

图 3-14　悬挑窗台构造

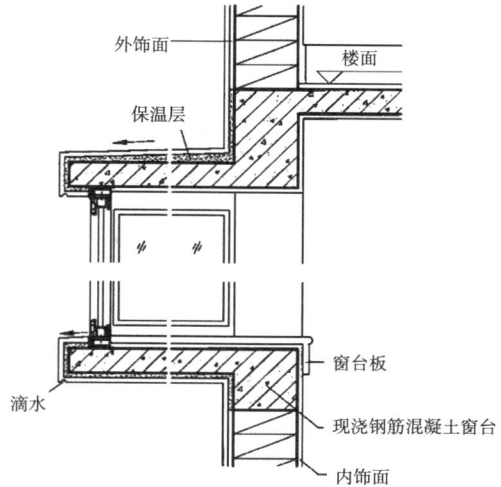

图 3-15 凸窗构造

前窗台常用现浇混凝土的做法，配筋与构造柱或芯柱进行拉结，以确保其稳定性。

悬挑窗台和凸窗窗台底面处，均应做成锐角形或半圆形凹槽，称为滴水，作用是避免排水污染墙面。

内窗台可保护室内墙面，存放东西、摆放花盆等，装修时常采用硬木板或天然石板做成窗台板。

3）勒脚

勒脚是外墙接近室外地面的部分，作用是保护外墙脚免受雨水侵蚀和机械碰撞。勒脚根据使用材料的不同可分为石砌勒脚、贴面勒脚和抹灰勒脚三类（图 3-16）。石砌勒脚采用较为坚固的石材进行砌筑；贴面勒脚采用石板或瓷砖贴面进行保护；抹灰勒脚是在勒脚部位用 1 ：2.5 的水泥砂浆或水刷石外抹，这种做法简单经济。

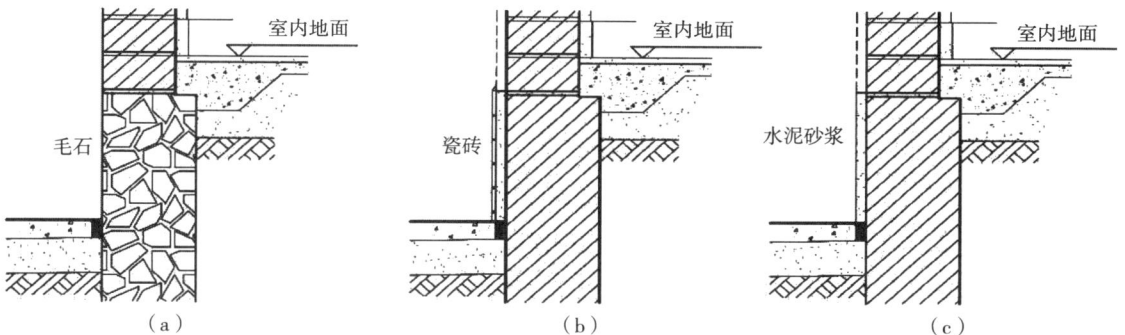

图 3-16 勒脚构造做法
（a）石砌勒脚；（b）贴面勒脚；（c）抹灰勒脚

4）防潮层

在墙身中设置防潮层的目的，是防止土壤中的水分沿基础墙上升及勒脚部位的地面水影响墙身，保持室内干燥卫生。

（1）水平防潮层

砌体墙应在室外地面以上、位于室内地面垫层处设置连续的水平防潮层，位置一般比室内地面低 60mm。水平防潮层常用做法包括：防水砂浆防潮层和细石混凝土配筋带防潮层，或者以地梁、基础梁替代防潮层（图 3-17）。防潮层以下墙体，不应采用轻骨料混凝土小型空心砌块或蒸压加气混凝土砌块，如采用混凝土小型空心砌块，则应采用专用混凝土灌实砌块的孔洞。

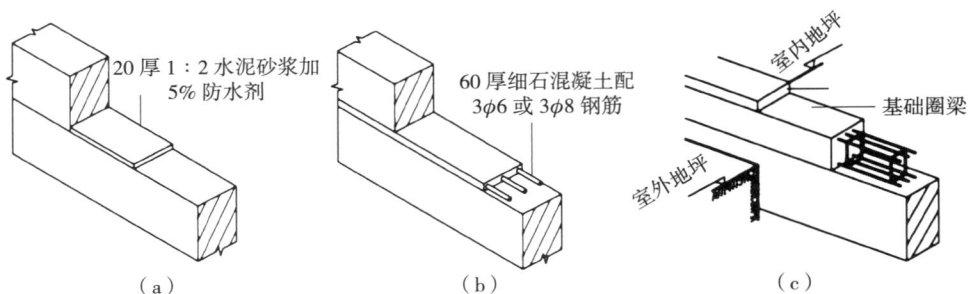

图 3-17 水平防潮层做法
（a）防水砂浆防潮层；（b）细石混凝土防潮层；（c）基础圈梁替代防潮层

①防水砂浆防潮层

具体做法是在墙身相应的位置抹加入了 5% 防水剂的 20mm 厚 1∶2 水泥砂浆，施工简便，成本低廉，但易开裂失效。不适用于建筑物周围有振动的情况。

②细石钢筋混凝土防潮层

由于混凝土本身具有一定的防水性能，常把防水要求和结构做法合并考虑，即在室内外地坪之间浇筑 60mm 厚的 C20 混凝土防潮层，配 3ϕ6~3ϕ8 钢筋形成防潮带。细石混凝土防潮效果较好，抗裂性能好，能与砌体结合为一体，但施工较繁琐，成本较高。适合于抗震地区，即建筑本身或周围有振动的砌体墙。

③地梁或基础梁兼防潮层

砌体结构的地梁，即地圈梁或基础圈梁，防潮效果较好，不易开裂，可替代防潮层，并且适合用于抗震地区。框架结构的基础梁，如顶面标高在室内地坪以下 60mm 处，也可以替代防潮层（图 3-18）。

（2）垂直防潮层

当室内地坪出现高差或室内地坪低于室外地面时，为避免室内地坪较高一侧土壤或室外地面回填土中的水分浸入墙体，对有高差部分的垂直墙面在填土一侧沿墙设置垂直防潮层。做法是在两道水平防潮层之间的垂直墙面上，采用 20mm 厚 1 ： 2 水泥砂浆加 5% 防水剂的做法（图 3-19）。

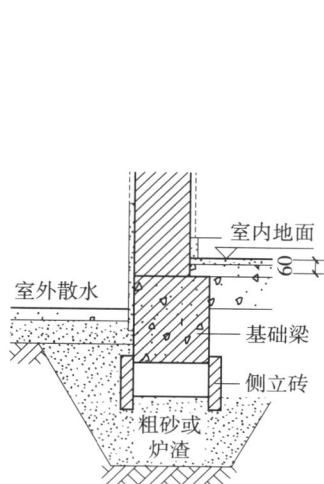

图 3-18　基础梁替代防潮层

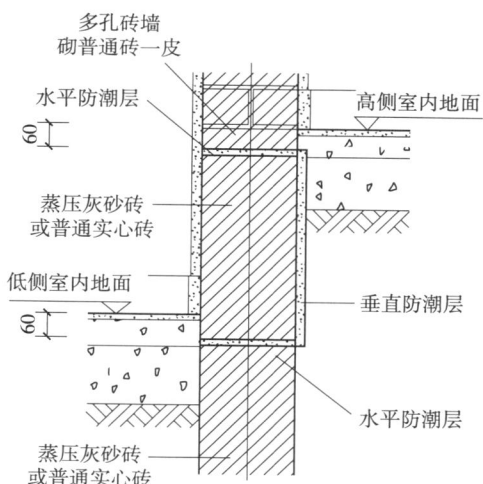

图 3-19　垂直防潮层

5）散水和明沟

（1）散水

为便于地面雨水排出，防止雨水对建筑物基础的侵蚀，常在外墙四周将地面做成向外倾斜的坡面，称为散水。散水的宽度通常在 600~1000mm 之间。当建筑物屋面为自由落水时，散水坡的宽度应比屋顶檐口线宽出 200~300mm。

散水坡度约为 3%~5%，常用混凝土浇筑，厚度为 80~120mm。面层材料有细石混凝土、卵石、块石、水泥砂浆等，垫层一般在素土夯实上铺三合土或混凝土。为防止建筑沉陷及其他原因引起勒脚与散水交接处出现开裂，最好在散水与外墙之间作伸缩缝处理，缝宽宜为 20~30mm，缝内用油膏或密封防水胶料进行嵌缝处理，以防渗水（图 3-20）。

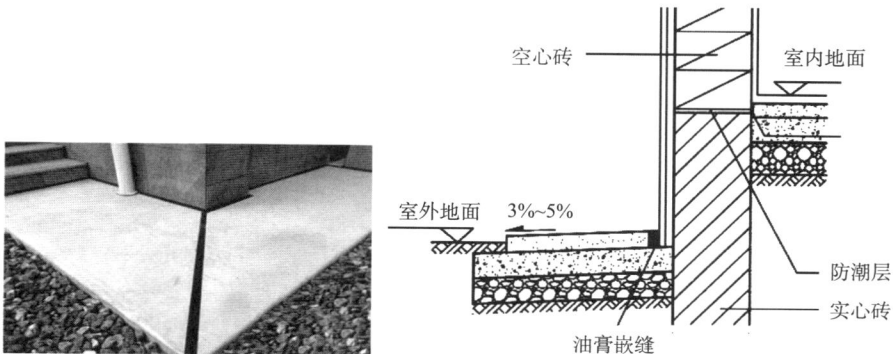

图 3-20　散水构造

（2）明沟

为将雨水有组织地导向地下雨水井，在建筑物四周设置的排水沟称为明沟。可用砖、石块砌筑，水泥砂浆粉面，沟宽约200mm，或采用现浇混凝土，外抹水泥砂浆（图3-21）。沟底应有1.0%左右的纵坡，使雨水排向窨井。

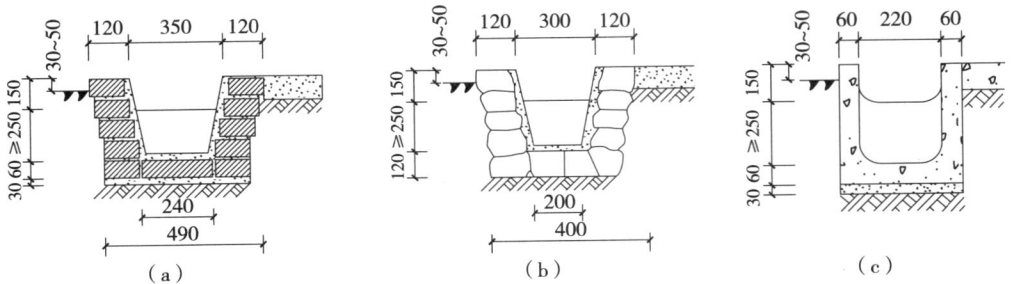

图3-21 明沟构造做法
（a）砖砌明沟；（b）石砌明沟；（c）混凝土明沟

3. 砌体墙的加固措施（数字资源3.8视频）

目前砌体墙主要采用轻质砌块组砌而成，由于砌块系脆性材料，靠砂浆胶接成整体，因此砌体墙的整体性不强，抗震能力较差，特别是小型砌块墙体，容易开裂。为了增强多层砌体建筑物的整体刚度，应采取以下加固措施：

1）圈梁

圈梁是沿外墙四周及部分内墙设置的连续闭合的梁，作用是配合楼板提高建筑物的空间刚度及整体性，增强墙体的稳定性，减少由于地基不均匀沉降而引起的墙身开裂。小砌块砌体房屋各楼层均应设置现浇钢筋混凝土圈梁（图3-22），圈梁设置的具体要求见表3-3。

原则上圈梁应"交圈封闭"。在抗震设防地区，圈梁应完全闭合，不得被洞口所切断。在非抗震地区，当遇到门窗洞口致使圈梁不能闭合时，应在洞口上部增设相同截面的附加圈梁。附加圈梁与圈梁的搭接长度不应小于其中到中垂直间距的2倍，且不得小于1m（图3-23）。

圈梁的设置要求 表3-3

圈梁设置及配筋		设计烈度	
		6、7度	8度
圈梁设置	外墙及内纵墙	屋盖处及每层楼盖处	屋盖处及每层楼盖处
	沿内横墙	同上；屋盖处间距不大于4.5m，楼盖处间距不大于7.2m，构造柱对应部位	同上；各层所有横墙，且间距不大于4.5m；构造柱对应部位
配筋		4φ12，φ6@200	
最小截面		200mm×砌块墙厚	

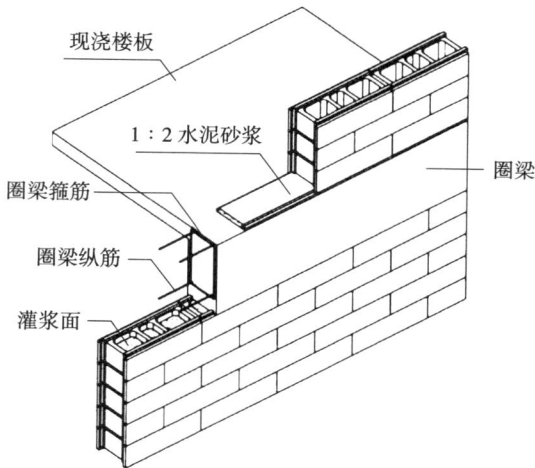

图 3-22 钢筋混凝土圈梁示意图

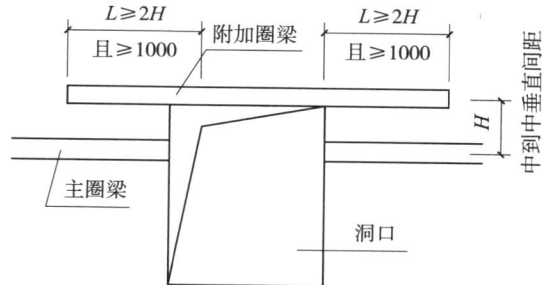

图 3-23 附加圈梁的设置要求

2）芯柱和构造柱

芯柱和构造柱都是为了防止砌体墙地震时遭到破坏设置的整体加固措施，从竖向加强层间墙体的连接，与圈梁一起形成封闭的空间骨架。

构造柱和芯柱在平面中的位置示例见图 3-24，一般设置在建筑物的四角、内外墙交接处、楼梯间四角、较大的门窗洞口两侧，以及某些较长的墙体中部。

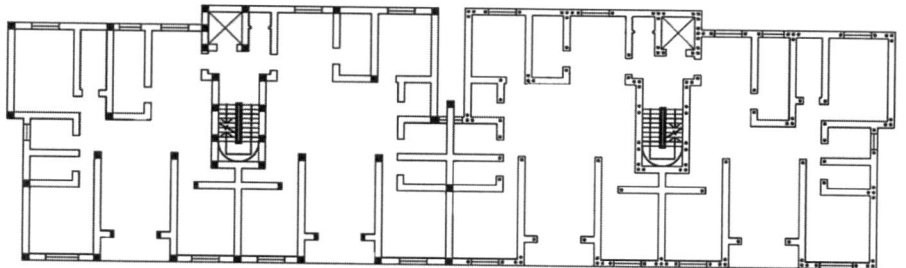

图 3-24 构造柱和芯柱在平面中的位置

（1）芯柱

芯柱是在单排孔砌块对孔砌筑砌体的竖向孔洞内，浇灌混凝土形成与砌体共同工作的柱。竖向孔洞内不插钢筋的称为素混凝土芯柱，竖向孔洞内插钢筋的称为钢筋混凝土芯柱。

以混凝土小型空心砌体墙为例，纵横墙交接处孔洞应设置混凝土芯柱，外墙转角、楼梯间四角的纵横墙交接处的三个孔洞，宜设置钢筋混凝土芯柱；五层及五层以上的房屋，应在上述部位全部设置钢筋混凝土芯柱

（图 3-25）。此外，较大洞口两侧宜设置不少于单孔的钢筋混凝土芯柱，又称抱框柱（图 3-26）。

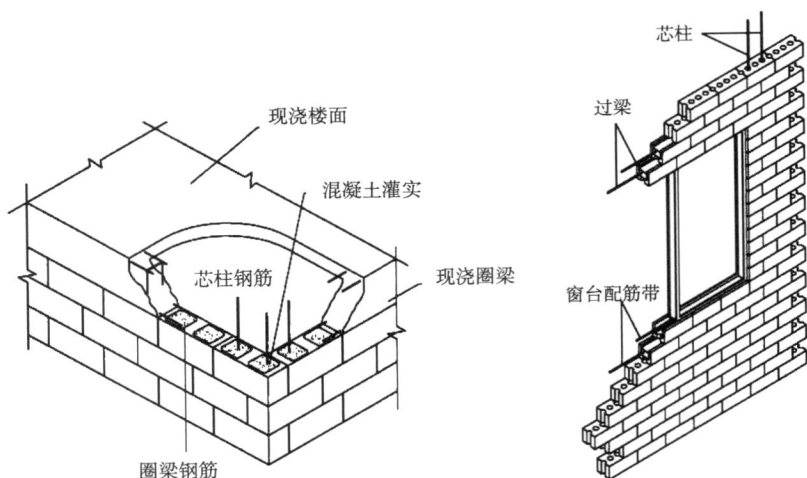

图 3-25　插筋芯柱外墙转角构造　　图 3-26　洞口两侧设置芯柱

芯柱的截面不宜小于 120mm×120mm，钢筋混凝土芯柱每孔内插筋不应小于 1ϕ10，底部应深入室内地坪下 500mm 或与基础圈梁锚固，顶部应与屋盖圈梁锚固。

（2）构造柱

构造柱是按设计要求设置在砌块墙体中，先砌墙后浇灌混凝土柱的钢筋混凝土柱。砌体房屋可采用构造柱替代芯柱，构造柱与砌块墙连接处应砌成马牙槎（图 3-27）。马牙槎是砌体结构构造柱部位墙体的一种砌筑形式，每一进退的水平尺寸不小于 60mm，沿高度方向的尺寸不超过 300mm。构造柱必须与圈梁及墙体紧密连接（图 3-28），从而增加建筑物的整体刚度，提高墙体抗变形的能力。

砖砌体房屋的构造柱最小截面可为 180mm×240mm，墙厚 190mm 时为 180mm×190mm；砌块房屋的构造柱截面不宜小于 190mm×190mm。构造柱可不单独设置基础，但应伸入室外地面下 500mm，或与埋深小于 500mm 的基础圈梁相连。

3）扶壁柱

当墙体的窗间墙上出现集中荷载而墙厚又不足以承受其荷载，或当墙体的长度和高度超过一定限度并影响墙体的稳定性时，常在墙身局部适当位置增设凸出墙面的砌体柱并一直到顶，用以提高墙体刚度，称为扶壁柱，又称墙柱。它与墙体同时施工，并与墙体共同承受各种荷载。混凝土空心砌块砌体的扶壁柱应灌孔插筋（图 3-29）。

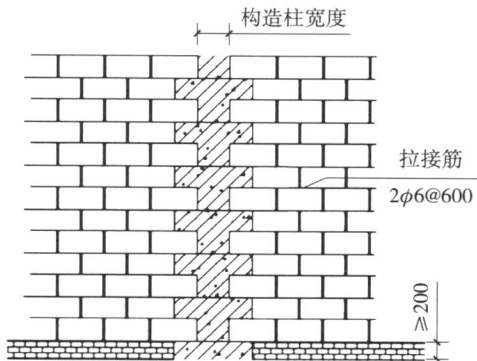

图 3-27 带构造柱填充墙设置马牙槎示例

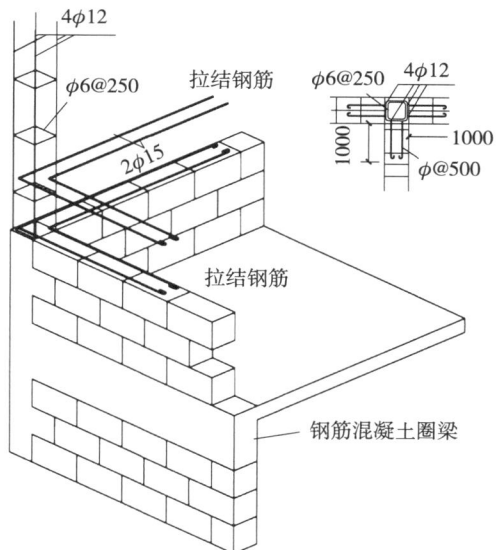

图 3-28 构造柱与圈梁和墙体的拉结

4）拉结钢筋或钢筋网片

墙体转角处和纵横墙交接处，应沿墙高每隔 400~500mm 设拉结钢筋，数量为每 120mm 墙厚不少于 1 根直径 6mm 的钢筋；或采用焊接钢筋网片（图 3-30），埋入长度从墙的转角或交接处算起，对于实心砖墙每边不小于 500mm，对多孔砖墙和砌块墙每边不小于 700mm，对于混凝土小型空心砌块，钢筋网片应沿墙体水平通长布置。

在砌块墙与后砌隔墙的交接处，也应沿墙高每 400mm 在水平灰缝内设置不少于 2 根直径不小于 4mm、横筋间距不应小于 200mm 的钢筋网片。

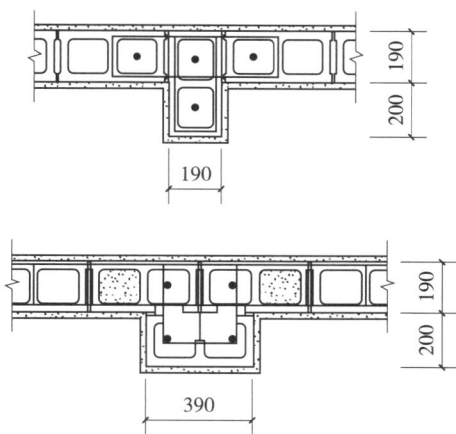

图 3-29 扶壁柱

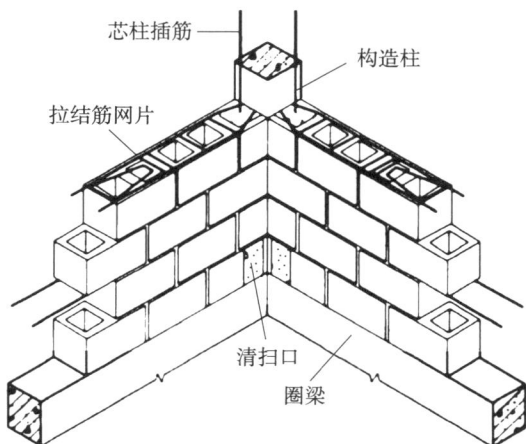

图 3-30 拉结钢筋网片

5）女儿墙加固

为避免地震产生的"鞭端效应"，当女儿墙高从屋顶结构面算起超过500mm 时，应在墙中增设锚固于顶层圈梁的构造柱或芯柱，构造柱间距不大于 3m，芯柱间距不大于 1.6m。女儿墙顶应设置压顶（图 3-31），截面高度不应小于 60mm，纵向钢筋不应少于 $2\phi10$。墙体中的芯柱和构造柱应贯通至女儿墙顶部，并与混凝土压顶可靠连接，女儿墙芯柱、构造柱的钢筋应锚固在屋面圈梁和女儿墙压顶内（图 3-32）。

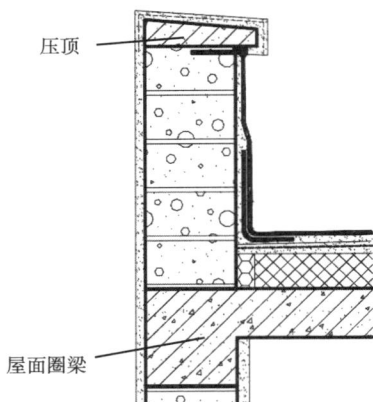

图 3-31 砌体女儿墙压顶

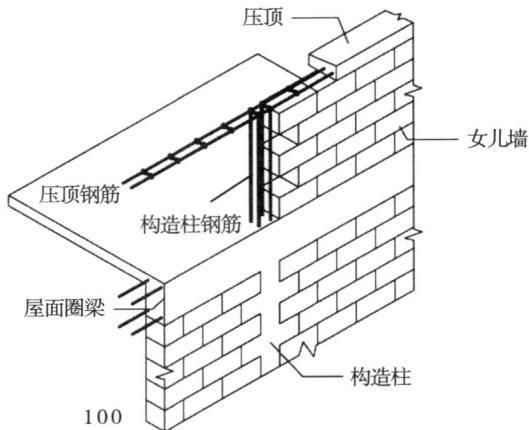

图 3-32 压顶钢筋与构造柱连接

3.4 楼地层、阳台与雨篷

3.4.1 楼板的组成和类型

楼地层是建筑楼板层和地坪层的总称。楼板层是分隔空间的水平承重构件，承受楼面荷载（含自重）并传递给承重墙或梁、柱。同时它与墙或柱等垂直承重构件相互依赖，互为支撑，构成房屋多层空间结构。地坪层是指建筑物底层与土壤相接的水平部分，它承受着地坪上的荷载，并均匀传递给地坪以下的土层。

在楼地层设计中，除应满足结构安全、经济适用、美观舒适等要求外，还应考虑气候环境与功能需求，采取保温、隔热、隔声、防火等构造技术措施，提升建筑的节能减排、绿色环保等性能。

1. 楼板层的组成

楼板层由面层、结构层、顶棚层和附加层组成，如图 3-33 所示。

1）面层

面层位于楼板层的最上层，起着保护结构层、分布荷载和室内装饰等作用。

2）结构层

结构层是楼板层的承重构件，包括板和梁，主要作用是承受楼板层上的全部荷载，并将这些荷载传给墙或柱。

3）顶棚层

顶棚层位于楼板层的最下层，起着保护结构层、装饰室内、安装灯具、敷设管线等作用。

4）附加层

对于有特殊要求的房间，楼板层可增设防水层、保温层、填充层等附加层，如图 3-34 所示。

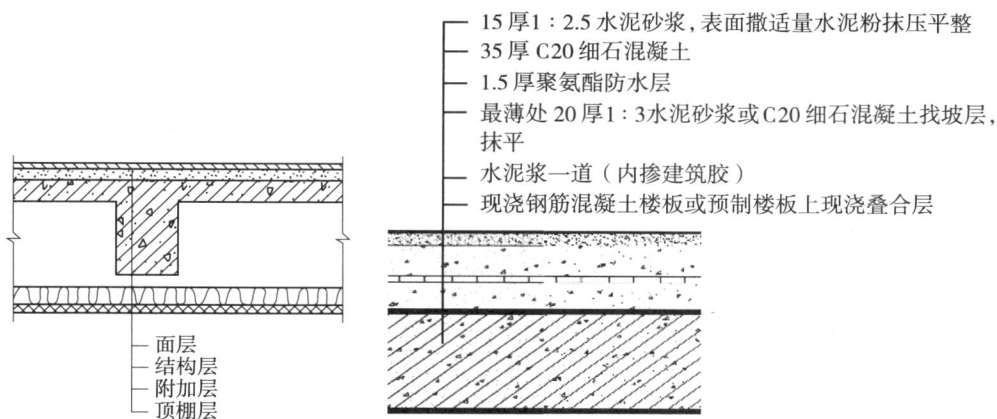

图 3-33 楼板层的组成

15 厚 1：2.5 水泥砂浆，表面撒适量水泥粉抹压平整
35 厚 C20 细石混凝土
1.5 厚聚氨酯防水层
最薄处 20 厚 1：3 水泥砂浆或 C20 细石混凝土找坡层，抹平
水泥浆一道（内掺建筑胶）
现浇钢筋混凝土楼板或预制楼板上现浇叠合层

图 3-34 附加防水的楼板层构造

2. 楼板的类型

根据使用材料的不同，楼板可分为木楼板、钢筋混凝土楼板和压型钢板组合楼板等类型，如图 3-35 所示。

木楼板自重轻，保温性能好，但耐火性和耐久性较差，除在产木地区或特殊要求时选用外，目前工程中应用较少。

钢筋混凝土楼板强度高，刚度好，耐火性和耐久性好，可塑性良好，便

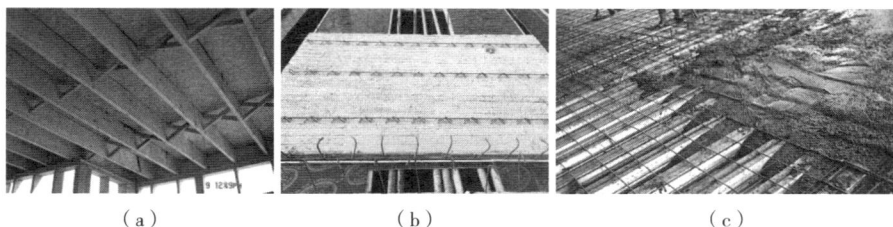

（a）　　　　　　　　（b）　　　　　　　　（c）

图 3-35 楼板层的类型
（a）木楼板；（b）钢筋混凝土楼板；（c）压型钢板组合楼板

于工业化生产，是目前应用最广泛的楼板类型。

压型钢板组合楼板是在压型钢板上现浇混凝土，压型钢板替代模板承受全部施工荷载，板内配置的钢筋和混凝土承担使用阶段荷载，强度和刚度高，施工速度快，目前广泛应用于钢结构工业建筑。

3.4.2 钢筋混凝土楼板构造

钢筋混凝土楼板按其施工方式不同分为现浇式、预制装配式和装配整体式三种类型。

现浇式楼板系指现场支模、绑扎钢筋、整体浇筑混凝土等而成型的楼板结构。具有整体性好、刚度大、利于抗震、梁板布置灵活等特点，但其模板耗材大，施工进度慢，施工受季节限制。现浇式钢筋混凝土楼板施工流程见数字资源3.9。

预制装配式楼板系指在构件预制厂或施工现场预先制作，然后在施工现场装配而成的楼板。这种楼板可节省模板、改善劳动条件、提高生产效率、加快施工速度，但楼板的整体性差，抗震性能差，目前仅在非地震区使用。目前常用的预制板主要有空心板、槽形板和双T板，见图3-36。

装配整体式楼板系指预制构件与现浇混凝土面层叠合而成的楼板。它既可节省模板、提高其整体性，又可加快施工速度，但其施工较复杂。装配整体式楼板施工流程见数字资源3.10。

数字资源3.9
现浇式钢筋混凝土楼板
施工流程

数字资源3.10
装配整体式楼板施工
流程

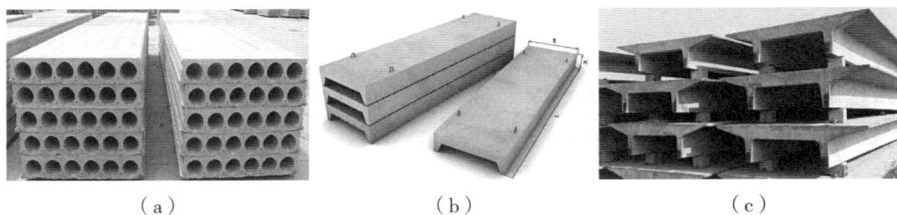

（a）　　　　　　　　　　（b）　　　　　　　　　　（c）

图3-36　常用预制板
（a）空心板；（b）槽形板；（c）双T板

1．现浇式钢筋混凝土楼板

根据结构形式不同，分为板式楼板、梁板式楼板、密肋楼板和无梁楼板。

1）板式楼板

板式楼板是将楼板现浇成平板，并直接支撑在墙上，如图3-37所示。板式楼板具有底面平整、便于支模等优点，适用于平面尺寸较小的房间，如厨房、卫生间、走廊等。

板式楼板的厚度与板的支撑情况、受力情况有关。两对边支撑的板、长

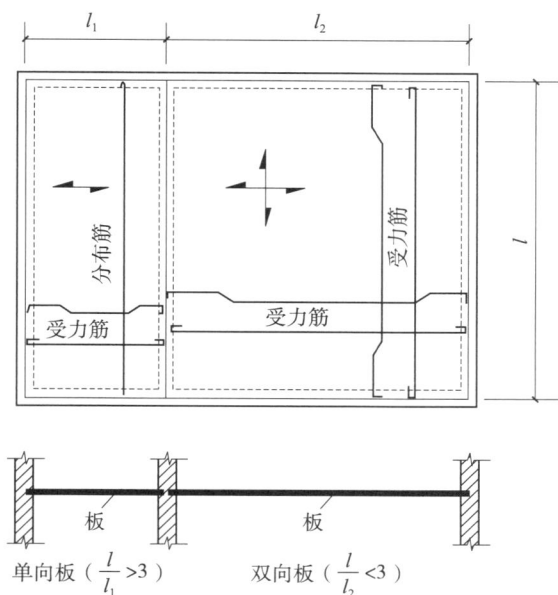

图 3-37　板式楼板

边与短边长度之比不小于 3.0 的四边支撑的板，一般按单向板计算，其厚度不小于短边的 1/30，且一般不小于 60mm；长边与短边长度之比小于 3.0 的四边支撑的板，一般按双向板计算，其厚度不小于短边的 1/40，且一般不小于 80mm。

2）梁板式楼板

梁板式楼板是由板和梁共同组成的楼板结构，受力合理，梁板布置灵活，在建筑工程中应用广泛，但该类楼板需要较大的结构高度，因此，主要适用于平面尺寸较大的空间，如门厅、教室等。

梁板的布置主要由房间的使用要求、平面形式及尺寸、窗洞位置等因素决定。通常沿房间短跨布置主梁，垂直主梁方向布置次梁。一般情况下，主梁的经济跨度为 5~8m，梁高为跨度的 1/12~1/8，梁宽为梁高的 1/3~1/2；次梁的经济跨度为主梁的间距，即 4~6m，次梁的高度为跨度的 1/18~1/12，梁宽为梁高的 1/3~1/2。板的跨度为次梁的间距，一般为 1.7~3m，厚度一般为其跨度的 1/50~1/40，且一般不小于 60mm。

当房间平面尺寸较大且平面形状接近方形时，常将梁板式楼板中两个方向的梁等距、等高布置，称为井式楼板。井式楼板通常根据房间使用特点和平面形式进行梁板布置，一般可与墙体正交正放布置、正交斜放布置、斜交布置等，如图 3-38 所示。井式楼板的短边长度不宜大于 15m，平面尺寸长宽比不应大于 1.5。井式楼板的跨度可达 20~30m，梁高一般为梁跨的 1/15，梁宽为梁高的 1/3~1/2，井梁的间距宜为 2.5~3.3m。

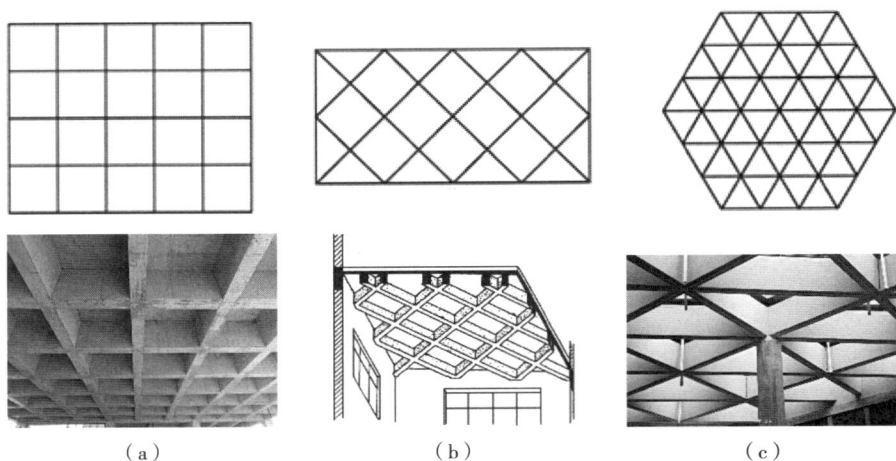

（a）　　　　　　　　　　（b）　　　　　　　　　　（c）

图 3-38　井式楼板
（a）正交正放；（b）正交斜放；（c）斜交

3）密肋楼板

密肋楼板是由薄板和间距较小的肋梁组成，可分为单向密肋楼板和双向密肋楼板，如图 3-39 所示。密肋楼板梁高小、自重轻、顶棚平整美观，一般用于跨度较大且梁高受限制的情况，如地下车库、候机楼、车站等。

（a）　　　　　　　　　　　　　　（b）

图 3-39　密肋楼板
（a）单向密肋楼板；（b）双向密肋楼板

密肋楼板平面为方形或接近方形时，常采用双向密肋楼板，其跨度不宜大于 12m，肋梁间距常采用 1.0~1.5m，肋高可取跨度的 1/30~1/20，肋宽 150~200mm；密肋楼板平面长宽比大于 1.5 时，常采用单向密肋楼板，其跨度不宜大于 6.0m，肋梁间距 500~700mm，肋高可取跨度的 1/28~1/20，肋宽 80~120mm。密肋楼板板厚均不应小于 50mm，肋高均不应小于 250mm。

4）无梁楼板

无梁楼板为等厚的平板直接支撑在柱上，是一种双向受力的板柱结构，具有室内空间净空高度大、顶棚平整、施工简便等优点，适用于商店、仓库及书库等荷载较大的建筑。

无梁楼板的板柱节点可采用带柱帽或托板的结构形式，柱帽形式可根据室内空间中柱的截面形式而定，如图 3-40 所示。无梁楼板柱帽的高度不应小于板的厚度 h，托板的厚度不应小于 $h/4$；柱帽或托板在平面两个方向上的尺寸，均不宜小于同方向上柱截面宽度 b 与 $4h$ 的和，如图 3-41 所示。无梁楼板的柱网间距一般不超过 6m，板厚应不小于板跨的 1/35~1/32，且不小于 150mm。

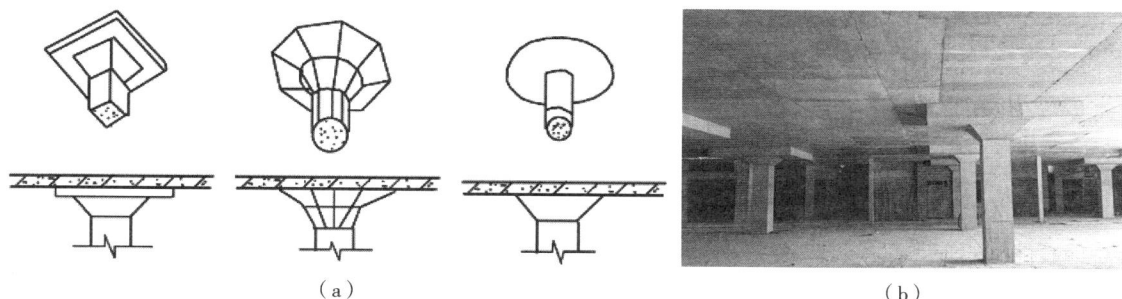

（a）   （b）

图 3-40　无梁楼板的柱帽和板托
（a）柱帽；（b）托板

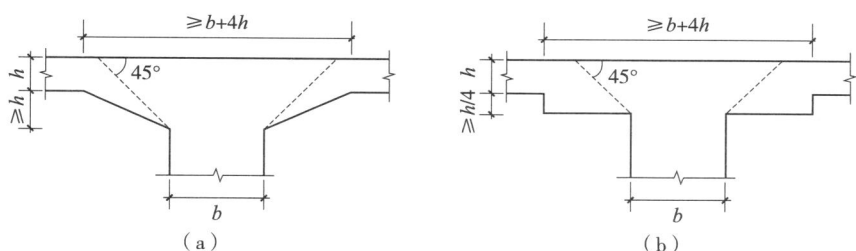

（a）   （b）

图 3-41　带柱帽或托板的板柱节点
（a）柱帽；（b）托板

2. 装配整体式钢筋混凝土楼板

1）组合楼板

组合楼板是在楼承板上现浇混凝土，楼承板与混凝土共同承受荷载的楼板，如图 3-42 所示。楼承板可采用压型钢板和钢筋桁架楼承板，压型钢板常采用开口型、缩口型、闭口型三种类型，如图 3-43 所示；钢筋桁架楼承板是钢筋桁架与底板通过电阻点焊连接成整体的组合承重板，与普通压型钢板相比，下表面平整美观，单位面积镀锌板用量少。组合楼板主要适用于较大空间需求的高层民用建筑和工业建筑。

2）叠合楼板

混凝土叠合楼板是由预制板和现浇钢筋混凝土层叠合而成的装配整体式

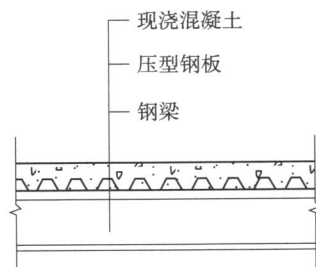

图 3-42　组合楼板的组成

（a）

（b）

（c）

（d）

图 3-43　楼承板的类型

（a）开口型压型钢板；（b）缩口型压型钢板；（c）闭口型压型钢板；（d）钢筋桁架楼承板

数字资源 3.11
叠合楼板施工流程

楼板，目前常用桁架钢筋混凝土预制板和预应力混凝土预制板，如图 3-44 所示。叠合板跨度大于 3m 且不超过 6m 时，宜采用桁架钢筋混凝土叠合板；大于 6m 时，宜采用预应力混凝土预制板。叠合楼板施工流程见数字资源 3.11。

（a）

（b）

图 3-44　叠合楼板的预制板

（a）桁架钢筋混凝土预制板；（b）预应力混凝土预制板

预制板的厚度不宜小于 60mm，当设置桁架钢筋或板肋等，能够增加预制板刚度，可以适当减小其厚度；后浇混凝土叠合层厚度不应小于 60mm，主要考虑楼板整体性要求的同时，可以预埋管线、铺设面筋等；预制板与后浇混凝土叠合层之间的结合面应设置粗糙面，面积不宜小于结合面的 80%，凹凸深度不应小于 4mm。

为提高叠合楼板的整体性，板侧接缝通常采用分离式和整体式两种构造措施，见图 3-45。

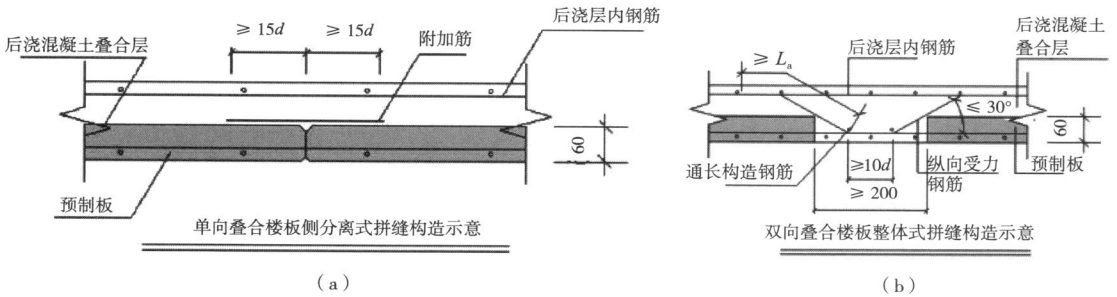

（a）

（b）

图 3-45　叠合板板侧接缝类型
（a）分离式（单向板）；（b）整体式（双向板）
d—钢筋的直径；L_a—钢筋锚固长度

3.4.3　地坪层构造

地坪层由面层、垫层、基层和附加层组成，如图 3-46 所示。

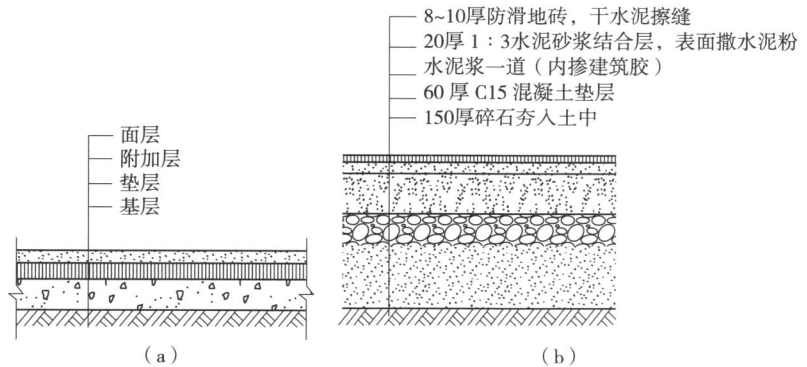

（a）

（b）

图 3-46　地坪层组成及构造做法
（a）构造组成；（b）构造做法

1. 面层

面层是地坪的表面层，直接承受着地坪层上面的各种荷载，同时又有装饰室内的功能。

2. 垫层

垫层是在建筑地基上设置承受并传递地坪荷载的构造层。现浇整体面层、以胶粘剂结合的整体面层和以胶粘剂或砂浆结合的块材面层，宜采用混凝土垫层，一般采用80mm厚C15混凝土；以砂或炉渣结合的块材面层，宜采用碎（卵）石、灰土、炉（矿）渣、三合土等垫层。

地面混凝土垫层应设置纵向缩缝和横向缩缝。纵向缩缝应采用平头缝或企口缝，其间距为3~6m；横向缩缝宜采用假缝，其间距宜为6~12m。假缝的宽度宜为5~12mm，高度宜为垫层厚度的1/3，缝内应填水泥砂浆或膨胀型砂浆，如图3-47所示。

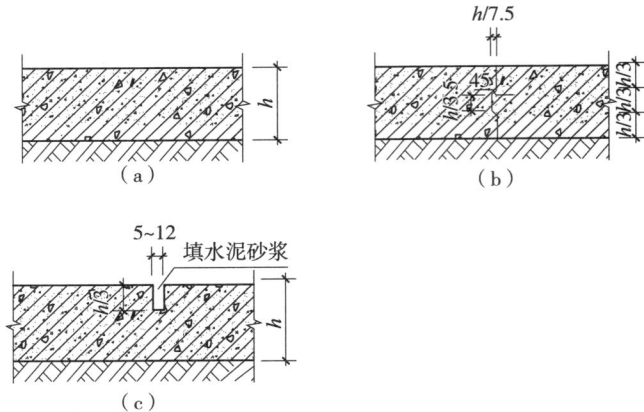

图3-47　混凝土垫层缩缝
（a）平头缝；（b）企口缝；（c）假缝

3. 基层

基层是承受地坪荷载的土层，地面垫层应铺设在均匀密实的地基上，压实系数不应小于0.9。对于铺设在淤泥质土、冲填土及杂填土等软弱地基上时，应根据地面使用要求、土质情况并按现行国家标准的有关规定进行设计与处理。

4. 附加层

当地坪层基本构造不能满足使用要求时，可增设附加层，如保温层、防水层、找平层、找坡层、填充层等，如图3-46（a）所示。

3.4.4　阳台与雨篷

1. 阳台

阳台是建筑室内外过渡空间，为人们提供休息、活动、晾晒的场所，也是塑造建筑立面形象的重要元素。

1）阳台的类型

阳台按其与外墙的相对位置分为凹阳台、凸阳台、半凸半凹阳台和转角阳台。

按其承重方式不同分为墙承式和悬挑式，其中悬挑式又分挑梁式和挑板式，如图 3-48 所示。钢筋混凝土阳台按其施工方式分为现浇、预制和装配整体三种，见数字资源 3.12。

（a）　　　　　（b）　　　　　（c）

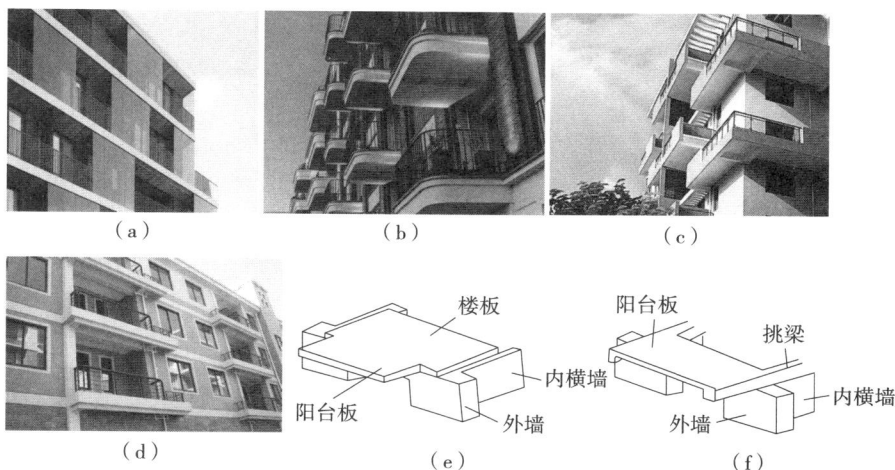

（d）　　　　　（e）　　　　　（f）

图 3-48　阳台类型
（a）凹阳台；（b）凸阳台；（c）转角阳台；（d）半凸半凹阳台；（e）挑板式；（f）挑梁式

2）阳台构造

阳台一般由承重构件、栏杆（板）和扶手组成，如图 3-49 所示。

阳台的栏杆形式应考虑立面造型和当地气候等因素，一般炎热地区多采用空透式；寒冷地区多采用实心板式或半空透式，如图 3-50 所示。阳台栏杆垂直高度不应小于 1.10m，如底面有宽度大于或等于 0.22m，且高度不大于 0.45m 的可踏部位，应按可踏部位顶面至扶手顶面的垂直高度计算。

为防止雨水流入室内，开敞阳台地面的标高应低于室内地面标高 30~50mm，封闭阳台地面标高与室内地面标高相同；并在阳台设置地漏，阳台地面向地漏做 1%~2% 的坡度。开敞阳台与封闭阳台的排水设计、栏杆及栏板固定的细部构造如图 3-51 所示。

2. 雨篷

雨篷通常设置在建筑出入口处，其作用是遮挡雨雪，使人们可在入口处暂时停留，并保护外门免受雨淋，丰富建筑立面。

1）雨篷的类型

雨篷的形式多样，根据结构材料的不同，主要分为钢雨篷和钢筋混凝土

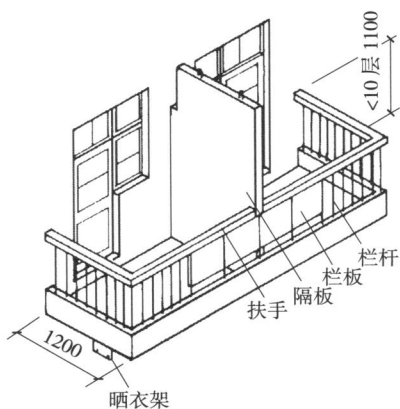

图 3-49 阳台的组成

图 3-50 阳台栏杆类型
（a）空透式；（b）实心板式

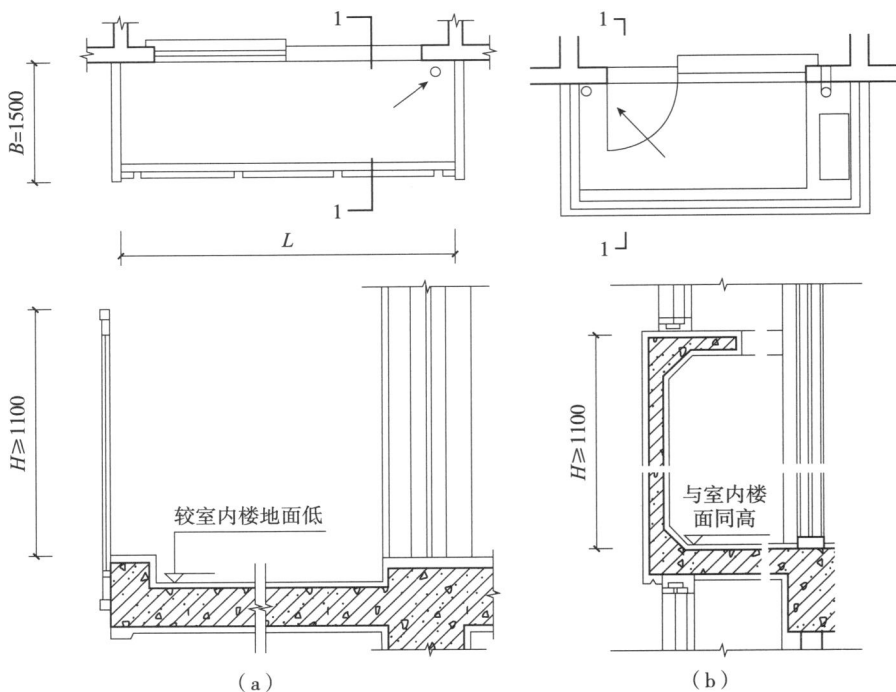

图 3-51 阳台细部构造设计
（a）开敞阳台；（b）封闭阳台

雨篷；根据雨篷板支撑不同，主要分为悬挑式、悬挂式和支撑式雨篷。钢筋混凝土雨篷主要有悬挑板式和悬挑梁式两种。

2）雨篷的构造

目前工程中常用的钢筋混凝土悬挑板式雨篷，挑出长度一般为 900~1500mm，宽度一般需宽出洞口 500mm 以上。钢雨篷结构构件挑出长度一般为 1200~6000mm，宽度为 1500~6000mm。

在构造方面应做好雨篷的排水和防水设计。对于设有檐板的钢筋混凝土雨篷，为快速排水，防止雨篷内积水，在靠近板底的一侧或两侧檐板处设置排水口，距板底330mm高度处设置溢水口。雨棚上表面需做防水处理，一般采用防水砂浆和卷材防水，在雨棚板顶面与外墙交界处应做泛水处理，如图3-52所示。

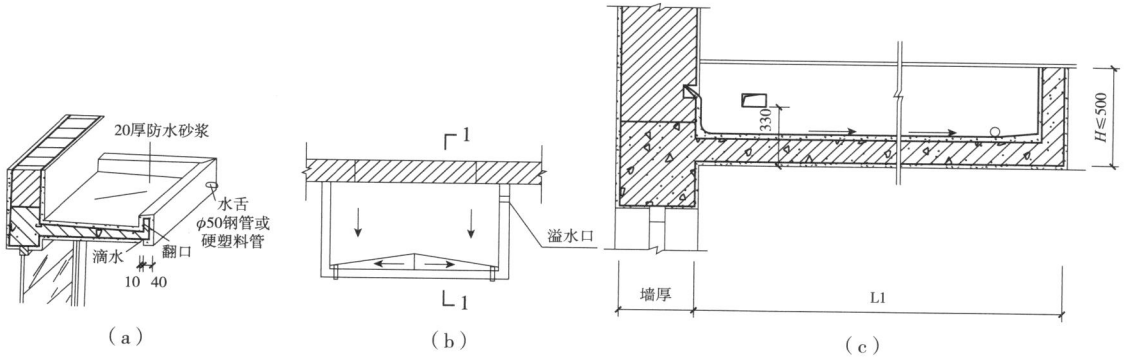

图 3-52 钢筋混凝混凝土悬挑板式雨篷
（a）构造示意；（b）排水设计；（c）构造详图

当建筑采用钢雨篷结构时，覆面板多选用安全玻璃，其排水设计可采用无组织和有组织两种：无组织排水的排水坡度为0.5%，雨水向外侧或两侧自由落水；有组织排水的排水坡度为2%，通过设置金属排水沟槽和排水立管排水。并需做好雨篷玻璃之间的密封处理，如图3-53所示。

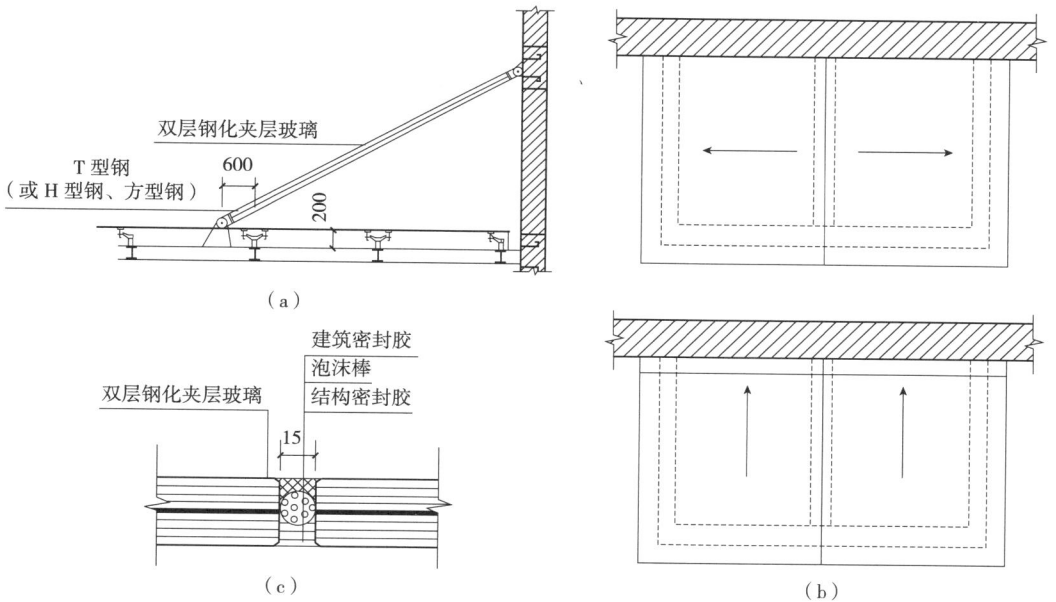

图 3-53 钢雨篷
（a）构造详图；（b）排水设计；（c）玻璃密封处理

在建筑工程中，为了解决建筑空间垂直交通问题，常设置楼梯、电梯、自动扶梯、坡道等，满足不同楼层之间的空间联系及人流疏散要求。因而，楼梯与电梯应具有使用方便、结构可靠、安全防火、造型美观等特点。舒适便捷的楼梯设计，不但可以在紧急情况下保证人员安全疏散，还可以在日常情况下减少电梯的频繁使用，从而达到节能减排的目的。

3.5.1 楼梯

楼梯是多层、高层建筑中的垂直交通设施，在紧急情况下起着安全疏散的作用。

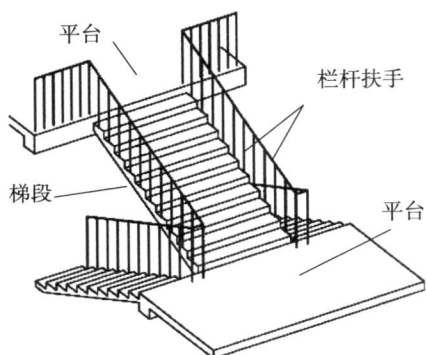

平台

栏杆扶手

梯段

平台

图 3-54 楼梯的组成

1. 楼梯的组成

楼梯由三部分组成，即梯段、平台和栏杆扶手（图 3-54）。

1）梯段：是两个平台之间由若干连续踏步组成的倾斜构件，公共楼梯每个梯段的踏步数量不应超过 18 级，也不应少于 2 级。

2）平台：是联系楼层或两个梯段之间的水平构件，可分为楼层平台和休息平台，分别起到连接楼层空间和供行人停顿休息、转折方向的作用。

3）栏杆扶手：是设置在梯段和平台临空边缘的安全保护构件。栏杆分为实心栏板和空花栏杆。扶手一般设于栏杆顶部，也可附设于墙上，供人们依扶和抓握。公共建筑应至少单侧设置扶手，梯段净宽达 3 股人流的宽度（1.65m）时应两侧设扶手，达到 4 股人流的宽度（2.2m）时应设中间扶手。

2. 楼梯的类型

1）按位置不同，分为室内楼梯和室外楼梯。

2）按形式不同，分为直行单跑楼梯、直行双跑楼梯、转角双跑楼梯、双跑平行楼梯、三跑楼梯、双分式楼梯、双合式楼梯、弧形楼梯、螺旋楼梯、剪刀楼梯、交叉楼梯等（表 3-4）。

3. 楼梯的设计

1）楼梯的位置

楼梯的位置应符合消防规范的规定，避免拥堵和阻塞，人员疏散集中的楼梯不宜围绕电梯布置的方式。公共建筑的主要楼梯位置应设在明显和易于找到的部位，宜有自然采光和通风。

名称	直行单跑楼梯	直行双跑楼梯	转角双跑楼梯
照片			
图示及特点	 行走距离较长，适合于层高不高的建筑	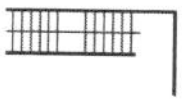 行走距离较长，适合于较大层高的建筑	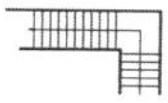 又称为"曲尺式楼梯"，常用于门厅，用于引导人流改变前进的方向
名称	双分折角楼梯	双跑平行楼梯	三跑楼梯
照片			
图示及特点	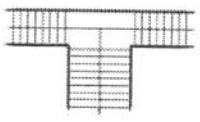 通常在人流量大，梯段宽度较大时采用。造型对称严谨	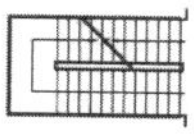 平面尺寸近似于一般房间，容易布置。比直行单跑楼梯节约面积并缩短人流行走距离	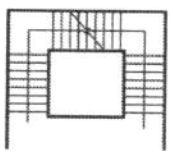 适合于层高较大的公共建筑中。中部较大的梯井不安全，不应用在以少年儿童为主要使用对象的建筑
名称	双分式楼梯	双合式楼梯	弧形楼梯
照片			
图示及特点	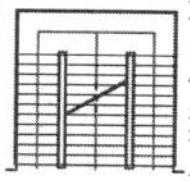 通常在人流多，梯段宽度较大时采用。由于造型对称严谨，常用作公共建筑的主楼梯	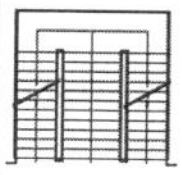 通常在人流多，梯段宽度较大时采用。由于造型对称严谨，常用作公共建筑的主楼梯	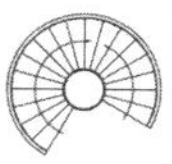 具有明显的导向性和优美轻盈的造型。常布置在公共建筑门厅或中庭处作为主楼梯
名称	螺旋楼梯	剪刀楼梯	交叉楼梯
照片			
图示及特点	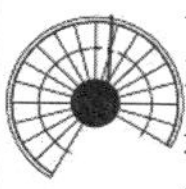 围绕一根单柱布置，平台踏步均为扇形，不利于行走疏散。但造型美观，常作为建筑小品	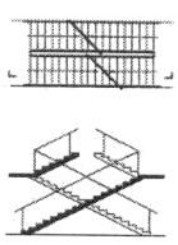 常用于高度大于 54m 的单元式住宅，中间以防火墙分隔，作为两个独立的疏散楼梯，节省空间	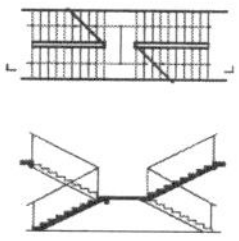 适合于人流量较大的建筑，为行人提供多个方向的选择

居住建筑的楼梯按单元设置，公共建筑和多层工业建筑除了主要楼梯外，还设有辅助楼梯和安全楼梯。除了通向避难层的疏散楼梯外，疏散楼梯间在各层的平面位置不应改变，或应能使人员的疏散路线保持连续。

2）楼梯的数量

住宅建筑的楼梯数量，取决于住宅的高度、每个单元每层的建筑面积，以及最远户门到安全出口的疏散距离。符合下列条件之一的住宅单元，每层的安全出口即疏散楼梯不应少于 2 个：任一层建筑面积大于 650m² 的住宅单元；建筑高度 > 54m 的住宅单元；建筑高度 ≤ 27m，任一户门至最近安全出口的疏散距离大于 15m 的住宅单元；27m < 建筑高度 ≤ 54m，任一户门至最近安全出口的疏散距离大于 10m 的住宅单元。

公共建筑的楼梯数量低限，取决于每层防火分区的数量。一般来说，公共建筑每个防火分区不应少于 2 部楼梯。除医疗建筑、老年人照料设施、儿童活动场所、歌舞娱乐放映游艺场所外，符合表 3-5 规定的公共建筑，允许仅设置 1 部疏散楼梯。

仅设置 1 部疏散楼梯的公共建筑 表 3-5

耐火等级	最多层数	每层最大建筑面积（m²）	人数
一、二级	3 层	200	第二、三层的人数之和不超过 50 人
三级、木结构	3 层	200	第二、三层的人数之和不超过 25 人
四级	2 层	200	第二层人数不超过 15 人

3）楼梯的尺度

（1）楼梯的坡度

楼梯的坡度是指梯段中各级踏步前缘的假定连线与水平面形成的夹角。坡度对于行走舒适和占地面积均有影响，因此应根据具体情况选择合适的楼梯坡度。

楼梯的坡度范围在 20°~45° 之间，常用坡度在 26°~35°。使用频繁、人流密集的公共建筑，楼梯坡度宜平缓，常在 1：2（26°34′）左右。对使用人数较少的居住建筑或辅助性楼梯、室外消防楼梯，楼梯坡度可适当陡些，以节省空间，如住宅中的公用楼梯坡度多在 1：2~1：1.5。当楼梯坡度小于 10° 时可改用坡道；大于 45° 时应采用爬梯，上下行需借助双手帮助，主要用于检修等用途。

（2）踏步的尺寸

踏步尺寸的大小与人行步幅有关。踏步是由踏面和踢面组成，其尺寸包括踢面的高度 h 和踏面的宽度 b。当楼梯的踏步过宽时，将导致梯段水平投影面积的增加，而踏步过窄时，会使人流行走不安全。踏步尺寸的经

验公式为 $b+2h = 600{\sim}620\text{mm}$ 或 $b+h = 450\text{mm}$。一般应满足 $b \geqslant 260\text{mm}$，$h=140{\sim}180\text{mm}$。

踏步尺寸的确定还应考虑建筑的使用功能。不同类型建筑楼梯踏步最小宽度及最大高度的要求见数字资源 3.13。

主要疏散楼梯和疏散通道上的阶梯，不宜采用螺旋楼梯和扇形踏步，因为螺旋楼梯踏步内侧坡度较陡，每级扇步深度小，不利于快速疏散。当采用螺旋楼梯和扇形踏步时，踏步上下两级所形成的平面角度不应大于 10°，每级离扶手中心 250mm 处的踏步宽度超过 220mm 时可不受此限（图 3-55）。

（3）梯段的尺寸

梯段宽度指墙体装饰面至扶手内侧或两边扶手的相对内表面之间的水平距离（图 3-56a）。根据紧急疏散时要求通过的人流总股数来确定，每股人流按照 550mm+（0~150）mm 计，一般不少于 2 股人流，因此双人通行的楼梯宽度一般为 1100~1400mm，三人通行的楼梯宽度一般为 1650~2100mm。

当梯段有凸出物时，其净宽应从凸出部分算起。如在框架结构中，梯段部位有凸出墙面的梁或柱，梯段净宽需要从凸出物的完成面算起（图 3-56b）。

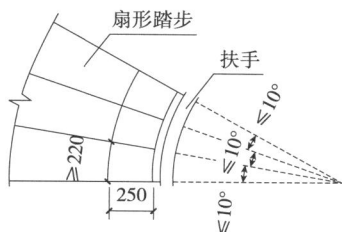

图 3-55 可作疏散楼梯的扇形踏步尺寸

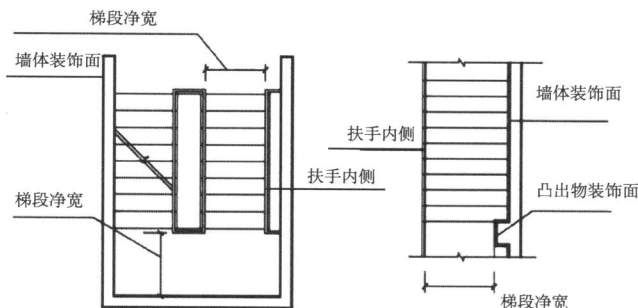

（a）

（b）

图 3-56 疏散楼梯的梯段净宽
（a）疏散楼梯的梯段净宽；（b）梯段部位有凸出物时的净宽

梯段长度 $L = b \times (N-1)$，b 为踏面水平投影宽度，N 为踏步数。梯段踏步数为 N 时，其平面投影上画出来的踏步数为（$N-1$）个。

（4）平台宽度

为保证疏散通畅，便于搬运家具设备等，楼梯平台净宽应不小于梯段净宽，且不应小于 1200mm。当中间有实体墙时，扶手转向端处的平台净宽不应小于 1300mm。直跑楼梯的中间平台宽度不应小于 900mm。

开向疏散楼梯间的门在完全开启时，不应减少楼梯平台或疏散走道的有效净宽度（图3-57）。当平台有凸出物等，如高度不足2m的框架梁，平台净宽应从凸出物表面算起（凸出楼梯间四角的除外）至扶手内侧（图3-58）。

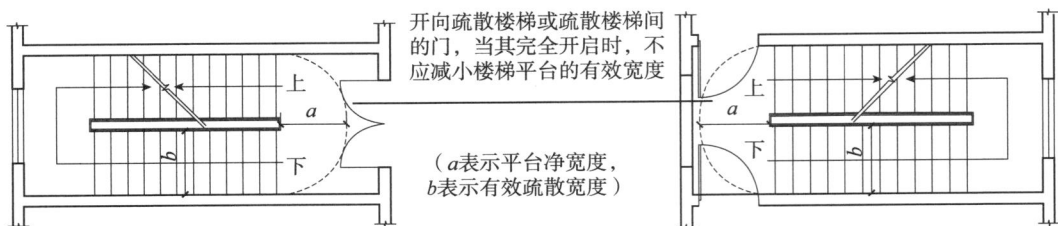

开向疏散楼梯或疏散楼梯间的门，当其完全开启时，不应减小楼梯平台的有效宽度

（a表示平台净宽度，b表示有效疏散宽度）

住宅建筑高度≤18m，一边设置栏杆时，b≥1.00m，a≥b；
住宅建筑高度>18m时，b≥1.10m，a≥b

图3-57 楼梯间开门不应减少有效疏散宽度

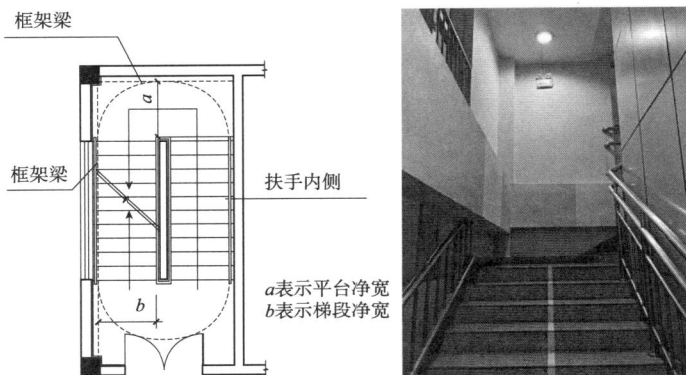

a表示平台净宽
b表示梯段净宽

框架梁
框架梁
扶手内侧

图3-58 平台宽度从凸出物表面算起

（5）梯井宽度

为消防需要和支模施工方便，楼梯的两梯段之间应有一定的距离，这个宽度称为梯井。其宽度一般为60~200mm。根据防火规范的规定，建筑内公共疏散楼梯的梯井净宽不宜小于150mm。消防人员进入失火建筑的楼梯间后，能迅速利用两梯段之间的空隙向上吊挂水带展开救援作业。

当梯井宽大于500mm时，常在平台处设水平保护栏杆或其他防坠落措施。当少年儿童专用活动场所的公共楼梯井净宽大于200mm时，就应采取防坠落措施。

（6）净空高度

楼梯净空高度是指上下两梯段之间和平台上部的垂直高度。梯段净高为踏步前缘（包括最低和最高一级踏步前缘线以外300mm范围内）量至上方突出物下缘间的垂直高度。为了便于搬运大件家具及防止碰头，梯段部位净高不应小于2200mm，平台下净高应不小于2000mm，疏散楼梯的平台下净高不小于2100mm（图3-59）。

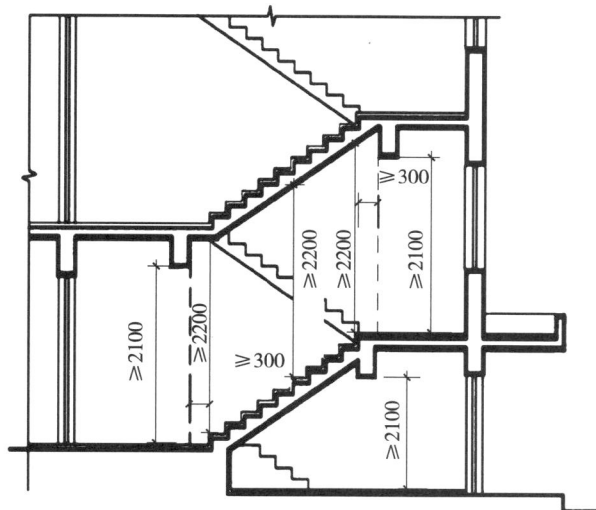

图3-59 楼梯净空高度的要求

当底层休息平台下做出入口时，为保证净空高度的要求，可采取的措施如下（图3-60）：

①底层至二层的楼梯采用长短跑梯段。增加第一跑的踏步数量，以此抬高休息平台的标高。

②局部降低休息平台下地坪标高，使其低于室内地坪标高。具体做法是充分利用室内外高差，将部分室外台阶移至室内。

③采用长短跑梯段和局部降低休息平台下地坪标高相结合的方法。

④底层采用直跑楼梯，直接上二层。这种做法会增加首层楼梯的长度，突出建筑外墙。

（7）栏杆（栏板）的高度

栏杆的高度是指从踏步前缘到扶手表面的距离。室内楼梯栏杆扶手高度，应不小于900mm。对于楼梯的临空部位，如顶层平台的水平扶手段以及室外楼梯的临空侧，栏杆（栏板）垂直高度不应小于1100mm。幼儿园建筑的楼梯应增设幼儿扶手，其高度不应大于600mm。

4）无障碍楼梯（见数字资源3.14）

5）楼梯设计案例

详见数字资源3.15。

数字资源3.14
无障碍楼梯

数字资源3.15
楼梯设计案例

113

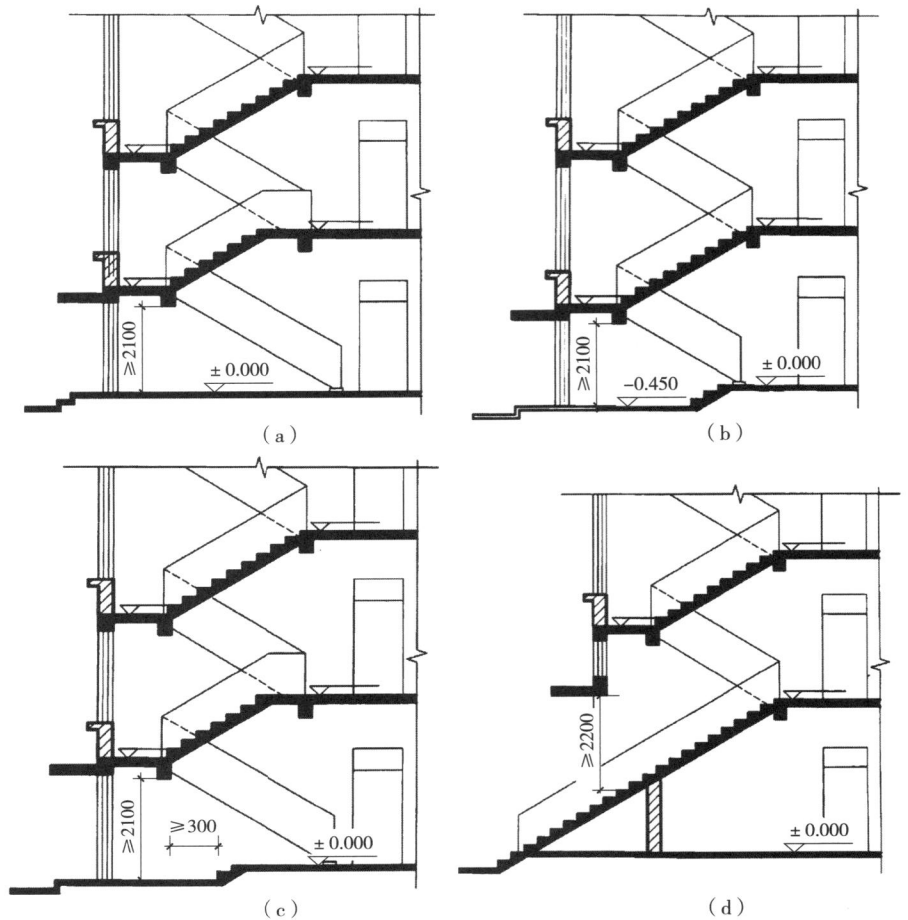

图 3-60 底层休息平台下做出入口时的处理方法

（a）底层长短跑；（b）局部降低休息平台下地坪标高；（c）底层长短跑并局部降低平台下地坪；

（d）底层直跑楼梯上二层

4. 钢筋混凝土楼梯构造

1）现浇整体式

现浇式钢筋混凝土楼梯是指在施工现场支模板，绑扎钢筋，将楼梯段、楼梯平台等整浇在一起的楼梯。现浇式楼梯整体性强，刚度大，能适应各种楼梯形式，对防火和抗震较为有利。但施工周期长，自重较大。一般适用于抗震要求高、楼梯形式和尺寸变化多的建筑物。

现浇钢筋混凝土楼梯结构形式根据梯段的传力特点不同，分为板式楼梯和梁板式楼梯（图 3-61）。

（1）板式楼梯

板式楼梯将楼梯梯段设计成为一块整板，板的两端支撑在楼梯的平台梁上，平台梁支撑在墙或柱上。特点是结构简单，施工方便，底面平整，但板式楼梯板厚和自重较大，跨度在 3m 以内时较经济。

（2）梁板式楼梯

梁板式楼梯是由斜梁支撑踏步板，斜梁支撑在平台梁上，平台梁再支撑在墙或柱上。斜梁在踏步的下边时，称为明步式楼梯（图 3-62a），外观轻巧，但板底不平整，抹面比较费工。斜梁在踏步板上面时称为暗步式楼梯（图 3-62b），底面平整，便于粉刷，可以阻止垃圾或灰尘从梯井中落下，但外观厚重，且梯梁会占据梯段的部分宽度，减小了梯段净宽。

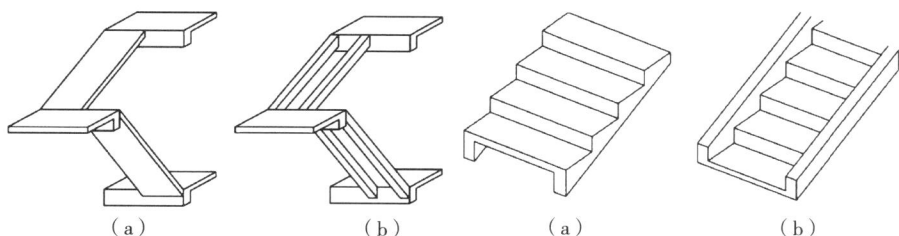

图 3-61 钢筋混凝土楼梯的类型
（a）板式楼梯；（b）梁板式楼梯

图 3-62 梁板式楼梯的类型
（a）明步式；（b）暗步式

2）预制装配式

预制装配式钢筋混凝土楼梯分为平台板、楼梯梁、楼梯段三个组成部分。这些构件在预制厂或施工现场进行预制，施工时将预制构件进行焊接、装配，施工速度快，但与现浇式钢筋混凝土楼梯相比，其刚度和稳定性较差，在抗震设防地区少用。

预制装配式钢筋混凝土楼梯各组成部分可分为小型、中型和大型构件。小型装配式楼梯抗震性能差，目前较常用的是中型和大型构件装配式楼梯。中型、大型构件装配式楼梯是将楼梯段（图 3-63）和楼梯平台分别预制成整体构件，利用起吊设备在现场进行拼装，可简化施工过程，加快施工速度，减轻劳动强度。

预制楼梯构件与平台板的连接分为两种：预留孔洞用螺栓与叠合平台板进行连接，预埋铁件与现浇平台板进行焊接连接。

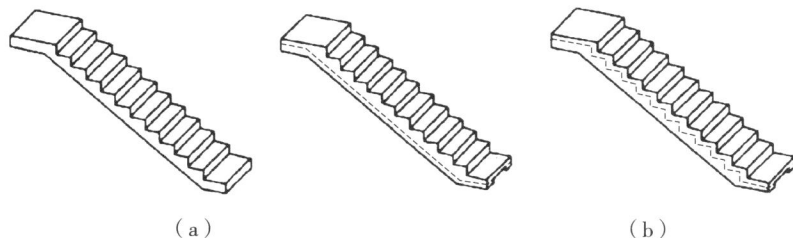

图 3-63 预制装配式楼梯梯段
（a）板式楼梯；（b）梁板式楼梯

3）楼梯的细部构造

楼梯的细部构造涉及踏步面层及防滑处理、栏杆与扶手的连接、栏杆与踏步的连接。它们之间的构造处理，直接影响楼梯的安全与美观，设计中应给予足够的重视。

（1）踏步构造

楼梯踏步面层应便于行走、耐磨、防滑并保持清洁。踏步面层的材料视装修要求而定，一般与门厅或走道的楼地面材料一致，常用的有水泥砂浆、水磨石、大理石和防滑砖等。

一般建筑常在近踏步口做防滑条或防滑包口（图3-64）。防滑条的材料主要有金刚砂、陶瓷锦砖、橡皮条和金属材料等，也可用带槽的金属材料包住踏口中，这样既防滑又起保护作用。

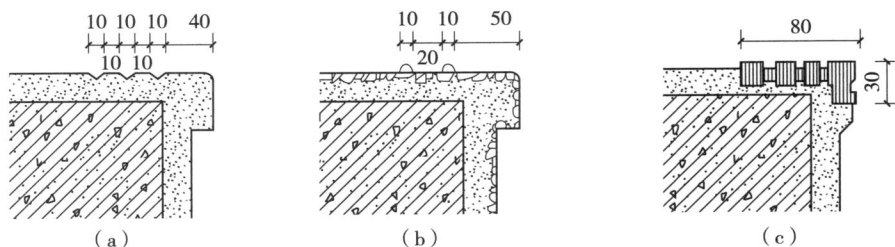

图 3-64　防滑条构造
（a）防滑凹槽；（b）金刚砂防滑条；（c）缸砖或金属防滑条

（2）栏杆构造

栏杆的形式可分为空花栏杆、实心栏杆及组合式等类型。

①空花栏杆

空花栏杆一般采用圆钢、方钢、扁钢和钢管等金属材料做成。使用对象主要为儿童的建筑物中，如托幼、小学或儿童医院等，楼梯栏杆应采用不易攀登的垂直线饰，且垂直线饰间的净距不应大于110mm。

栏杆与梯段应有可靠的连接，具体方法有：预埋铁件焊接，将栏杆的立杆与梯段中预埋的钢板或套管焊接在一起（图3-65a）；预留孔洞插接，将端部做成开脚或倒刺插入梯段预留的孔洞内，用水泥砂浆或细石混凝土填实（图3-65b）；或用螺栓连接，预制踏步板上留有孔洞，栏杆贯穿，用螺母在板底固定（图3-65c）。

②实心栏板

栏板通常采用现浇或预制的钢筋混凝土板（图3-66）、钢丝网水泥板，厚度为80~100mm。也可采用具有较好装饰性的有机玻璃、钢化玻璃等作栏板。

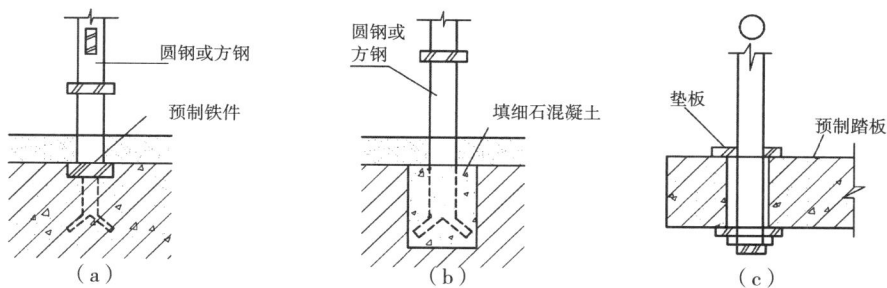

图 3-65　栏杆与梯段的连接方法
（a）预埋铁件焊接；（b）预留孔洞插接；（c）螺栓连接

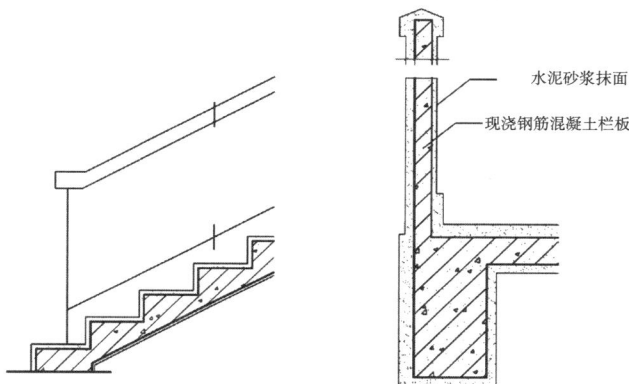

图 3-66　现浇钢筋混凝土栏板

③组合式

组合式栏杆是将空花栏杆与栏板组合而成的一种栏杆形式。其中空花栏杆多用金属材料制作，栏板可用钢筋混凝土板、砖砌栏板、有机玻璃等材料制成。

（3）扶手构造

①扶手材料及尺寸

扶手位于栏杆顶部。空花栏杆顶部的扶手一般采用硬木、塑料和金属材料制作，其中硬木和金属扶手应用较为普遍（图 3-67）。扶手的断面形式和尺寸应方便手握抓牢，扶手顶面宽一般为 40~90mm。

②扶手与栏杆的连接

扶手与栏杆应有可靠的连接，具体视扶手和栏杆的材料而定。硬木扶手与金属栏杆的连接，通常是在金属栏杆的顶部先焊一根扁钢，然后用木螺丝将扁钢与扶手连接在一起。塑料扶手与金属栏杆的连接和硬木扶手类似。金属扶手与金属栏杆多用焊接（图 3-68）。

③扶手与墙面的连接

靠墙扶手与墙的连接应预先在墙上留洞口，然后安装开脚螺栓，并用细

117

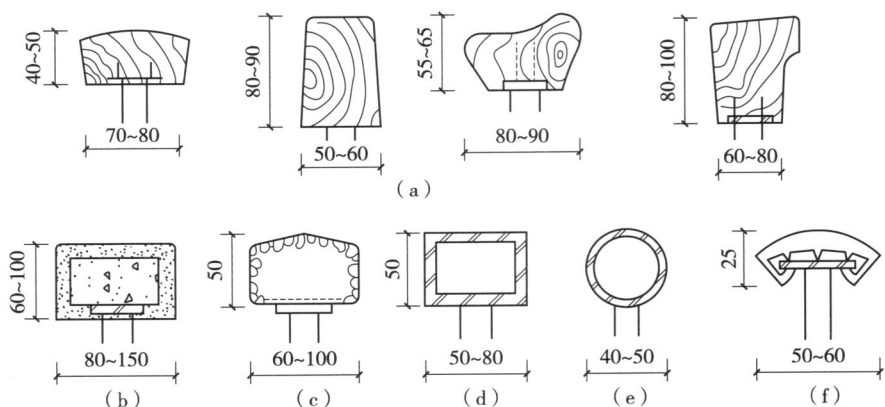

（a）

（b） （c） （d） （e） （f）

图 3-67 扶手类型

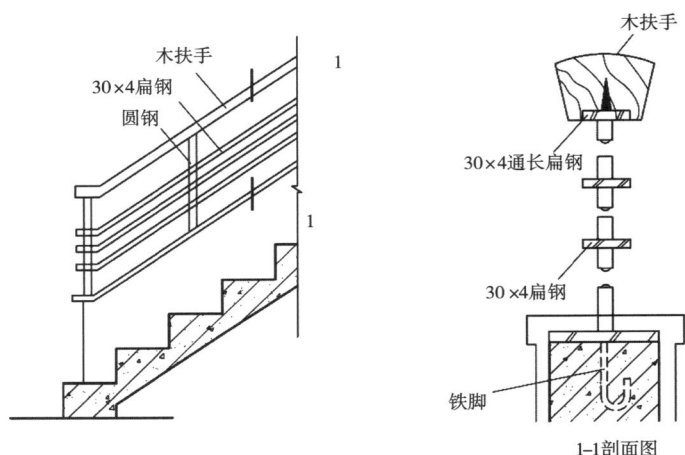

图 3-68 木扶手与栏杆的连接

石混凝土填实，或在混凝土墙中预埋扁钢，锚接固定。靠墙扶手与墙面之间应留有不小于 40mm 的空隙，以便扶握。

顶层楼梯平台应加设水平栏杆，以保证安全。顶层扶手端部与砌体墙的连接，可在墙上预留孔洞，将扶手插入洞内，用水泥砂浆或细石混凝土填实；扶手若与钢筋混凝土墙或柱连接，则可采用预埋铁件焊接（图 3-69）。

④栏杆、扶手的转弯处理

在双跑平行楼梯的平台转弯处，当上、下行楼梯的第一个踏步口平齐时，两段扶手在此不能方便地连接，会形成"鹤颈"扶手（图 3-70a），这种扶手使用不便且制作麻烦，应尽量避免。常用的改进方法有：将平台处栏杆扶手伸出半个踏步距离，可顺当连接（图 3-70b），但是会减小平台宽度；将上、下行的第一个踏步相互错开，扶手可平顺连接，但必须增加楼梯间的进深（图 3-70c、d）。

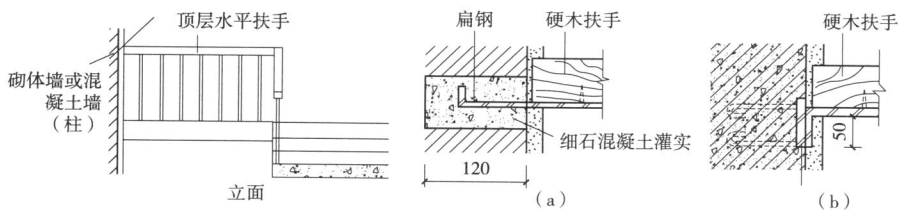

图 3-69 扶手端部与墙（柱）的连接
（a）预留孔洞插接；（b）预埋铁件

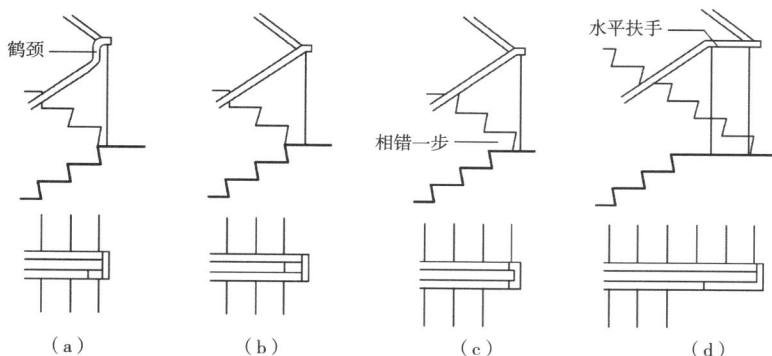

图 3-70 平台处扶手的转弯处理
（a）鹤颈扶手；（b）伸出半步；（c）相错一步；（d）一段水平扶手

3.5.2 台阶与坡道

台阶与坡道是用于联系室内外地坪高差处及室内不同标高处的设施。建筑物入口处，为解决室内外高差问题，常设置多个踏步组成室外台阶，为方便车辆或轮椅通行，常设置斜坡式通道，称为坡道。

1. 台阶

1）台阶类型

按材料不同，可分为混凝土台阶（图 3-71a）、钢筋混凝土台阶、砖砌台阶、石砌台阶（图 3-71b）、木台阶等；按面层不同，可分为水泥砂浆台阶、块材贴面台阶、天然石材台阶；按布置形式不同，可分为三面踏步、一面踏步的台阶、与坡道相结合的台阶等（图 3-72）。

2）台阶设计要求

在台阶和出入口之间一般设置平台，用于人流缓冲或暂时停留。平台表面应向外倾斜，坡度为 1%~4%，以便于排水。平台宽度一般不应小于门扇的宽度，其最小宽度的要求见表 3-6。

连续踏步数不应少于 2 级。当高差不足 2 级时，应按人行坡道设置。台阶踏步的高宽应比楼梯平缓，每级高度一般为 100~150mm，踏面宽度为 300~350mm。

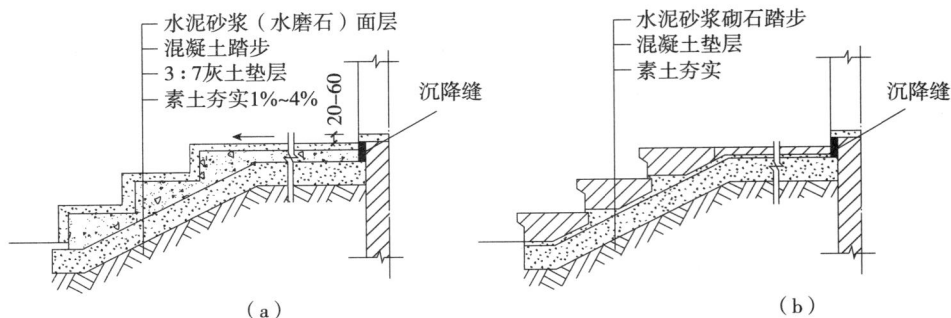

水泥砂浆（水磨石）面层
混凝土踏步
3:7灰土垫层
素土夯实1%~4%
沉降缝

水泥砂浆砌石踏步
混凝土垫层
素土夯实
沉降缝

（a）

（b）

图 3-71　不同材料的台阶类型
（a）混凝土台阶；（b）石砌台阶

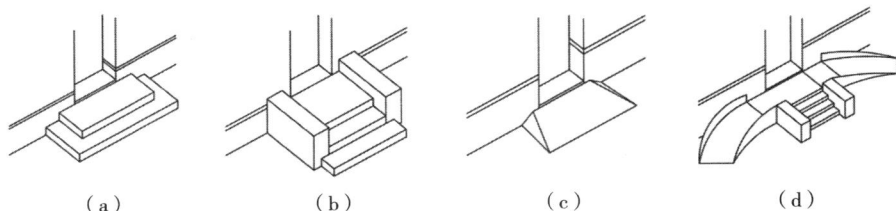

（a）　　　（b）　　　（c）　　　（d）

图 3-72　不同形式的入口类型
（a）三面踏步；（b）一面踏步；（c）平坡入口；（d）坡道与踏步相结合

入口平台的最小宽度　　　　　　　　　　　　　表 3-6

建筑类别	入口平台最小宽度（m）
大、中型公共建筑	≥ 2.00
小型公共建筑	≥ 1.50
中、高层建筑，公寓建筑	≥ 2.00
多、底层无障碍住宅、公寓建筑	≥ 1.50
无障碍宿舍建筑	≥ 1.50

　　台阶踏面应做防滑处理，可以在踏面上做出凹槽，采用防滑涂料、防滑地砖和石材等。入口台阶高度超过 0.7m 时，应在临空面采取防护措施，常设置栏杆、花台、花池等防护措施，以保证使用安全。

2. 坡道

　　坡道按性质不同，分为轮椅坡道、汽车坡道、自行车坡道等。其中轮椅坡道设计应合理选择坡道形式，确定坡道的尺度，采用可靠的安全措施，满足无障碍通行要求。

　　1）坡道的形式

　　供轮椅通行的坡道应设计成直线形、L 形或 U 形（图 3-73），不宜设计

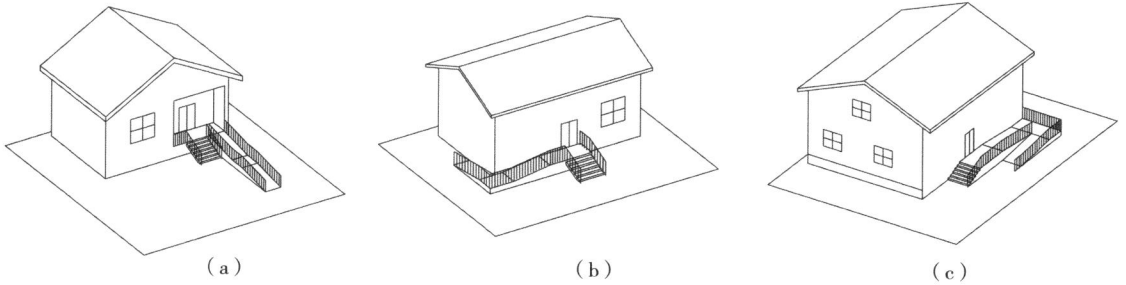

图 3-73　轮椅坡道的形式
（a）直线形坡道；（b）L形坡道；（c）U形坡道

成圆形和弧形。

　　2）坡道的尺度

　　轮椅坡道的横向坡度不应大于 1 ∶ 50，纵向坡度不应大于 1 ∶ 12，通行净宽不应小于 1.20m（表 3-7）。当条件受限且坡段起止点的高差不大于 150mm 时，纵向坡度不应大于 1 ∶ 10。

坡道的最大坡度与最小宽度　　　　　　　　表 3-7

坡道位置	最大坡度	最小宽度（m）
有台阶的建筑入口	1 ∶ 12	≥ 1.20
只设坡道的建筑入口	1 ∶ 20	≥ 1.50
室内走道	1 ∶ 12	≥ 1.20
室外通路	1 ∶ 20	≥ 1.50
条件受限且高差不大于 150mm	1 ∶ 10	≥ 1.20

　　当坡度为 1 ∶ 12 时，每段坡道的最大提升高度不应超过 0.75m，水平长度不应超过 9m（表 3-8），若超过则需要设置水平休息平台。轮椅坡道的起点、终点和休息平台的通行净宽不应小于坡道的通行净宽，水平长度不应小于 1.5m，建筑入口平台的尺寸也不应小于 1.5m，门扇开启和物体不应占用此范围空间（图 3-74）。

轮椅坡道的最大高度与水平长度　　　　　　　　表 3-8

坡度	1 ∶ 20	1 ∶ 16	1 ∶ 12	1 ∶ 10	1 ∶ 8
最大高度（m）	1.20	0.90	0.75	0.60	0.30
水平长度（m）	24.00	14.40	9.00	6.00	2.40

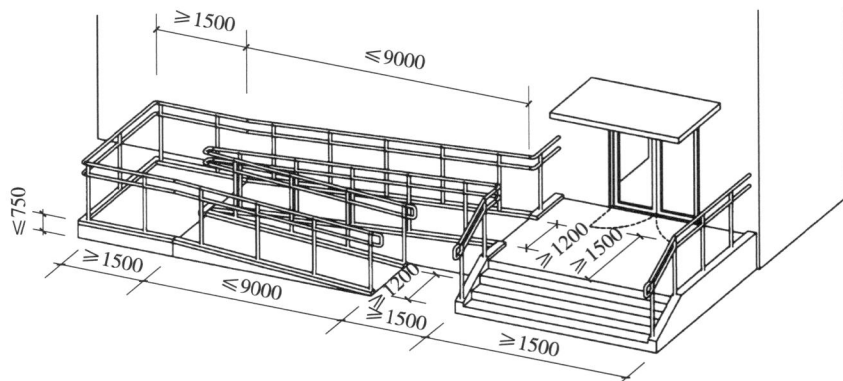

图 3-74 轮椅坡道及平台尺寸

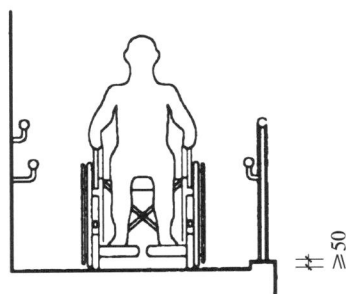

图 3-75 坡道安全挡台

3）坡道的安全措施：轮椅坡道的高度大于 300mm 且纵向坡度大于 1 : 20 时，应在两侧设置扶手，坡道与休息平台的扶手应保持连贯。

设置扶手的轮椅坡道的临空侧应采取安全阻挡措施，可选取以下做法中的至少一种：坡道面和平台面从扶手外边缘向外扩宽 300mm；坡道和平台边缘设置高度不小于 50mm 的安全挡台（图 3-75）；坡道和平台设置距离坡道面和平台面不大于 100mm 的斜向栏杆。

3.5.3 电梯与自动扶梯

电梯是以电动机为动力的垂直交通设施，运行效率高。自动扶梯是自动运送人员的倾斜式竖向交通设备，主要服务于有大量连续人流的大型公共建筑，如大型商场、超市、火车站、地铁站、航空港等。

1. 电梯

1）电梯的类型

电梯按使用性质可分乘客电梯、客货电梯、医用电梯、载货电梯、杂物电梯、消防电梯等；按电梯行驶速度分一般速度电梯（运行速度小于在 2.5m/s），中速电梯（运行速度为 2.5~5m/s），高速电梯（运行速度为 5~6m/s），超高速电梯（运行速度大于 6m/s）；其他分类还有观景电梯、无机房电梯、液压电梯等。

2）乘客电梯的设计要求

客梯位置宜布置在主入口、明显的位置，且不应在转角处紧邻布置。单侧并列成排的电梯不宜超过 4 台，双侧排列的电梯不宜超过 8 台（4 台 ×2）。

电梯附近宜设有疏散楼梯，以便就近上下楼。

电梯井道和机房的尺寸与电梯载重量、厅门宽度及对重位置（侧置或后置）有关，具体尺寸应由电梯制造单体提供。客梯的候梯厅深度要求见表3-9。

客梯的候梯厅深度 表3-9

布置形式	单台	多台单侧排列	多台双侧排列
平面			
住宅电梯	$\geq B$ 且 ≥ 1.5m	$\geq B_{max}$ 且 ≥ 1.8m	$\geq B_{1\,max} + B_{2\,max} < 3.5$m
公共建筑电梯	$\geq 1.5B$ 且 ≥ 1.8m	$\geq 1.5B_{max}$ 且 ≥ 2.0m 当电梯群为4台时，应 ≥ 2.4m	$\geq B_{1\,max} + B_{2\,max}$ 且 < 4.5m
病床电梯	$\geq 1.5B$	$\geq 1.5B_{max}$	$\geq B_{1\,max} + B_{2\,max}$

注：B 为轿厢深度，B_{max} 为电梯群中最大轿厢深度。

数字资源3.16
消防电梯的设计要求

数字资源3.17
无障碍电梯

数字资源3.18
电梯井道的设计要求

3）消防电梯的设计要求（见数字资源3.16）

4）无障碍电梯的设计要求（见数字资源3.17）

5）电梯的细部构造

（1）电梯井道

电梯井道是电梯运行的通道空间，以底坑底、墙壁和井道顶为界限。井道内除电梯及出入口外尚安装有导轨、对重（或平衡重）及缓冲器等。

电梯井道的设计要求见数字资源3.18。

（2）电梯机房

电梯机房是用来放置控制柜、电动机和其他电梯部件的设备间，大多数位于建筑最顶层，在井道正上方。机房的平面尺寸须根据机械设备尺寸的安排及管理、维修等来决定，一般至少有两个面每边扩出600mm以上宽度，高度多为2.5~3.5m。

近年来，电梯行业出现了无机房电梯，采用了新型元器件和控制系统技术，将机器空间设置在井道内或层站上，取消了专用机房，有效提高了建筑面积使用率，降低了建造成本。当采用无机房电梯时，井道宽度应增加100mm。

（3）电梯厅门

电梯厅门洞口的高与宽，通常比电梯门各放宽100mm。厅门洞口上部和两侧应安装门套，可采用水磨石、硬木板或金属板饰面。

在出入口处地面，通常在门洞下缘的位置向井道内挑出牛腿

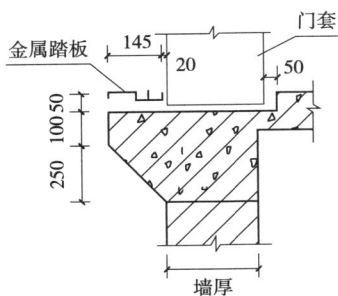

图 3-76　牛腿构造

（图 3-76），即托梁，用于支撑厅门门框，同时也是乘客进入轿厢的踏板。牛腿一般为钢筋混凝土现浇或预制构件，也可用型钢支撑。

2. 自动扶梯

自动扶梯是建筑物各楼层之间不间断运输效果最佳的载客设备，适用于商场、大型超市、地铁、航空港、公共大厅及客运码头等人流密集的公共场所。

1）自动扶梯的布置形式

自动扶梯宜上下成对布置，宜使上行或下行者能连续到达各层，即在各层换梯时，不宜沿梯绕行，以方便使用者，并减少人流拥挤现象。

2）自动扶梯的设计要求

出入口畅通区的宽度从扶手带端部算起不应小于 2.5m，人员密集的公共场所其畅通区宽度不宜小于 3.5m。自动扶梯的梯级、自动人行步道的踏板或胶带上空垂直净高不应小于 2.3m。扶手带顶面距自动扶梯前缘、自动人行道踏板面或胶带面的垂直高度不应小于 0.9m（图 3-77）。

为了安全起见，自动扶梯扶手中心线与平行墙面间、扶手中心线与楼板开口边缘间及相邻两平行的扶手所中心线间的水平距离，不宜小于 500mm（图 3-78），并应在楼板开口的两长边设置安全防护栏杆，栏杆离扶梯外边缘的距离不应小于 500mm。当不能满足上述要求时，特别是在楼板交叉处及交叉设置的自动扶梯之间，应在外盖板上方设置一个无锐角边缘的垂直防撞挡板，作为警告标志。

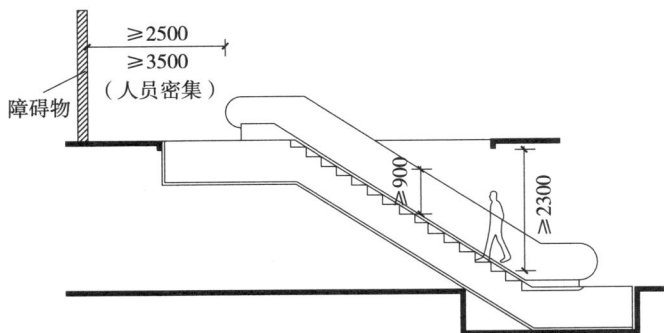

图 3-77　自动扶梯设计要求　　图 3-78　自动扶梯与相邻墙面、楼板开口距离

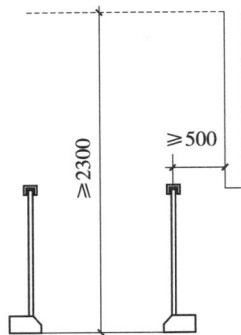

3.6
屋顶

屋面是建筑的外围护结构，主要起覆盖作用，以抵抗雨雪，避免日晒等自然界大气变化的影响，同时亦起着保温、隔热和稳定墙身的作用。屋面工程的基本功能不仅为建筑的耐久性和安全性提供保障，而且成为防水、节能、环保、生态及智能建筑技术健康发展的平台。

3.6.1 屋顶的类型

屋顶按坡度不同分为坡屋顶（坡度 ≥ 3%）和平屋顶（坡度 < 3%）；按结构形式不同分为梁板结构、屋架结构、壳体结构、拱结构、折板结构、悬索结构、金属网架结构等（图 3-79）；按屋面材料分为瓦屋顶、钢筋混凝土屋顶、金属屋顶、玻璃屋顶等。

（a）

（b）

（c）

（d）

（e）　　　　（f）　　　　（g）

图 3-79　屋顶的结构类型
（a）梁板结构；（b）屋架结构；（c）壳体结构；（d）拱结构；（e）折板结构；（f）悬索结构；
（g）网架结构

3.6.2 屋顶的排水

"防排结合"是屋面设计的一条基本原则。屋面排水利用水随重力向下流的特性，不使水在防水层上积滞，尽快排出。它减轻了屋面防水层的负担，减少了屋面渗漏的可能。为了迅速排除屋面雨水，需进行周密的排水设计。

1. 排水坡度

1) 排水坡度的表示方法（图 3-80）

斜率法（高跨比）用屋顶高度与坡面的水平长度之比表示，可用于坡屋顶也可用于平屋顶，如 1 ：3、1 ：20 等。角度法通常用于坡屋顶，如 30°。百分比法（坡度）用屋顶的高度与坡面水平投影长度的百分比来表示排水坡度，主要用于平屋顶，常用"i"做标记，如 i =1%、i =3% 等。

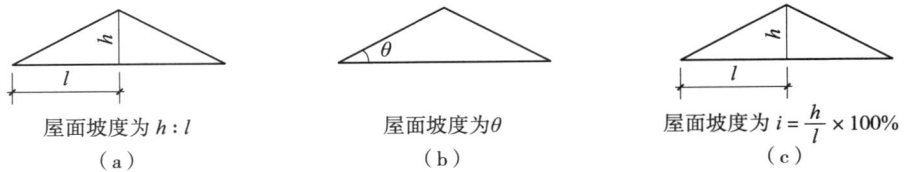

屋面坡度为 $h:l$ 屋面坡度为 θ 屋面坡度为 $i=\dfrac{h}{l}\times 100\%$
（a）   （b）   （c）

图 3-80 屋顶坡度的表示方法
（a）斜率法；（b）角度法；（c）百分比法

2) 影响屋面坡度的因素

屋面排水坡度应根据屋顶的结构形式、屋面基层类别、防水构造形式、材料性能及使用环境等条件确定，并应符合表 3-10 的规定。

屋面排水坡度   表 3-10

屋面类型		屋面排水坡度（%）
平屋面		≥ 2
瓦屋面	块瓦	≥ 30
	波形瓦	≥ 20
	沥青瓦	≥ 20
	金属瓦	≥ 20
金属屋面	压型金属板、金属夹芯板	≥ 5
	单层防水卷材金属屋面	≥ 2
种植屋面		≥ 2
玻璃采光顶		≥ 5

不同结构形式的建筑屋面坡度差异很大。如悬索结构、壳体结构等大跨空间结构建筑，通常屋面坡度较陡，而大部分民用建筑采用砌体结构和框架结构，多数采用平屋顶形式。

屋面防水材料的性能亦对屋面坡度有直接影响。以防水卷材和防水涂料作为防水层，防水较严密，不易渗漏，屋面坡度可以较平缓，而瓦屋面接缝多，易渗漏，因而屋面应有较大的排水坡度，以便将屋面积水迅速排除。

屋面坡度还受建筑所处地域降水量大小的影响，多雨地区建筑屋面坡度应更大一些。此外，屋顶坡度还受到建筑造型、经济成本等因素影响。

3）排水坡度的形成方法

（1）结构找坡

结构找坡是屋顶结构自身带有的排水坡度，如把支撑屋面板的墙或梁做成一定的坡度，屋面板铺设在其上后就形成相应的坡度。单坡跨度较大的混凝土结构屋面宜采用结构找坡，坡度不应小于 3%。结构找坡无需在屋面上另加找坡材料，构造简单，不增加荷载，但棚顶倾斜，室内空间不够规整，适用于对美观要求不高或需做吊顶的建筑。结构找坡如图 3-81 所示。

（2）材料找坡

材料找坡是指屋面坡度由垫坡材料形成。为了减小屋面荷载，宜采用质量轻、吸水率低和有一定强度的材料或利用保温层找坡，坡度宜为 2%，找坡层最薄处的厚度不宜小于 20mm。一般将找坡层设在防水层下以提高防水、排水效能。材料找坡的屋面板水平放置，顶棚面平整，但材料和人工消耗较多，并且会增加屋面荷载，在屋面跨度较大时尤为明显，因此一般适用于跨度较小的屋面。材料找坡如图 3-82 所示。

图 3-81 结构找坡

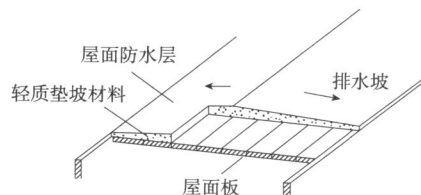

图 3-82 材料找坡

2. 排水方式

1）无组织排水

无组织排水又称自由落水，指屋面雨水流至檐口后，在重力作用下、不经组织地直接从挑檐口滴落到地面的排水方式。

无组织排水构造简单，造价低廉，但自由下落的雨水经散水反溅常会侵蚀外墙角，从檐口下落的雨水会影响人流交通。当建筑物屋面积较大，降雨量较大时，这些问题更为突出。寒冷地区还会产生挂冰，对行人造成安全隐患。

低层建筑及檐高小于 10m 的建筑可采用无组织排水，但标准较高的低层建筑或临街建筑不宜采用。

2）有组织排水

有组织是将屋面划分成若干个排水区，按一定的排水坡度把屋面雨水有组织地排到檐沟或雨水口，通过雨水管排泄到散水或明沟中。有组织排水又分为外排水和内排水，常见排水方案如图 3-83 所示。

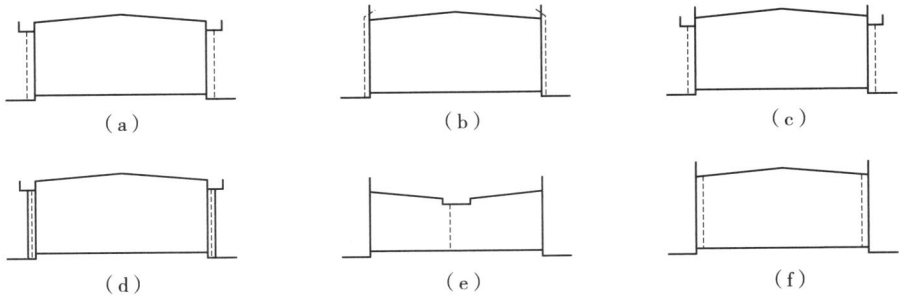

（a）

（b）

（c）

（d）

（e）

（f）

图 3-83 有组织排水方案
（a）檐沟排水；（b）女儿墙外排水；（c）女儿墙檐沟外排水；（d）暗管外排水；
（e）中间天沟内排水；（f）女儿墙内排水

高层建筑屋面宜采用内排水；多层建筑屋面宜采用有组织外排水。严寒地区应采用内排水，寒冷地区宜采用内排水。

民用建筑最常见的是檐沟外排水（图 3-84）和女儿墙外排水（图 3-85），

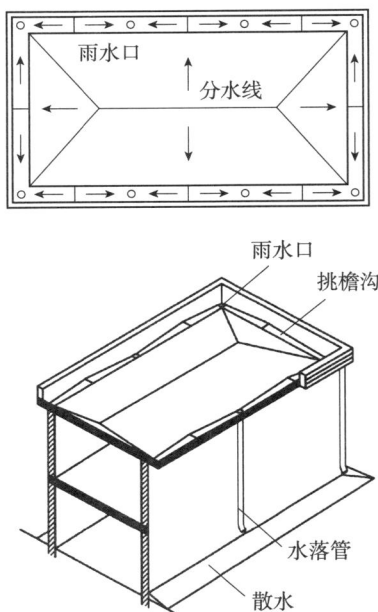

雨水口

分水线

水落管

分水线

雨水口

挑檐沟

雨水口

女儿墙

水落管

水落管

散水

明沟

图 3-84 檐沟排水

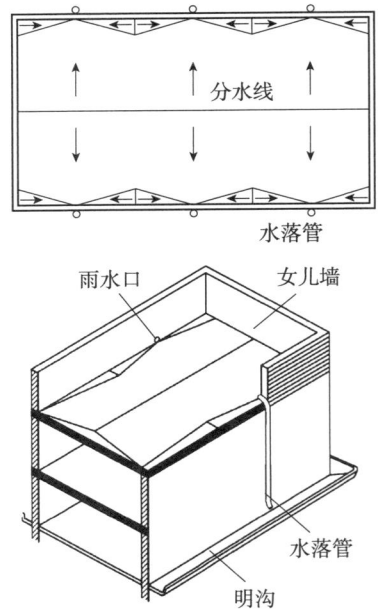

图 3-85 女儿墙外排水

常用于多层住宅和办公建筑等，其屋顶面积一般不大，排水立管设置要考虑建筑立面美观要求。

多跨及汇水面积较大的屋面宜采用天沟排水，天沟找坡较长时，宜采用中间内排水和两端外排水。

暴雨强度较大地区的工业厂房、库房、公共建筑等大型屋面，宜采用虹吸式屋面雨水排水系统，应按专项技术规程进行设计。

数字资源3.19
排水方案设计

3. 排水方案设计（见数字资源 3.19）

3.6.3 平屋顶构造

1. 平屋顶的组成

平屋顶是目前应用最为广泛的屋顶形式，其构造自下而上一般包括结构层、找坡层、找平层、保温层、找平层、防水层、隔离层、保护层等构造层次，如图 3-86 所示。

其中，平屋面防水层应采用防水卷材和防水涂料，不同防水等级的具体设防要求见表 3-11。

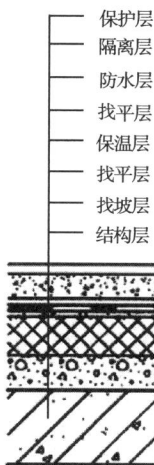

保护层
隔离层
防水层
找平层
保温层
找平层
找坡层
结构层

图 3-86 平屋面构造层次

平屋面的防水设防要求   表 3-11

防水等级	防水做法	防水层	
		防水卷材	防水涂料
一级	不应小于 3 道	卷材防水层不应小于 1 道	
二级	不应小于 2 道	卷材防水层不应小于 1 道	
三级	不应小于 1 道	任选	

2. 卷材防水屋面构造

卷材防水屋面是将防水卷材与胶粘剂结合在一起，形成连续致密的构造层，从而达到防水的目的。防水卷材能较好地适应温度变化、振动、不均匀沉降等因素的作用，整体性好，不易渗漏。

1）构造层次

（1）结构层

平屋顶的结构层宜与楼板相同，目前通常采用现浇式钢筋混凝土屋面板。

（2）找坡层

混凝土屋面板宜采用结构找坡，坡度不应小于 3%。当采用材料找坡时，宜采用质量轻、吸水率低和有一定强度的材料，坡度宜为 2%。

（3）找平层

找平层的作用是使平屋面的基层平整，采用的材料有水泥砂浆或细石混凝土。为防止找平层变形开裂而波及卷材防水层，保温层上的找平层宜留设分格缝，缝宽宜为 5~20mm，纵横缝的间距不宜大于 6m。

找平层的厚度和技术要求应符合表 3-12 的规定。

找平层厚度及技术要求　　　　　　　　　　　　表 3-12

找平层分类	适用的基层	厚度（mm）	技术要求
水泥砂浆	整体现浇混凝土板	15~20	1：2.5 水泥砂浆
	整体材料保温层	20~25	
细石混凝土	装配式混凝土板	30~35	C20 混凝土，宜加钢筋网片
	块状材料保温层		C20 混凝土

（4）保温层

冬季较为寒冷的地区，应设置保温层。保温层应根据屋面所需传热系数或热阻，选取吸水率低、密度和导热系数小，并有一定强度的保温材料。保温材料的分类如表 3-13 所示。

保温层及其保温材料　　　　　　　　　　　　表 3-13

保温层	保温材料
板状材料保温层	聚苯乙烯泡沫塑料，硬质聚氨酯泡沫塑料，膨胀珍珠岩制品，泡沫玻璃制品，加气混凝土砌块，泡沫混凝土砌块
纤维材料保温层	玻璃棉制品，岩棉、矿渣棉制品
整体材料保温层	喷涂硬泡聚氨酯，现浇泡沫混凝土

（5）防水层

目前，屋面常用的防水层多以卷材类为主，防水卷材有聚合物改性沥青类防水卷材和合成高分子类防水卷材。如果采用外露型防水层，宜选择 TPO 防水卷材或三元乙丙橡胶防水卷材，耐候性较好。如果采用种植屋面，应至少设置 1 道具有耐根穿刺性能的防水层。

当防水卷材采用粘结法固定时，在防水层和基层之间需涂刷一层粘结材料。结合层能增加基层与防水层之间的粘结力，堵塞基层的毛孔，以减少室内潮气渗透，并能避免防水层出现鼓泡。

（6）隔离层

在刚性保护层（块体材料、水泥砂浆、细石混凝土）与卷材防水层之间应设置隔离层，以防止其移动和变形对防水层的破坏。隔离层一般采用低强度等级砂浆（如1∶5水泥增稠粉砂浆、1∶3石灰砂浆）、无纺聚纤维布、塑料薄膜等做法。

（7）保护层

非外露型防水层受温度、阳光及氧气等作用容易老化，在上面需设置保护层，以增加防水层的使用年限。保护层材料选取及技术要求如表3-14所示。

保护层材料的适用范围和技术要求 表3-14

屋面类型	保护层材料	技术要求
不上人屋面	浅色涂料	丙烯酸系反射涂料
	铝箔	0.05mm厚铝箔反射膜
	矿物粒料	不透明的矿物粒料
	水泥砂浆	20mm厚1∶2.5或M15水泥砂浆
上人屋面	块体材料	地砖或30mm厚C20细石混凝土预制块
	细石混凝土	40mm厚C20细石混凝土，或50mm厚C20细石混凝土内配$\phi 4@100$双向钢筋网片

2）细部构造

（1）泛水构造

泛水指屋顶上沿着所有垂直面（伸出屋面的女儿墙、管道、烟囱、检查孔等）所设的防水构造。此处最易漏水，必须将卷材防水层延伸到立壁上，形成立铺的防水层，高度不小于250mm。

在屋面与垂直面的交接缝处，卷材下的砂浆找平层应按卷材类型抹成45°斜面或半径20~50mm的圆弧形，且整齐平顺，上刷卷材胶粘剂，使卷材铺贴密实，避免卷材架空或折断。

做好泛水上口的卷材收头固定，防止卷材在垂直面上下滑。当女儿墙高度较矮时，卷材收头可直接铺至女儿墙压顶下，用压条钉压固定并用密封材料封闭严密，压顶应做防水处理（图3-87a）。当女儿墙高度较高时，可在墙中留出或凿出通长凹槽，将卷材收头压入凹槽内，用防水压条钉压后再用密封材料嵌填封严，外抹水泥砂浆保护凹槽上部的墙体（图3-87b）。当墙体为混凝土时，卷材收头可采用金属压条钉压，并用密封材料封固（图3-87c）。

（2）檐口构造

檐口按排水形式分为无组织排水和檐沟外排水两种。其防水构造的要点是做好卷材的收头，使屋面四周的卷材封闭，避免雨水渗入。

无组织排水挑檐口，在屋面檐口800mm范围内的卷材应满粘，卷材收

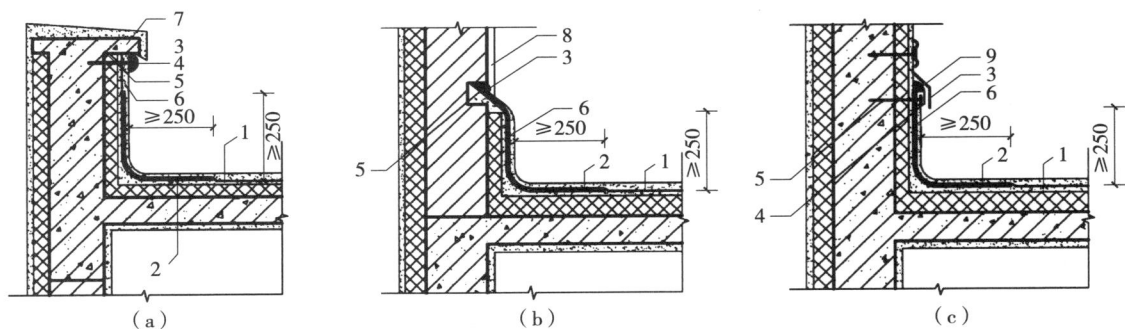

图 3-87 卷材防水屋面的泛水构造
（a）不上人屋面的混凝土女儿墙；（b）上人屋面的砌体女儿墙；（c）上人屋面的混凝土女儿墙
1—防水层；2—附加层；3—密封材料；4—金属压条；5—水泥钉；6—保护层；7—压顶；8—防水处理；9—金属盖板

头应采用金属压条钉压，并应用密封材料封严。檐口下端应做鹰嘴和滴水槽（图 3-88）。

有组织排水挑檐沟，常将檐沟布置在出挑部位，现浇钢筋混凝土檐沟板可与圈梁或框架梁连成整体（图 3-89）。其挑檐沟构造做法是：檐沟的防水层下应增设附加层，附加层伸入屋面的宽度不应小于 250mm；檐沟防水层和附加层应由沟底翻上至外侧顶部，卷材收头应用金属压条钉压，并应用密封材料封严；檐沟内转角部位的找平层应抹成圆弧形或 45° 斜面，以防卷材断裂；檐沟外侧下端应做鹰嘴和滴水槽；檐沟内应加铺 1~2 层附加卷材以增加防水效果；檐沟外侧高于屋面结构板时，应设置溢水口；为了防止檐沟壁面上的卷材下滑，应做好收头处理。

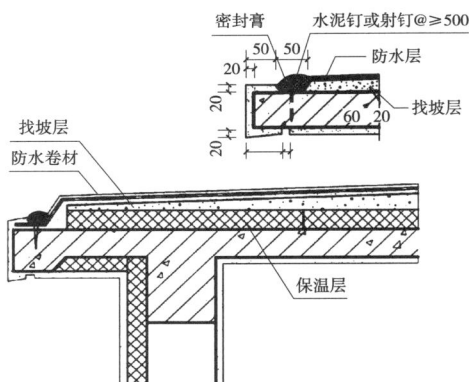

图 3-88 无组织排水挑檐口构造

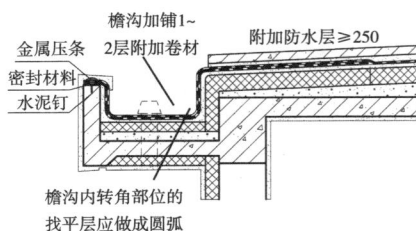

图 3-89 有组织排水挑檐沟构造

（3）雨水口构造

雨水口是用来将屋面雨水排至水落管而在檐口或檐沟开设的洞口。构造上要求排水通畅，不易渗漏和堵塞。

132

有组织外排水最常用的有挑檐沟及女儿墙外排水雨水口两种构造形式。挑檐沟采用直式雨水口（图3-90），女儿墙外排水天沟采用横式雨水口（图3-91）。有组织内排水的雨水口设在天沟上，其构造与挑檐沟相同，也采用直式雨水口。雨水口通常为定型产品，多为金属或塑料材质。

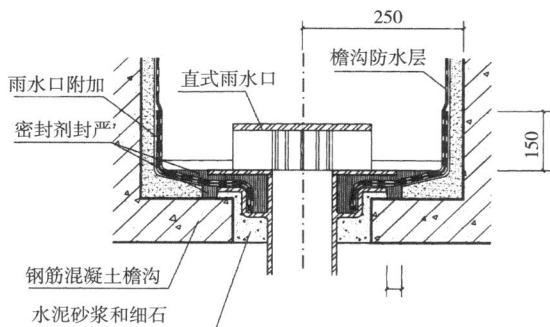

图 3-90　直式雨水口构造

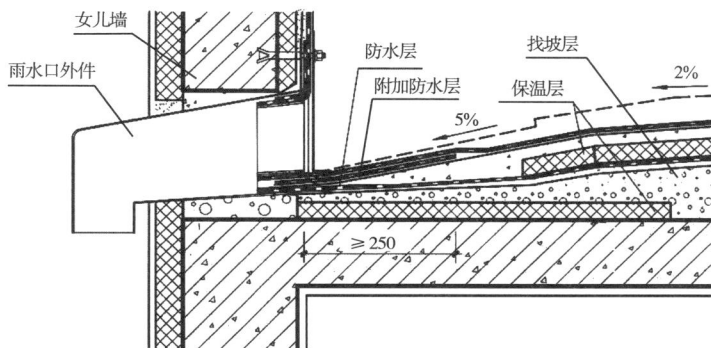

图 3-91　横式雨水口构造

数字资源 3.20
屋面检修口构造

数字资源 3.21
屋面出入口构造

雨水口周边500mm范围内坡度不小于5%，并用厚度不小于2mm的防水膜封涂。为防止雨水口周围渗水，应将防水卷材铺入连接管内50mm，雨水口周围与基层连接处用油膏嵌缝。

（4）屋面检修口构造（见数字资源3.20）

（5）屋面出入口构造（见数字资源3.21）

（6）分格缝构造

分格缝是指为了有效地防止和限制裂缝的产生，在屋面找平层、刚性保护层上预先留设的缝。刚性保护层仅在其表面上做成V形槽，称为表面分格缝。

分格缝应设置在屋面板的支撑端、屋脊转折处、装配式屋面板的板缝处、凸出屋面结构的四周等。当采用块体材料做保护层时，分格缝的纵横间

距不宜大于 10m，缝宽宜为 20mm；当采用细石混凝土做保护层时，分格缝的纵横间距不宜大于 6m，缝宽宜为 10~20mm。

分格缝宜设置附加卷材，用胶粘剂单边点贴，其空铺宽度不宜小于100mm，以使分格缝处的卷材有较大的伸缩余地，避免开裂。缝内应填密封材料，缝表面盖宽 200~300mm 防水卷材保护层（图 3-92）。

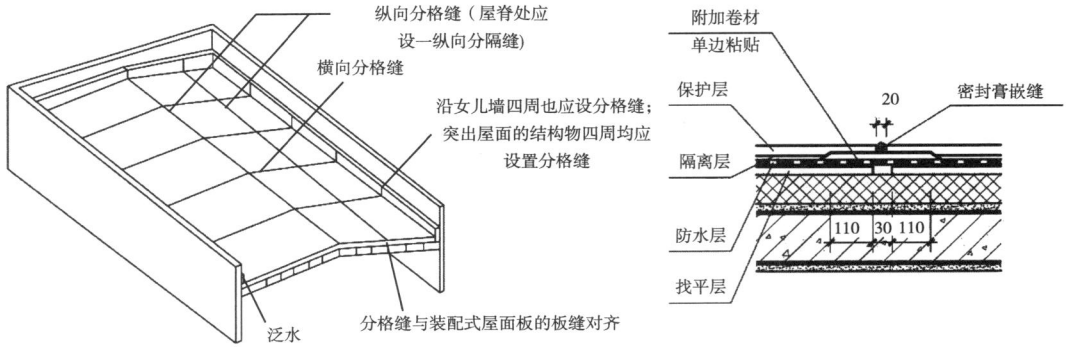

图 3-92　分格缝的设计要求及构造

3. 涂料防水屋面构造

涂料防水屋面，又称为涂膜防水屋面，是用防水材料刷在屋面基层上，利用涂料干燥或固化以后的不透水性来达到防水的目的。涂料防水的防水性能好、粘结力强、延伸性大，并且耐腐蚀、耐老化、无毒，可以冷作业，施工方便，已广泛用于建筑各部位的防水工程中。常用防水涂料有合成高分子防水涂料、聚合物水泥防水涂料、高聚物改性沥青防水涂料等。

单独使用防水涂料作为平屋面防水层，只能用于三级防水等级的建筑中，如某些临时性建筑。更为常见的情况是，将防水涂料与防水卷材组合成为复合防水层，防水涂料宜设置在防水卷材的下方。

1）构造层次

涂料防水屋面的构造层次与卷材防水屋面相同。但防水涂料必须分多次涂刷，以达到规定厚度。

反应型高分子类防水涂料、聚合物乳液类防水涂料和水性聚合物沥青类防水涂料等最小厚度不应小于 1.5mm，热熔施工橡胶沥青类防水涂料防水层最小厚度不应小于 2.0mm。防水涂料与防水卷材组合成为复合防水层，所选用的两类材料应具有相容性。当热熔施工橡胶沥青类防水涂料与防水卷材配套使用作为一道防水层时，其厚度不应小于 1.5mm。

涂料防水屋面应设置保护层，可采用细砂、云母、蛭石、浅色涂料、水泥砂浆或块材等。水泥砂浆保护层厚度不宜小于 20mm。与卷材防水层相同，采用水泥砂浆或块材做保护层时，也应在涂膜与保护层之间设置隔离层。

2）细部构造

涂料防水屋面的构造见图3-93。其细部构造基本类同于卷材防水屋面。有所不同的是，檐口、泛水等细部构造的涂膜收头，应采用防水涂料多遍涂刷，且节点部位的附加层通常采用带有胎体增强材料的附加涂膜防水层。

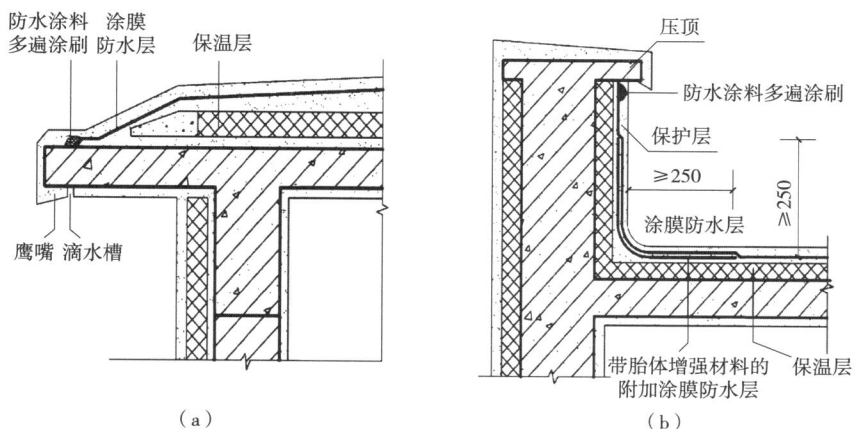

图 3-93 涂料防水屋面檐口构造
（a）挑檐口构造；（b）女儿墙泛水构造

3.6.4 坡屋顶构造

坡屋顶是坡度大于等于3%的屋面，由一个倾斜面或多个倾斜面相互交接形成，又称为斜屋顶。坡屋顶是我国传统屋顶的主流形式，其特点是排水顺畅，但屋面结构所占高度较大，构造较复杂。

1. 坡屋顶的组成

1）结构层

结构层承受屋顶荷载并将荷载传递给墙或柱。屋顶结构体系分为无檩体系屋顶和有檩体系屋顶。

（1）无檩体系结构层

现代坡屋顶多采用无檩体系的钢筋混凝土屋面板作为承重结构，直接支撑在钢筋混凝土梁或屋架上。钢结构的金属屋面可直接架设在钢梁上。

（2）有檩体系结构层

传统坡屋顶多采用包括檩条、屋架（或大梁）等组成的有檩体系屋顶，作为木屋面板的支承。檩条可用圆木或方木，跨度为2.6~4m。当檩条间距较大时，垂直于檩条方向架立椽子，椽子上再铺钉厚度为15~25mm的木望板。

钢结构坡屋顶也可与钢檩条进行连接，钢檩条跨度可达6m或更大。

2）屋盖层

屋盖层是屋顶上的覆盖层，承受风雨、冰冻和太阳辐射等大自然气候的作用。按照屋盖层材料的不同，坡屋顶可分为瓦屋面和金属屋面。

（1）瓦屋面

屋面瓦按材料分，有石板瓦、黏土瓦、水泥瓦、沥青瓦、合成瓦、金属瓦等；按形状分，有块瓦（平瓦、S瓦、J瓦、小青瓦和筒瓦）、沥青瓦、波形瓦等（图3-94）。不同防水等级的瓦屋面具体防水设防要求见表3-15。

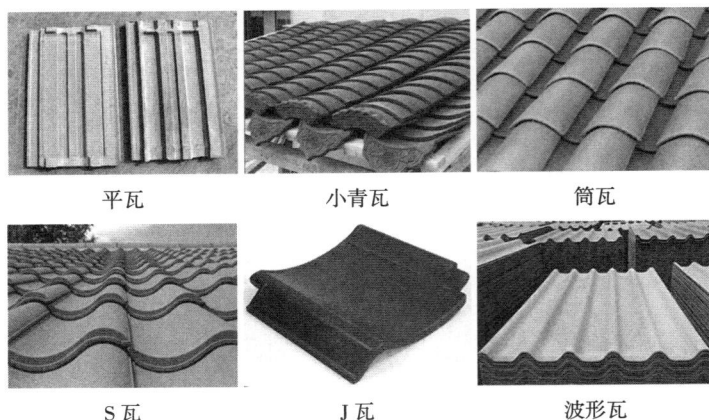

| 平瓦 | 小青瓦 | 筒瓦 |
| S瓦 | J瓦 | 波形瓦 |

图3-94　不同形式的瓦

瓦屋面的防水设防要求　　　　表3-15

防水等级	防水做法	防水层		
		屋面瓦	防水卷材	防水涂料
一级	不应小于3道	为1道，应选	卷材防水层不应小于1道	
二级	不应小于2道	为1道，应选	不应小于1道；任选	
三级	不应小于1道	为1道，应选	—	

（2）金属屋面

金属屋面包括单层金属板屋面、双层板复合保温屋面、多层压型板复合保温屋面、压型钢板复合保温防水卷材屋面、保温夹芯板屋面等。其中，常用的压型金属板屋面是采用铝合金板、镀锌钢板、彩色涂层钢板等耐氧化的金属板材形成的轻型防水屋面，其断面形状有波形、"V"形、梯形（箱形）等，防水性能优异，汇水面大，耐久性好，施工便捷，自重轻，强度高。

不同防水等级的金属屋面的防水做法见表3-16。

金属屋面的防水做法 表 3-16

防水等级	防水做法	防水层	
		金属板	防水卷材
一级	不应小于 3 道	为 1 道，应选	不应小于 1 道；厚度不应小于 1.5mm
二级	不应小于 2 道	为 1 道，应选	不应小于 1 道
三级	不应小于 1 道	为 1 道，应选	—

2. 瓦屋面构造

1）构造层次

块瓦屋面的构造层次一般由块瓦、挂瓦条、顺水条、持钉层、防水层、保温层、结构层组成，屋面坡度不小于 30%。沥青瓦屋面的构造层次一般由沥青瓦、持钉层、防水层、保温层、结构层组成，屋面坡度不小于 20%。

持钉层是指瓦屋面中能够握裹固定钉的构造层次，如细石混凝土层和屋面板等。

2）细部构造

以下以块瓦屋面为例，介绍其细部构造。

（1）挑檐口构造

坡屋面挑檐沟或水落斗可采用金属或塑料制品（图 3-95），金属檐沟、天沟的纵向坡度宜为 0.5%。也可采用钢筋混凝土屋面板出檐现浇成檐沟。

（2）山墙封檐构造

山墙挑出外墙时，以金属披水板和封檐板保护遮盖收头处的防水卷材。下部应做滴水处理（图 3-96）。

（3）泛水构造

坡屋面采用的泛水材料主要包括自粘泛水带、金属泛水板和防水涂料等。

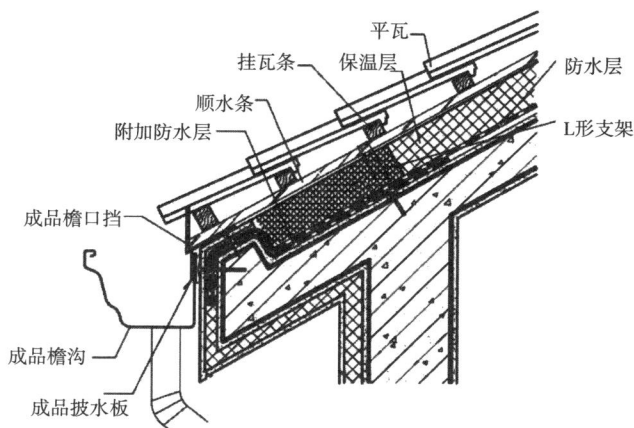

图 3-95 挑檐口构造

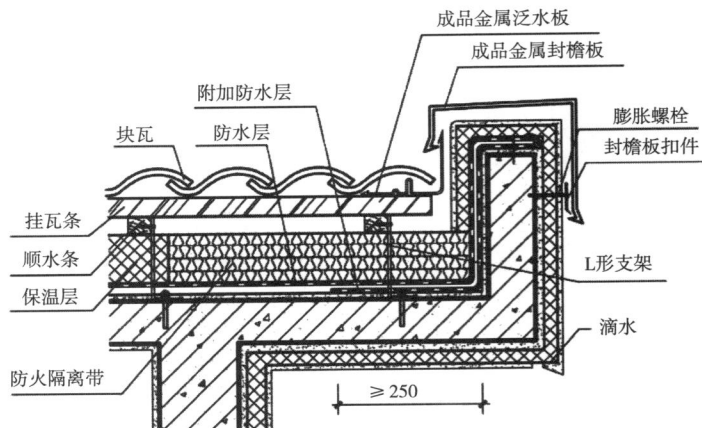

图 3-96 山墙封檐构造

当有出屋面的墙体、管道等构件时，需要沿垂直面做出迎水面高度不小于 250mm 的泛水，且泛水处的防水层下应加铺一层防水附加层，长度不小于 250mm。

山墙高出屋面时，用柔性泛水带或镀锌薄钢板做通长一条泛水（图 3-97）。管道出屋面时，防水卷材围绕管道卷起，以柔性泛水带将卷材收头包裹，并以镀锌铁丝缠紧后用密封胶封严（图 3-98）。

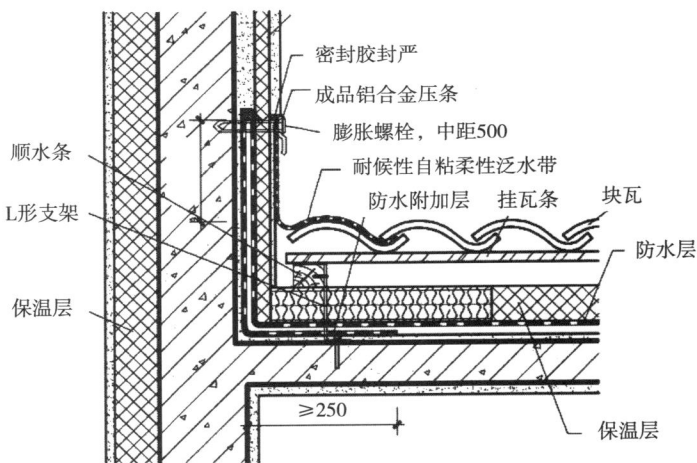

图 3-97 山墙泛水构造

（4）天沟、斜天沟构造

坡屋面中在两个斜面相交的阴角处做天沟或斜天沟，一般用成品镀锌薄钢板或彩色钢板制作，两边伸入瓦底。天沟、斜天沟下的防水附加层每边不小于 500mm（图 3-99）。

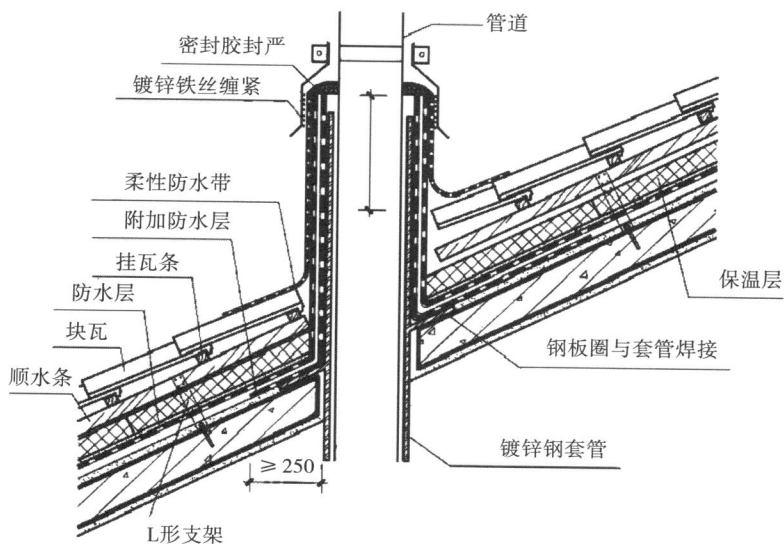

图 3-98 管道出屋面泛水构造

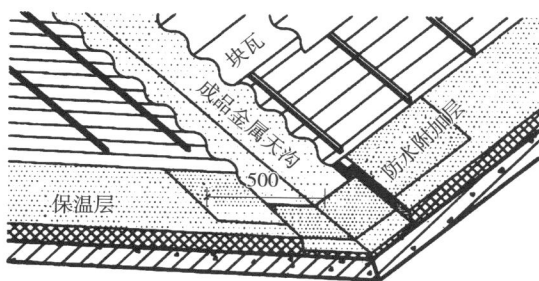

密封胶封严
镀锌铁丝缠紧
管道
柔性防水带
附加防水层
挂瓦条
防水层
块瓦
顺水条
保温层
钢板圈与套管焊接
镀锌钢套管
≥250
L形支架

图 3-99 坡屋顶天沟

块瓦
成品金属天沟
防水附加层
保温层
500

3. 金属屋面构造（见数字资源 3.22）

3.7
门
窗

门窗是建筑物的重要构造组成部分，属于非承重的围护构件。门的主要功能是交通出入、分隔联系建筑空间，并兼有采光和通风作用。窗的主要功能是采光、通风、观景等。门窗应坚固耐用，功能合理，开启方便、关闭紧密，便于清洁与维修，并且符合建筑模数的要求。外门窗应满足相应的抗风压、气密、水密、保温隔热及隔声方面的要求。不同功能的建筑和房间，门窗还应具有防火、防尘、防爆、防辐射及防盗等其他功能。

门窗由于厚度薄、缝隙多，成为围护结构节能构造的薄弱环节。在门窗构造设计中，应根据当地气候条件，选择高绝热性、高密封性的门窗框和适宜的节能玻璃类型，如断桥铝合金门窗框和中空玻璃，以降低门窗的传热系数，减少室内外传热，达到降低建筑能耗和碳排放的目的。

3.7.1 门窗的类型

1. 门的类型

门的类型常按材料分，有木门、钢门、铝合金门、塑钢门和玻璃门。

门的开启方式主要是由使用要求决定的，类型有平开门、推拉门、卷帘门、旋转门、吊门、折叠门等。其中，推拉门、卷帘门、旋转门、吊门、折叠门不应作为疏散门。

1）平开门（图3-100a）

平开门是日常生活中最常见，也是疏散通道上常用的门的形式。有单、双扇及内开、外开之分，其门洞不宜过大。平开门使用的五金件简单，制作方便，开关灵活。弹簧门也是平开门的一种，多用于对门有自动关闭要求的场所。

2）推拉门（图3-100b）

推拉门的特点是门扇在轨道上左右水平或上下滑行，开启不占室内空间。居住类建筑中使用较广泛。从门扇开启后的位置上看，可分为交叠式、面板式和内藏式；从安装方法上可分为上挂式、下滑式以及上挂和下滑相结合的三种形式。安装方法的选择，可根据门扇高度来确定，当门扇高度小于4m时，多采用上挂式；而门扇高度大于4m时，多采用下滑式。

3）卷帘门（图3-100c）

卷帘门的门扇是由一片片的连锁金属片条或木板组成，分页片式和空格式，可用电动或人力操作。卷帘门开启时不占空间，适用于非频繁开启的高大洞口，具有防火、防盗、开启方便、坚固耐用的特点，但制作较复杂，造价较高，故多用作商业建筑外门和厂房大门。

4）旋转门（图3-100d）

旋转门是3至4扇门组合在中部的垂直轴上，做水平旋转，可减少热量或冷气的损失，具有良好的保温隔声效果，密闭性能优良，但构造复杂，造

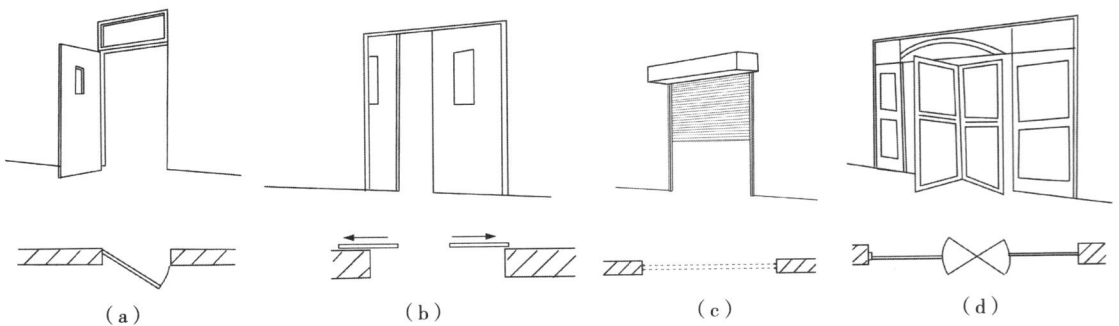

（a）　　　　　　（b）　　　　　　（c）　　　　　　（d）

图3-100　门的主要类型
（a）平开门；（b）推拉门；（c）卷帘门；（d）旋转门

价昂贵，多见于标准较高的、设有集中空调或供暖的公共建筑的外门。旋转门旁需附设平开门，以利人员快速疏散。

2. 窗的类型

窗的材料类型与门相似。窗的开启方式通常有以下几种：

1）平开窗

平开窗铰链安装在窗扇一侧与窗框相连，向外或向内水平开启（图3-101a），有单扇、双扇、多扇，及向内开与向外开之分。外开窗在开启时不占使用面积，且排水问题容易解决，但有易损坏的缺点；内开窗开启时占用室内空间，但不易损坏。平开窗构造简单，开启灵活，制作维修均方便，是民用建筑中使用最广泛的窗。

2）固定窗

不能开启的窗称为固定窗（图3-101b）。固定窗的玻璃直接嵌固在窗框上，可供采光和眺望之用，不能通风。固定窗构造简单，密闭性好，多与门亮子和开启窗配合使用，或用于有洁净密闭需求的场所。

3）立转窗

立转窗的窗扇沿垂直轴旋转（图3-101c），通风效果优良，但防雨和密闭性较差，且不易安装纱窗，故民用建筑使用不多。

4）推拉窗

推拉窗的窗扇沿导轨或滑槽滑动，通常有金属及塑料窗，分垂直推拉和水平推拉两种形式（图3-101d、e）。推拉窗开启时不占空间，窗扇受力状态

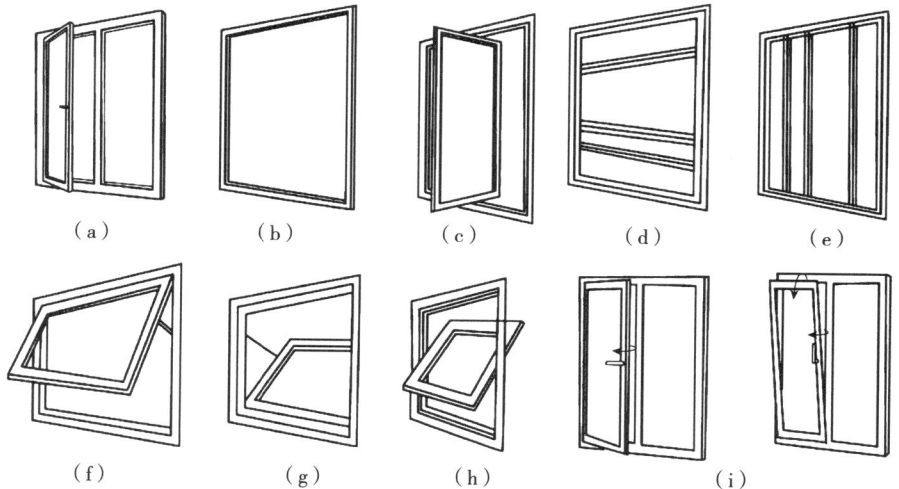

（a）　　　　（b）　　　　（c）　　　　（d）　　　　（e）

（f）　　　　（g）　　　　（h）　　　　（i）

图3-101　窗的类型
（a）平开窗；（b）固定窗；（c）立转窗；（d）垂直推拉窗；（e）水平推拉窗；（f）上悬窗；
（g）下悬窗；（h）中悬窗；（i）内开内倒窗

好，适宜安装较大玻璃。但推拉窗的窗扇间难以密闭，有明显的对流交换，用作外窗会形成较大的热损失。

5）悬窗

根据铰链和转轴位置的不同，可分为上悬窗、中悬窗和下悬窗（图3-101f、h、g）。上悬窗多用作门窗的上亮子或高楼幕墙上。为保证防雨效果，中悬窗上半部分向内开，下半部分向外开。单纯的下悬窗较为少见，近年来居住建筑中内平开下悬窗应用逐渐广泛，俗称内开内倒窗（图3-101i），通过操作窗把手，可使窗具有内平开、下悬、锁闭等功能。这种窗型密闭性、保温性、隔声性较好，微通风的同时又可防盗，并且容易清洁内外面。

3.7.2　门窗的组成

门窗一般由门窗框、门窗扇、亮子、五金零件及其附件组成（图3-102）。门窗框由上框、边框、中横框、中竖框等组成，门窗扇由上冒头、中冒头、下冒头、边梃、门芯板、玻璃、五金件等组成。

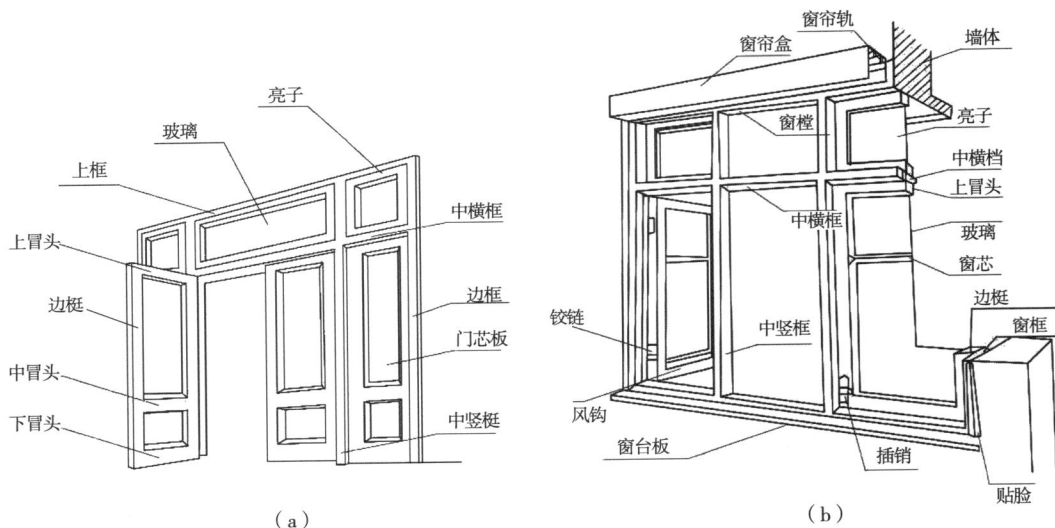

（a）

（b）

图3-102　门窗的组成
（a）门的组成；（b）窗的组成

3.7.3　门窗的尺度

门窗的尺度均应符合建筑模数的规定。门的尺度应满足人流通行、交通疏散、物品搬运的要求，窗的宽度和高度应满足窗地面积比和窗墙面积比的要求。

民用建筑中供人进出的门，门扇高度一般在 1900~2200mm，单扇门的宽度在 800~1000mm，一些辅助房间如卫生间的门 600~800mm，双扇门为 1200~1800mm。上亮子一般高 300~600mm。公共建筑和工业建筑的门按具体使用和疏散宽度的要求设置。

一般平开窗的窗扇宽度为 400~600mm，高度为 800~1500mm，上亮子一般高 300~600mm。固定窗、推拉窗等类型尺寸可更大些。

3.7.4　门窗的安装（见数字资源 3.23）

数字资源 3.23
门窗的安装方法

3.7.5　门窗的构造

目前常用的门窗类型包括塑料门窗、铝合金门窗、复合型节能门窗等。随着我国节能标准的不断提高，塑料门窗型材的腔体结构越来越多，铝合金门窗逐步走入了断热型材普及阶段，复合型节能门窗出现了铝木复合、铝塑复合、木塑铝复合等多种类型。

1. 塑料门窗

塑料门窗以聚氯乙烯（PVC）树脂为主要原料，加入一定比例的稳定剂、改性剂等，挤出成型，然后通过切割、焊接等方式组装而成的门窗。塑料型材断面为多腔式结构，腔体越多，越有利于保温和隔声效果。独特的多腔式结构均有独立的排水腔，无论是框还是扇的积水都能有效排出。为了提高门窗的强度及稳固性能，在型材的空腔中采用添加衬钢（称为塑钢门窗）或复合高分子加强筋，较之全塑门窗刚度更好，自重更轻。

塑料门窗抗风压强度较好，耐腐蚀、耐候性、保温隔热性、密封性、隔声性均良好，成品尺寸精度高，但是型材截面尺寸较大，构成的挡光面大。塑料窗的典型构造如图 3-103 所示。

2. 铝合金门窗

铝合金门窗是采用铝合金挤压型材为框料制造，基本门、窗是以单樘构件组合而成，组合门、窗是以单樘门、窗加拼樘料组装而成的条窗、带窗以及连窗门等。

铝合金门窗轻质高强，装配精度高，施工速度快，密闭性好，立面美观，耐腐蚀，使用维修方便。但由于金属导热系数很高，普通铝合金门窗的保温性能较差，所以目前铝合金门窗一般采用多腔体断热铝合金型材，又称断桥型材。

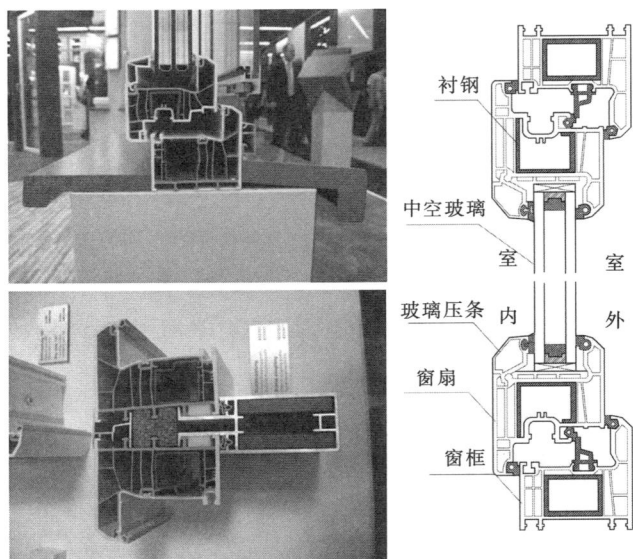

图 3-103　多腔室结构的塑料窗构造

断热型材有两种类型：穿条式和浇筑式两种。图 3-104 所示是典型的断热铝合金门窗的构造。

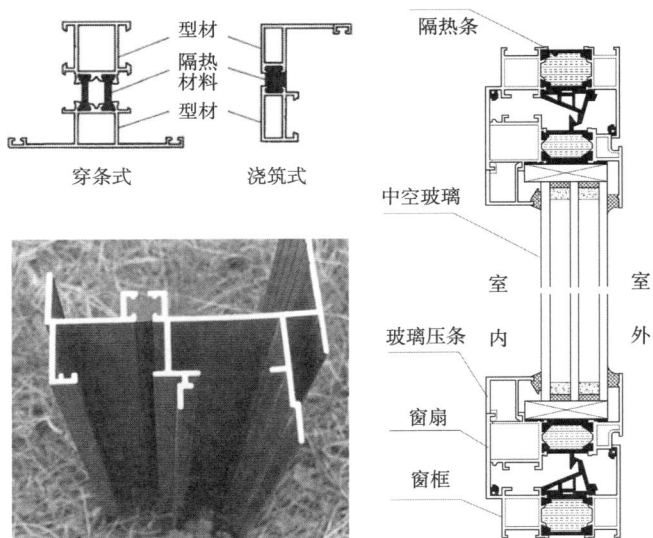

图 3-104　断热铝合金门窗构造

3. 木门窗

实木门窗具有加工制作方便、保温性好、装饰性强等许多优点。但是由于木材本身存在尺寸稳定性差、防腐性差、易燃等缺点，所以实木外门窗一般需要进行特别的表面处理，以提高防腐能力，所以价格较贵。目前的趋势是做成铝木复合门窗，充分利用不同材料的特性。

1）木门

在日常生活中较常见的木门分为三大类，即木质普通门、木质工艺门和镶嵌门。其中木质普通门包括胶合板门、拼板门等，其造型和制作工艺都比较简单；木质工艺门包括镶板门、拼纹门等，其造型美观，有一定的装饰性；镶嵌门包括有镶玻璃、铸铁、石材、软包、皮革等形式，其制作工艺要求较高，具有良好的装饰效果。

2）铝木复合门窗

铝木复合门窗采用铝合金型材与木型材通过连接卡件或螺钉等连接方式制作的框、扇构件的门窗。室外侧采用高精级铝合金，提高耐候性；室内侧采用实木指接芯材或薄皮，呈现良好的室内视觉效果。

铝木复合门窗可分为铝包木和木包铝两种复合门窗（图3-105、图3-106）。铝包木是指以木型材作为主要承重结构、室外侧复合铝型材的门窗。木包铝是以断桥铝合金作为主要承重结构、室内侧复合木型材的门窗，由于型材中金属铝占主体，节能效果不如前者好。

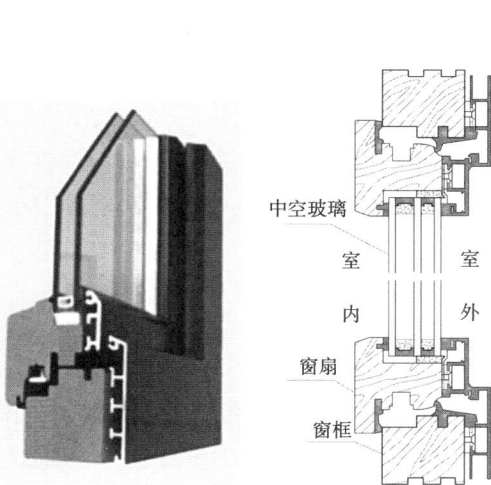

图 3-105 铝包木复合窗（内平开）

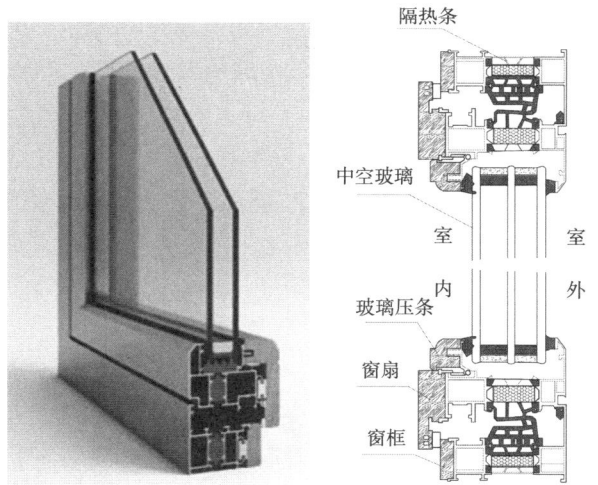

图 3-106 木包铝复合窗（内平开）

铝木复合门窗采用优质原材料，防腐、防变形能力强，并且有良好的保温性、气密性、水密性和隔声性，耐久性强，不易开裂，适合各种极端气候，但是加工工艺较复杂。

3.7.6　特殊门窗构造

按特殊功能分，常见的有防火门窗、隔声门窗、隔声通风门窗、避光通风门窗、通风防雨百叶门窗、防射线门窗、保温门窗、人防密闭门、防盗门窗等特种门窗。

1. 防火门窗

防火门是指在一定时间内能满足耐火稳定性、完整性和隔热性要求的门。它是设在防火分区间、疏散楼梯间、垂直竖井等具有一定耐火性的防火分隔物。防火门除了具有普通门的作用外，更具有阻止火势蔓延和烟气扩散的作用。防火门应单向开启，并应向疏散方向开启。

防火门按材质分，有木质防火门、钢质防火门、钢木防火门和其他防火门等。门扇内若填充材料，则填充对人体无毒无害的防火隔热材料。

防火门有隔热防火门（A类）、部分隔热防火门（B类）和非隔热防火门（C类）。隔热防火门（A类）的耐火极限有 3.00h、2.00h、1.50h（甲级）、1.00h（乙级）、0.50h（丙级）五种。甲级多用于防火墙或防火隔墙上；乙级多用于楼梯间和住宅分户门；丙级多用于电缆井、管道井及排烟道等的井壁上的检查门。

防火窗有隔热防火窗（A类）和非隔热防火窗（C类）。隔热防火窗（A类）的耐火极限有 3.00h、2.00h、1.50h（甲级）、1.00h（乙级）、0.50h（丙级）五种。

2. 隔声门窗（见数字资源 3.24）

数字资源 3.24
隔声门窗

3.8 变形缝

变形缝是为了避免房屋在温度变化、基础不均匀沉降或地震时产生开裂，进而造成结构破坏，而预先在建筑上设置宽度适当的垂直缝。变形缝可分为伸缩缝、沉降缝和防震缝。

变形缝应避免出现渗水、冷风渗透、热桥等情况，做好防水、防火、保温等各方面的构造处理，缝隙填塞严密，确保工程质量。如外墙和屋面变形缝处，应填塞岩棉或无机纤维等保温材料，避免因热桥的存在增加能耗和碳排放量。

3.8.1　变形缝的类型及作用

1. 伸缩缝

为防止建筑构件因温度变化而产生热胀冷缩，使房屋出现裂缝甚至破坏，沿建筑长度方向每隔一定距离，或在建筑平面变化较多或结构类型变化较大处预留的垂直缝，称为伸缩缝或温度缝。

2. 沉降缝

沉降缝是为了预防建筑物由于不均匀沉降引起的破坏而设置的变形缝。

3. 防震缝

防震缝是将体型复杂的房屋划分为体型简单、刚度均匀的独立单元的变形缝，以便减少地震力对建筑的破坏。

3.8.2　变形缝的设置

1. 伸缩缝的设置要求

伸缩缝将建筑基础以上的建筑构件全部断开，并在两个部分之间留出适当的缝隙，以保证伸缩缝两侧的建筑构件能在水平方向自由伸缩。伸缩缝的宽度一般在 20~30mm。伸缩缝应设在因温度和收缩变形引起应力集中、砌体产生裂缝可能性最大处。砌体结构和钢筋混凝土结构伸缩缝的最大间距具体要求见表 3-17、表 3-18。

当设置伸缩缝时，砌体结构的双墙及框架和排架结构的双柱基础可不断开（图 3-107、图 3-108）。

砌体建筑伸缩缝最大间距（m）　　　　　　　　　表 3-17

屋顶或楼板类别		间距
整体式或装配整体式钢筋混凝土结构	有保温层或隔热层的屋顶、楼板	50
	无保温层或隔热层的屋顶	40
装配式无檩体系钢筋混凝土结构	有保温层或隔热层的屋顶、楼板	60
	无保温层或隔热层的屋顶	50
装配式有檩体系钢筋混凝土结构	有保温层或隔热层的屋顶、楼板	75
	无保温层或隔热层的屋顶	60
瓦材屋顶、木屋顶或楼板，轻钢屋顶		100

钢筋混凝土结构伸缩缝最大间距（m）			表 3-18
结构类别		室内或土中	露天
排架结构	装配式	100	70
框架结构	装配式	75	50
	现浇式	55	35
抗震墙结构	装配式	65	40
	现浇式	45	30
挡土墙、地下室墙壁等结构	装配式	40	30
	现浇式	30	20

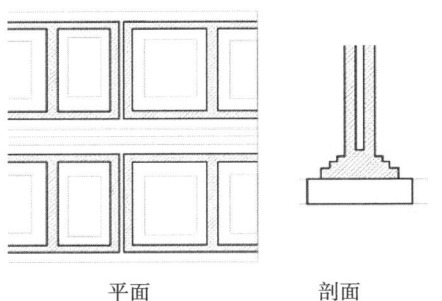

平面　　　　　　　　剖面　　　　　　　　　　平面　　　　　　　　剖面

图 3-107　砌体结构伸缩缝方案

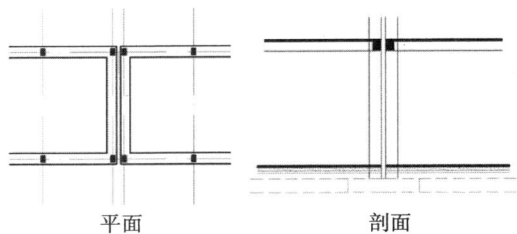

图 3-108　框架结构伸缩缝方案

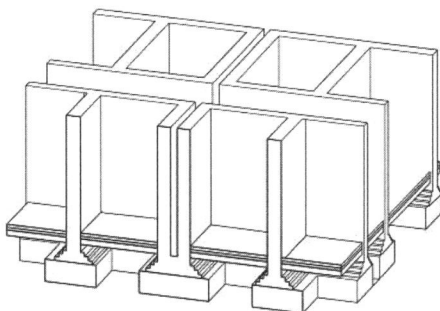

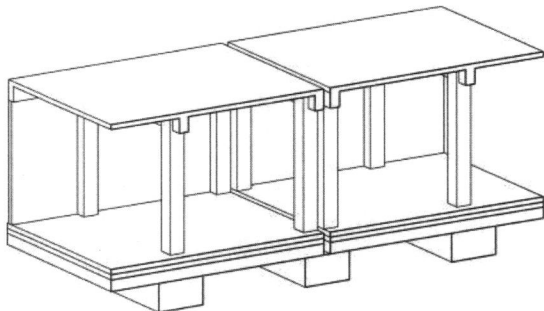

2. 沉降缝的设置要求

沉降缝构造复杂，给建筑设计、结构设计和施工都带来一定的难度，因此，在工程设计时，应尽可能通过合理选址、地基处理、建筑体形优化、结构选型和计算方法的调整以及施工程序上的配合，如高层建筑与裙房之间采用后浇带的方法（图 3-109），避免或克服不均匀沉降，从而达到不设或尽量少设缝的目的。

在建筑物的下列部位，宜设置沉降缝：建筑平面的转折部位；高度差异（或荷载差异）处；长高比过大的钢筋混凝土框架结构的适当部位；地基土的

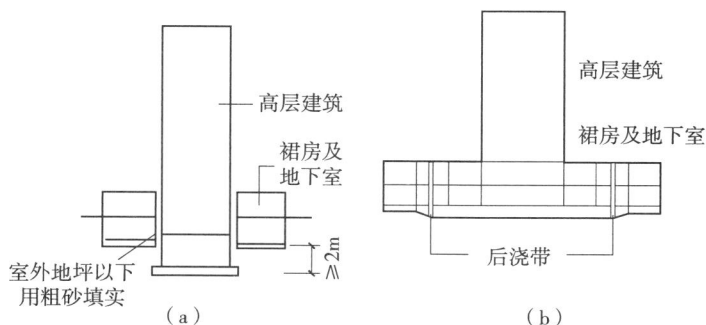

图 3-109　高层建筑与裙房间的沉降缝、后浇带处理示意
（a）沉降缝处理；（b）后浇带处理

压缩性有显著差异处；建筑结构或基础类型不同处；分期建造房屋的交界处。

沉降缝的宽度视地基情况和建筑物的高度、层数不同而定，具体要求见表 3-19。

沉降缝的宽度（mm）　表 3-19

地基类型	建筑高度或层数	宽度
一般地基	高度 < 5m	30
	5~10m	50
	10~15m	70
软弱地基	层数 2~3 层	50~80
	4~5 层	80~120
	≥ 6 层	>120
湿陷性黄土	—	≥ 50

伸缩缝只需保证建筑物在水平方向的自由伸缩变形，而沉降缝主要应满足建筑物各部分在垂直方向的自由沉降变形，建筑物从基础到屋顶全部断开。同时沉降缝也应兼顾伸缩缝的作用，故应在构造设计时应满足伸缩和沉降双重要求。砌体结构的沉降缝有基础挑梁方案（图 3-110）和偏心基础方案（图 3-111），后者对受力不利；框架结构的沉降缝一般采用的是挑梁方案，可以是单侧挑梁或双侧挑梁（图 3-112）。

3. 防震缝的设置要求

体型复杂、平立面不规则的建筑应根据不规则程度、地基基础条件和技术经济等因素的比较分析，确定是否设置防震缝。防震缝应将建筑分为多个体形简单、结构刚度均匀的独立部分（图 3-113）。

一般情况下，防震缝基础可不分开，但在平面复杂的建筑中，或建筑相

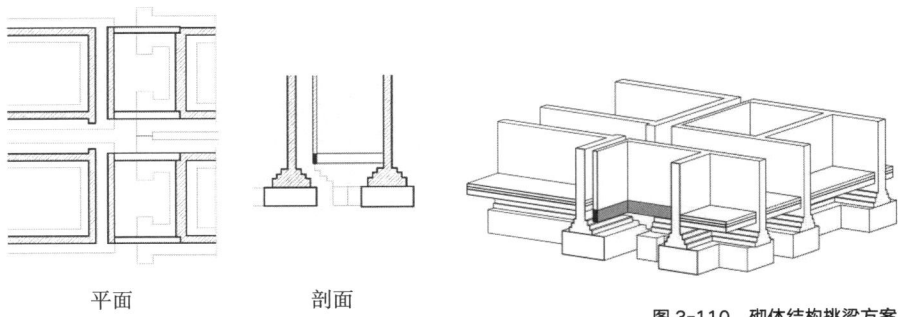

平面 剖面

图 3-110 砌体结构挑梁方案

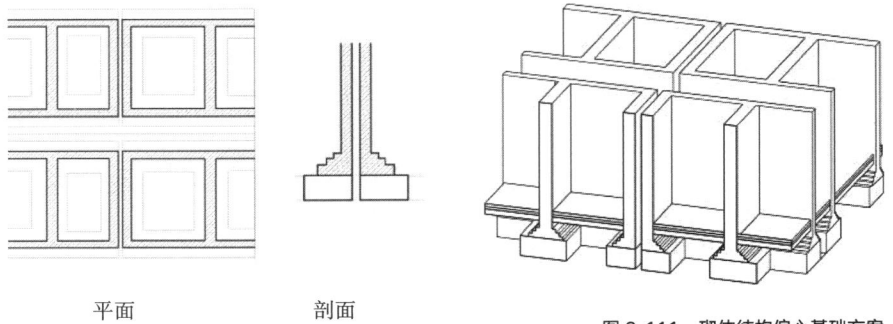

平面 剖面

图 3-111 砌体结构偏心基础方案

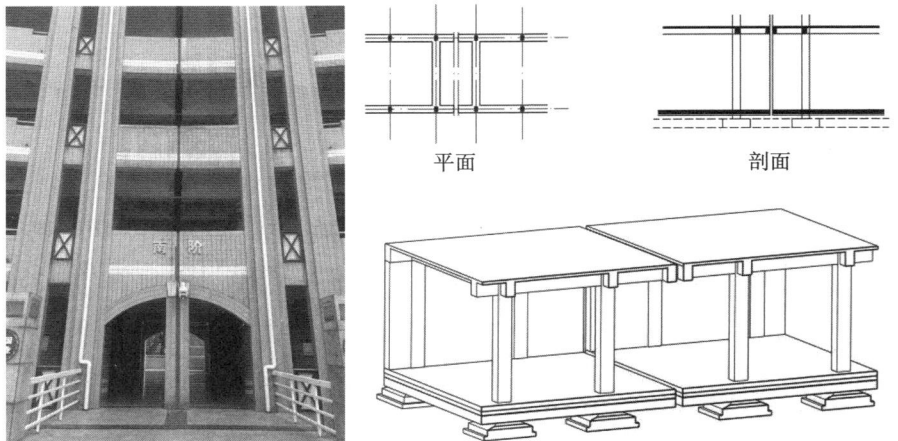

平面 剖面

图 3-112 框架结构沉降缝挑梁方案

邻部分刚度差别很大时，也需将基础分开；按沉降缝要求设置的防震缝也应将基础分开。

防震缝应根据抗震设防烈度、结构材料种类、结构类型、结构单元的高度和高差以及可能的地震扭转效应的情况，留有足够的宽度（表 3-20）。当设置伸缩缝和沉降缝时，其宽度应符合防震缝的要求。防震缝两侧结构类型不同时，宜按需要较宽防震缝的结构类型和较低房屋高度确定缝宽。

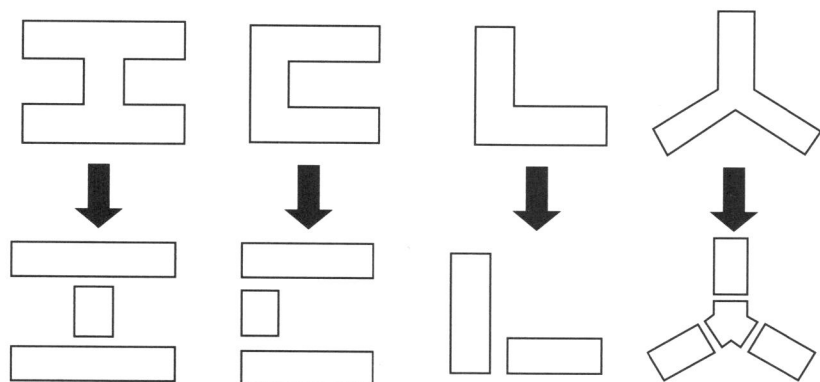

图 3-113　防震缝设置部位

防震缝的宽度　　　　　　　　表 3-20

结构类型		宽度（mm）
砌体建筑多层建筑		50~90
单层钢筋混凝土及砖柱厂房、空旷砖房		50~70
多层框架结构	$H \leq 15m$ 时	70
	$H > 15m$ 时，在 100mm 的基础上， 设计烈度 6 度，每增 5m，增 20mm 设计烈度 7 度，每增 4m，增 20mm 设计烈度 8 度，每增 3m，增 20mm 设计烈度 9 度，每增 2m，增 20mm	
抗震墙结构		可按多层框架结构相应高度建筑缝宽的 1/2，不宜小于 100mm

表格来源：《建筑抗震设计标准》GB/T 50011—2010（2024 年版）。

　　预留变形缝会增加相应的构造措施，不经济，而且通长缝还会影响建筑美观，故在设计时，应立足尽量不设缝。可通过验算温度应力，加强配筋、改进施工工艺（如分段筑混凝土），或适当加大基础面积。对于地震区可通过简化平面和立面形式、增加结构刚度这些措施来解决。设置变形缝时应尽量三缝合一考虑。

3.8.3　变形缝构造

　　伸缩缝所有填缝及盖缝材料和构造应保证结构在水平方向自由伸缩而不产生破裂，沉降缝构造要保证在垂直方向自由变形。

　　变形缝构造处理分为现场制作安装的，以及专业厂家制造的成品装置。后者主要由铝合金型材基座、金属或橡胶盖板以及连接基座和盖板的金属滑杆组成。

1. 墙面变形缝构造

对于砌体结构来说，墙体伸缩缝一般做成平缝、错口缝、企口缝等截面形式，主要视墙体材料、厚度及施工条件而定，但地震地区只能用平缝。

为防止外界自然条件对墙体及室内环境的侵袭，变形缝外墙一侧可用岩棉填塞或无机纤维喷涂填充，并进行盖缝处理。当缝隙较窄时，用聚乙烯泡沫塑料棒塞住，并以密封胶封严；当缝隙较宽时，缝口可用铝合金板或镀锌钢板等金属调节片做盖缝处理，图 3-114 适用于伸缩缝和防震缝。内墙可用具有一定装饰效果的金属片、塑料片或木盖条覆盖，图 3-115 适用于沉降缝和防震缝。

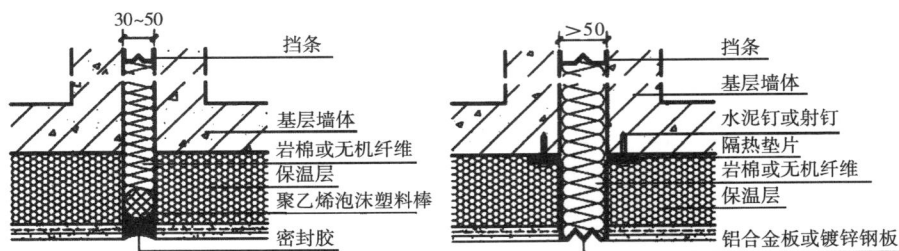

图 3-114　外墙变形缝构造

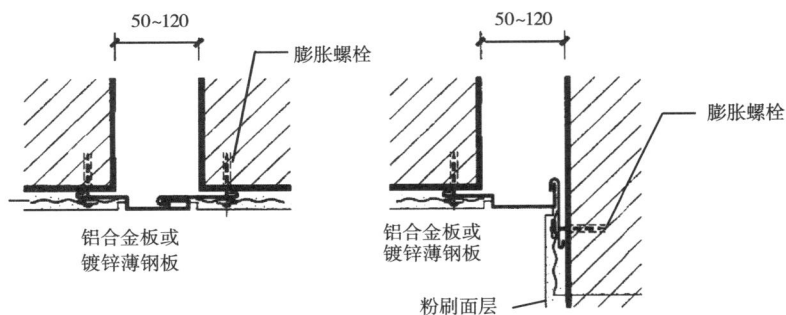

图 3-115　内墙金属盖缝板

2. 屋面变形缝构造

图 3-116 和图 3-117 分别为等高屋面和高低跨屋面变形缝处的盖缝构造做法。其中盖缝和塞缝材料可以另行选择，但防水构造必须同时满足屋面防水规范的要求。

3. 楼板变形缝构造

楼板层伸缩缝的位置、缝宽与墙体、屋顶变形缝一致，缝内常用可压缩变形的材料做封缝处理，上铺活动盖板或橡、塑地板等地面材料，以满足地面平整、光洁、防滑、防水及防尘等功能，如图 3-118 所示。

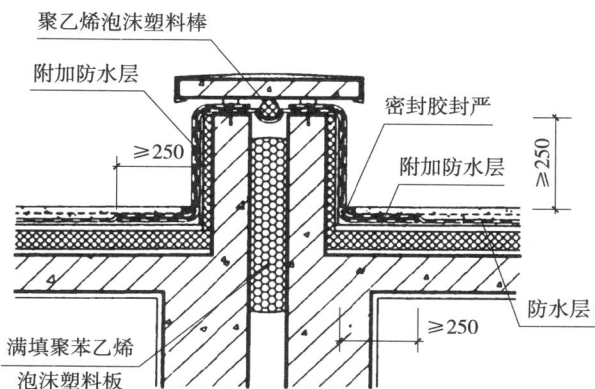

图 3-116 等高屋面变形缝构造

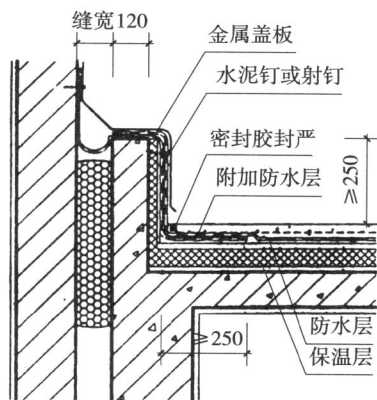

图 3-117 高低跨屋面变形缝构造

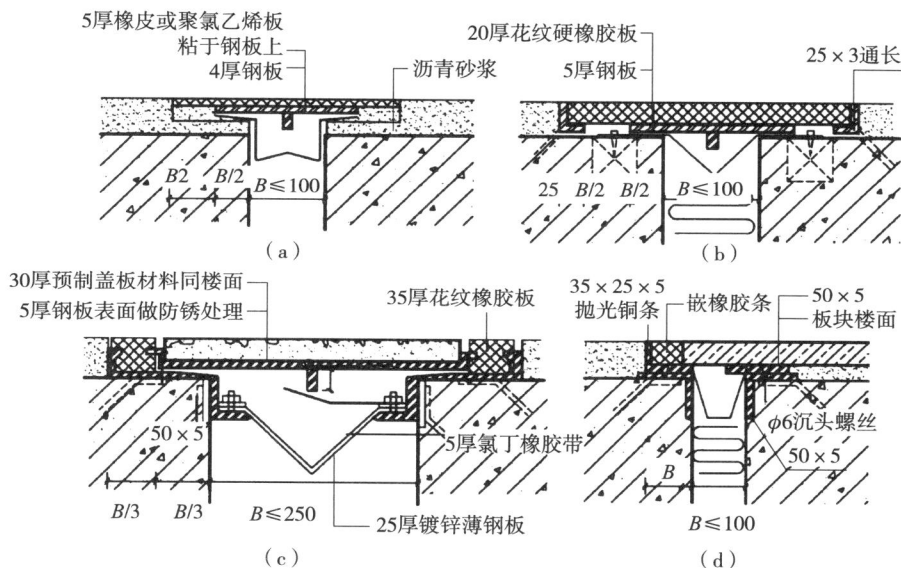

图 3-118 楼板变形缝构造
（a）粘贴盖缝面板；（b）搁置盖缝面板做法；（c）采用与楼板面层同样材料盖缝的做法；
（d）单边挑出盖缝板的做法

4. 地下室变形缝构造

地下室变形缝处混凝土结构的厚度不应小于 300mm。其防水设防应至少 3 道（表 3-21）。

地下室变形缝防水设防措施   表 3-21

中埋式中孔型橡胶止水带	外贴式中孔型止水带	可卸式止水带	密封嵌缝材料	外贴防水卷材或外涂防水涂料
应选	不应少于 2 种			

其中，中孔型橡胶止水带利用橡胶的高弹性和压缩变形性，在各种荷载下产生弹性变形，从而起到紧固密封有效地防止建筑构件的漏水、渗水，并起到减震缓冲作用。将其内埋于混凝土结构中，可有效避免渗漏，具有良好的防水效果；外贴于地下室结构表面，安装较为方便，但如粘贴不牢，可能存在渗漏隐患。

可卸式止水带适应防水能力比较强，检修更换容易，但构造与施工工艺均很复杂，尤其是拐角部位的预埋角钢与钢压条制作加工精度要求高，安装比较困难。可卸式止水带可作为后期补救的一种防水措施。

地下室底板和侧墙变形缝处防水构造见图3-119a、图3-119b。

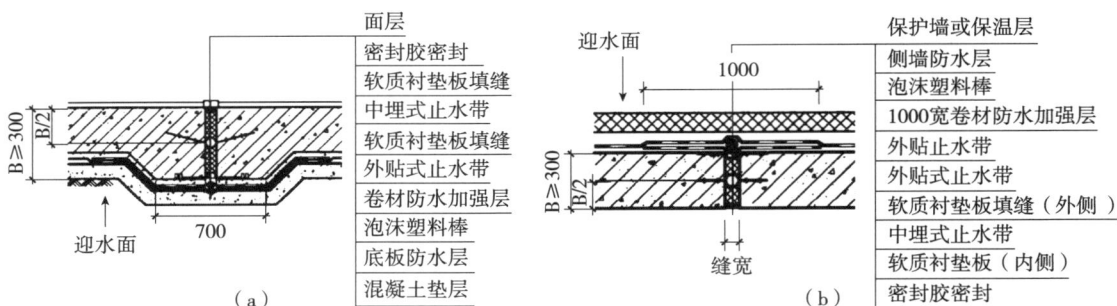

图 3-119　地下室变形缝防水构造
（a）底板变形缝防水构造；（b）侧墙变形缝防水构造

课后习题

1. 建筑物主要由哪些基本构件组成？各自的作用是什么？

2. 建筑构造设计要求有哪些？

3. 简述地基与基础的关系。

4. 简述基础埋置深度的定义。影响基础埋深的因素有哪些？

5. 基础按照构造形式可以分为哪些类型？各自特点是什么？

6. 地下室防水构造类型有哪些？

7. 墙体按照施工方式可以分成哪些类型？

8. 砌体墙的加固措施有哪些？

9. 芯柱和构造柱一般设置在哪些部位？

10. 楼板层和地坪层主要由哪些部分组成？各部分的作用是什么？楼板层和地坪层构造的区别是什么？

11. 现浇钢筋混凝土楼板的类型有哪些？各有何特点和适用范围？

12. 工程中常用混凝土叠合楼板类型有哪些？叠合楼板的构造设计要点是什么？

13. 阳台有哪几种类型？阳台构造的设计要点有哪些？

14. 简述楼梯由哪几部分组成。各组成部分的作用是什么？

15. 楼梯间底层休息平台下做出入口时，可采用哪些措施保证净空高度？

16. 简述钢筋混凝土楼梯构造的类型有哪些。各自的构造特征是什么？

17. 楼梯踏步的细部构造包括哪些内容？

18. 室外台阶和坡道的构造设计要求有哪些？

19. 屋顶排水坡度形成方式有哪些？屋面排水方式有哪些类型？各类排水方式的特点和适用范围？

20. 简述屋顶排水方案设计的内容。

21. 简述平屋顶卷材防水屋面的构造层次及构造做法。简图表示泛水和檐口的构造做法。

22. 简图表示涂料防水平屋面女儿墙泛水构造。

23. 分别简述按照常用材料和开启方式分，门的类型主要有哪些。

24. 窗户按照开启方式通常分为分哪几类？

25. 简述变形缝的类型、作用及设置要求。

本章参考文献

[1] 中华人民共和国住房和城乡建设部. 民用建筑设计统一标准：GB 50352—2019[S]. 北京：中国建筑工业出版社，2019.

[2] 中国建筑标准设计研究院.《民用建筑设计统一标准》图示：20J813[S]. 北京：中国计划出版社，2021.

[3] 中华人民共和国住房和城乡建设部. 民用建筑通用规范：GB 55031—2022[S]. 北京：中国建筑工业出版社，2022.

[4] 中华人民共和国住房和城乡建设部. 建筑防火通用规范：GB 55037—2022[S]. 北京：中国计划出版社，2022.

[5] 中华人民共和国住房和城乡建设部. 建筑与市政工程防水通用规范：GB 55030—2022[S]. 北京：中国建筑工业出版社，2023.

[6] 中华人民共和国住房和城乡建设部. 建筑给水排水设计标准：GB 50015—2019[S]. 北京：中国计划出版社，2019.

[7] 中华人民共和国住房和城乡建设部. 建筑与市政地基基础通用规范：GB 55003—2021[S]. 北京：中国建筑工业出版社，2021.

[8] 中华人民共和国住房和城乡建设部. 建筑抗震设计标准（2024版）：GB/T 50011—2010[S]. 北京：中国建筑工业出版社，2024.

[9] 中华人民共和国住房和城乡建设部. 砌体结构通用规范：GB 55007—2021[S]. 北京：中国建筑工业出版社，2021.

[10] 中华人民共和国住房和城乡建设部. 建筑与市政工程无障碍通用规范：GB 55019—2021[S]. 北京：中国建筑工业出版社，2021.

[11] 中华人民共和国住房和城乡建设部. 混凝土小型空心砌块建筑技术规程：JGJ/T 14—2011[S]. 北京：中国建筑工业出版社，2011.

［12］ 中国建筑标准设计研究院．砖墙建筑、结构构造：15J101、15G612[S]．北京：中国计划出版社，2015.

［13］ 中国建筑标准设计研究院．夹心保温墙建筑与结构构造：16J107、16G617[S]．北京：中国计划出版社，2016.

［14］ 中国建筑标准设计研究院．混凝土小型空心砌块墙体建筑与结构构造：19J102-1、19G613[S]．北京：中国计划出版社，2019.

［15］ 中国建筑标准设计研究院．砌体结构设计与构造：12SG620[S]．北京：中国计划出版社，2012.

［16］ 中国建筑标准设计研究院．烧结页岩、砖砌块墙体建筑构造：14J105[S]．北京：中国计划出版社，2015.

［17］ 中国建筑标准设计研究院．平屋面建筑构造：12J201[S]．北京：中国计划出版社，2012.

［18］ 中国建筑工业出版社，中国建筑学会．建筑设计资料集 第1分册 建筑总论 [M]．3版．北京：中国建筑工业出版社，2018.

［19］ 中国建筑标准设计研究院．建筑防水系统构造（五十五）参考图集：21CJ40-55[S]．北京：中国标准出版社，2022.

［20］ 中国建筑标准设计研究院．建筑防水系统构造（五十九）参考图集：21CJ40-59[S]．北京：中国标准出版社，2022.

［21］ 中国建筑标准设计研究院．建筑节能门窗：16J607[S]．北京：中国计划出版社，2016.

［22］ 中华人民共和国住房和城乡建设部．预制混凝土楼梯：JG/T 562—2018[S]．北京：中国标准出版社，2018.

［23］ 国家市场监督管理总局，国家标准化管理委员会．电梯主参数及轿厢、井道、机房的型式与尺寸 第1部分：Ⅰ、Ⅱ、Ⅲ、Ⅵ类电梯：GB/T 7025.1—2023[S]．北京：中国标准出版社，2023.

［24］ 中国建筑标准设计研究院．电梯 自动扶梯 自动人行道：13J404[S]．北京：中国计划出版社，2013.

［25］ 中国建筑标准设计研究院．铝合金门窗：22J603-1[S]．北京：中国标准出版社，2022.

第4章 建筑保温与隔热

```
┌─────────────────────────────────────────────────────────────────┐
│                        4.1 概述                                    │
│                                              ┌──────────────────┐  │
│                              ┌───────────────│  外保温墙体        │  │
│                              │               ├──────────────────┤  │
│              ┌───────────┐   │               │  内保温墙体        │  │
│              │ 4.2.1 墙体保温├──┤               ├──────────────────┤  │
│              └───────────┘   │               │  夹芯保温墙体      │  │
│  ┌────────┐                  └───────────────├──────────────────┤  │
│  │ 4.2    │                                  │  保温结构一体化    │  │
│  │建筑保温构造│──┐            ┌───────────────├──────────────────┤  │
│  └────────┘   │  │ 4.2.2 屋顶保温│               │  平屋顶保温构造    │  │
│               │  └───────────┘ └──────────────├──────────────────┤  │
│               │                               │  坡屋顶保温构造    │  │
│               │  ┌───────────┐               └──────────────────┘  │
│               │  │ 4.2.3 楼板保温│                                    │
│               │  └───────────┘                                      │
└─────────────────────────────────────────────────────────────────┘
```

第 4 章 建筑保温与隔热

- **4.1 概述**
- **4.2 建筑保温构造**
  - 4.2.1 墙体保温
    - 外保温墙体
    - 内保温墙体
    - 夹芯保温墙体
    - 保温结构一体化
  - 4.2.2 屋顶保温
    - 平屋顶保温构造
    - 坡屋顶保温构造
  - 4.2.3 楼板保温
- **4.3 建筑隔热构造**
  - 4.3.1 屋顶隔热
    - 种植隔热屋面
    - 通风隔热屋面
    - 蒸发散热屋面
    - 反射隔热屋面
  - 4.3.2 墙体隔热
    - 垂直绿化墙体
    - 通风隔热墙体
    - 反射隔热墙体
- **4.4 建筑遮阳**
  - 4.4.1 固定式遮阳
    - 水平式遮阳
    - 垂直式遮阳
    - 挡板式遮阳
    - 综合式遮阳
    - 格栅式遮阳
  - 4.4.2 活动式遮阳

▲ 建筑外墙保温的形式有哪些？

▲ 何种情况下优先选用倒置式屋面保温方式？

▲ 种植屋面隔热的构造要点是什么？

为了营造健康舒适的室内环境、节省建筑运行能耗，外围护结构应根据建筑所在地区的气候条件、结构形式、供暖运行方式、外饰面层等因素进行保温和隔热构造设计。围护结构的保温和隔热构造对于建筑的供暖和制冷能耗有着重要的影响，与建筑能否实现低碳运行密切相关。

我国根据最冷、最热月平均温度和供暖空调度日数划分了不同的建筑热工分区，并提出了具体的保温和隔热设计要求。严寒、寒冷地区建筑设计必须满足冬季保温要求，夏热冬冷地区、温和 A 区建筑设计应满足冬季保温要求，夏热冬暖 A 区、温和 B 区宜满足冬季保温要求。在这些地区，建筑外围护结构应具有抵御冬季室外气温作用和气温波动的能力。夏热冬暖和夏热冬冷地区建筑设计必须满足夏季防热要求，寒冷 B 区建筑设计宜考虑夏季防热要求。在这些地区，建筑外围护结构应具有抵御夏季室外气温和太阳辐射综合热作用的能力。

建筑保温构造设计主要涉及墙体、屋顶和楼地层等部位，应满足热工规范和节能规范的具体要求，并且宜选用导热系数低、吸水率小、抗压强度较高、防火性能较好的保温材料。

4.2.1　墙体保温

外墙是建筑围护结构重要组成部分，其保温性能对于控制围护结构传热尤为重要。根据与主体结构位置的不同，外墙保温可分为外保温、内保温、夹芯保温及保温结构一体化等做法。

1. 外保温墙体

墙体外保温是指保温层位于墙体结构的室外一侧。外保温适用范围广，保护主体结构，延长建筑物寿命，基本消除了热桥的影响，有利于保持室内热环境的稳定，便于对既有建筑物进行节能改造。但外保温墙体对材料的抗裂、防火、拒水、透气、抗震和抗风压等耐候性和耐久性方面要求较高。目前，常用的外保温系统主要有粘贴保温板薄抹灰外保温、保温装饰板外保温、保温浆料外保温等做法。

　1）外保温构造

（1）粘贴保温板薄抹灰外保温（数字资源 4.1）

粘贴保温板薄抹灰外保温（图 4-1）由内向外的组成依次为：①基层墙体：包括钢筋混凝土墙和各种砌体墙。②找平层：通常采用水泥砂浆找平，基层墙体为平整的钢筋混凝土墙体时，可不另外找平。③结合层：用胶粘剂将保温板固定在基层墙体上，一般需用锚栓辅助固定。为达到降低能耗的目的，锚栓应采用断桥锚栓，能有效降低热传导。当保温板过于厚重时，还需要在墙体上安装 L 形托架支撑保温层。④保温层：有石墨聚苯板、挤塑聚苯

数字资源 4.1
粘贴保温板薄抹灰外保
温做法

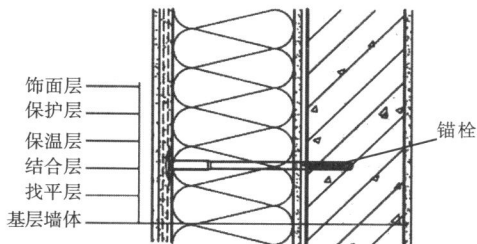

饰面层
保护层
保温层
结合层
找平层
基层墙体

锚栓

图 4-1 粘贴保温板薄抹灰外保温构造

板、模塑聚苯板、聚氨酯板、岩棉板等，粘贴时应错缝搭接。⑤保护层：抹面胶浆加复合加强材料，若用聚苯板，加强材料采用玻璃纤维网布；若采用岩棉板，加强材料采用钢丝网片。⑥饰面层：多用薄涂层、面层涂料，因此称为薄抹灰保温系统。

（2）保温装饰板外保温

保温装饰板，又称复合装饰板或保温装饰一体化板，是把保温节能材料和具有装饰功能的面板结合在一起的装配式板材，解决了外墙施工湿作业多，受天气气温影响大的问题。

按安装方式可分为三种：粘挂体系；干挂体系，基层墙体外设置横竖龙骨，将复合装饰板干挂固定在龙骨上；点锚体系，将复合装饰板用连接件直接锚固在墙体上（图 4-2）。

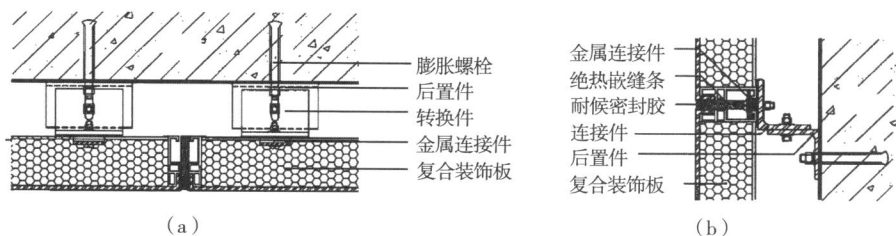

膨胀螺栓
后置件
转换件
金属连接件
复合装饰板

（a）

金属连接件
绝热嵌缝条
耐候密封胶
连接件
后置件
复合装饰板

（b）

图 4-2 保温装饰板点锚体系构造
（a）垂直缝；（b）水平缝

按饰面材料类型可分为金属保温装饰板和非金属保温装饰板。以金属保温装饰板为例，是由三层材料复合而成，面层为各种装饰效果的镀铝锌钢板，中层为硬质发泡聚氨酯，背面是一层铝箔板，是具有保温性能的外墙装饰复合板材。通过改变模具和色彩，可压制成多种形状质感和色彩。

（3）保温浆料外保温

保温浆料主要指无机保温砂浆，是以膨胀珍珠岩、玻化微珠、膨胀蛭石等为骨料，掺入胶凝材料及其他成分制成的干混砂浆。保温浆料外保温系统由界面层、保温层、抗裂层及饰面层组成（图 4-3）。

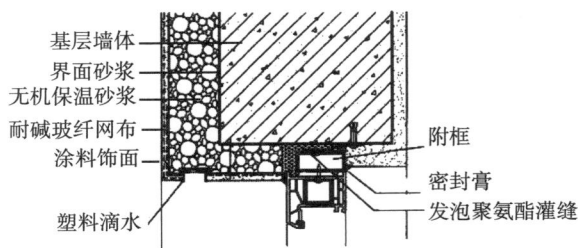

图 4-3　保温浆料外保温墙体构造

数字资源 4.2
墙体外保温的防火要求

保温浆料外保温施工简单，综合成本低，耐火性良好，可用于各种墙体基材和复杂形状墙体的保温，但导热系数略高，适合于夏热冬冷和夏热冬暖地区。

2）墙体外保温的防火要求（见数字资源 4.2）

2. 内保温墙体

内保温墙体是指将保温材料复合在墙体内侧（图 4-4），不影响建筑外立面装饰，不受风荷载、雨雪冻融等恶劣气候因素影响，施工简单，不会高处坠落，且适合于间歇供暖房间在短时间内迅速升温。但内保温墙体难以消除热桥，容易出现冷凝水，保温效果不如外保温，而且占用室内使用面积，不便于二次装修。

常用的内保温技术有以下几种：石膏复合板内保温系统，岩棉、玻璃棉龙骨固定内保温系统，及无机轻集料保温砂浆内保温系统。其中，无机保温砂浆内保温做法与外保温做法类似。

1）石膏复合内保温系统（图 4-4）：由石膏复合保温板（保温层为挤塑聚苯板）、结合层、嵌缝膏、接缝纸带、混合砂浆找平层等组成。

2）龙骨固定内保温系统（图 4-5）：由石膏板、岩棉或玻璃棉、龙骨、密封膏、隔汽层等材料组成。龙骨可用复合龙骨或轻钢龙骨，采用锚栓等固定件与墙体相连。面板与龙骨采用螺钉连接。岩棉板（毡）、玻璃棉板（毡）采用塑料钉固定在基层墙体上。隔汽层应在靠室内一层连续铺设，锚栓穿透隔汽层处应采取密封措施。

3. 夹芯保温墙体

夹芯保温墙体是指在墙体中间安设岩棉、矿棉板、聚苯板、玻璃棉板或填入散状（或袋状）膨胀珍珠岩、聚苯颗粒、玻璃棉等（图 4-6）。夹芯保温墙体的夹层厚度不宜大于 120mm，并需要做好内外墙间的牢固拉结，这一点特别是在抗震设防烈度较高的地区更要重视。拉结措施有环形拉结件、Z 形拉结件、可调拉结件，及焊接钢筋网片等。

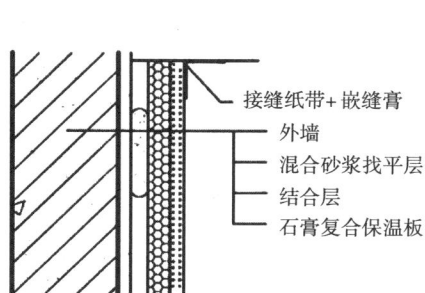

图 4-4　石膏复合内保温

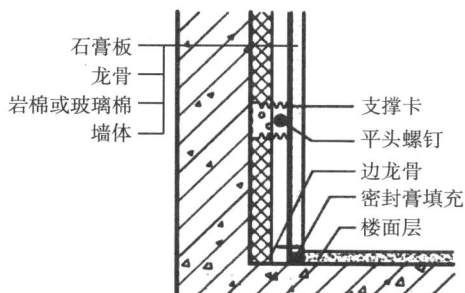

图 4-5　龙骨固定内保温

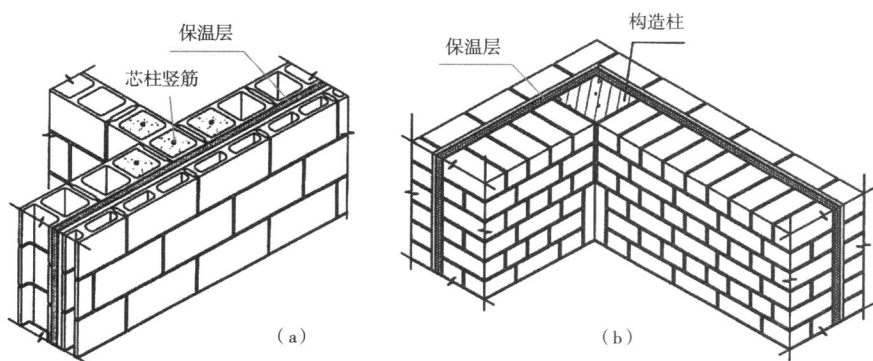

图 4-6　夹芯保温墙体
（a）混凝土小型砌块夹芯保温墙体；（b）多孔砖夹芯保温墙体

为了防火安全，保温层与两侧的墙体及结构受力体系之间不应存在空隙或空腔，填充严密，避免内部形成空气对流。当保温材料为 B1、B2 级时，保温材料两侧墙体应采用不燃材料，且厚度均不小于 50mm。

4. 保温结构一体化

1）自保温墙体

自保温墙体是结构层与保温层合成一体，采用轻质多孔的自保温墙体材料，增大围护结构的热阻值和热惰性指标，减少建筑物与环境的热交换，是夏热冬冷和夏热冬暖地区建筑节能的有效措施之一，在寒冷和严寒地区则需要与外保温或内保温相结合。

目前常用的自保温墙体材料有加气混凝土砌块、轻集料混凝土空心砌块、陶粒自保温砌块、泡沫混凝土砌块、复合保温砌块（图 4-7）和空心砖等。砌筑时应采用热导率小的专用配套砂浆，墙体与不同材料的交接处应采用加强网加强。

自保温墙体应用于框架结构时，梁、柱等热桥节点处需要采取特殊的构造处理，如局部加贴保温板或敷设保温砂浆层（图 4-8）。

161

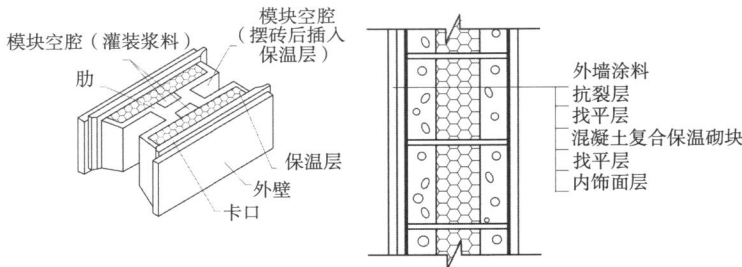

图 4-7 混凝土复合保温砌块及构造层次

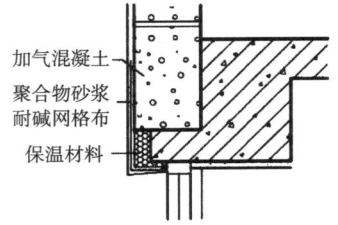

图 4-8 框架结构自保温墙体热桥处理

2）复合免拆保温模板

复合免拆保温模板是将建筑节能与结构模板一体化的做法。该模板经工厂化预制，由保温芯材、粘结层、过渡层、内、外侧水泥基防护层构成（图 4-9），不但起到外围护结构的保温隔热作用，而且在现浇混凝土工程施工中起外侧模板的作用。这种复合保温模板在浇筑完混凝土后，可免于拆除，施工便捷，适用于涂料饰面和面砖饰面（图 4-10）。

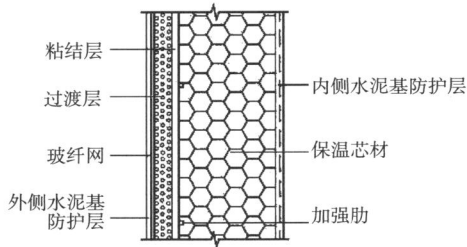

图 4-9 免拆保温模板组成

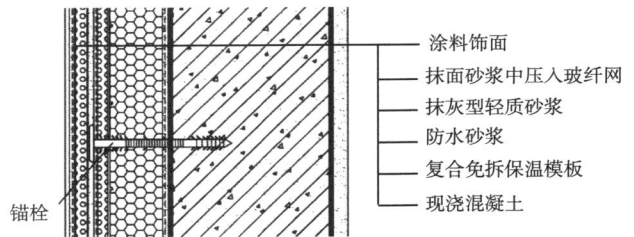

图 4-10 免拆外保温模板现浇墙体构造

4.2.2 屋顶保温

由于屋面直接暴露在自然环境中，属于建筑外围护结构，为提高室内舒适度，满足建筑节能要求，需对屋顶作保温、隔热处理，冬季保温可减少建筑的热损失和防止结露，夏季隔热可降低建筑对太阳辐射热的吸收。

1. 平屋顶保温构造

平屋顶的屋面坡度较缓，宜在屋面的结构层上放置保温层。根据保温层与防水层的位置关系，有两种处理方式：

1）正置式保温屋面

将保温层放在结构层之上、防水层之下，成为封闭的保温层，这种方式通常叫作正置式保温屋面（图 4-11），也叫作内置式保温屋面。

面层：防滑地砖
保护层：细石混凝土配筋，设分格缝
隔离层：干铺石油沥青纸胎油毡
防水层：防水卷材
找平层：细石混凝土配筋
保温层：挤塑聚苯板
隔汽层：防水卷材或涂料
找平层：水泥砂浆
结构层：钢筋混凝屋面板

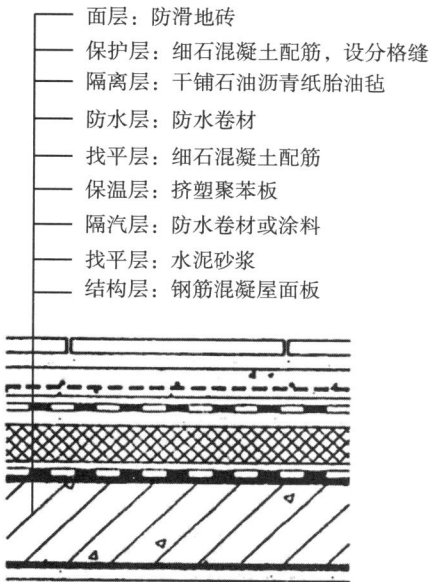

图 4-11　正置式保温屋面构造层次

在严寒及寒冷地区且室内空气湿度大于 75%，其他地区室内空气湿度常年大于 80%，或采用纤维状保温材料时，保温层下应选用气密性、水密性好的材料做隔汽层。温水游泳池、公共浴室、厨房操作间、开水房等的屋面，以及屋面结构为压型钢板或木板时，也应设置隔汽层。在使用吸水率低的保温材料时，可不单独设置隔汽层。隔汽层的材料采用单层防水卷材或防水涂料，一般设置在结构层之上，保温层之下。

对于采用湿作业的保温层或保温层干燥有困难的正置式保温屋面，宜采取排汽构造措施（图 4-12）。排汽道应纵横贯通，并与排汽口相通，排汽道纵横间距宜为 6m，找平层分格缝可兼做排汽道，排汽道的宽度宜为 40mm。当找平层分格缝兼做排汽道时，铺贴卷材宜采用条粘法或点粘法。

2）倒置式保温屋面

倒置式保温屋面是将保温层做在防水层之上，构造层次自下而上依次为结构层、找平层、防水层、保温层、保护层和面层（图 4-13）。

倒置式屋面应优先选择结构找坡，其坡度不宜小于 3%。当坡度大于 3% 时，应在结构层采取防止防水层、保温层及保护层下滑的措施；坡度大于 10% 时，应沿垂直于坡度方向设置防滑条，防滑条应与结构层可靠连接。当屋面采用材料找坡时，坡度宜为 3%，最薄处找坡层厚度不得小于 30mm。

倒置式屋面的保温层应采用表观密度小、压缩强度高、导热系数小、吸水率低，且长期浸水不变质的保温材料，如聚苯乙烯泡沫塑料板、硬泡聚氨酯板等，不得采用如加气混凝土或泡沫混凝土这类松散、吸湿性强的保温材料。

保温层上应铺设保护层，以防止保温层表面破损和延缓其老化过程。采用卵石做保护层时，与保温层之间应铺设耐穿刺、耐久性好、防腐性能好的

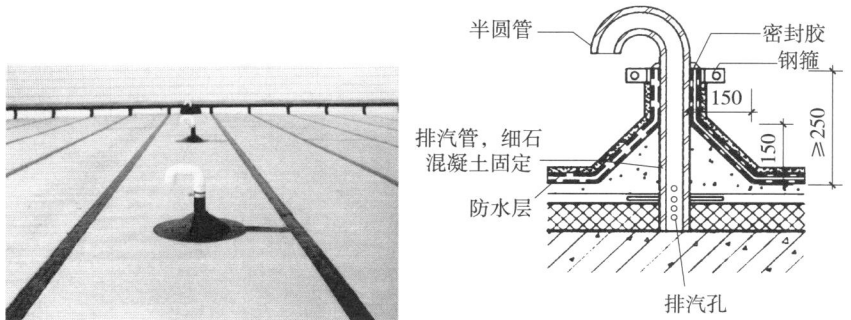

图 4-12　排汽屋面

163

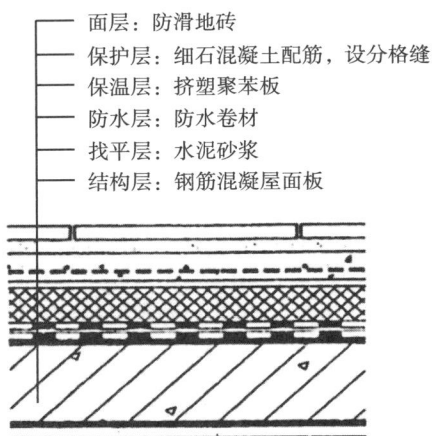

面层：防滑地砖
保护层：细石混凝土配筋，设分格缝
保温层：挤塑聚苯板
防水层：防水卷材
找平层：水泥砂浆
结构层：钢筋混凝屋面板

图 4-13　倒置式保温屋面构造层次

聚酯纤维无纺布或纤维织物进行隔离保护；采用混凝土板或地砖等材料做保护层时，可用砂浆铺砌或细石混凝土配筋的做法。

2. 坡屋顶保温构造

坡屋面保温可采用硬质聚苯乙烯泡沫塑料保温板、硬质聚氨酯泡沫保温板、喷涂硬泡聚氨酯、岩棉、矿渣棉或玻璃棉板等，不宜采用散状保温隔热材料。当坡度大于 100% 时，坡屋面宜采用内保温做法。

1）瓦屋面

（1）块瓦屋面

块瓦屋面的保温层上铺设细石混凝土保护层做持钉层时，防水层应铺设在持钉层上，构造层依次为块瓦、挂瓦条、顺水条、防水垫层、持钉层、保温层、屋面板（图 4-14）。

保温层镶嵌在顺水条之间时，应在保温层上铺设防水层，构造层依次为块瓦、挂瓦条、防水垫层、保温层、顺水条、屋面板。

（2）波形瓦屋面

波形瓦屋面承重层为混凝土屋面板和木屋面板时，宜设置外保温层；不设屋面板的屋面，可设置内保温层。

屋面板上铺设保温层，保温层上做细石混凝土持钉层时，防水层应铺设在持钉层上，波形瓦应固定在持钉层上，构造层依次为波形瓦、防水垫层、持钉层、保温层、屋面板（图 4-15）。

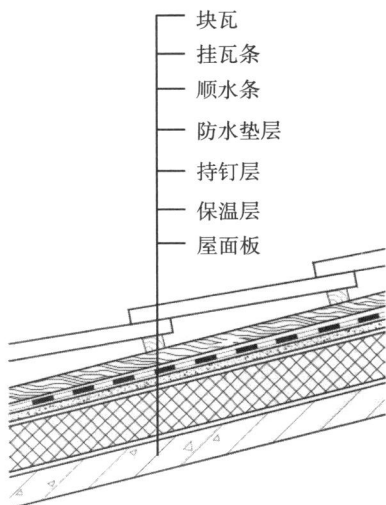

块瓦
挂瓦条
顺水条
防水垫层
持钉层
保温层
屋面板

图 4-14　块瓦屋面保温构造

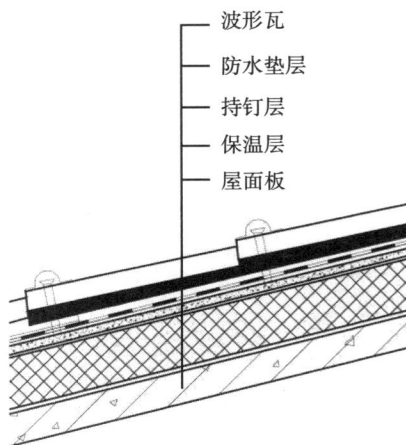

波形瓦
防水垫层
持钉层
保温层
屋面板

图 4-15　波形瓦屋面保温构造

2）金属板屋面

金属板屋面坡度不宜小于 5%。金属板屋面的板材主要包括压型金属板和金属面绝热夹芯板，主要用于钢结构建筑屋面。

（1）压型金属板屋面

压型金属板屋面的保温层应设置在金属屋面板的下方，构造层次包括：金属屋面板、固定支架、透汽防水垫层、保温层和承托网（图 4-16）。金属屋面板挑入檐沟内的长度不宜小于 100mm。

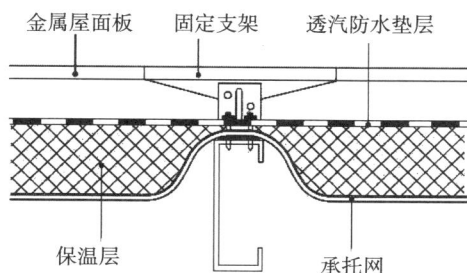

图 4-16 压型金属屋面板保温构造

（2）金属面绝热夹芯板屋面

金属面绝热夹芯板屋面檐口宜挑出外墙 150~500mm，檐口部位应采用封檐板封堵，固定螺栓的螺母应采用密封胶封严（图 4-17a）。山墙应采用槽形泛水板封盖，并固定牢固，固定钉处应采用密封胶封严。屋脊构造应包括屋脊盖板、屋脊盖板支架、夹芯屋面板等（图 4-17b）。

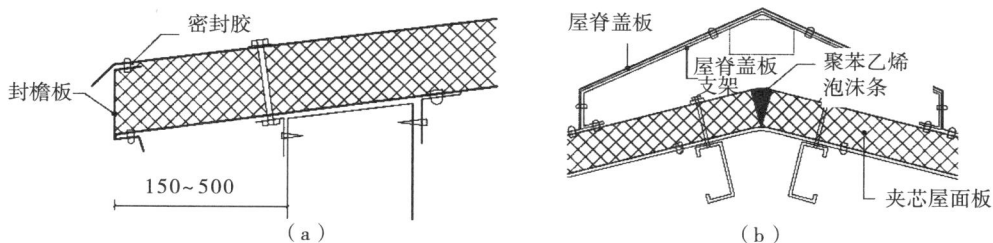

图 4-17 金属面绝热夹芯板屋面构造
（a）檐口构造；（b）屋脊构造

4.2.3 楼板保温

与室外空气直接接触的架空（或外挑）楼板，以及地下室顶板的保温，做法主要有两种，即保温层在楼板下和保温层在楼板上。保温层在楼板下时（图 4-18a），可选用如膨胀聚苯板、挤塑聚苯板、聚氨酯泡沫塑料板、胶粉聚苯颗粒保温浆料、水泥聚苯板、泡沫玻璃保温板、矿棉板及岩棉板等，或喷涂无机纤维。这种做法不影响室内的净高。保温层在楼板上时（图 4-18b），由于要直接承受荷载，因此保温材料需选用吸水率小、抗压强度较高的挤塑聚苯板、泡沫玻璃等。这种做法会减小室内净高，但施工较为方便。

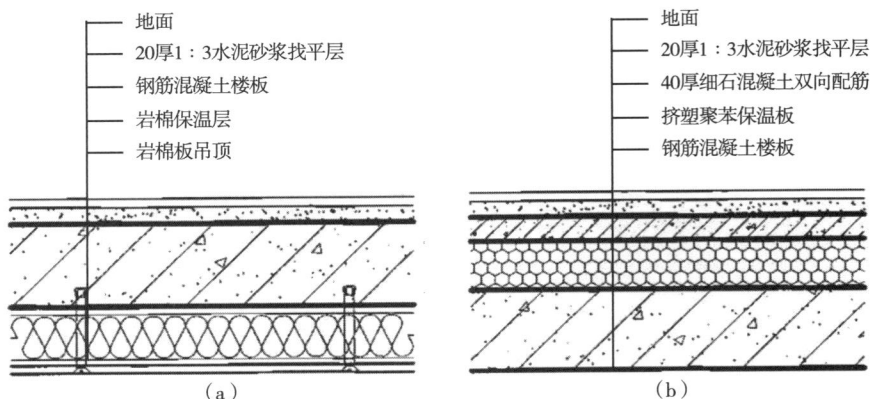

地面
20厚1：3水泥砂浆找平层
钢筋混凝土楼板
岩棉保温层
岩棉板吊顶

（a）

地面
20厚1：3水泥砂浆找平层
40厚细石混凝土双向配筋
挤塑聚苯保温板
钢筋混凝土楼板

（b）

图 4-18　楼板保温构造
（a）保温层在楼板下；（b）保温层在楼板上

4.3.1　屋顶隔热

在炎热地区，屋顶的夏季室外综合温度通常高于外墙，因此屋顶的隔热至关重要，目的是降低顶层房间的室内温度，从而减少能源消耗。其隔热形式较为多样，常见的屋顶隔热方式主要有种植屋面、通风隔热屋顶、蒸发散热屋顶、反射隔热屋顶等。

1. 种植隔热屋面

屋顶种植类型为三种：简单式种植、花园式种植和容器式种植（图 4-19）。

1）简单式种植

简单式种植仅种植地被植物和低矮灌木，坡度不宜大于 3%，以免种植介质流失。基本构造层次包括：结构层、找平层、保温层、找坡（找平）层、普通防水层、耐根穿刺防水层、保护层、隔离层、过滤层、种植土层和植被层等（图 4-20）。根据各地区的气候特点、屋面形式、植物种类等情况，可增减屋面构造层次。

图 4-19　种植屋面
（a）简单式种植屋面；（b）花园式种植屋面；（c）容器式种植屋面

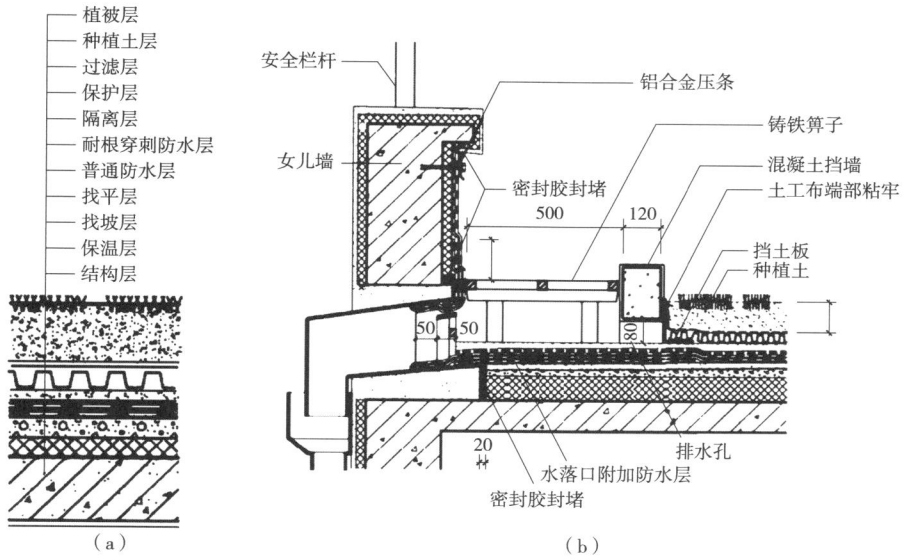

（a）　　　　　　　　　　　　　（b）

图 4-20　简单式种植屋面
（a）构造层次；（b）女儿墙外排水构造

（1）结构层：种植屋面的结构层宜采用整体浇筑的钢筋混凝土屋面板。

（2）找平层：在结构层上做找平层，找平层宜采用 1∶3 的水泥砂浆，其厚度根据屋面基层种类规定为 15~30mm，找平层应坚实平整。找平层宜留设分格缝，缝宽为 20mm，并嵌填密封材料，分格缝最大间距为 6m。

（3）保温层：种植屋面的保温隔热层不得采用散装保温材料，可采用喷涂硬泡聚氨酯、挤塑聚苯板、岩棉板等轻质材料。种植屋面不宜设置为倒置屋面。

（4）普通防水层：为确保其防水质量，种植屋面防水层应满足一级防水等级设防要求，且必须至少设置一道具有耐根穿刺性能的防水材料。耐根穿刺防水层可选用 SBS 或 APP 改性沥青防水卷材（含化学阻根剂）、PVC 防水卷材、TPO 防水卷材、三元乙丙橡胶防水卷材等。

（5）保护层：耐根穿刺防水层上应设保护层，可选用水泥砂浆、细石混凝土、聚乙烯丙纶复合防水卷材或高密度聚乙烯土工膜。其中，水泥砂浆和细石混凝土保护层下应设置隔离层，一般为聚乙烯膜、聚酯无纺布、黏土砂浆、石灰砂浆等材料。

（6）排（蓄）水层：由于气候的差异，种植屋面在北方强调蓄水性，在南方强调排水性，需设置排（蓄）水层。常用排（蓄）水层的材料有成品排（蓄）水板（图4-21）、级配碎石、卵石、陶粒等。

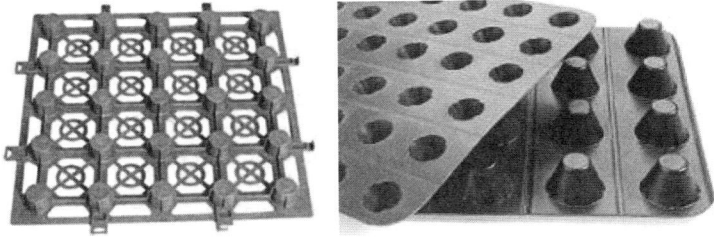

图4-21 成品排（蓄）水板

（7）过滤层：为了阻止种植土进入排（蓄）水层，避免排水通道阻塞，在排（蓄）水层上宜设置过滤层，一般选用聚酯无纺布。

（8）种植土层：简单式种植宜选择轻量化的改良土或无机种植土，覆土厚度宜为100~300mm。

（9）植被层：根据当地的气候条件，植被层宜选择适宜的耐旱、耐瘠薄、耐修剪、耐高温、滞尘能力强、根系穿刺性弱的植物品种，不宜选用速生乔木、灌木和根状茎发达的植物。屋面种植乔灌木高于2m，地下建筑顶板种植乔灌木高于4m时，应采取固定措施。

2）花园式种植

花园式种植可种植乔灌木和地被植物，并设置园路、坐凳、水池等设施，其微地形、种植池、乔木等下部应有梁柱支撑（图4-22）。花园式种植宜选用无机种植土，也可选用改良土或田园土，种植土厚度一般为300~600mm，可种植灌木、小乔木。屋面树木与边墙的安全距离，安全距离 L 应大于树高 H 应大于树高，大灌木、小乔木种植位置距离女儿墙应大于2.5m。

3）容器式种植

容器式种植是在可移动组合的容器、模块中种植植物，并码放在屋面上。种植容器具有排（蓄）水、过滤等功能，容器之间设置相互连接的卡件，使其具有整体性。可分为平式种植容器和坡式种植容器。坡式种植容器内有多道挡土隔板，用于防止种植土在容器内滑动。容器式种植宜选择轻量化的改良土或无机种植土，覆土厚度宜为100~300mm。在放置种植容器前，防水层上应铺设保护层，以免对防水层造成破坏（图4-23）。

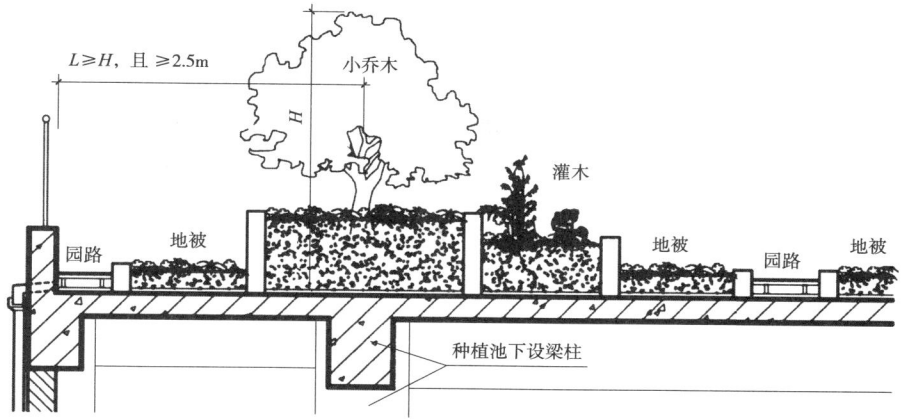

图 4-22　花园式种植屋面

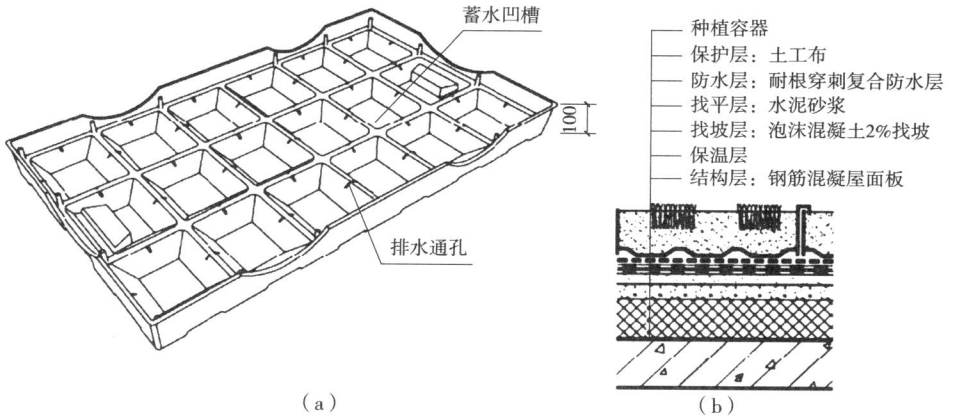

（a）

（b）

图 4-23　容器式种植屋面
（a）平式种植容器；（b）构造层次

2. 通风隔热屋面

通风隔热屋面原理是在屋顶设置通风的空气间层，上层对下层形成遮挡，避免阳光直射，并利用空气的流动带走热量（图 4-24）。通风隔热屋面具有隔热好、散热快的特点，在我国夏热冬冷地区和夏热冬暖地区广泛采用。

1）架空通风屋面

坡屋面中可在普通坡屋面中增加挂瓦条、通风檐口和通风屋脊，通过热压将屋面吸收的太阳辐射热带走。图 4-25 表示了块瓦屋面利用波形沥青防水板通风、隔热、除湿，简化了屋面构造，施工便捷。屋脊处宜采用干法挂脊瓦，以便热空气排出。

平屋顶中可采用砖墩架空、混凝土砌块架空，以及目前常用的纤维水泥架空板凳作为隔热层。预制架空板凳便于生产和施工，构造形式简单

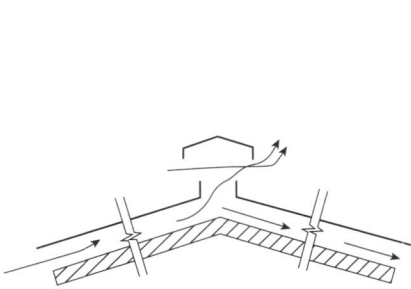

图 4-24 通风隔热屋面原理

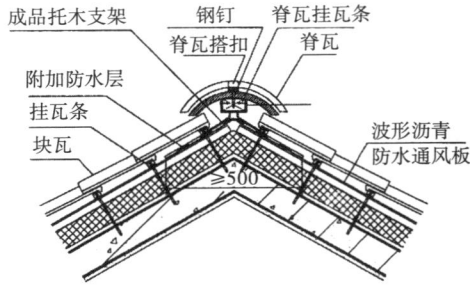

波形沥青防水板

图 4-25 块瓦屋面利用波形沥青防水板通风

（图 4-26），还可以作为上人屋面供人行走。当屋面深度方向宽度大于 10m 时，在架空隔热层的中部应设通风屋脊。空气间层厚度以 180~300mm 为宜。架空隔热板与女儿墙间预留的距离不宜小于 250mm。

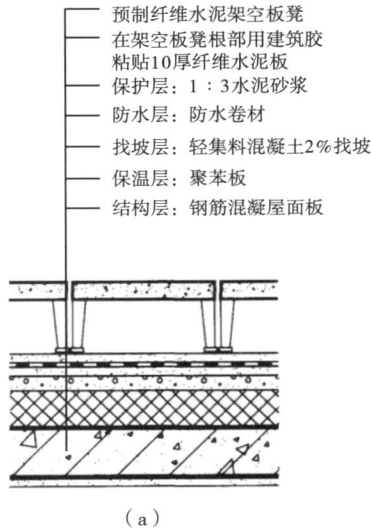

预制纤维水泥架空板凳
在架空板凳根部用建筑胶
粘贴10厚纤维水泥板
保护层：1：3水泥砂浆
防水层：防水卷材
找坡层：轻集料混凝土2%找坡
保温层：聚苯板
结构层：钢筋混凝土屋面板

（a）

（b）

图 4-26 架空通风隔热屋面
（a）构造详图；（b）纤维水泥架空板凳

2）阁楼屋顶

阁楼屋顶是传统建筑常用的屋顶形式之一，加强阁楼空间的通风是一种经济而有效的隔热方法。这种屋顶常在檐口、屋脊或山墙等处开通风口，有助于透气、排湿和散热（图 4-27）。通风口可做成开闭式的，夏季开启便于通风，冬季关闭以利保温。

3. 蒸发散热屋面

蓄水屋面（图 4-28）是在屋面上贮存一层水，利用其蒸发制冷的作用，

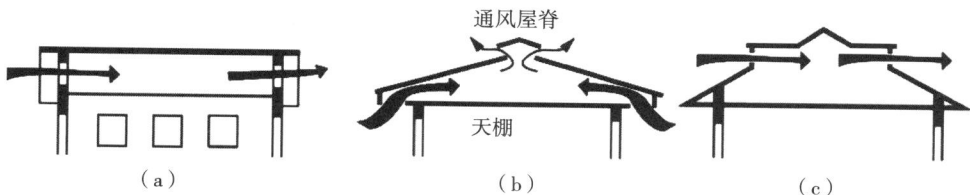

图 4-27　阁楼屋顶通风示意图
（a）山墙通风；（b）檐下与屋脊通风；（c）老虎窗通风

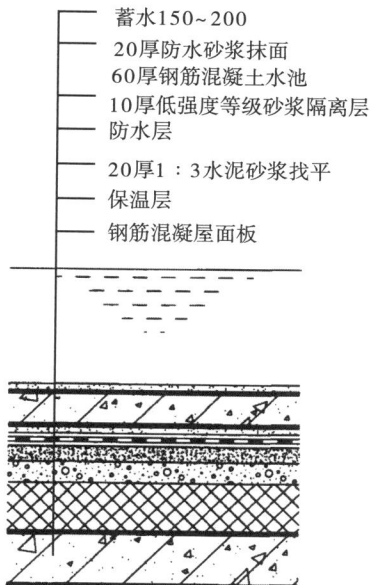

蓄水150~200
20厚防水砂浆抹面
60厚钢筋混凝土水池
10厚低强度等级砂浆隔离层
防水层
20厚1：3水泥砂浆找平
保温层
钢筋混凝屋面板

图 4-28　蓄水屋面构造层次

减少经屋面传入室内的热量，相应地降低了屋面的内表面温度。蓄水屋面不宜用在寒冷地区、地震设防地区和振动较大的建筑物上，在夏季气候干热、白天多风的地区，其隔热效果非常显著。

蓄水屋面应划分为若干蓄水区，每区的边长不宜大于10m，变形缝两侧应分成两个互不连通的蓄水区。蓄水深度宜为150~200mm。为防止渗漏应将防水层混凝土沿檐墙内壁上升，高度应超过水面100mm。

4. 反射隔热屋面

夏季室内热负荷很大一部分来自太阳辐射带来的热量，借助高反射材料可有效降低辐射传热的作用，从而降低屋面的温度，减少空调制冷能耗。反射隔热屋面的主要做法包括：使用浅色涂料、热反射涂料、浅色或白色屋面卷材、热反射屋面瓦、反射隔热金属板等。其中热反射涂料相对其他方法应用范围更广。

该做法适用于夏热冬暖及夏热冬冷地区。当用于屋面时，应考虑热反射对周边建筑可能产生的光污染和热污染。平屋面因容易积灰故不宜采用，上人屋面不应采用。

4.3.2　墙体隔热

墙体隔热除了可以采用 4.2.1 节的墙体保温做法，隔绝高温空气给围护结构带来的传热，还要应对夏季强烈日照带来的辐射热，通常可采用垂直绿化、通风隔热及反射隔热等方式。

1. 垂直绿化墙体

垂直绿化墙体的实现方式有多种，包括攀援式、框架式、容器式、模块式、

数字资源 4.3
垂直绿化墙面

铺贴式等（见数字资源 4.3）。垂直绿墙以建筑主体（混凝土的楼板、梁、柱、墙）为支撑点时，应考虑绿墙钢构架在主体混凝土受力构件的安全锚固，不宜锚固在砌体结构、木结构、混凝土结构的填充墙上。

2. 通风隔热墙体

墙体通风隔热是采用双层或多层墙体结构，中间留有空腔，通过空气的对流作用排出热量。如公共建筑中的开放式幕墙或双层通风幕墙，均为允许面层板背后空气流动的幕墙系统，使墙体具有一定的通风功能。

1）开放式幕墙

开放式幕墙的接缝采用开放或搭接的方式，面层板距建筑墙体表面或保温材料表面≥ 20mm（图 4-29），目的是使面层板背后留有充足的通风换气的空间，并能使进入到幕墙表层内部少量雨水及潮湿气体迅速排出。

2）双层通风幕墙

双层通风幕墙中间一般有 200~600mm 的空气间层（图 4-30），气流利用烟囱效应向上循环。通过控制进风口的开合，冬季尽量减少换气次数以利用幕墙间的太阳辐射热量，夏季则提高换气次数以带走幕墙间的热量。

3. 反射隔热墙体

在墙体表面采用反射隔热涂料或反射隔热金属板，可降低对太阳辐射热的吸收率。反射隔热涂料由底层涂料和面层涂料组成。底层涂料涂装在建筑

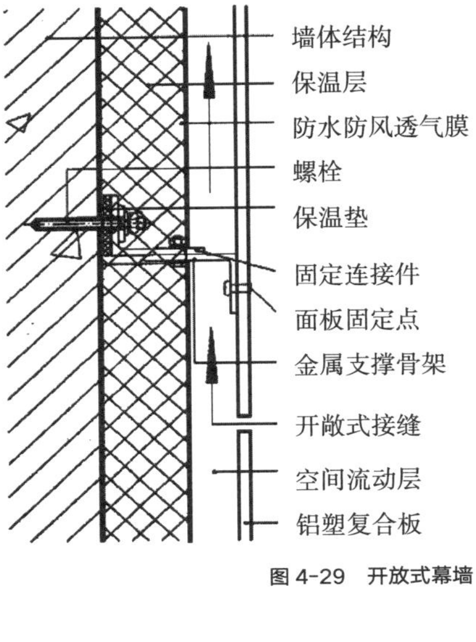
墙体结构
保温层
防水防风透气膜
螺栓
保温垫
固定连接件
面板固定点
金属支撑骨架
开敞式接缝
空间流动层
铝塑复合板

图 4-29　开放式幕墙

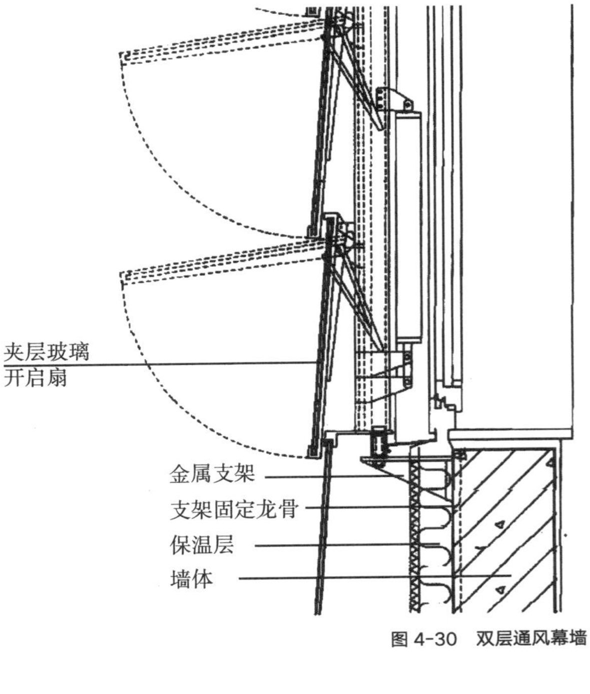
夹层玻璃
开启扇
金属支架
支架固定龙骨
保温层
墙体

图 4-30　双层通风幕墙

物外表面的基层上，对基层起增加粘结强度的作用；面层涂料是主要起反射隔热、装饰和保护作用的涂层，不应采用低明度的色彩。反射隔热用于墙面应考虑可能给周边建筑或行人带来的光污染和热污染问题。

4.4 建筑遮阳

在夏季有大量的太阳辐射热能通过围护结构，尤其是窗户进入室内，带来空调能耗的急剧增加。因此，建筑的向阳面，特别是东西向外窗，应采取有效的遮阳措施，如热反射玻璃、反射阳光涂膜玻璃，以及各种遮阳构件。

理想的遮阳构件应该能够在保证良好的视野和自然通风的前提下，最大限度地遮挡太阳辐射。外遮阳比内遮阳效率更高，是阻挡太阳辐射热能的最有效方法。本节将主要讲述外遮阳构造。外遮阳装置可分成固定式和活动式两种。

4.4.1 固定式遮阳

固定式遮阳适用于以空调能耗为主的夏热冬暖地区，一般由混凝土薄板或金属板制成（图4-31）。为减少结构性热桥，可将遮阳板留孔，与主体结构之间留出间隙，并在混凝土遮阳板表面喷涂保温浆料。

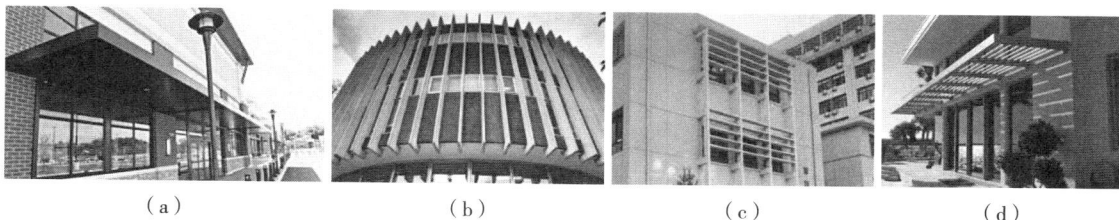

（a） （b） （c） （d）

图4-31　固定式遮阳板
（a）水平式遮阳；（b）垂直式遮阳；（c）综合式遮阳；（d）格栅式遮阳

1. 水平式遮阳

水平式遮阳指位于建筑门窗洞口上部，水平伸出的板状建筑遮阳构件（图4-32），能遮挡高度角较大、从窗户上方照射下来的阳光，适用于南向的窗口和处于北回归线以南低纬度地区的北向窗口。

2. 垂直式遮阳

垂直式遮阳指位于建筑门窗洞口两侧，垂直伸出的板状建筑遮阳构件（图4-33），能遮挡高度角较小、从窗口两侧斜射过来的阳光，适用于东北、北、西北向附近的窗口。

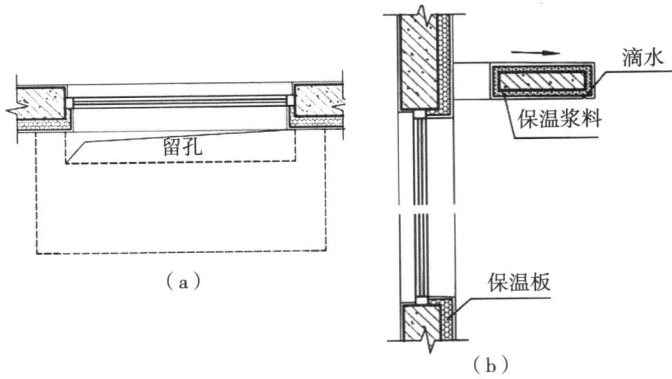

图 4-32 水平式遮阳板构造
（a）平面；（b）剖面

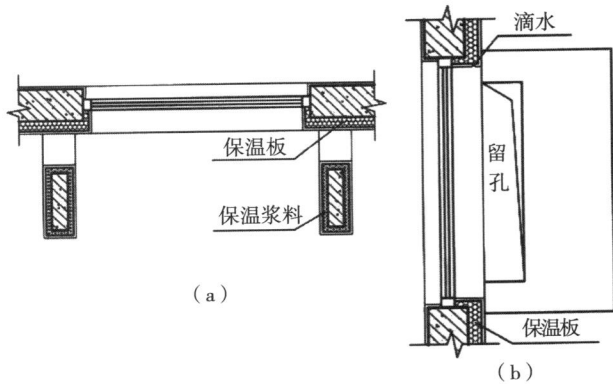

图 4-33 垂直式遮阳板构造
（a）平面；（b）剖面

3. 挡板式遮阳

挡板式遮阳指在门窗洞口前方设置的与门窗洞口面平行的板状建筑遮阳构件（图 4-34），能遮挡高度角较小、从窗口正面照射来的阳光，适用于东、西向窗口。固定的挡板式遮阳会遮挡视线、影响采光和通风，所以比较少见，多以活动式的形式出现。

4. 综合式遮阳

综合式遮阳指在门窗洞口的上部设水平遮阳、两侧设垂直遮阳的组合式建筑遮阳构件（图 4-35），能遮挡高度角中等、从窗口上方和两侧斜射下来的阳光，适用于东南和西南向附近的窗口。

5. 格栅式遮阳

格栅式遮阳通常在锯齿状的铝合金龙骨上，咬扣铝合金叶片（扣板），

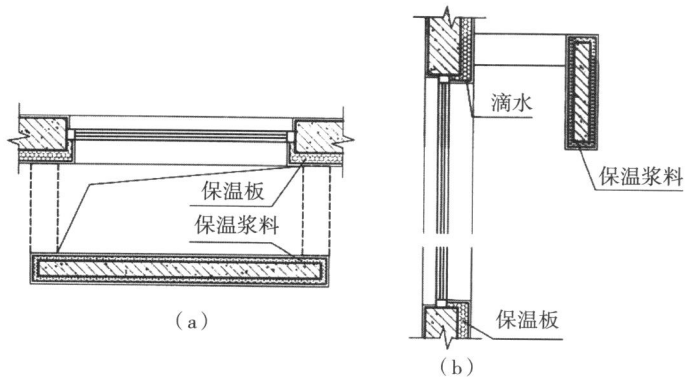

保温板
保温浆料

（a）

滴水
保温浆料
保温板

（b）

图 4-34 挡板式遮阳板构造
（a）平面；（b）剖面

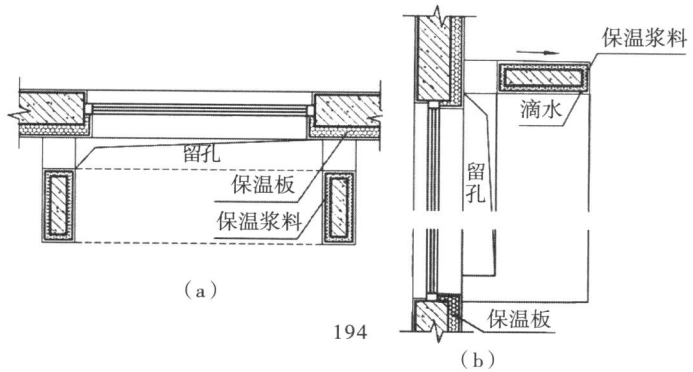

留孔
保温板
保温浆料

（a）

194

保温浆料
滴水
留孔
保温板

（b）

图 4-35 综合式遮阳板构造
（a）平面；（b）剖面

形成格栅式的遮阳构件，通过支撑构件与主体建筑连接（图 4-36）。格栅式遮阳有导风作用，利于通风，适用于居住建筑和公共建筑。

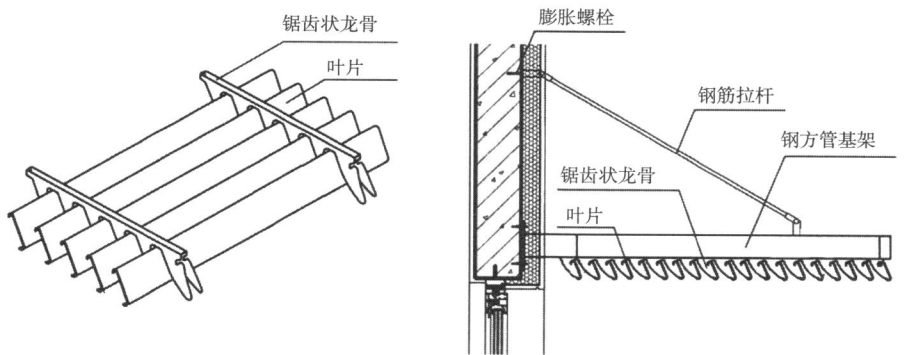

锯齿状龙骨
叶片

膨胀螺栓
钢筋拉杆
钢方管基架
锯齿状龙骨
叶片

图 4-36 铝合金格栅式固定遮阳

数字资源 4.4
活动式遮阳

4.4.2 活动式遮阳（见数字资源 4.4）

课后习题

1. 墙体外保温的优点有哪些？

2. 非供暖地下室的哪些部位需要做保温处理？

3. 屋面隔热构造措施有哪些？

4. 常用遮阳形式有哪些？各自适用于什么方向的窗口？

本章参考文献

[1] 中国建筑标准设计研究院. 被动式低能耗建筑——严寒和寒冷地区居住建筑：16J908–8[S]. 北京：中国标准出版社，2017.

[2] 中国建筑标准设计研究院. 公共建筑节能构造 夏热冬冷和夏热冬暖地区：17J908–2[S]. 北京：中国标准出版社，2018.

[3] 中国建筑标准设计研究院. 公共建筑节能构造 严寒和寒冷地区：06J908–1[S]. 北京：中国建筑标准设计研究院，2007.

[4] 中国建筑标准设计研究院. TF 无机保温砂浆外墙保温构造：11CJ31[S]. 北京：中国建筑标准设计研究院，2011.

[5] 中国建筑标准设计研究院. 压型金属板建筑构造：17J925–1[S]. 北京：中国计划出版社，2019.

[6] 陕西省住房和城乡建设厅. 建筑节能与结构一体化 复合免拆保温模板构造图集：陕2018TJ040[S]. 西安：陕西省建设标准设计站，2018.

[7] 陕西省住房和城乡建设厅. 波形沥青通风防水板、波形沥青瓦坡屋面构造：陕 2012TJ012[S]. 西安：陕西省建筑标准设计办公室，2012.

[8] 中国建筑标准设计研究院. 种植屋面建筑构造：14J206[S]. 北京：中国标准出版社，2014.

[9] 重庆市住房和城乡建设委员会. 民用建筑立体绿化构造图集：渝 20J06[S]. 重庆：重庆市绿色建筑技术促进中心，2018.

[10] 北京市城乡规划标准化办公室、北京工程建设标准化协会. 建筑外遮阳：17BJ2–10 [S]. 北京：北京市城乡规划标准化办公室、北京工程建设标准化协会，2017.

[11] 华南理工大学建筑节能研究中心，广东省建筑设计研究院有限公司. 建筑外遮阳：21ZJ903[S]. 北京：中国建材工业出版社，2021.

[12] 史维礼，李晓伟，罗培. 关于防水新规下预铺反粘防水卷材在底板工程中的设计与应用探讨 [J]. 中国建筑防水，2023（9）：61–64.

第5章 建筑饰面装修

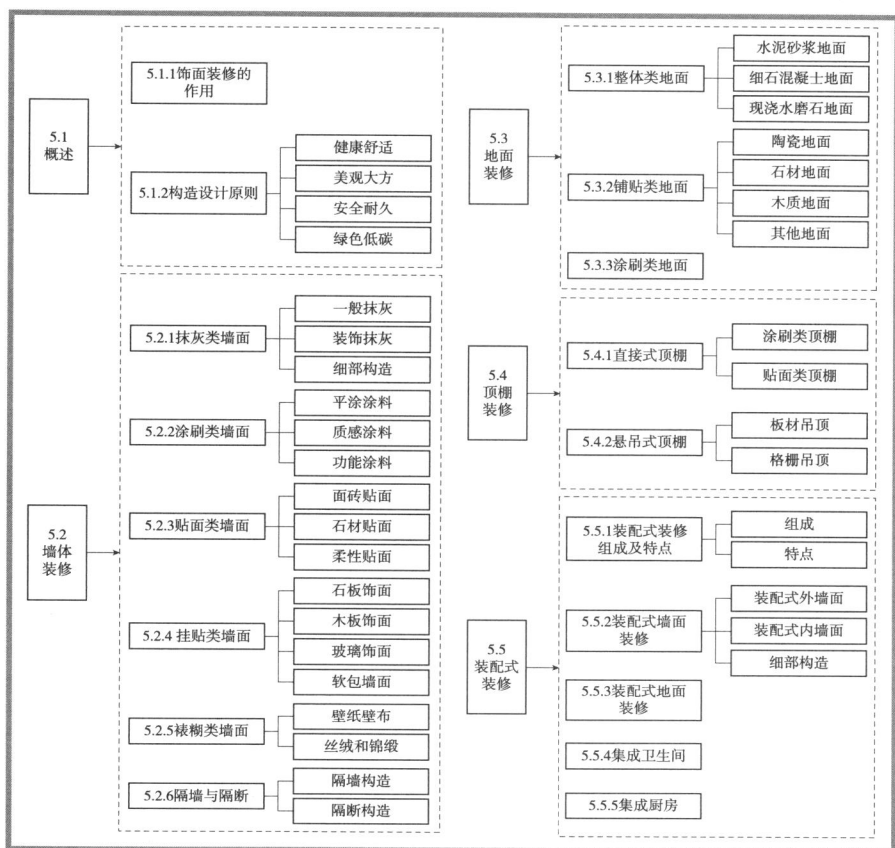

5.1 概述	5.1.1 饰面装修的作用	
	5.1.2 构造设计原则	健康舒适
		美观大方
		安全耐久
		绿色低碳
5.2 墙体装修	5.2.1 抹灰类墙面	一般抹灰
		装饰抹灰
		细部构造
	5.2.2 涂刷类墙面	平涂涂料
		质感涂料
		功能涂料
	5.2.3 贴面类墙面	面砖贴面
		石材贴面
		柔性贴面
	5.2.4 挂贴类墙面	石板饰面
		木板饰面
		玻璃饰面
		软包墙面
	5.2.5 裱糊类墙面	壁纸壁布
		丝绒和锦缎
	5.2.6 隔墙与隔断	隔墙构造
		隔断构造
5.3 地面装修	5.3.1 整体类地面	水泥砂浆地面
		细石混凝土地面
		现浇水磨石地面
	5.3.2 铺贴类地面	陶瓷地面
		石材地面
		木质地面
		其他地面
	5.3.3 涂刷类地面	
5.4 顶棚装修	5.4.1 直接式顶棚	涂刷类顶棚
		贴面类顶棚
	5.4.2 悬吊式顶棚	板材吊顶
		格栅吊顶
5.5 装配式装修	5.5.1 装配式装修组成及特点	组成
		特点
	5.5.2 装配式墙面装修	装配式外墙面
		装配式内墙面
		细部构造
	5.5.3 装配式地面装修	
	5.5.4 集成卫生间	
	5.5.5 集成厨房	

▲ 饰面装修与建筑空间品质的关系是什么？

▲ 建筑饰面装修的构造设计原则是什么？

▲ 装配式装修的组成及特点是什么？

　　建筑饰面装修是指建筑物主体结构完成之后，使用建筑材料及制品或其他装饰性材料对建筑物内外表面及空间进行装潢和修饰的构造做法，实现保护主体结构、完善使用功能和美化内外空间、体现建筑风格和文化内涵的目的，是建筑物不可缺少的有机组成部分。

　　建筑饰面装修与建筑空间品质、环境质量和能源节约等密切相关，基于绿色、环保、低碳的装修设计理念，合理选择装修材料、构造设计方案和装修施工方法，进而创建健康、安全、舒适的室内空间环境。

数字资源 5.1
学校建筑室内外装修

5.1.1 饰面装修的作用

建筑饰面装修的作用主要包括三方面内容：①保护建筑结构构件，使其不直接受外界环境和外力的侵蚀、磨损等，满足坚固性和耐久性要求；②美化和装饰空间，营造和谐、优美而又风格多样的视觉空间；③改善建筑热工、光学和声学性能，创造健康舒适的建筑物理环境。学校建筑室内外装修见数字资源 5.1。

建筑饰面装修的类型多样，按照装修工法不同，分为传统装修、装配式装修；按照所处部位不同，分为墙体装修、地面装修、顶棚装修。

5.1.2 构造设计原则

1. 健康舒适

建筑饰面装修应采用绿色环保、无污染、无辐射的建筑材料与构造做法，保证室内空气品质，改善建筑物理环境，打造健康舒适的建筑空间。

2. 美观大方

建筑饰面装修还应满足人们的精神需求，根据装修材料的色彩、质感、纹理等美学特征，综合考虑建筑艺术与建筑技术进行构造设计，创造美观大方的视觉环境。

3. 安全耐久

建筑饰面装修构造应保证主体结构的安全性，并且自身应具有一定的强度、刚度、稳定性，防止装修构件变形、脱落或发霉等问题，实现建筑装修安全耐久。

4. 绿色低碳

为助力我国实现建筑领域"双碳"目标，建筑装修构造应优先选用绿色低碳建筑材料，满足建筑的低能耗、低污染、环保性等要求，实现绿色低碳设计目标。

5.2 墙体装修

墙体装修是指墙体工程完成以后，对墙体进行的装饰和修饰层。

墙体装修按照其所处的部位不同，分为外墙装修和内墙装修。外墙装修应选择耐光照、耐风化、耐水、耐腐蚀的建筑材料，保护墙体并创造良好的建筑外观形象。内墙装修应根据房间功能，选择装修材料及构造设计，一般选择易清洁、接触感好、光线反射能力强的材料，还应满足防火、防水、防静电等功能要求。

墙体装修按照材料及施工方式，通常分为抹灰类、涂刷类、贴面类、挂贴类、裱糊类等。

5.2.1 抹灰类墙面

抹灰类墙面是将抹灰材料涂抹在墙体基层的装修做法，具有取材广泛、造价低廉、施工方便的优点，并且变化工艺可以获得多种装饰效果，但存在湿作业量大，工效低、易开裂、耐久性差等问题。

常用抹灰材料主要有水泥砂浆、混合砂浆、石膏抹灰砂浆等。水泥砂浆强度高，耐水性好，广泛应用于墙面、柱面、地面，以及防水防潮和强度要求较高的部位。水泥石灰砂浆又称混合砂浆，因添加了石膏而获得较好的和易性，适用于一般墙面抹灰。聚合物水泥砂浆、石膏抹灰砂浆粘结性好，可以有效解决抹灰层易脱落的问题，适用于混凝土墙、加气混凝土砌块（板）墙的表面抹灰。从降低碳排放的角度考虑，可以优先选用预拌砂浆。抹灰砂浆的品种选用见表5-1。

抹灰砂浆的品种选用　　　　　　　　　　　　　　　表5-1

使用部位或基体类型	抹灰砂浆品种
内墙	水泥抹灰砂浆、水泥石灰抹灰砂浆、水泥粉煤灰抹灰砂浆、掺塑化剂水泥抹灰砂浆、聚合物水泥抹灰砂浆、石膏抹灰砂浆
外墙、门窗洞口外侧壁	水泥抹灰砂浆、水泥粉煤灰抹灰砂浆
温（湿）度较高的车间房屋地下室、屋檐、勒脚等	水泥抹灰砂浆、水泥粉煤灰抹灰砂浆
混凝土板和墙	水泥抹灰砂浆、水泥石灰抹灰砂浆、聚合物水泥抹灰砂浆、石膏抹灰砂浆
混凝土顶棚、条板	聚合物水泥抹灰砂浆、石膏抹灰砂浆
加气混凝土砌块（板）	水泥石灰抹灰砂浆、水泥粉煤灰抹灰砂浆、掺塑化剂水泥抹灰砂浆、聚合物水泥抹灰砂浆石膏抹灰砂浆

注：选自《抹灰砂浆技术规程》JGJ/T 220—2010。

抹灰类墙面构造一般分三层，包括底层抹灰、中层抹灰和面层抹灰，见图5-1。

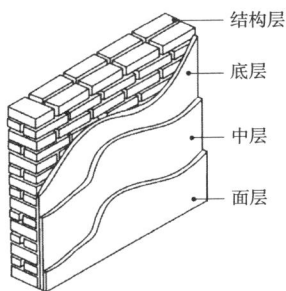

图 5-1 抹灰墙面构造

底层抹灰，简称底灰，主要作用是使面层与基层粘牢和初步找平。根据墙体类型选择底灰，砖、石墙体的底灰一般用水泥砂浆、水泥石灰混合砂浆或聚合物水泥砂浆；轻质混凝土砌块墙多用混合砂浆或聚合物水泥砂浆。

中层抹灰，也称中灰，主要作用是进一步找平，减少由于底层砂浆开裂导致的面层裂缝，同时也是底层和面层的粘结层。中层抹灰的材料可以与底灰相同，也可根据装饰要求选用其他材料。

面层抹灰，也称罩面，主要起装饰美观作用，要求表面平整、色彩均匀、无裂纹等。本节面层抹灰不包括在面层上的刷浆、喷浆或涂料。

在有防水需求的墙面，还需要在中层和面层抹灰之间增加防水层，外墙常用防水材料包括普通防水砂浆、聚合物水泥防水砂浆、聚合物水泥防水涂料、聚合物乳液防水涂料、聚氨酯防水涂料等。内墙防水层材料包括丙烯酸防水涂料、聚氨酯防水涂料、聚合物水泥防水涂料、高聚物改性沥青防水涂料、硅橡胶防水涂料等。

抹灰类饰面按照装饰效果和施工工艺可以分为一般抹灰和装饰抹灰。

1. 一般抹灰

一般抹灰是将各类抹灰砂浆直接涂抹在墙体表面形成饰面层的装修做法，通常分为普通抹灰和高级抹灰。普通抹灰由一层底灰、一层中灰和一层面灰组成，适用于普通住宅、办公楼、学校等；高级抹灰由一层底灰、多层中灰和一层面灰组成，适用于大型公共建筑物、纪念性建筑物、高级住宅、宾馆以及有特殊要求的建筑物。

为保证抹灰质量，做到表面平整，粘结牢固，色彩均匀，不开裂，在抹灰前清洁基层，并洒水湿润，抹灰层不能太厚。一般抹灰宜优先选用预拌砂浆。外墙面要求抹灰的平均厚度不宜大于 20mm，勒脚抹灰的平均厚度不宜大于 25mm；内墙面普通抹灰的平均厚度不宜大于 20mm，高级抹灰的平均厚度不宜大于 25mm。

抹灰施工时须分层操作，水泥抹灰砂浆每层厚度宜为 5~7mm，水泥石灰抹灰砂浆每层宜为 7~9mm，并应待前一层达到六七成以后再涂抹后一层。当抹灰层厚度大于 35mm 时，应采取与基体粘结的加强措施。不同材料的基体交接处应设加强网，加强网与各基体的搭接宽度不应小于 100mm。

外墙大面积抹灰时，应设置水平和垂直分格缝。水平分格缝的间距不宜大于 6m，垂直分格缝宜按墙面面积设置，且不宜大于 30m^2。另外在墙体易于磕碰磨损部位应做护角，可采用聚合物水泥砂浆护角，或提高装饰面层材料的强度等级。常用一般抹灰做法见表 5-2 和数字资源 5.2，一般抹灰的装饰见图 5-2。

数字资源 5.2
墙面一般抹灰做法

抹灰名称	适用范围	做法说明	备注
外墙抹灰	非黏土砖墙	（1）6mm 厚 1∶2.5 水泥砂浆面层； （2）12mm 厚 1∶3 水泥砂浆打底扫毛或画出纹道	根据工程需要，可以在 1、2 层之间设置防水层，此时 2 层水泥砂浆采用抹平做法
	混凝土墙、混凝土空心砌块墙	（1）6mm 厚 1∶2.5 水泥砂浆面层； （2）12mm 厚 1∶3 水泥砂浆打底扫毛或画出纹道； （3）刷聚合物水泥砂浆或专用界面剂 1 道	
	蒸压加气混凝土板墙、砌块墙	（1）10mm 厚 1∶2.5 水泥砂浆面层； （2）9mm 厚 1∶3 水泥砂浆打底扫毛或画出纹道； （3）3mm 专用聚合物砂浆底面刮糙，或喷湿墙面后用专用界面剂甩毛	
内墙抹灰	非黏土砖墙	（1）5mm 厚 1∶0.5∶2.5 水泥石灰膏砂浆找平抹光； （2）9mm 厚 1∶0.5∶3 水泥石灰膏砂浆打底扫毛或划出纹道	
	混凝土墙、混凝土空心砌块墙	（1）5mm 厚 1∶0.5∶2.5 水泥石灰膏砂浆找平抹光； （2）9mm 厚 1∶0.5∶2.5 水泥石灰膏砂浆打底扫毛或画出纹道； （3）刷专用界面剂 1 道	
	蒸压加气混凝土板墙、砌块墙	（1）5mm 厚 1∶2.5 水泥石灰膏砂浆找平抹光； （2）8mm 厚 1∶1∶6 水泥石灰膏砂浆打底扫毛或画出纹道； （3）3mm 厚外加剂专用砂浆打底刮糙或喷湿墙面用专用界面剂甩毛	

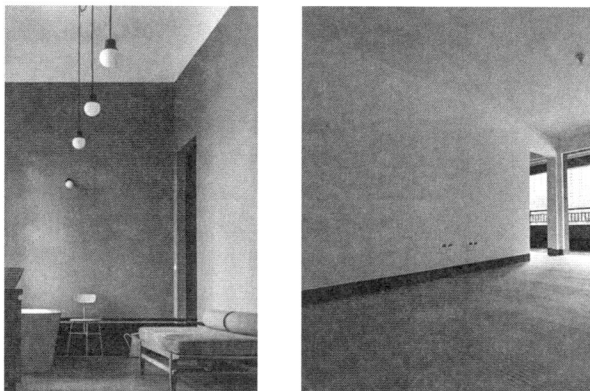

图 5-2　一般抹灰内墙

2. 装饰抹灰

装饰抹灰除具有一般抹灰的功能外，在外观、质感方面装饰效果更独特，通常是以石灰、水泥等为胶结材料，掺入砂、石骨料用水拌合后，采用抹、刷、磨、斩、黏等不同的施工工艺完成的墙面装修。

装饰抹灰按面层材料可分为灰浆类、石碴类抹灰两种。

1）灰浆类

灰浆类抹灰主要通过砂浆着色或对砂浆表面进行加工，利用饰面的色彩、质感变化，形成独特的外观效果。主要优点是材料来源广泛，施工操作简便，造价比较低廉。

数字资源 5.3
墙面灰浆类装饰抹灰

其中，水泥与石灰浆常见做法包括拉条灰、拉毛灰、甩毛灰、假面砖、仿石等；聚合物水泥砂浆类包括喷涂、滚涂、弹涂等。如：拉毛灰是用铁抹子等工具，将罩面灰浆轻压后顺势拉起，形成一种凹凸质感很强的饰面层；仿面砖是在面层水泥砂浆中掺入颜料，再用特制铁钩和靠尺进行分格划块，做成类似贴面砖的效果；弹涂是用电动弹力器，将两三种掺入胶粘剂的水泥色浆，分别弹涂到基面上，形成不同色点相互交错的独特效果。

2）石碴类

石碴类抹灰是以水泥为胶结材料，以石碴为骨料做成水泥石碴浆作为抹灰面层，然后用水洗、斧剁、水磨等方法除去表面水泥浆皮，或者在水泥砂浆面层上甩黏小粒径石碴，使饰面显露出石碴的颜色、质感，具有丰富的装饰效果。使用的石碴有天然的大理石、花岗石以及其他天然石材经破碎而成，俗称米石，用于墙面的常见做法有水刷石、干粘石、斩假石等，见图 5-3。常用石碴类装饰抹灰构造做法见表 5-3。

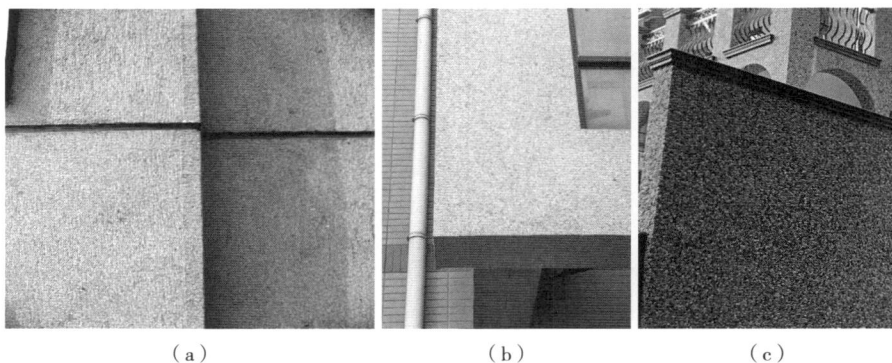

| （a） | （b） | （c） |

图 5-3　石碴类装饰抹灰
（a）斩假石；（b）水刷石；（c）干粘石

常用石碴类装饰抹灰　　　　　　　　　　　　　　　　　表 5-3

种类	构造做法
水刷石 （非黏土砖墙）	①半凝固后用水冲刷饰面，露出石子成活； ② 8mm 厚 1：1.5 水泥石子（小八厘）或 8mm 厚 1：2.5 水泥石子（中八厘）面层； ③ 12mm 厚 M15 砂浆（1：3 水泥砂浆）打底扫毛或画出纹道； ④刷界面剂 1 道（仅用于蒸压砖类）
干粘石 （非黏土砖墙）	①刮 1 厚建筑胶素水泥浆粘结层（重量比 = 水泥：建筑胶 =1：0.3），干粘石面层拍平压实（粒径以小八厘略掺石屑为宜，与 6mm 厚砂浆层连续操作）； ② 6mm 厚 M15 砂浆（1：3 水泥砂浆）面层； ③ 12mm 厚 M15 砂浆（1：3 水泥砂浆）打底扫毛或画出纹道； ④刷界面剂 1 道（仅用于蒸压砖类）
斩假石 （非黏土砖墙）	①斧剁斩毛两遍成活； ② 10mm 厚 1：2 水泥石子（米粒石内掺 30% 石屑）面层赶平压实； ③ 12mm 厚 M15 砂浆（1：3 水泥砂浆）打底扫毛或画出纹道； ④刷界面剂 1 道（仅用于蒸压砖类）

3. 细部构造

为保证墙面安全及功能要求，应对抹灰墙面进行细部构造处理，包括设置墙裙、踢脚、护角、分格条等。

1）墙裙

在室内抹灰装修墙面中，对人群活动频繁、易受碰撞的墙面，或有防水、防潮要求的墙身，常做墙裙对墙身进行保护，常见的做法有瓷砖、水磨石、木墙裙等，见图5-4。墙裙高度一般在1.2m左右。

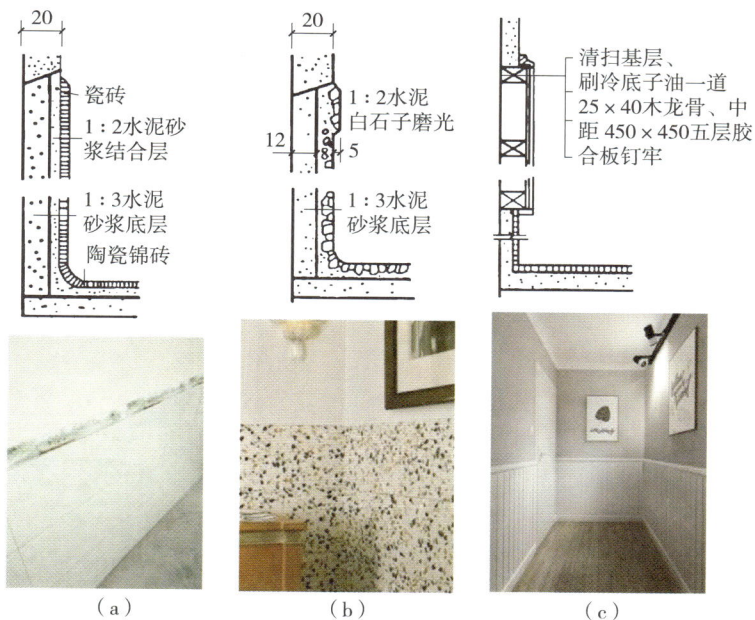

图 5-4 墙裙构造
（a）瓷砖墙裙；（b）水磨石墙裙；（c）木墙裙

2）踢脚

墙面与地面交接部位为踢脚，也称为踢脚线或踢脚板。作为过渡衔接的装饰部件，踢脚能掩盖地面缝隙，并保护墙面底部不受污染或撞击。踢脚可视为地面的延伸，所以一般选用与地面一致的材料。

踢脚的高度一般为80~150mm，也可根据需要适当加高，防腐蚀地面踢脚高度不应小于250mm。墙面以石材、面砖等耐撞击、耐污染材料作为饰面，可不另做踢脚。按照材料可以分为：水泥砂浆、石材、木材、金属等踢脚，构造做法见图5-5。

3）护角

对室内墙面、柱面及门窗洞口的阳角，宜用1∶2水泥砂浆做护角，高度不小于2m，每侧宽度不应小于50mm，见图5-6。墙面护角做法见数字资

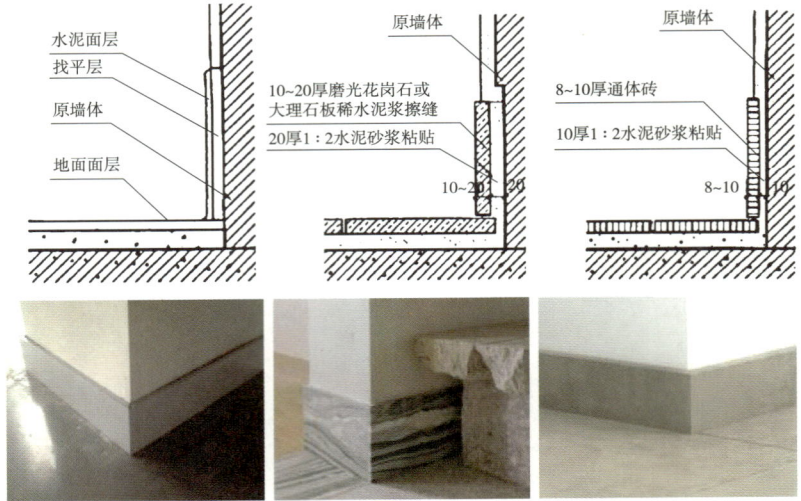

（a）　　　　　　　　（b）　　　　　　　　（c）

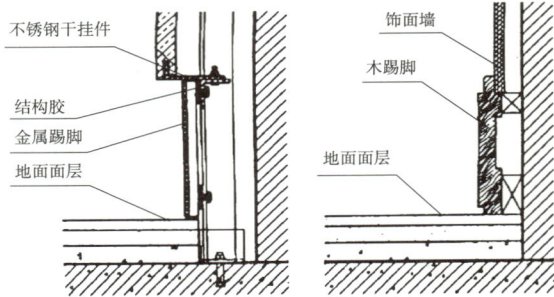

（d）　　　　　　　（e）

图 5-5　墙面踢脚构造
（a）水泥砂浆踢脚；（b）花岗石踢脚；（c）面砖踢脚；（d）不锈钢踢脚；（e）木踢脚

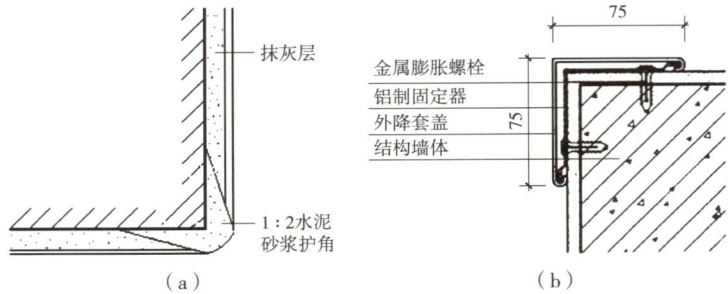

（a）　　　　　　　　　　（b）

图 5-6　墙体转角护角
（a）水泥砂浆护角；（b）橡胶护角

源 5.4。护角面材也可采用橡胶、不锈钢、铝合金、亚克力等制作的成品墙角条。

4）分格条

室外墙面抹灰中，由于抹灰面积大，为便于操作，防止温度变化使面层裂纹，常对抹灰面层做线脚分隔处理。面层施工前，先做不同形式的木引条，待面层抹完后取出木引条，即形成线脚，构造见图 5-7。

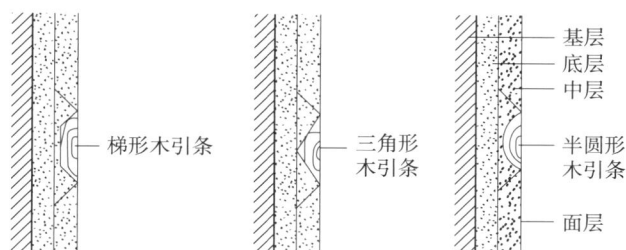

梯形木引条　三角形木引条　半圆形木引条

基层
底层
中层
面层

图 5-7　墙面分格条构造

5.2.2　涂刷类墙面

涂刷类墙面是在墙体基层上涂刷涂料的装修做法。这种做法具有造价低，省工省料，工期短，工效高，自重轻、维护方便等特点，并且能够改变涂料的颜色、花纹、光泽和质感等，创造丰富多样的视觉效果，因此在装修工程中得到广泛应用。

涂料类饰面分为两层涂料体系和复层涂料体系，复层涂料体系由底涂层、中涂层和面涂层组成，两层涂料体系由底涂层和面涂层或中涂层组成。

底涂层是增强中涂层（或面涂层）与基层附着能力和加固基材的涂料层，还具有基层封闭剂的作用，防止泛碱、泛盐，破坏饰面。墙体基层直接影响饰面效果，因此，基层应平整牢固，不开裂，不起砂，表面平而不光，立面垂直，阴阳角方正等。基层处理方法一般包括清理、涂刷抗碱封闭底漆或界面剂、用腻子找平等。

中涂层介于底涂层和面涂层之间，是整个涂层构造中的成型层，保护基层并用于形成平面状或立体状饰面形态，关系着整个涂层的耐久性、耐水性和整体强度。

面涂层是最外饰面层，体现涂层的色彩和光感，并满足耐候性、耐久性、耐磨性、耐污染性等要求。

建筑设计时，应根据建筑物的使用功能、建筑环境以及建筑构件所处部位来合理选择饰面涂料。饰面涂料应满足抗开裂性、保色性、防霉性、环保性等要求，外墙涂料还需要具有足够的抗粉化性、耐水性、耐污染性、抗风化性、强附着力等。对于内墙涂料还需要具有易清洁、耐擦洗、耐磨性等。

此外，针对一些具有特殊功能的建筑以及建筑的特殊部位、特殊构件，还应选用相应的防火涂料、防水涂料、防霉涂料、防腐涂料、防虫害涂料、吸声涂料、防结露涂料、耐温涂料和抗静电涂料等功能性涂料。

常用的涂料材料可分为有机涂料、无机涂料、有机无机复合涂料以及其他涂料。有机无机复合涂料有两种复合形式，一种是涂料在生产时采用有机材料和无机材料共同作为基料，形成复合涂料；另一种是有机涂料和无机涂料在装饰施工时相互结合。

涂刷类饰面按照施工方法、装饰效果和使用功能分为平涂涂料、质感涂料和功能涂料。

1. 平涂涂料

平涂涂料饰面平整光滑，室内简洁明亮，加入不同颜色可以形成不同色彩的表面，是目前应用最广泛的涂料类型，主要包括合成树脂乳液内外墙涂料、外墙无机建筑涂料、外墙溶剂型涂料、水性氟涂料、氟树脂涂料等。

平涂涂料层一般由底涂层和面涂层组成。平涂涂料墙体首先进行基层处理，然后涂刷涂料。外墙平涂涂料做法，是在基层墙体上刮涂耐水腻子，干燥后打磨，然后涂底层涂料，做抗碱封闭底漆，平涂合成树脂乳液类涂料，可多层涂刷形成饰面，具有耐碱、耐水性好，色彩艳丽、透气性好、施工速度快、操作简便的优点。另外为提高外墙装饰效果持久性，可选用耐候性能优异的氟树脂外墙涂料，见图 5-8（a）。平涂涂料墙面做法见数字资源 5.5。

内墙乳胶漆构造做法，是在基层上涂刷环保内墙底漆，然后直接涂刷乳胶漆，具有色彩丰富、成膜速度快、附着力和遮蔽性强，有一定的透气性，耐擦洗，健康环保，见图 5-8（b）。乳胶漆大量应用在室内、室外墙面装修工程中，近年来随着人们对健康环保生活的追求，内墙乳胶漆还发展出具有防霉杀菌、净化空气功能的纳米乳胶漆等新产品。

数字资源 5.5
平涂涂料墙面做法

（a）   （b）

图 5-8　平涂涂料
（a）平涂外墙；（b）平涂内墙

2. 质感涂料

质感涂料可以在墙面创造出不同材料的质感，其立体化纹理、多样化个性搭配使空间环境丰富而生动，展现独特的视觉效果。质感涂料还具有天然环保，无毒无味，防水透气，自重轻，抗碱防腐等优点，使墙身涂料从平滑型时代进入到天然环保型凹凸的全新涂料时代，近年来得到广泛应用。

质感涂料主要包括砂壁状涂料、水性多彩涂料、浮雕涂料等。可形成具有立体艺术造型的雕塑质感，还可以形成仿石材、木材、瓷砖、金属等材质的表面质感。

砂壁状涂料是以合成树脂乳液、颜料、不同色彩和粒径的砂石等以及助剂等配制而成的涂料，通过喷涂、刮涂等施工方法，在建筑物表面形成石材、砂岩等质感的装饰效果；水性多彩建筑涂料是以水性成膜物、水性着色胶颗粒、颜料、助剂等配制而成的多彩涂料，通过喷涂等施工方法，在建筑物表面形成仿石等装饰效果；浮雕涂料是以合成树脂乳液、颜料、体质料、助剂等配制而成的涂料，通过刮涂、辊涂、喷涂等施工方法，在建筑物表面形成具有立体造型、艺术质感效果。

外墙浮雕涂料构造做法是在基层刮涂耐水腻子，干燥打磨后，刷底层涂料 1 道，做抗碱封闭底漆，然后刷中层涂料 1 道，在未干前进行压花处理，最后刷面层涂料 2 道，如图 5-9 所示。

内墙质感涂料常用硅藻泥、彩石漆、仿瓷漆、花纹涂料等。硅藻泥涂料色彩柔和，纹理质感强、同时具有净化空气、调节湿度、防火阻燃、吸声降噪、保温隔热等优点，是绿色低碳的饰面材料。但硅藻泥涂料也有色彩单一、质感较硬、防水性差的缺点。其构造做法，见图 5-10。质感涂料墙面见数字资源 5.6。

数字资源 5.6
质感涂料墙面

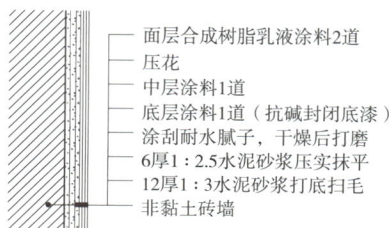

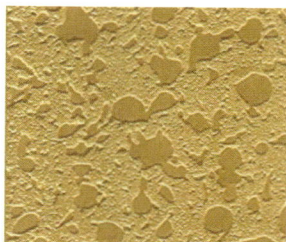

面层合成树脂乳液涂料2道
压花
中层涂料1道
底层涂料1道（抗碱封闭底漆）
涂刮耐水腻子，干燥后打磨
6厚1：2.5水泥砂浆压实抹平
12厚1：3水泥砂浆打底扫毛
非黏土砖墙

乳胶漆涂料（硅藻泥1道）
内墙乳胶漆涂料（硅藻泥1道）
封闭底漆1道
刮腻子3遍
聚合物水泥砂浆修补墙面
加气混凝土板或砌块墙

图 5-9　外墙质感浮雕涂料　　图 5-10　内墙乳胶漆（硅藻泥）涂料

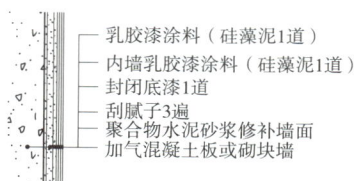

3. 功能涂料

外墙功能涂料有弹性涂料、反射隔热涂料等。弹性涂料弹性延伸率好，色彩丰富、耐候性好、附着力强，不仅具有普通涂料的保护和装饰作用，而且具有防水和遮盖裂缝功能。施涂一定厚度（干膜厚度 >150μm）后，具有弥盖因基材伸缩（运动）产生的细小裂纹作用；反射隔热涂料也称反射隔热乳胶漆，具有装饰和隔热双重功能，与外墙保温体系配合使用，具有较高的节能效果，属于低碳建筑材料。

内墙功能涂料有杀菌防霉涂料、防静电涂料。杀菌防霉涂料是在涂料中加入纳米材料或防霉剂，适用于医院、食品厂、酿酒厂、制药厂等，针对工厂选用杀菌防霉涂料应提出无毒要求；防静电涂料是在涂料中加入纳米材料，适用于半导体工业、电子电气、通信制造、精密仪器、光学制造、医药工业等厂房。

5.2.3 贴面类墙面

贴面类墙面是将瓷砖、石材等块材直接粘贴在墙面基层的构造做法，具有美观耐用、无毒无味、易清洁、施工方便等特点。贴面类墙面构造依次是由底层、粘结层和面层组成。还可以根据工程需要设置防水层。

1. 面砖贴面

面砖贴面是将面砖粘贴在墙面基层上的饰面做法，面砖品种繁多，图案丰富，能够有效保护墙面，已经被广泛应用于室内外墙面装修。常用面砖材料包括陶瓷面砖、陶瓷锦砖、劈离砖、玻璃锦砖等。

1）陶瓷面砖

陶瓷面砖包括釉面砖和无釉面砖，釉面砖表面光滑，色彩丰富，图案多样，还具有防水、耐火、耐蚀、易清洗等优点，但耐磨和防滑性能稍差。无釉面砖具有较好的耐磨性和防滑性。

外墙陶瓷面砖构造做法，首先在非黏土砖墙上，用 12mm 厚 1 ：2.5 水泥砂浆打底扫毛或划出纹道，再用 6mm 厚 1 ：3 水泥砂浆压实抹平，根据工程需要设置防水层，可以涂刷聚合物防水砂浆 1 道，然后用 5mm 厚胶粘剂粘贴 8mm 厚陶瓷面砖，最后用干混填缝砂浆勾缝，构造见图 5-11（a）。外墙瓷砖贴面的单片面砖尺寸不宜超过 400mm×400mm，粘贴材料不得使用水泥拌砂浆和有机物为主的粘结材料，应采用水泥基粘结材料粘贴。瓷砖贴面墙面见数字资源 5.7。

在南方多雨潮湿地区的外墙应采用抗渗性强的找平材料及勾缝材料，根据外墙工程防水等级和基层墙体类型，设置防水层，外墙防水层常采用聚合

数字资源 5.7
瓷砖贴面墙面

物水泥防水砂浆、防水涂料等。

2）陶瓷锦砖

陶瓷锦砖也称马赛克，是由若干小型瓷片镶拼而成的陶瓷制品，尺寸较小，每片边长不大于50mm，可以拼成各种形状、各种花色的图案，常用于厨房、餐厅、卫生间、实验室、游泳池等的墙面和地面。内墙陶瓷锦砖构造做法是将带有花色图案的小块陶瓷锦砖，在工厂反贴在牛皮纸上，现场铺贴时，牛皮纸面向外，将陶瓷锦砖贴于饰面基层，待半凝后将纸洗去，同时修整饰面，陶瓷锦砖构造做法见图5-11（b）。

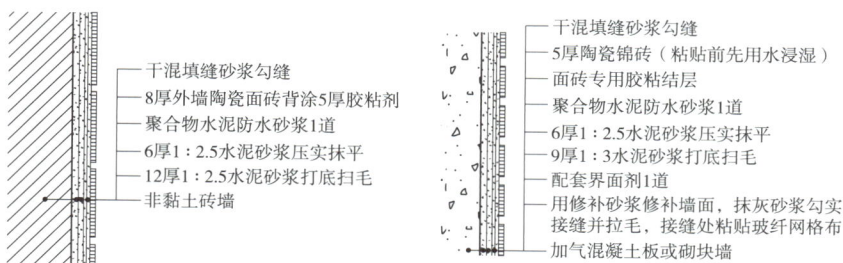

卫生间内墙面需要做防水层，墙面防水层与地面防水层需做好交接处理，淋浴区防水层高度应大于2.0m，墙面其他部位泛水翻起高度不应小于250mm。防水层材料包括丙烯酸防水涂料、聚氨酯防水涂料、聚合物水泥防水涂料、高聚物改性沥青防水涂料、硅橡胶防水涂料。其中丙烯酸乳液防水涂料和聚氨酯防水涂料，表面需撒细砂。贴面饰面还可以采用再生陶瓷、再生玻璃锦砖等低碳建筑材料，降低建筑碳排放。

（a）   （b）

图5-11　陶瓷贴面墙面构造
（a）外墙面砖饰面；（b）内墙瓷砖饰面

2. 石材贴面

外墙石材贴面是将小规格天然石材或人造石材薄石板粘贴在墙面基层上的饰面做法，与瓷砖贴面的做法基本相同。天然花岗石等石材薄板一般边长不超过 400mm，厚度在 10mm 左右，使用粘结砂浆或高强度专用胶粘剂粘贴，在外墙仅用于 3m 以下或首层墙面勒脚部位的局部镶贴，内墙适用于高度不大于 3.5m 的墙面。粘贴天然石材墙面见图 5-12。

文化石是经常用作装修室内室外的石料，其质感、色泽、纹理与自然石无异。表面经特殊处理，具有不褪色，耐风化、耐腐蚀、强度高、抗冻隔热、防火无毒等特点。适用于 10m 以下的外墙装饰面，需用专用石材胶粘剂粘贴，文化石墙面见图 5-13。

图 5-12　粘贴天然石材墙面

图 5-13　文化石墙面

3. 柔性贴面

柔性贴面类墙面也被称为软瓷墙面。柔性贴面材料是仿石材、仿瓷砖、仿木材的饰面材料，以水泥、彩砂、高分子聚合物及助剂等为主要原料，复合耐碱纤维为增强层，经过一定的生产工艺制成的具有天然石材肌理和纹路、并有一定柔性的新型饰面材料。

铺贴时首先检查和处理基层墙体，涂抹界面砂浆，刮涂找平砂浆，刮涂抗裂砂浆并埋入玻纤网，涂抹专用防水胶粘剂，粘贴柔性贴面材料。柔性贴面墙面见图 5-14 和数字资源 5.8。

数字资源 5.8
柔性贴面墙面

图 5-14　柔性贴面墙面

5.2.4 挂贴类墙面

墙面装修中，有些饰面板材不能直接粘贴在墙体上，而是要通过特定构配件及合理构造措施与之形成牢固连接。挂贴类墙面装修是采用绑扎、干挂和铺钉等方法，把各种饰面板材固定在龙骨基层上的一种装修方法，常用板材包括石板、木板、软包以及各种复合板材等。

1. 石板饰面

装修石板可以分为天然石板和人造石板。

天然石板主要包括花岗石、大理石、砂岩、板石等。花岗石质地均匀，强度高，耐候性好，普遍适用于室内外地面墙面装修；大理石具有美观的纹理，但容易出现裂纹，主要用于室内墙面、柱面等部位；砂岩质量较轻，表面孔隙较多，不适合用于容易污染的部位。

人造石材主要包括树脂人造石、水泥人造石和复合石材等。树脂人造石具有天然花岗石和大理石的纹理色泽，并且重量轻，吸水率低，抗压强度高，耐老化，可加工性好；水泥人造石，即预制水磨石颜色丰富，风格多样，耐磨、防水性好；复合石材是由面层和基层粘结复合而成，表层多采用 3~10mm 厚的名贵天然石材，基层则可以采用花岗石、瓷砖、蜂窝铝板等材料，装饰效果与天然石材相同，具有自重轻，安装方便等特点。

石材墙面安装方法分为绑扎法和干挂法。

1）绑扎法

绑扎法，也称湿挂法，是将石板绑扎在固定于墙面的钢筋网上，并在石板与墙面间的空隙灌注水泥砂浆的构造做法。绑扎法石材饰面的优点是装饰效果好，安全稳定性较高，缺点是浇筑的次数较多，养护时间较长，施工较慢，灌浆也容易出现空鼓的情况。

绑扎石板构造做法，在墙体预埋 $\phi 8$ 钢筋或钻孔打入 M8×80 膨胀螺栓，固定 $\phi 6$ 钢筋网，双向间距按石材尺寸定，钢筋网与墙体预埋钢筋或膨胀螺栓固定，石板背面预留穿孔或勾槽，用 $\phi 4$ 不锈钢挂钩与钢筋网绑扎或卡钩牢固，先将板材背面和墙面浇水润湿，在石材板与基层墙体之间灌 50mm 厚 1：2.5 水泥砂浆，分层灌注振密实，每层 150~200mm，且不大于板高 1/3，最后用砂浆勾缝或白水泥擦缝，见图 5-15。

内墙面绑扎石材尺寸不超过 400mm×400mm，用于高度不超过 3.5m 的墙面，外墙绑扎石材饰面仅适用于 3m 以下首层墙面勒脚部位的局部镶贴。

2）干挂法

为保证石板装修质量，可采用干挂法，干挂法是通过金属龙骨和金属连接件固定石材面板的构造做法，不需要在石板背面灌注水泥砂浆，还可利用

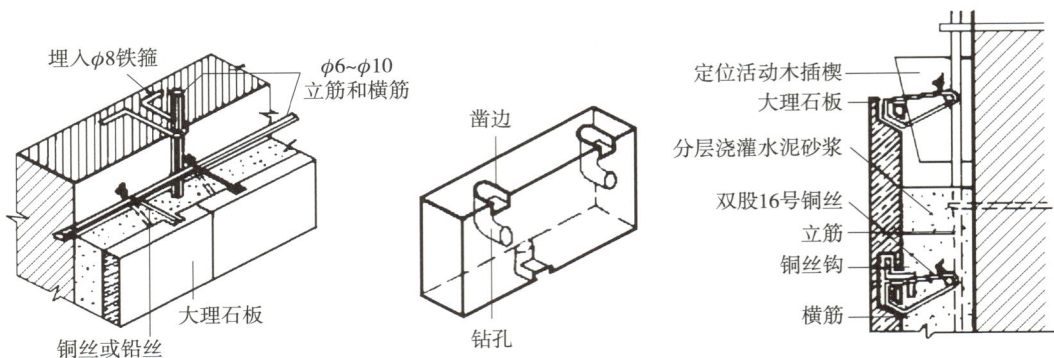

图 5-15 绑扎法石材饰面构造

石板与墙体基层之间的空间设置保温材料。根据工程需要可以在墙面找平层外设置防水层。

外墙干挂石材墙面构造做法主要包括缝挂式、背挂式、背栓式等。缝挂式是在石材的边沿开槽，在板缝处用金属插板固定石材，插板有 T 形、L 形、SE 组合型等。T 形挂件构造的相邻板材共用一个挂件，可拆装性较差，石材破坏率高，SE 组合型是较好的缝挂方式；背挂式是在石材的背面开槽，采用 Y 形、R 形挂件固定石材，石板之间没有联系，避免热胀冷缩的相互影响，安装牢固、抗震性能好、更适合于异形石材，是较可靠的施工方式；背栓式与背挂有相同的优点，在工厂预先将挂件安装于石材板材上，成为小单元幕墙，在工地可直接安装，更为便捷，干挂法石材外墙构造如图 5-16 所示。具体做法见数字资源 5.9。

数字资源 5.9
干挂法石材墙面做法

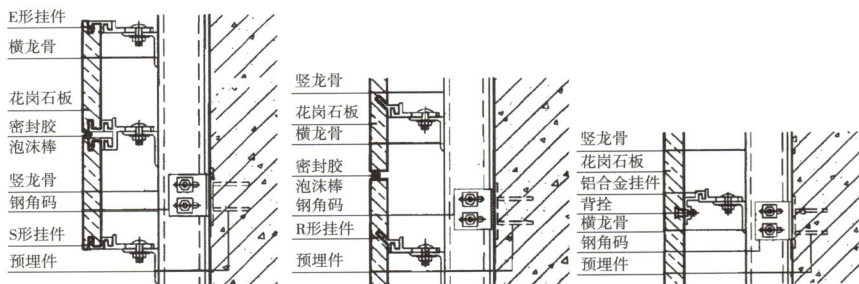

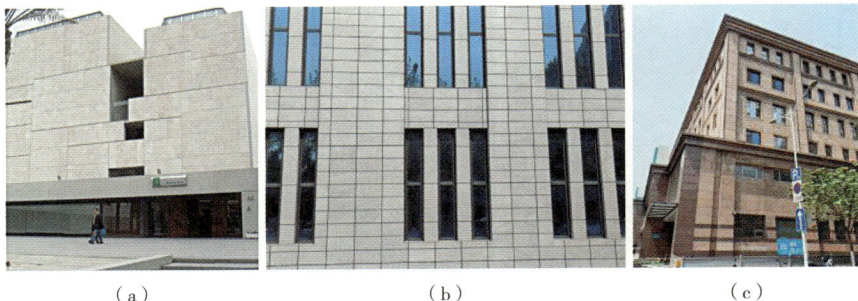

图 5-16 干挂法石材外墙构造
（a）缝挂式；（b）背挂式；（c）背栓式

内墙干挂法石材构造做法，用 M8×80mm 膨胀螺栓将∠50mm×50mm×5mm 角钢固定件固定墙上，双向间距由石材尺寸定，用 8 号槽钢竖向龙骨与角钢固定件焊接，竖向龙骨间距宜与石材墙面竖向分缝位置相对应。然后，将∠40mm×40mm×4mm 横向角钢与竖向龙骨焊接，金属干挂件与横向角钢用螺栓固定。最后，25~30mm 厚石板开槽，插入到金属干挂件中，使用环氧树脂 AB 胶密封。此种构造的石板尺寸不大于 600mm×600mm。如果是干挂石材铝蜂窝复合板，板尺寸可以做到 1000mm×1600mm。内墙干挂石材构造做法，见图 5-17。

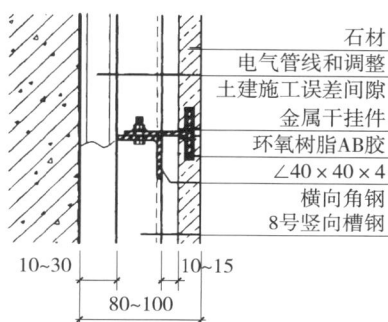

图 5-17　内墙干挂法石材

2. 木板饰面

木板饰面是以天然木板或各种木质薄板为饰面层的装修做法，质感细腻、美观大方、装饰效果好，给人亲切感，但防潮、防火性较差。木板饰面是由骨架和面板组成，先在墙面上立骨架，然后使用钉子、螺丝或胶粘等方法将装饰木板铺钉固定在骨架上。

骨架有木骨架和金属骨架，木骨架截面一般为 50mm×50mm，金属骨架多为槽形冷轧薄钢板。木骨架一般借助于墙中的预埋防腐木砖固定在墙上，木砖尺寸为 60mm×60mm×60mm，中距 500mm，骨架间距还应与墙板尺寸相配合。金属骨架多用膨胀螺栓固定在墙上。为防止受潮，在固定骨架前，宜先在墙面上抹 10mm 厚混合砂浆，然后刷二遍防潮防腐剂。

常见木质面板有胶合板、硬木条、硬木板、竹条、木纤维板、再生木板等。胶合板或硬木板构造，在找平的墙体基层上打入 M6×75mm 膨胀螺栓，中距 300~600mm（或钻孔打入防腐木楔），按工程要求设计防潮层，将 25mm×50mm 木龙骨正面刨光，满涂氟化钠防腐剂，做防火处理后，双向中距 300~600mm 与膨胀螺栓固定（或与防腐木楔固定），5mm 厚胶合板或硬木企口板等木质面板与木龙骨固定，面层涂刷清漆。木板饰面构造做法见图 5-18。

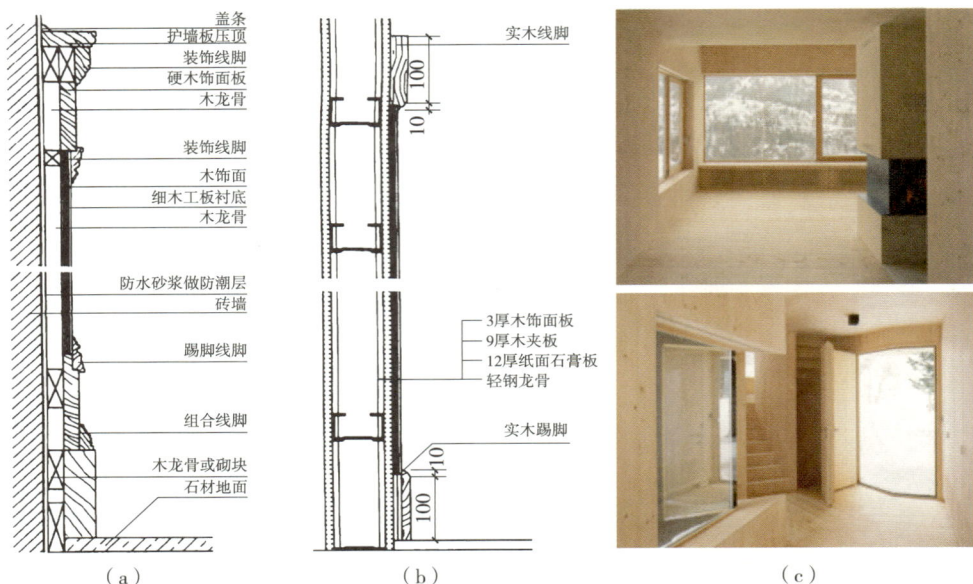

图 5-18 木板饰面构造做法
（a）干挂式木墙裙；（b）钉粘式木墙裙；（c）木质饰面

3. 玻璃饰面

玻璃饰面是以玻璃作为饰面层，根据装饰部位和面积大小不同，选择适合的玻璃类型及规格。装饰玻璃包括釉面玻璃、镜面玻璃、热熔玻璃、电致变色玻璃、热弯玻璃等，装饰效果各具特色。玻璃饰面按照构造做法分为：粘贴玻璃、点式玻璃、干挂玻璃等，构造见图 5-19。

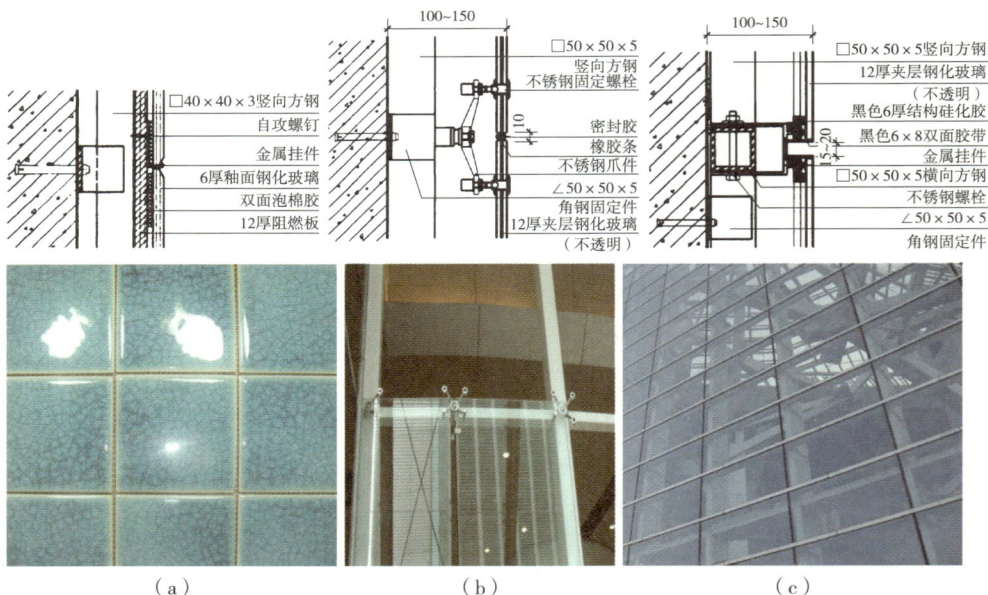

图 5-19 玻璃饰面构造
（a）粘贴玻璃；（b）点式玻璃；（c）干挂玻璃

粘贴玻璃构造，是首先在墙面定位弹线，然后钻孔安装角钢固定件，固定竖向、横向龙骨，然后安装基层板，最后粘贴釉面钢化玻璃，粘贴玻璃仅限釉面钢化玻璃。

点式玻璃构造，现场安装玻璃时，应先将驳接头与玻璃在安装平台上装配好，然后再与驳接爪进行安装，保证玻璃水平差在允许范围内，检查整体立面平整度，确认无误后，才能进行打胶，最后将玻璃表面和边框的胶迹、污痕等清洗干净。

干挂式玻璃构造，墙面固定龙骨后，使用金属挂件将玻璃固定在龙骨上，并用胶粘材料粘贴。

4. 软包墙面

软包墙面是使用织物、皮革等材料作为饰面层的装修做法。织物软包墙面构造做法为，基层找平清洁处理后，用膨胀螺栓将轻钢龙骨固定于墙体基层上，双向中距 600mm，轻钢龙骨上铺钉不燃板，然后粘贴软包阻燃装饰板，形成软包墙面，见图 5-20。

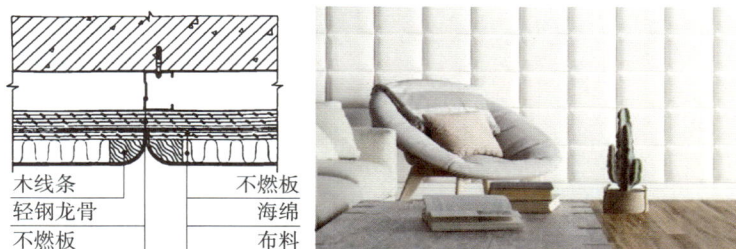

木线条
轻钢龙骨
不燃板
不燃板
海绵
布料

图 5-20　软包墙面构造

近年来，装饰面板类型逐渐丰富，包括金属板、树脂板、陶瓷板、塑料板、玻璃板、GRC 装饰板、GRG 装饰板以及各种复合板材等，还出现了低碳装饰面板，包括再生装饰混凝土板、生物基塑料板材、再生水磨石板、再生玻璃板、再生橡胶板、再生塑料装饰板等。

5.2.5　裱糊类墙面

裱糊类饰面是将装饰性墙纸、墙布、织锦等各种卷材，使用胶粘剂裱糊在内墙基层上的装修做法，具有品种多样、色彩丰富、轻质美观、装修效果好、施工效率高的特点，是使用最广泛的装修构造之一。

裱糊类墙面主要由胶粘层和面层组成。胶粘剂应具有防水、防潮、防腐、防霉、耐久的要求，应按墙纸和墙布的类型选配，还可以采用低碳环保的生物基胶粘剂。面层材料即各种裱糊在墙面上的饰面卷材，主要包括墙纸墙布、丝绒锦缎等。裱糊墙面基层要求坚实牢固，表面平整光洁，不疏松起皮，不掉粉，无砂粒等。

1. 墙纸墙布

墙纸墙布常用塑料墙纸、金属墙纸、织物墙纸、玻璃纤维墙布等多种类型。

裱糊墙纸墙布前需要对墙体基层进行处理，使得基层表面平整、坚实、色泽一致，没有粉化、起皮、裂缝和突出物。墙体类型不同，基层处理方式不同，见图5-21。

专用胶粘剂贴壁纸壁布
满刮2厚耐水腻子分遍找平
6厚1:0.5:2.5水泥石灰膏砂浆找平
9厚1:0.5:3水泥石灰膏砂浆打底扫毛
非黏土砖墙

专用胶粘剂贴壁纸壁布
满刮2厚耐水腻子分遍找平
6厚1:1:6水泥石灰膏砂浆找平
界面剂1道
聚合物水泥砂浆修补墙面，抹灰砂浆勾实接缝并拉毛，接缝处粘贴耐碱玻纤网格布
加气混凝土板或砌块墙

（a）　　　　　　　　　　　　（b）

图5-21 裱糊墙纸墙布构造
（a）砖墙基层；（b）加气混凝土砌块墙基层

裱糊墙纸、墙布的构造做法是，墙面基层处理后，满刮2mm厚耐水腻子分遍找平，最后用专用胶粘剂贴壁纸（织物）。裱糊的原则是先垂直面、后水平面，先细部、后大面。先保证垂直，后对花拼缝。垂直面是先上后下，先长墙面后短墙面。水平面是先高后低。粘贴时，要防止出现气泡，并对拼缝处压实。还可以采用低碳环保的木纤维墙纸、硅藻泥墙纸、纯纸墙纸等环保墙纸，竹炭墙布、蚕丝墙布等环保墙布。裱糊类墙面做法见数字资源5.10。

数字资源5.10
裱糊类墙面做法

2. 丝绒和锦缎

丝绒和锦缎是高级的墙面装饰材料，它具有绚丽多彩、质感温暖、古雅精致、色泽自然逼真等优点，适用于高级的内墙面裱糊装饰。但它柔软光

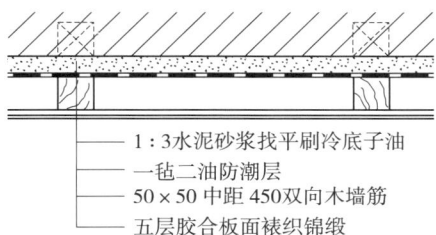

1:3水泥砂浆找平刷冷底子油
一毡二油防潮层
50×50 中距 450双向木墙筋
五层胶合板面裱织锦缎

图 5-22　裱糊锦缎构造

滑、极易变形，且不耐脏、不能擦洗，施工较麻烦，裱糊技术工艺要求很高以避免受潮、霉变。适用于会堂、宾馆、酒店、住宅楼等工程的室内高级裱糊饰面及高级软包装墙面装饰工程。

丝绒和锦缎饰面的施工技术和工艺要求较高。为了更好地防潮、防腐，通常做法是在墙面基层上用水泥砂浆找平，待彻底干燥后刷冷底子油，再做一毡二油防潮层，然后固定木龙骨，将胶合板钉在龙骨上，然后用墙纸胶等裱糊饰面卷材，裱糊锦缎构造见图 5-22。

5.2.6　隔墙和隔断

1. 隔墙构造

隔墙是分隔建筑室内空间的非承重墙体，不承受外来荷载，其本身重量由下部楼板或梁来承担。为减小荷载，增加有效使用空间，隔墙应尽量做到自重轻、厚度薄。并且为满足不同功能要求，需具备隔声、防火、防水和防潮等性能。常见隔墙可分为砌筑隔墙、骨架隔墙和板材隔墙，骨架隔墙和板材隔墙属于轻质隔墙，并且干法施工，目前得到广泛应用。

1）骨架隔墙

骨架隔墙由骨架和面层两部分组成，骨架是隔墙的龙骨，施工时先立龙骨，再在龙骨两侧安装面板，也称为立筋式隔墙，具有自重轻、厚度小、安装和拆卸方便的特点，可直接放置在楼板上。

目前隔墙骨架常采用轻钢骨架和木骨架。轻钢骨架是由各种形式的薄壁型钢制成，具有强度高、刚度大、自重轻、整体性好、易于加工和批量生产的优点，还可根据需要拆卸和组装，便于回收利用。常用的薄壁型钢有 0.8~1mm 厚槽钢和工字钢。安装薄壁轻钢骨架隔墙时，首先用螺钉将上槛、下槛（也称导向骨架）固定在楼板上，上下槛固定后安装钢龙骨，间距为 400~600mm，龙骨上留有走线孔，便于铺设管线。

木骨架由上槛、下槛、墙筋、斜撑及横档组成，上、下槛及龙骨断面尺寸为 50mm×（70~100）mm，在龙骨高度方向，每隔 1500mm 左右设斜撑或横档一道，断面与龙骨相同或略小些。木龙骨间距根据饰面材料规格而定，通常取 400mm、500mm、600mm 等。

骨架隔墙的面层多为人造板材，包括纤维增强水泥板、石膏板、硅酸钙板、泡沫混凝土板等，板材常以钉、黏、卡等方式固定在骨架上。隔墙的名称以面层材料而定，如轻钢龙骨纸面石膏板隔墙。

纸面石膏板品种多样，应用广泛。普通纸面石膏板适用于一般建筑的隔墙，耐水纸面石膏板适用于卫生间、厨房、外墙贴面板等有防水防潮要求的部位。耐火纸面石膏板应用于有防火要求的部位，高性能耐火板应用于钢结构防火部位。高密度纸面石膏板，应用于分户墙、有撞击要求的部位及钢木结构耐火护面。

轻钢龙骨纸面石膏板隔墙的竖龙骨间距一般为 300mm、400mm 或 600mm，应不大于 600mm；门、窗等位置设计，应设置附加龙骨进行调整，隔墙高度 3m 以下设置一根通贯龙骨，超过 3m 时，每隔 1.2m 再设置一根通贯龙骨。在两层板材中间填入岩棉等材料，能够提高隔墙的隔声、防火等性能，填充岩棉的轻钢龙骨纸面石膏板隔墙构造，见图 5-23。

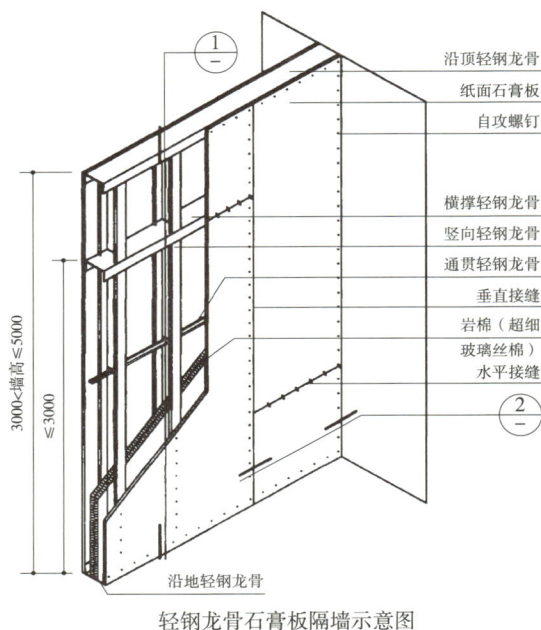

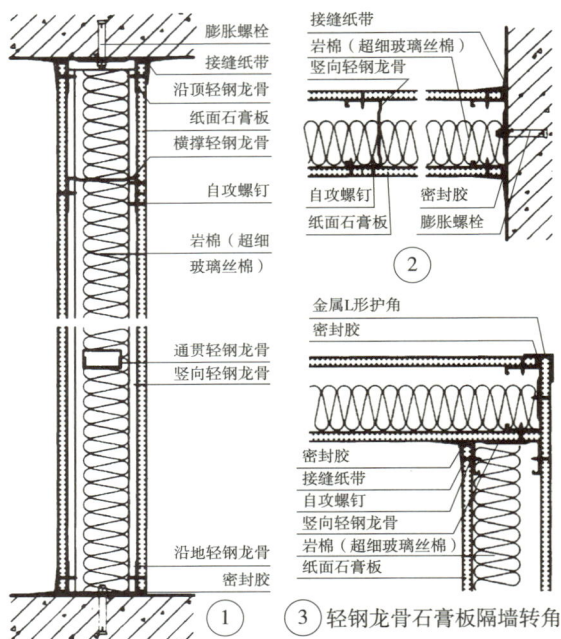

轻钢龙骨石膏板隔墙示意图

轻钢龙骨石膏板隔墙转角

图 5-23 轻钢龙骨纸面石膏板隔墙构造

2）条板隔墙

条板隔墙是指将各类预制条板直接安装在建筑主体结构上，不需要设置骨架的隔墙，具有自重轻、施工方便的特点。

轻质条板是采用轻质材料或轻型构造制作，按板断面构造可分为空心条板、实心条板和复合夹芯条板三种类别。常用轻质条板包括轻集料混凝土条板、玻纤增强水泥条板、玻纤增强石膏条板、硅镁加气水泥条板、粉煤灰泡沫水泥条板、植物纤维复合条板、聚苯颗粒水泥夹芯复合条板、纸蜂窝夹芯复合条板等。

轻质条板的长宽比不小于 2.5，长度通常为 2200~4000mm，常用 2400~3000mm。宽度常用 600mm，一般按 100mm 递增。条板厚度最小为 60mm，一般按 10mm 递增，常用 60mm、90mm、120mm、150mm，各厚度条板用于隔墙，限制高度分别为 3.0m、3.6m、4.2m、4.5m。

条板隔墙安装时，上端用各种胶粘剂或粘结砂浆与结构构件连接，下端与楼地面结合处宜预留安装空隙，然后打入木楔将条板向上挤压，顶紧梁、板底部，空隙宽度在 40mm 及以下时宜填入 1∶3 水泥砂浆，40mm 以上时，宜填入干硬性细石混凝土，撤除木楔后的遗留空隙应采用相同强度等级的砂浆或细石混凝土填塞、捣实。

条板隔墙用于卫生间等潮湿环境时，下端应做高度不小于 100mm 的 C20 细石混凝土条形墙垫，并应作泛水处理。防潮墙垫宜采用细石混凝土现浇，不宜采用预制墙垫。

为保证隔声性能，单层条板隔墙用作分户墙时，其厚度不应小于 120mm，用作户内分室隔墙时，其厚度不宜小于 90mm。常采用双层条板提高隔墙的保温隔声性能，双层条板每层的厚度不宜小于 60mm，中间可留 10~50mm 宽空气层或填入吸声、保温材料。

轻混凝土、水泥、石膏条板上部连接与下部防水构造见图 5-24，有抗震要求的聚苯颗粒水泥条板隔墙构造见图 5-25，双层轻质条板隔声隔墙构造见图 5-26。

2. 隔断构造

隔断是指分隔室内空间的装修构件，与隔墙有相似之处，但也有根本区别，隔断分隔空间或遮挡视线，可以增加空间层次和深度。隔断属于非结构构件，安装方便，又便于拆卸，被广泛应用于居住建筑和公共建筑。

隔断取材广泛，分类多样。按照限定程度分，有透空式隔断和非透空式隔断。按照造型风格可以分为传统隔断和现代隔断。按照材料可以分为竹木隔断、玻璃隔断、金属隔断等。按照固定方式，可以分为固定隔断和活动隔断。

1）活动隔断

活动隔断包括直滑推拉式、折叠式等，以直滑推拉式隔断为例介绍。直滑推拉式隔断隔扇的构造，除采用木镶板的方式外，现较多采用双面贴板形式，并在中间夹着隔声层，板的外面覆盖着饰面层。这些隔扇可以是独立的，也可以利用铰链连接到一起。独立的隔扇可以沿着各自的轨道滑动，但在滑动中始终不改变自身的角度，沿着直线开启或关闭。

直滑推拉式隔断单扇尺寸较大，扇高 3000~4500mm，扇宽为 1000mm 左右，厚度为 40~60mm。隔扇的两个垂直边，用螺钉固定镶边。镶边的凹槽内嵌有隔声用的密封条。直滑推拉式隔断完全收拢时，隔扇可以隐蔽于洞口的一侧或两侧。当隔扇关闭时，最前面的隔扇自然地嵌入槽形补充构件内。构件的两侧各有一个密封条，与隔扇的两侧紧紧地相接。靠墙的半扇隔扇与边缘构件用铰链连接，中间各扇隔扇则是单独的。

轨道的断面多数为凹槽形，滑轮多为两轮或四轮一个小车组，轨道和滑轮的形式多样。小车组可以用螺栓或连接板固定在隔扇上，隔扇与轨道之间

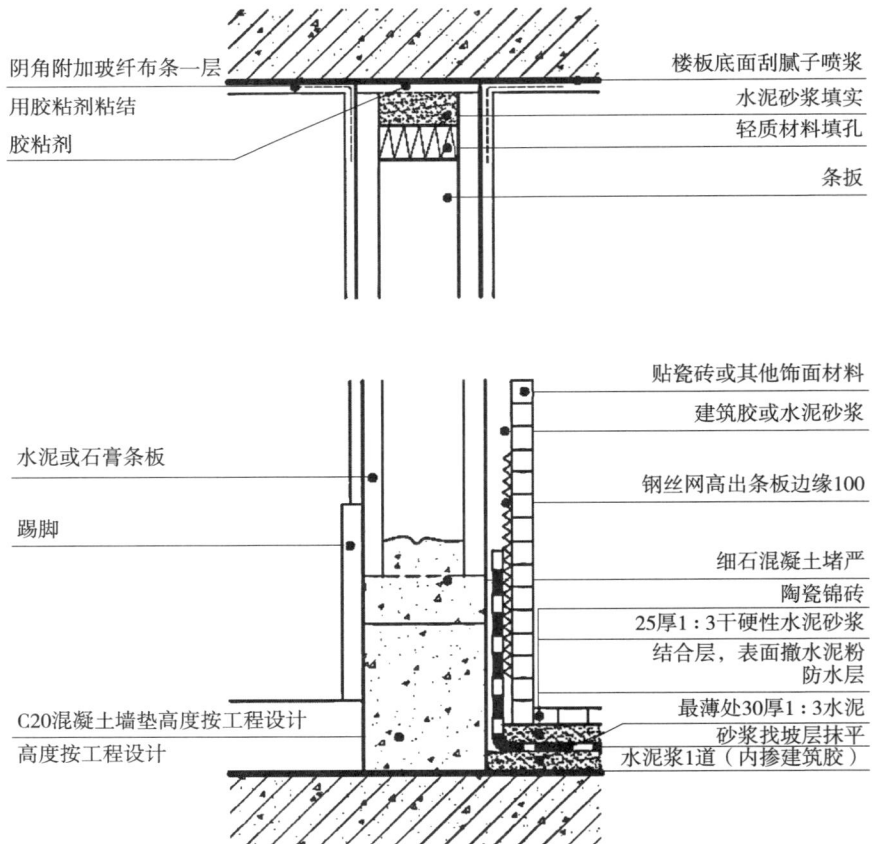

阴角附加玻纤布条一层
用胶粘剂粘结
胶粘剂

楼板底面刮腻子喷浆
水泥砂浆填实
轻质材料填孔
条扳

水泥或石膏条板
踢脚

贴瓷砖或其他饰面材料
建筑胶或水泥砂浆
钢丝网高出条板边缘100
细石混凝土堵严
陶瓷锦砖
25厚1:3干硬性水泥砂浆
结合层，表面撒水泥粉
防水层
最薄处30厚1:3水泥
砂浆找坡层抹平
水泥浆1道（内掺建筑胶）

C20混凝土墙垫高度按工程设计
高度按工程设计

图 5-24 轻混凝土、水泥、石膏条板构造

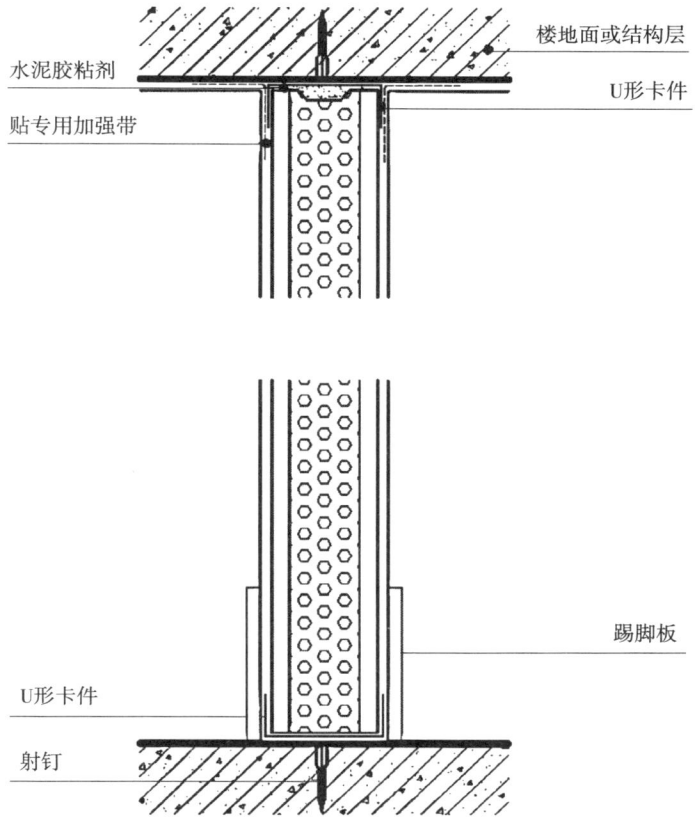

水泥胶粘剂
贴专用加强带
楼地面或结构层
U形卡件

踢脚板

U形卡件
射钉

图 5-25 聚苯颗粒水泥条板隔墙构造（有抗震要求）

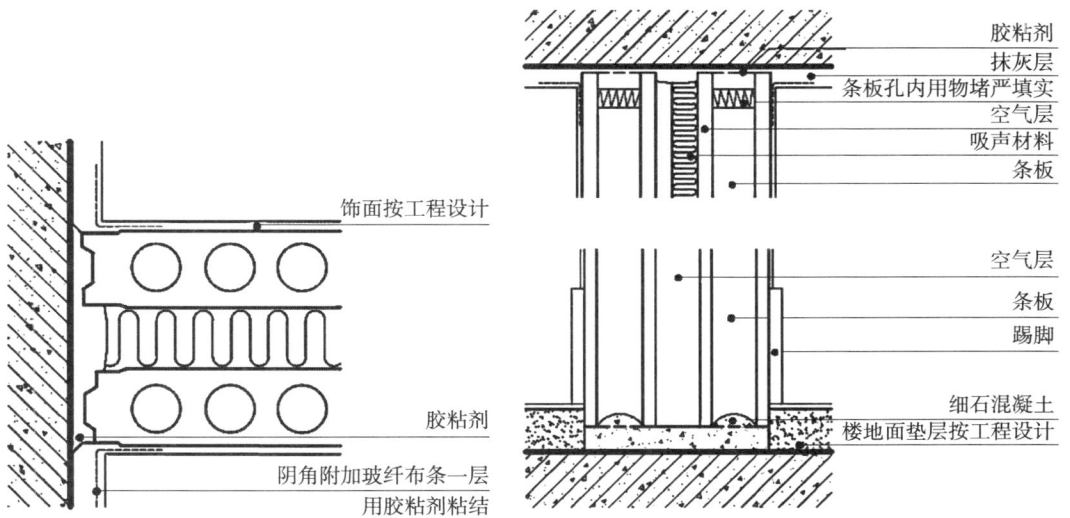

饰面按工程设计

胶粘剂

阴角附加玻纤布条一层
用胶粘剂粘结

胶粘剂
抹灰层
条板孔内用物堵严填实
空气层
吸声材料
条板

空气层
条板
踢脚

细石混凝土
楼地面垫层按工程设计

图 5-26 双层轻质条板隔声隔墙构造

201

采用橡胶密封刷密封。轨道和滑轮安装在下部的支撑导向式结构，应将密封刷固定在隔扇上，而悬吊导向式结构，则应将密封刷固定在轨道上。直滑推拉式隔断构造，见图 5-27。

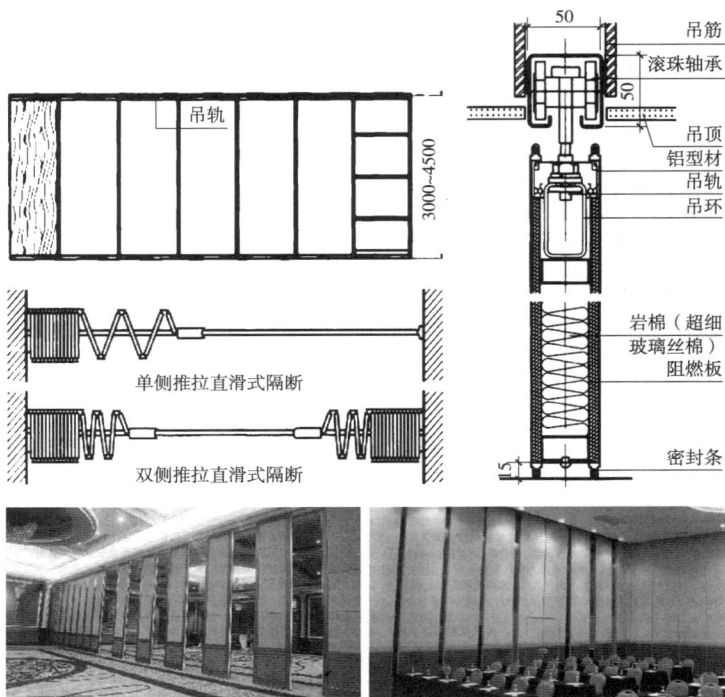

图 5-27　直滑推拉式隔断构造

　　2）固定隔断

　　固定隔断包括玻璃隔断、板材隔断等。固定式板材隔断与骨架隔墙近似，由龙骨和面板组成，面板材质可以是三聚氰胺板、防火板、硅酸钙板、石膏板、各类布艺包饰板等。

　　其中，玻璃隔断包括玻璃板隔断和玻璃砖隔断，具体内容见数字资源 5.11。

数字资源 5.11
玻璃隔断

5.3
地面装修

　　建筑空间中，楼板面层和地坪面层都直接与人们接触，在使用要求和构造做法方面具有一致性，对室内装修而言，两者统称地面。地面的名称是依据面层所用材料而命名的。按面层所用材料和施工方式不同，常见地面可分为整体类地面、铺贴类地面、涂刷类地面。

5.3.1　整体类地面

整体类地面是指现场整体抹面或浇筑而形成的地面装修做法，常用水泥砂浆地面、细石混凝土地面和现浇水磨石地面等。

1. 水泥砂浆地面

水泥砂浆地面是在楼板或底层基层上直接涂抹水泥砂浆面层的构造做法，具有构造简单、施工方便、造价低廉的特点，但导热系数大，易起尘、结露，不易清洁，适用于装修要求低的地面。

水泥砂浆楼板层地面构造，是在基层刷界面剂1道，然后抹20mm厚1：2.5水泥砂浆，表面撒适量水泥粉抹压平整，见图5-28。地层与楼板的基层处理不同，面层构造做法相同。界面剂是为改善基层粘结性能，增强界面附着力，而在基层表面涂施的界面处理材料，包括干粉类和液体类两种。根据基层材质的不同，分为用于混凝土、保温板（聚苯板、酚醛板、聚氨酯板、岩棉板等）、水泥基自流平砂浆地面和各类墙体的界面剂。

2. 细石混凝土地面

细石混凝土地面是用水泥、砂和小石子级配而成的细石混凝土，现场整体浇筑而成的面层，具有强度高、整体性、耐久性、抗裂性好的优点，并且施工方便，造价低廉。

细石混凝土地面中石子骨料最大粒径不应大于面层厚度的2/3，采用的石子粒径不应大于15mm。构造做法是在地面或楼板基层上涂刷界面剂1道，浇筑40mm厚C25细石混凝土，表面撒1：1水泥砂浆，随打随抹光，构造做法见图5-29。为提高其整体性、满足抗震要求，可内配$\phi 4@200$的钢筋网。

为提高装饰效果，还可以采用彩色混凝土地面，是在40mm厚C25细石混凝土强度达标后，表面打磨处理，再涂刷混凝土染色剂2道，混凝土固化剂2道，固化后表面磨光，最后涂刷混凝土封闭剂1~2道，构造做法见图5-30。

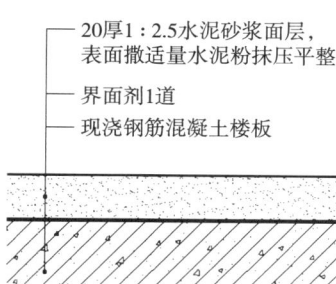

图 5-28　水泥砂浆地面（楼板）

— 20厚1：2.5水泥砂浆面层，表面撒适量水泥粉抹压平整
— 界面剂1道
— 现浇钢筋混凝土楼板

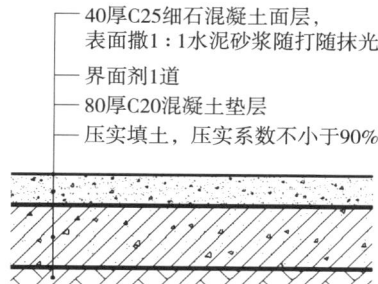

图 5-29　细石混凝土地面（地层）

— 40厚C25细石混凝土面层，表面撒1：1水泥砂浆随打随抹光
— 界面剂1道
— 80厚C20混凝土垫层
— 压实填土，压实系数不小于90%

混凝土表面封闭剂1~2道
混凝土固化剂2道，固化后表面磨光
混凝土染色剂2道
40厚C25细石混凝土
界面剂1道
80厚C20混凝土垫层
压实填土，压实系数不小于90%

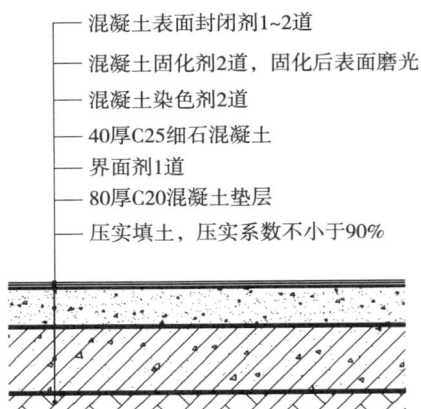

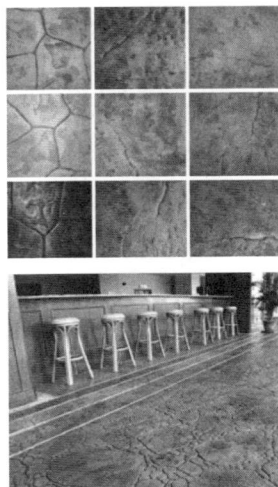

图 5-30　彩色混凝土地面

3. 现浇水磨石地面

现浇水磨石地面是在基层上铺抹水泥石屑浆，硬化后磨光打蜡而形成的地面，具有光洁平整、坚硬耐磨、不透水、不起尘、易清洁、装饰性好等优点，但造价较高、施工复杂、无弹性、导热性强等。常用于人流量较大的交通空间和房间，如公共建筑的门厅、走廊、楼梯以及营业厅、候车厅等。

现浇水磨石地面构造做法是先在地面基层上涂刷界面剂1道，用 20mm 厚 1∶3 水泥砂浆找平并结合，干后用 1∶1 水泥浆卧分格条，再铺入 15mm 厚 1∶2.5 的水泥彩色石屑浆，抹平压实，高出分格条 1~2mm。最后浇水养护，水泥凝结到一定硬度后，用磨光机打磨，再由草酸清洗，打蜡保护。其中，水泥石屑浆可采用大理石、白云石等中等硬度石料的石屑作骨料，按照不同配比形成不同图案。分格条可以采用铜条、铝条或玻璃条等，形成方形、多边形等形状，尺寸常为 400~1000mm。另外，设置分格条，便于施工和后期维修，并防止因温度变化而导致面层变形开裂，现浇水磨石地面见图 5-31，具体做法见数字资源 5.12。

数字资源 5.12
现浇水磨石地面做法

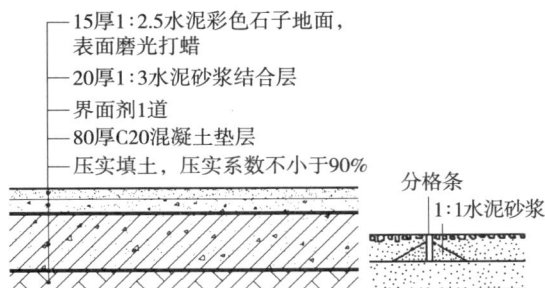

15厚1:2.5水泥彩色石子地面，表面磨光打蜡
20厚1:3水泥砂浆结合层
界面剂1道
80厚C20混凝土垫层
压实填土，压实系数不小于90%

分格条
1:1水泥砂浆

图 5-31　现浇水磨石地面

对装修要求较高的建筑，可用彩色水泥或白水泥，加入各种颜料代替普通水泥，与彩色大理石石屑做成各种色彩和图案的地面，即美术水磨石地面，与普通水磨石构造做法一致，具有更好的装饰性，但造价较高，见图5-32。

图5-32 美术水磨石地面

5.3.2 铺贴类地面

铺贴类地面是将装饰块材或卷材铺贴在地坪或楼板基层上形成的装饰面层，包括陶瓷地面、石材地面、木质地面、织物地毯、塑料地毡等类型。

1.陶瓷地面

陶瓷地面是采用水泥砂浆或胶粘剂作为结合层，将陶瓷地砖、陶瓷锦砖、缸砖等陶瓷板块铺贴在地层或楼板基层的地面做法，色彩丰富，平整耐磨，施工方便，且块大缝少，装饰效果好，广泛用于办公、商店、旅馆和住宅建筑中。

陶瓷地砖品种多样，按材质分有普通陶瓷地砖、全瓷地砖及玻化地砖；按表面装饰效果分有釉砖、无釉砖、抛光砖、渗花砖；按功能分有普通铺地砖、梯级砖、防滑砖、防潮砖、广场砖；按花色纹理分有单色、多色、斑点、仿石等。

陶瓷地砖厚度一般为 5~10mm，规格包括 100mm×100mm 到 1000mm×1000mm 的多种尺寸。构造做法是在基层上刷界面剂1道，抹30mm厚1∶3干硬性水泥砂浆结合层，上撒 1~2mm 厚干水泥粉，并洒适量清水，最后铺贴10mm厚陶瓷地砖面层，并用配色水泥浆擦缝，如图5-33（a）所示。

陶瓷锦砖，也称马赛克，色彩丰富、鲜艳，尺寸小，面层薄，自重轻，不易踩碎。在工厂预先拼成 300mm×300mm/600mm×600mm 大小，再用牛皮纸粘贴正面，并保证块与块之间留有 1mm 左右的缝隙。施工时将陶瓷锦砖用水泥砂浆粘贴地面基层上，最后清洗表面牛皮纸后，用砂浆擦缝，构造做法如图 5-33（b）所示。另外，还可以采用再生陶瓷地砖，实现低碳装修。

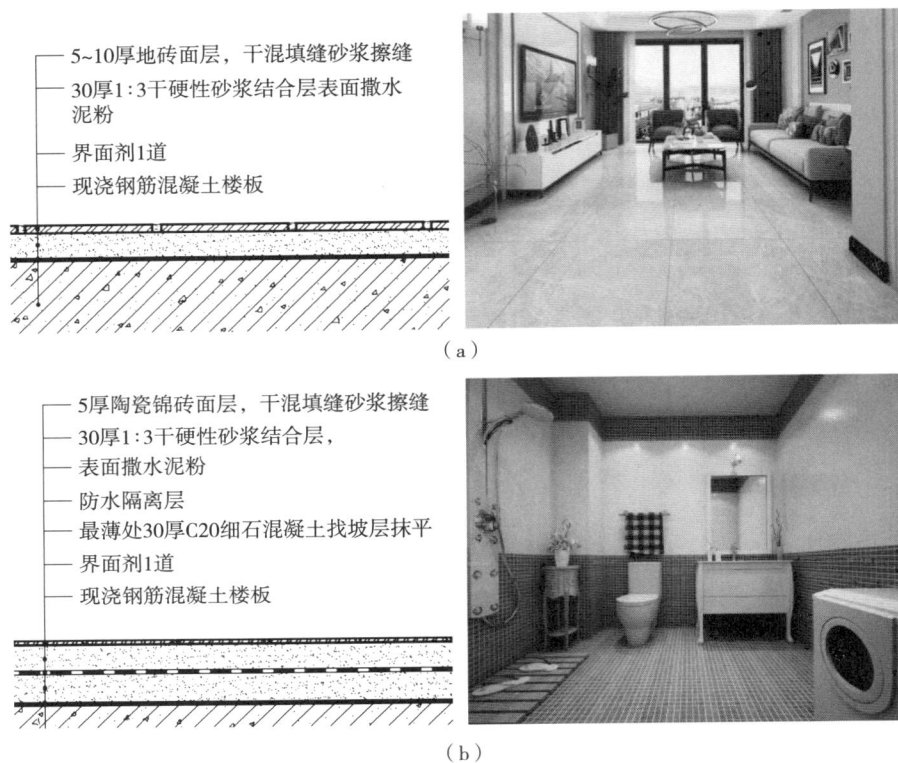

5~10厚地砖面层，干混填缝砂浆擦缝
30厚1:3干硬性砂浆结合层表面撒水泥粉
界面剂1道
现浇钢筋混凝土楼板

（a）

5厚陶瓷锦砖面层，干混填缝砂浆擦缝
30厚1:3干硬性砂浆结合层，
表面撒水泥粉
防水隔离层
最薄处30厚C20细石混凝土找坡层抹平
界面剂1道
现浇钢筋混凝土楼板

（b）

图 5-33　陶瓷地砖、陶瓷锦砖地面
（a）陶瓷地砖；（b）陶瓷锦砖

2. 石材地面

石材地面是采用天然石材或人工石材作为饰面的地面。天然石材有大理石和花岗石等，天然大理石色泽艳丽，纹理美观，装饰效果好。花岗石板的耐磨程度高于大理石板。天然石地面具有较好的耐磨、耐久性能和装饰性，但造价较高，属于高档做法，一般用于装修标准较高的公共建筑的门厅、大厅等。人造石板有预制水磨石板、人造大理石板等，图案丰富，价格低于天然石板。

石材常用规格尺寸为 600mm×600mm~800mm×800mm，厚度为 20~30mm。铺贴石材时，应先将基层浇水湿润，再刷素水泥浆 1 道，随刷随铺结合层砂浆。由于一般水泥砂浆在未干硬前难以支撑石板重量从而保持表面平整，故结合层采用干硬性水泥砂浆，用 30mm 厚 1：3 干硬性水泥砂浆找平，铺贴天然或人工石板，板缝宽不大于1mm，洒干水泥粉浇水扫缝，构造见图5-34。

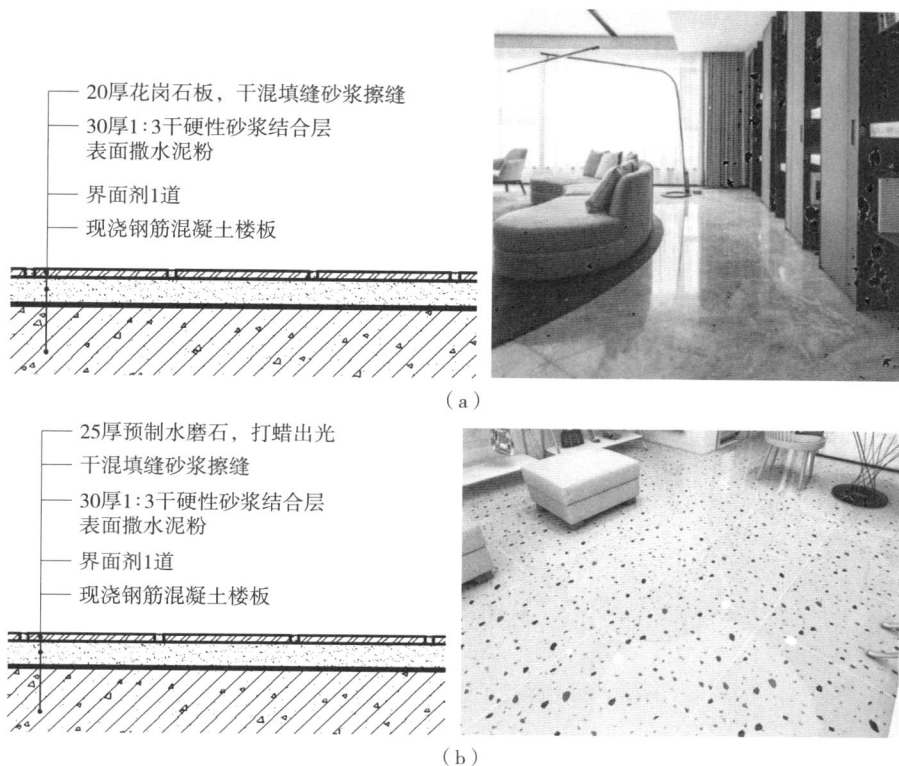

图中标注：
- 20厚花岗石板，干混填缝砂浆擦缝
- 30厚1:3干硬性砂浆结合层表面撒水泥粉
- 界面剂1道
- 现浇钢筋混凝土楼板

（a）

- 25厚预制水磨石，打蜡出光
- 干混填缝砂浆擦缝
- 30厚1:3干硬性砂浆结合层表面撒水泥粉
- 界面剂1道
- 现浇钢筋混凝土楼板

（b）

图5-34　石材地面装修
（a）花岗石地面；（b）水磨石地面

3. 木质地面

木质地面是由木地板、竹地板、软木地板、复合木地板、强化木地板等铺钉或胶粘而成的地面装修。木质地面具有天然纹理，给人以淳朴、自然的亲切感，并且导热系数小，弹性良好，脚感舒适，易清洁，安装方便。被广泛应用于装修标准较高的住宅、宾馆、体育馆、健身房、剧场舞台等建筑中。

木地面构造做法分为架空木地面、平铺木地面等。

架空木地面是将木龙骨固定在结构层上，木龙骨截面一般为50mm×50mm，中距小于450mm，为了防止木材受潮而产生膨胀，须在与混凝土接触的底面涂刷冷底子油及热沥青各1道，构造见图5-35。使用木地板要采取防蛀、防腐、防火和通风措施。

平铺木地面是在楼板或地坪上直接铺设防潮隔离层或泡沫塑料衬垫，然

后铺装地板面层的构造做法，构造见图 5-36。

4. 其他地面

地面装修除陶瓷地面、石材地面和木地面外，还有织物地毯、塑料地毡等地面装修做法，具体内容见数字资源 5.13。

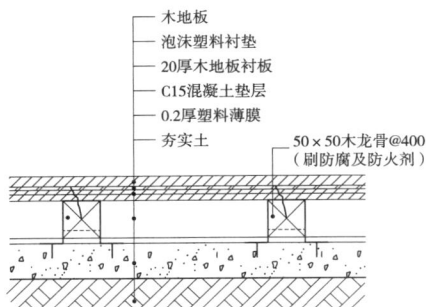

- 木地板
- 泡沫塑料衬垫
- 20厚木地板衬板
- C15混凝土垫层
- 0.2厚塑料薄膜
- 夯实土
- 50×50木龙骨@400（刷防腐及防火剂）

图 5-35　架空木地面构造

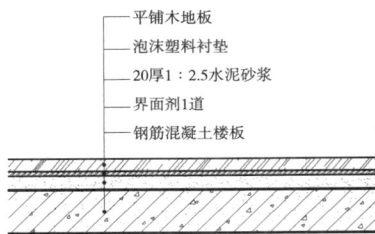

- 平铺木地板
- 泡沫塑料衬垫
- 20厚1：2.5水泥砂浆
- 界面剂1道
- 钢筋混凝土楼板

图 5-36　平铺木地面构造

5.3.3　涂刷类地面

涂刷类地面是在现场涂布涂料，硬化以后形成整体地面，地面无缝，易于清洁，施工方便，造价较低，可以作为水泥砂浆地面的表面处理形式，提高楼地面的耐磨性、韧性和不透水性，适用于一般建筑地面装修。

民用建筑中的住宅、医院等建筑地面，常采用地板漆、过氯乙烯地面涂料、苯乙烯地面涂料等；工业建筑地面常用环氧树脂涂料和聚氨酯涂料。这两类涂料都具有良好的耐化学品性、耐磨损和耐机械冲击性能。当以弹性要求为主要性能要求时则宜使用聚氨酯涂料，而以耐磨、洁净为主要的性能要求时宜选用环氧树脂涂料。

涂刷类地面构造是在基层上涂刷底涂层、中涂层和面涂层等，聚氨酯涂料地面见图 5-37。

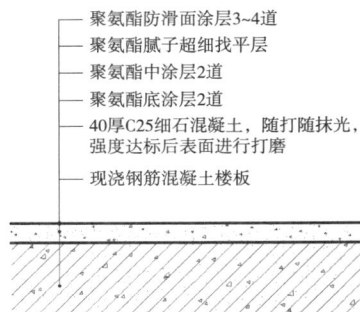

- 聚氨酯防滑面涂层3~4道
- 聚氨酯腻子超细找平层
- 聚氨酯中涂层2道
- 聚氨酯底涂层2道
- 40厚C25细石混凝土，随打随抹光，强度达标后表面进行打磨
- 现浇钢筋混凝土楼板

图 5-37　聚氨酯涂料地面

顶棚是指楼板层的底面部分，是室内装修的重要部分之一，需要从功能、艺术和构造技术三个方面综合考虑进行顶棚设计。另外，某些有特殊要求的房间，顶棚还需要具有隔声、防水、保温、隔热等功能。按照构造方式不同，顶棚分为直接式顶棚和悬吊式顶棚。

5.4.1 直接式顶棚

直接式顶棚就是在屋顶板或楼板的底面直接进行基层处理，通过抹灰、涂刷、粘贴装饰面板而成的顶棚。它的优点是结构简单、构造层厚度小、施工方便、造价低廉。一般用于功能较为单纯、空间尺寸比较小的房间或装饰要求不高的住宅、旅客用房、教室、普通办公室等。

直接式顶棚按照构造做法不同分为涂刷类顶棚、抹灰类顶棚和粘贴类顶棚三类。

1. 涂刷类顶棚

涂刷类顶棚是在楼板底层找平后，涂刷或喷刷涂料的顶棚装修，适用于一般装修标准的房间。构造做法是在钢筋混凝土板下刷界面剂 1 道，涂抹 5mm 厚 1∶0.5∶3 水泥石灰膏砂浆打底扫毛，然后用 3mm 厚 1∶0.5∶2.5 水泥石灰膏砂浆找平，接着封底漆 1 道，干燥后再做面涂，最后涂刷树脂乳液涂料面层两道，每道间隔 2h 涂刷，构造做法见图 5-38。

2. 粘贴类顶棚

粘贴类顶棚是在楼板底面用水泥砂浆打底找平后，用胶粘剂直接粘贴矿棉吸声板、装饰墙纸等，一般用于楼板底部平整、不需要顶棚敷设管线而装修要求又较高的房间，或有吸声、保温隔热等要求的房间，见图 5-39。

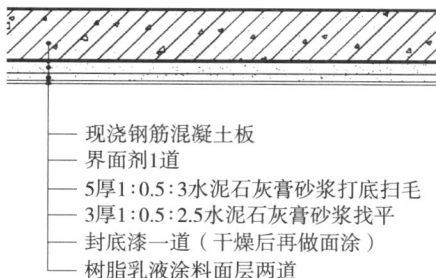

— 现浇钢筋混凝土板
— 界面剂1道
— 5厚1:0.5:3水泥石灰膏砂浆打底扫毛
— 3厚1:0.5:2.5水泥石灰膏砂浆找平
— 封底漆一道（干燥后再做面涂）
— 树脂乳液涂料面层两道

图 5-38 涂刷类顶棚

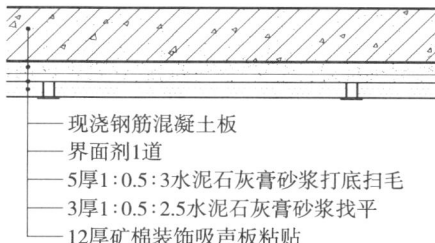

— 现浇钢筋混凝土板
— 界面剂1道
— 5厚1:0.5:3水泥石灰膏砂浆打底扫毛
— 3厚1:0.5:2.5水泥石灰膏砂浆找平
— 12厚矿棉装饰吸声板粘贴

图 5-39 粘贴类顶棚

5.4.2 悬吊式顶棚

悬吊式顶棚又称吊顶棚或吊顶，是将饰面层悬吊在楼板结构上而形成的顶棚，见图 5-40。吊顶棚的构造复杂、造价较高，一般用于装饰要求较高的房间中。

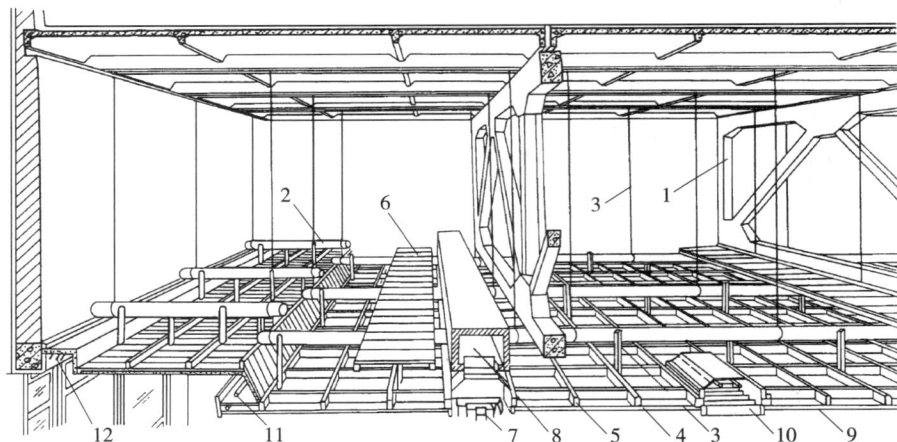

图 5-40 悬吊式顶棚构造示意
1—屋架；2—主龙骨；3—吊筋；4—次龙骨；5—间距龙骨；6—检修走道；7—出风口；8—风道；9—吊顶面层；10—灯具；11—灯槽；12—窗帘

吊顶棚应具有足够的净空高度，以便于照明、空调、灭火喷淋、感应器、广播设备等各种设备管线的敷设。在设计时，应当合理地安排灯具、通风口的位置，以符合照明、通风要求；选择合适的材料和构造做法，使其燃烧性能和耐火极限符合防火规范的规定。吊顶棚应便于制作、安装和维修，自重宜轻，以减少结构负荷。同时，吊顶棚还应满足美观和经济等方面的要求。对于有些房间，吊顶棚应满足保温隔热、隔声、吸声等特殊要求。

悬吊式顶棚一般分为板材吊顶、格栅吊顶等。

1. 板材吊顶

板材吊顶是将各种装饰板材铺钉在吊顶龙骨上形成饰面层，一般由吊杆、基层和面层三部分组成。

1）吊杆

吊杆又称吊筋，顶棚通常是借助于吊杆悬吊在楼板结构上的，有时也可不用吊杆而将基层直接固定在梁或墙上。吊筋的作用主要是承受吊顶棚和格栅的荷载，并将这一荷载传递给屋面板、楼板、屋架等部位，还可以用来调整吊顶棚高度，以适应功能和装饰需要。

吊杆有金属吊杆和木吊杆两种，金属吊杆又分为钢筋吊杆、型钢吊杆。木吊杆用 40mm×40mm 或 50mm×50mm 的方木制作，一般用于木龙骨悬吊式顶棚。钢筋吊杆的直径一般为 6~8mm，用于一般悬吊式顶棚，吊杆长度超过 1500mm 时，应设置反支撑，反支撑间距不宜大于 3600mm，距墙不应大于 1800mm，反支撑应相邻对向设置。当吊杆长度大于 2500mm 时，应设置钢结构转换层。吊杆间距一般为 900~1200mm，常采用膨胀螺栓、膨胀螺栓与角钢连接件等方式固定。

2）基层

吊顶基层固定面层，并将其重量通过吊杆传递到楼板或屋面板上，包括木龙骨基层和金属龙骨基层，均是由主龙骨和次龙骨组成。

木龙骨基层的主龙骨断面多为 50mm×70mm，钉接或栓接于吊杆，底部钉接次龙骨。次龙骨断面一般为 50mm×50mm，通常纵横双向布置，其间距应根据材料规格确定，一般不超过 600mm，超过 600mm 时可加设小龙骨。吊顶面积不大且形式较简单时，可不设主龙骨。木基层吊顶属于燃烧体或难燃烧体，故只能用于防火要求较低的建筑中。

金属龙骨基层的主龙骨间距不宜大于 1200mm，主龙骨借助于吊件与吊杆连接。次龙骨和小龙骨的间距应根据板材规格确定，龙骨之间用配套的吊挂件或连接件连接。

轻钢龙骨属于金属龙骨，分为单层和双层龙骨。单层龙骨是指主、次龙骨在同一水平面上垂直交叉相接，不设承载龙骨，比较简单、经济。双层龙骨是指次龙骨挂在主龙骨下皮之下，其特点是吊顶整体性较好、不易变形。轻钢龙骨吊顶双层骨架见图 5-41。

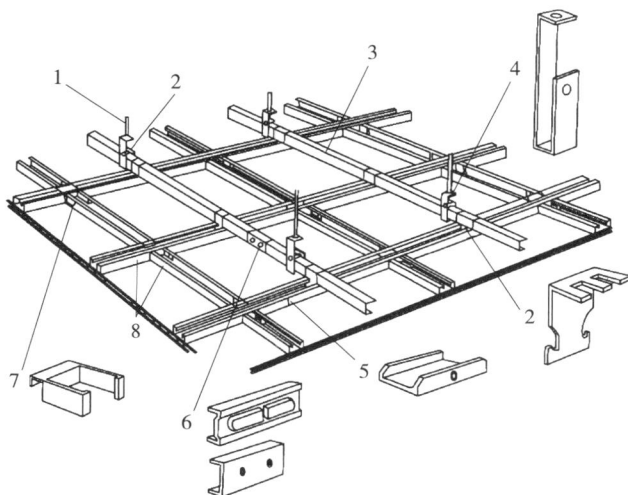

图 5-41 轻钢龙骨吊顶双层骨架
1—吊杆；2—挂件；3—主龙骨；4—吊件；5—C 形龙骨连接件；
6—U 形龙骨连接件（接插件）；7—龙骨之托（挂插件）；8— 次龙骨

3）面层

吊顶面层是室内空间的顶部装饰层，有些房间还应兼具吸声、隔声、保温隔热、反射光线等作用。板材吊顶面层常用植物板材（木板、胶合板、纤维板、装饰吸声板、木丝板）、矿物板（纸面石膏板、矿棉板、GRG 玻璃纤维增强石膏板、硅酸钙板）、金属板（铝板、合金板、薄钢板）等。目前常用的吊顶板材包括石膏板、金属板、矿棉板等。

将各类饰面板通过钉接、粘贴、搁置、卡接等方式固定在龙骨基层上。

（1）石膏板吊顶

石膏板悬吊式顶棚具有自重轻、强度高、防火、阻燃性能好的特点。石膏板可钉刨、可钻、可粘、易加工，并且可弯曲做成各种造型。装饰纸面石膏板分有孔和无孔两类，表面有各种花色图案，一般尺寸为 600mm × 600mm，厚 9mm 或 12mm；还有无纸面石膏板，花纹浮雕板石膏板。石膏板吊顶构造，见图 5-42。

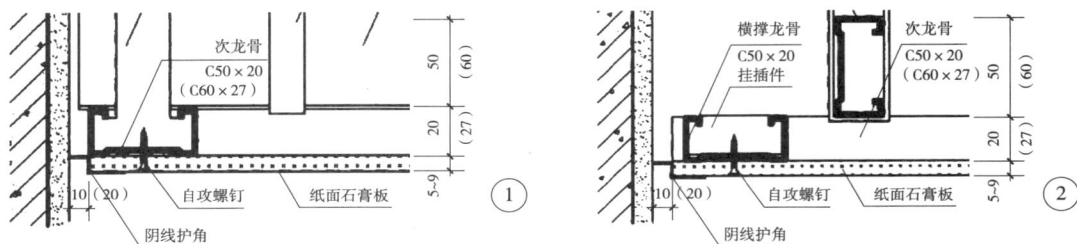

图 5-42　轻钢龙骨石膏板吊顶

（2）金属板吊顶

金属板吊顶由轻质金属板和配套的专用龙骨体系组合而成。金属板吊顶具有质感独特、线条美观、自重较轻、构造简单、安装简便、防火耐久等特点，多用于候车大厅、候机厅、地铁站、图书馆、展览厅以及公共建筑的大堂、居住建筑的厨房、卫生间等处。

龙骨的形式和连接方式随着金属面板的形式不同而不同。金属板的形式有打孔或不打孔的条板和方板，板的形式不同，其构造也有不同。轻钢龙骨铝合金条板吊顶，见图5-43。为降低装修的碳排放量，可以采用再生铝板等再生材料。

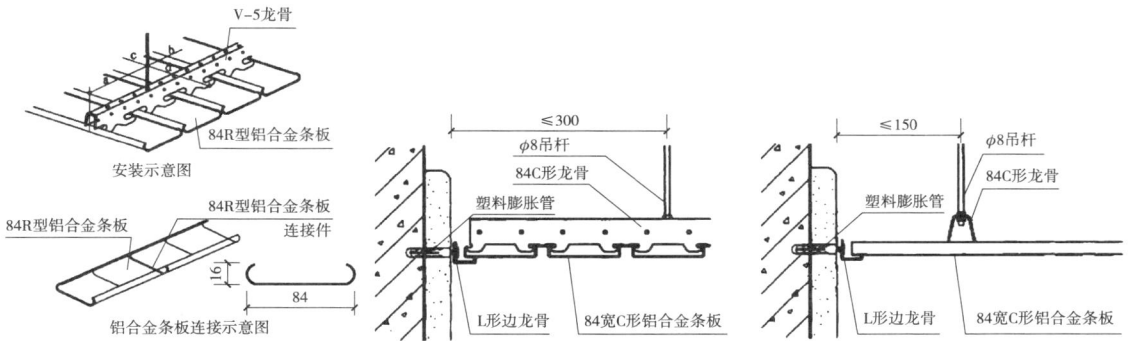

图5-43 轻钢龙骨铝合金条板吊顶

2. 格栅吊顶

格栅吊顶又称开敞式悬吊式顶棚，是指悬吊式顶棚的饰面不封闭，而通过单体构件有规律地排列组合而成的，也称格栅式悬吊式顶棚。这种悬吊式顶棚既遮又透、富有节奏和韵律，与室内灯具结合，可增加顶棚空间的层次感，增强艺术效果。

格栅吊顶由吊杆和格栅组成，不需要单独设置龙骨，悬吊式顶棚的单体构件既是装饰构件，又是承重构件。通常采用变通的安装方式，即先将单体构件用卡具连成整体，再用通长的钢管与吊杆相连，这种方式既施工简单，又节约悬吊式顶棚材料。目前常用的单体构件主要为铝合金单体构件、塑料单体构件等。金属格栅吊顶见图5-44。

3. 软膜吊顶

柔性（软膜）吊顶面层是由特殊聚氯乙烯材料制成，厚度为0.15~0.50mm，其燃烧性能等级为B1级。已经广泛应用到会所、体育场馆、办公室、医院、学校、大型卖场、家居、音乐厅和会堂等民用建筑室内吊顶。柔性吊顶由龙骨、透光软膜、透光软膜扣边三部分组成，柔性（软膜）吊顶构造，见图5-45。

≤300

φ6钢筋吊杆

弹簧吊扣

10   10

100

L形边龙骨   铝合金方格

200

≤200

φ6钢筋吊杆

弹簧吊扣

10   10

100

L形边龙骨   铝合金方格

200

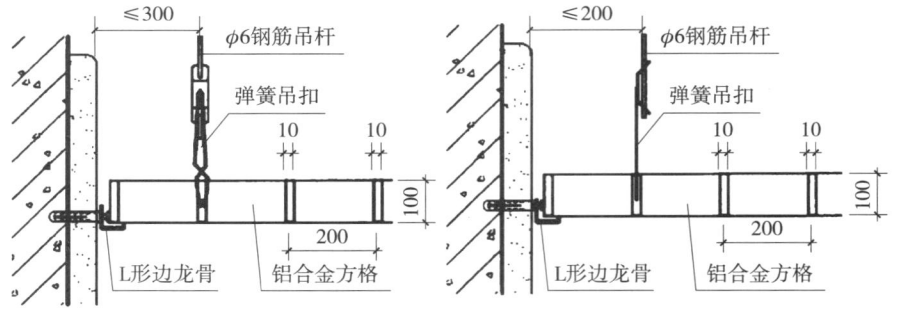

图 5-44　金属格栅吊顶

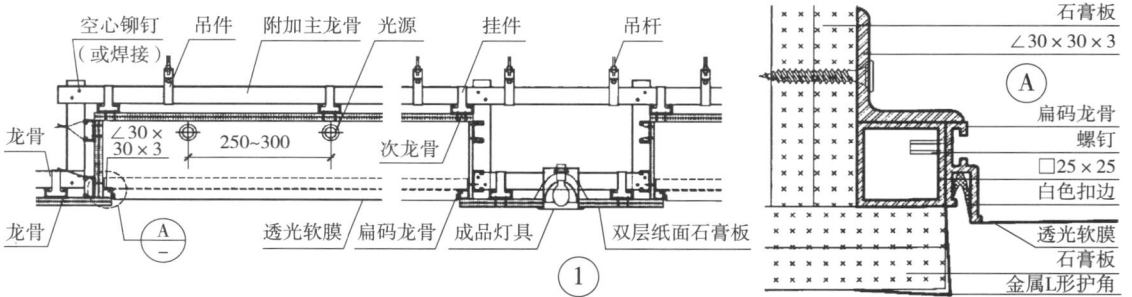

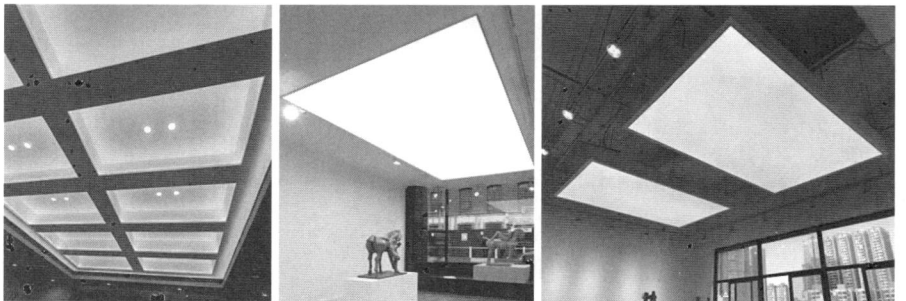

空心铆钉（或焊接）　吊件　附加主龙骨　光源　挂件　吊杆

龙骨

∠30×30×3

250~300

次龙骨

龙骨

A

透光软膜　扁码龙骨　成品灯具　双层纸面石膏板

①

石膏板

∠30×30×3

A

扁码龙骨

螺钉

□25×25

白色扣边

透光软膜

石膏板

金属L形护角

图 5-45　软膜吊顶

5.5.1 装配式装修组成及特点

1. 组成

装配式装修是指将工厂生产的部品部件在现场以干式工法进行组合安装的装修方式，应满足设计标准化、生产工厂化、施工装配化、管理现代化的要求。装配式装修不仅提高了施工效率，还有利于降低建筑业的碳排放量。

装配式内装修是遵循管线与结构分离的原则，运用集成化设计方法，统筹墙面系统、吊顶系统、楼地面系统、厨房系统、卫浴系统、内门窗系统、管线系统等，将工厂化生产的部品部件以干式工法为主进行施工安装的模式。装配式装修体系主要系统，见图 5-46。

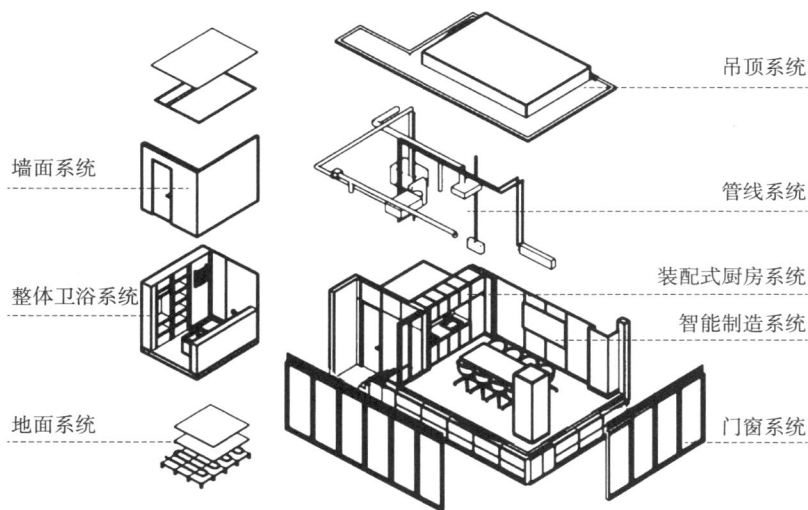

图 5-46 装配式装修体系主要系统

2. 特点

装配式装修具有部品预制集成、干式工法施工、管线与结构分离、可拆卸可循环的特点。

1）部品预制集成

装配式装修应对建筑的主要使用空间和部品部件进行标准化设计，遵循模数化原则和现行国家标准的规定。预制装配式装修部品应采用通用化设计和标准化接口，并提供系统化解决方案，如图 5-47 所示。装配式装修设计厨房、卫生间等固定功能区，可以通过墙、顶、地与管线集成在一起形成功能模块，通过模块化设计可减少设计工作量，提高设计工作的效率。

2）干式工法施工

干式工法是指采用干作业施工的建造方法。干式工法规避了湿作业的找

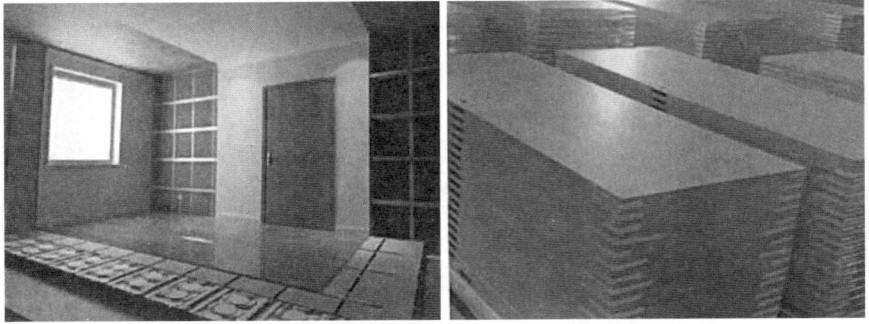

图 5-47　标准化模数化构件

平与连接方式，通过螺栓连接、胶接法、卡扣式、榫卯连接等方式实现可靠
支撑和连接。设计楼地面、墙面找平与饰面连接时，选择架空与自适应调平
的支撑与连接构造，面层选用干挂式、插入式、锁扣式或连接线条等物理连
接方式代替水泥砂浆找平、腻子找平等基层湿作业，以及各类化学用品粘合
的连接方式，见图 5-48。

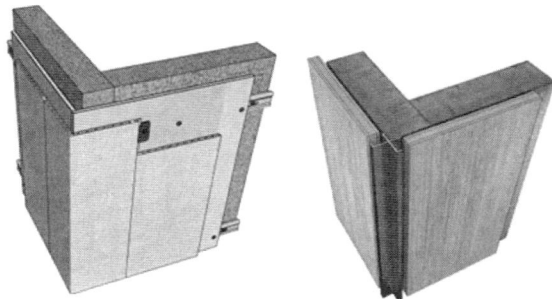

图 5-48　干式工法

3）管线与结构分离

干式工法为管线与结构分离提供了可能，将相对寿命较短的设备及管线
敷设于构造基层与饰面层间，使设备管线与建筑构造主体相分离，确保建筑
主体结构长寿化和可持续发展。管线优先设置在架空地面、架空墙面、吊顶
的空腔内，在不增加额外空间的前提下，有利于建筑功能空间的重新划分和
设备及管线的维护、改造、更换，见图 5-49。

4）可拆卸可循环

装修完全采用物理连接，通过不同形式的固定件将不同部件组合在一
起，实现安装与拆卸的互通。例如装配化架空地面系统和集成给水管线系
统，在后期维护或更换时，只需更换损坏部件，而不破坏相邻或在之上的其
他部件。

图 5-49　管线与结构分离

　　按照部位的不同，装配式装修主要分为装配式墙面、装配式地面、装配式顶棚和集成厨卫等。

5.5.2　装配式墙面装修

　　装配式墙面包括装配式外墙面和装配式内墙面。

1. 装配式外墙面

　　装配式外墙面常用建筑幕墙和保温装饰一体板等。建筑幕墙通常由面板（玻璃、金属板、石板、陶瓷板等）和支撑结构（铝横梁立柱、钢结构、玻璃肋等）组成，以干式工法为主要施工安装方式。保温装饰一体板外墙面板是在工厂预制成型的兼具保温性能和装饰功能的板材，主要有薄石材、微晶石材、陶瓷板、金属板及工厂内预涂真石漆、氟碳漆饰面层的无石棉纤维增强硅酸钙板和无石棉纤维增强水泥板等，贴挂在建筑外墙形成饰面，见图 5-50。

　　保温装饰一体板外墙面的基本构造层次主要包括基层墙体、找平层、粘结层、面板层，并使用锚固组件紧扣面板层，提高保温装饰板整体安全性。

　　保温装饰一体板板缝应进行保温、密封、排气处理。板缝内填充泡沫塑料或聚苯乙烯圆棒，作密封胶的隔离、背衬材料，其直径按缝宽的 1.3 倍选

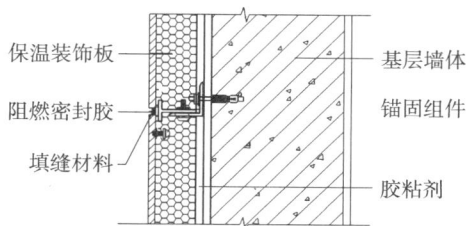

保温装饰板
阻燃密封胶
填缝材料
基层墙体
锚固组件
胶粘剂

图 5-50　保温装饰一体板

用，厚度应与保温层厚度相同。板缝使用阻燃密封胶密封。排气孔宜设置在保温装饰板板缝处，待密封胶施工完毕 24h 后，在板缝中间或十字交叉处安设，保温装饰一体板排气件，见图 5-51。

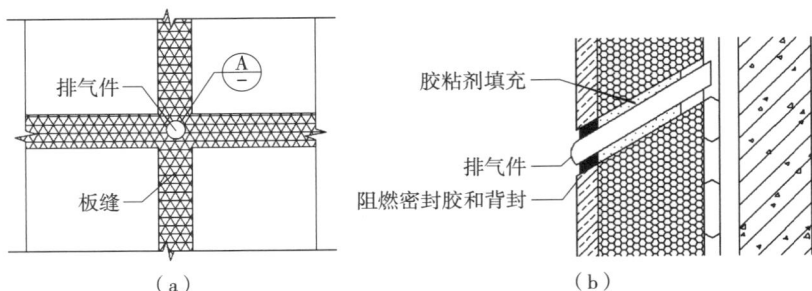

图 5-51　保温装饰一体板排气件
（a）立面；（b）剖面

2. 装配式内墙面

装配式室内墙面系统是将工厂预制生产的装饰板材，采用干式工法装配在墙体基层上，形成同时满足功能和装饰要求的集成化墙面。

装配式室内墙面系统一般由基层墙体、找平部件、连接部件、饰面板构成，宜采用可调节部件纠正或隐藏偏差。基层墙体的表面平整度是保证饰面板工程质量的基础，因此墙体的平整度应由找平构造或部件完成，如找平龙骨、找平斜楔等。

装配式内墙面装饰板材，多以复合材质饰面板为主。复合材质饰面板是指在工厂将基板进行表面处理，或将基板与各种饰面材料复合形成，或将装饰板材与背衬材料复合形成的装饰板材。按基材种类的不同，复合材质饰面板通常分为水泥基复合饰面板、石膏基复合饰面板、金属复合饰面板、石塑复合饰面板、竹木纤维复合饰面板、石材铝蜂窝复合饰面板、木质复合饰面板等。

饰面板与基层墙体的连接方式宜采用干挂法、粘结法或紧固件固定＋粘结法。水泥基饰面板、石膏基饰面板和石塑基饰面板多采用干挂法或粘结法的连接方式。金属饰面板和竹木纤维饰面板多采用紧固件固定＋粘结法相结合的连接方式，一般采用免钉胶辅助固定；饰面板的连接设计应考虑饰面板的材质、装饰要求等。

干挂法可采用龙骨或找平部件找平，包括开槽式通长挂件、压条式通长挂件、自配合式通长暗插件等连接方式，干挂法装配式内墙面（龙骨找平）见图 5-52。

采用粘结法时，应明确粘结方法、粘结位置、最小粘结面积及粘结强度等，粘结应牢固。常用的粘结方式有点粘、条粘和满粘法，因采用的粘结材

数字资源 5.15
装配式墙面装修做法

218

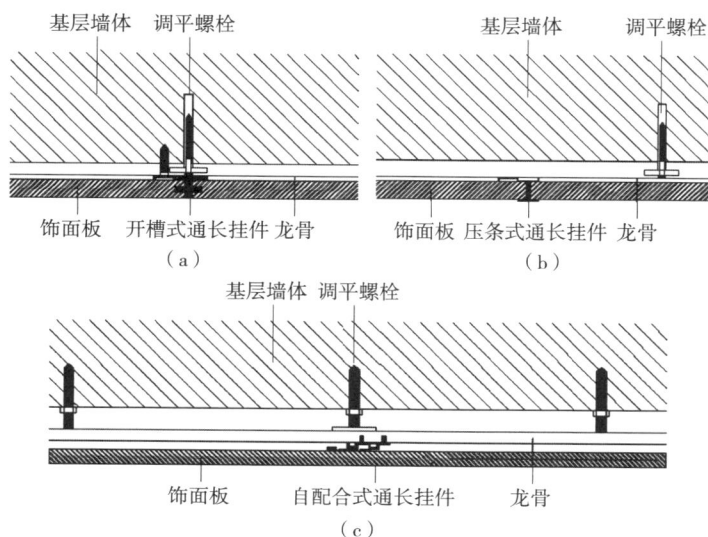

图5-52　干挂法装配式内墙面（龙骨找平）
（a）开槽式；（b）压条式；（c）自配合式

料及其性能不同，要求粘结面积应满足粘结强度的要求。当基层墙体不平整时，可通过龙骨进行找平，再用粘结材料将饰面板牢固粘结在龙骨上，粘贴法装配式内墙面见图5-53。

采用紧固件固定＋粘结法时，定位板可用粘结材料定位固定后，再用紧固件固定牢固的方式；也可采用先固定收口收边构件，再固定定位板的方式，见图5-54。

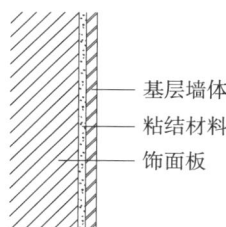

图5-53　粘贴法装配式内墙面　　图5-54　紧固件固定＋粘结法装配式内墙面

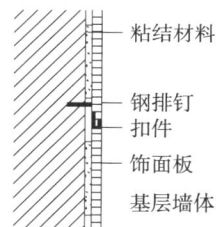

3. 细部构造

1）阴阳角构造

饰面板之间可采用平接、榫接、双凹槽对接的连接方式，饰面板接缝设计应根据装饰效果和饰面板特性确定，可采用装饰线条、密封胶或密缝处理。阴阳角部位可采用阴阳角条或将金属复合饰面板、竹木纤维板等饰面板折弯成形处理。当采用阴阳角条时，阴阳角条应与饰面板结合紧密，阳角宜做弧形处理，装配式内墙阴阳角见图5-55。

2）收口构造

装配式室内墙面系统的收边收口宜采用成品部件，并与顶棚、地面的收口部位以及成套化的内门窗部品一体化集成设计，装配式内墙面收口，见图 5-56。

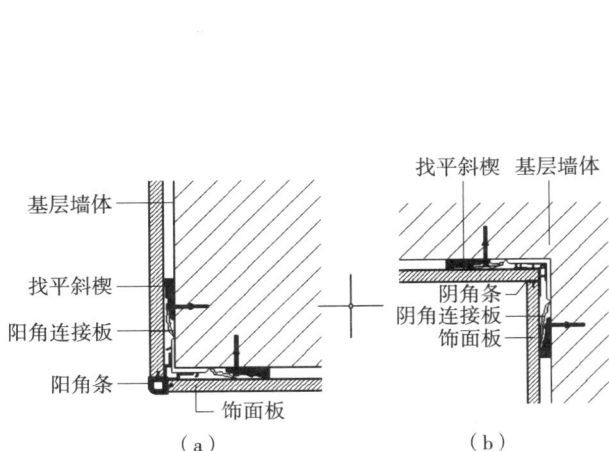

图 5-55　装配式内墙阴阳角
（a）阳角示意图；（b）阴角示意图

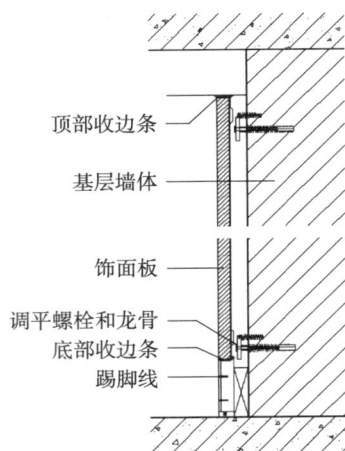

图 5-56　装配式内墙面收口

5.5.3　装配式地面装修

装配式地面系统是由工厂生产，且主要采用干法装配而成的集成化地面，满足装饰和功能要求，在避免湿作业的前提下，实现地板下部空间的管线敷设、支撑、找平、地面装饰等。

装配式地面可分为直铺地面和架空地面。直铺地面是在满足安装平整度要求的楼地面基层上，直接铺设的装配式地面系统。当基层平整度在 ±3mm 范围内时，可采用直铺地面，主要由基层、隔离减振层、饰面层组成，见图 5-57（a）。

架空地面是由基层、可调节支撑、收边支撑、龙骨、基板、饰面材料、功能性材料等组成，具有架空构造的装配式地面系统。架空地面可采用四周支撑或四角支撑构造。四周支撑构造由可调节支撑、主龙骨、基板层和饰面层组成，见图 5-57(b)；四角支撑构造由可调节支撑、基板层和饰面层组成，见图 5-57（c）。

架空地面基板应根据饰面材料、荷载大小等因素选用，宜采用无石棉纤维增强水泥平板、无石棉纤维增强硅酸钙板或刨花板等。基板可与饰面层材料复合成一体，也可单独设置。饰面层材料可为陶瓷砖、石材、木地板、地

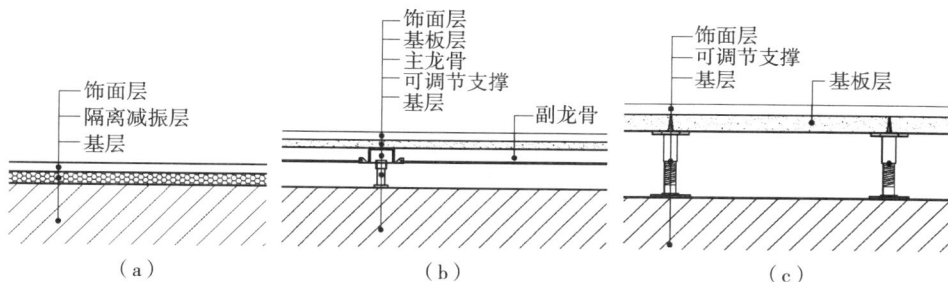

图 5-57 装配式地面系统
（a）直铺地面；（b）四周支撑架空地面；（c）四角支撑架空地面

毯、石塑地板、PVC 地板、自饰面硅酸钙板、纤维水泥平板等。

架空地面可调节支撑的数量和布置应满足承载力要求，并应与楼地面基层连接牢固。架空高度宜为 15~350mm，敷设管线时，架空高度还应满足管线排布要求。四角支撑构造的板块最大尺寸宜为 600mm×600mm，四周支撑构造的板块四边接缝应落在龙骨上。敷设管线时，应在管线集中的连接处设置检修口或采用便于拆装的构造。检修口及预先设计放置重物等部位应采取加密可调节支撑等的加强措施。敷设的给水排水、供暖等管线应采取隔声降噪、保温或防结露等措施。

四角支撑架空地面无需龙骨作为边支撑，在材料用量和层高方面具有优势，可节约工程造价，且更能方便调整架空地面平整度。四角架空的点支撑，可采用加橡胶垫隔声的金属地脚、树脂地脚。四周支撑架空地面多用于机房等需要防静电的活动地板。装配式地面装修做法见数字资源 5.16。

5.5.4 集成卫生间

集成卫生间是地面、吊顶、墙面和洁具设备及管线等通过设计集成、工厂生产，在工地主要采用干式工法装配而成的卫生间。

集成卫生间宜采用同层排水方式，见图 5-58，当采取结构局部降板方式实现同层排水时，应结合排水方案及检修要求等因素确定降板区域，降板高度应根据防水底盘厚度、卫生器具布置方案、管道尺寸及敷设路径等因素确定。集成卫生间的设备管线应进行综合设计，给水、热水、电气管线宜敷设在吊顶内；设计时应充分考虑更新、维护的需求，并应在相应的部位设置检修口或检修门。当采用集成卫生间时，一般情况下，集成卫生间尺寸为空间尺寸减去 100~150mm，卫生间水平、垂直方向尺寸关系，见图 5-59。集成卫生间见数字资源 5.17。

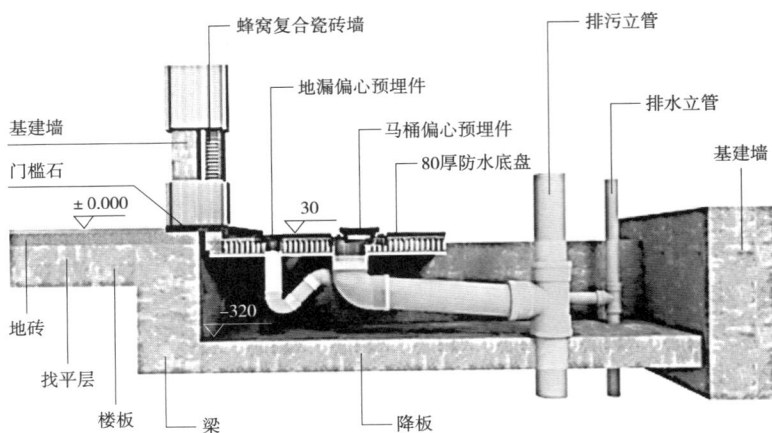

图 5-58 集成卫生间同层排水

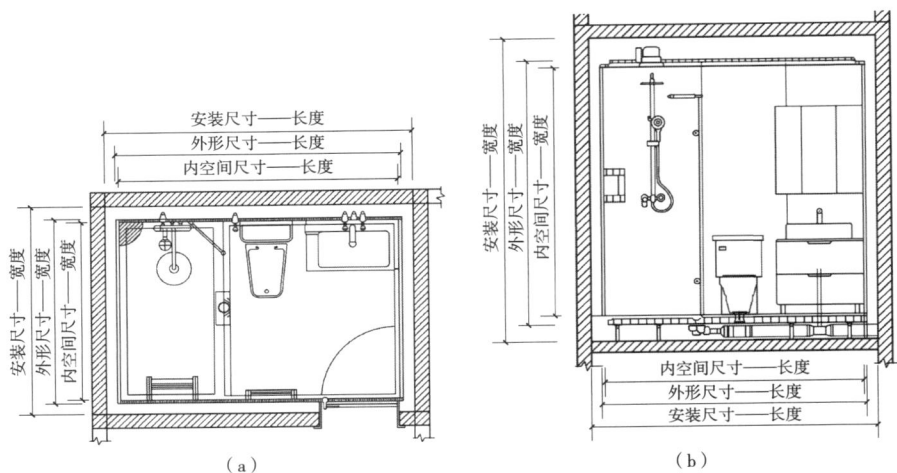

（a）

（b）

图 5-59 集成卫生间
（a）平面；（b）剖面

5.5.5 集成厨房

集成厨房是由工厂生产的楼地面、吊顶、墙面、橱柜和厨房设备及管线等集成并主要采用干式工法装配而成的厨房，集成厨房见图 5-60，数字资源 5.18。

模数是集成式厨房标准化、产业化的基础，是厨房与建筑一体化的核心，也是使建筑空间与厨房的装配相吻合，使橱柜单元及电器单元具有配套性、通用性、互换性，还是橱柜单元及电器单元装入、重组、更换的最基本保证。

集成式厨房的设计应遵循人体工程学的要求，合理布局，进行标准化、系列化和精细化设计，并应与结构系统、外围护系统、设备与管线系统、内装系统进行一体化计，且宜满足适老化的需求。

建筑装修除满足美观要求外，建筑隔声、吸声、防静电、防腐蚀等特

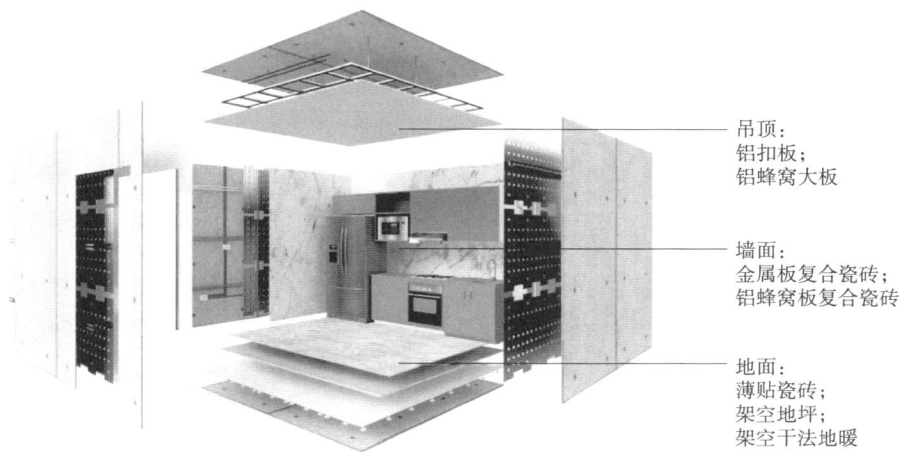

吊顶：
铝扣板；
铝蜂窝大板

墙面：
金属板复合瓷砖；
铝蜂窝板复合瓷砖

地面：
薄贴瓷砖；
架空地坪；
架空干法地暖

图 5-60　集成体厨房

殊功能要求，因此需要进行功能类装修，具体内容见数字资源 5.19 功能类装修。

数字资源 5.19
功能类装修

课后习题

1. 简述建筑饰面装修的作用，按照施工方式可以分为哪几类？

2. 简述建筑墙面装修的类型有哪些？各类装修的构造组成及特点是什么？

3. 简述建筑地面装修的类型、构造组成、饰面特点及适用范围。

4. 简述吊顶棚的功能要求、基本构造组成及设计要点。

5. 简述轻钢龙骨纸面石膏板吊顶棚的构造组成，用构造简图表示。

6. 建筑功能类装修中，建筑声学装修的隔声构造、吸声构造设计要求有哪些？

7. 建筑防静电装修的构造设计要求有哪些？

8. 简述建筑装配式装修的组成及特点。

9. 装配式内墙面构造安装方式有哪些？各自特点是什么？

10. 装配式地面系统主要有哪些类型？并用构造简图表示。

11. 简述装配式整体卫生间、集成式厨房的构造设计要求。

本章参考文献

[1]　崔艳秋，吕树俭 . 房屋建筑学 [M]. 4 版 . 北京：中国电力出版社，2020.

[2]　李必瑜 . 建筑构造 [M]. 北京：中国建筑工业出版社，2019.

[3]　孟刚 . 建筑构造 [M]. 上海：同济大学出版社，2019.

［4］ 中华人民共和国住房和城乡建设部．抹灰砂浆技术规程：JGJ/T 220—2010[S]. 北京：中国建筑工业出版社，2010.

［5］ 中华人民共和国住房和城乡建设部．建筑装饰装修工程质量验收标准：GB 50210—2018[S]. 北京：中国建筑工业出版社，2018.

［6］ 中华人民共和国住房和城乡建设部．建筑涂饰工程施工及验收规程：JGJ/T 29—2015[S]. 北京：中国建筑工业出版社，2015.

［7］ 中国建筑标准设计研究院．工程做法：23J909[S]. 北京：中国计划出版社，2023.

［8］ 艾学明．建筑材料与构造 [M]. 南京：东南大学出版社，2014.

［9］ 高祥生．装饰装修材料与构造 [M]. 南京：南京师范大学出版社，2020.

［10］中国建筑标准设计研究院．住宅建筑构造图集：11J930[S]. 北京：中国计划出版社，2011.

［11］中华人民共和国住房和城乡建设部．建筑外墙涂料通用技术要求：JG/T 512—2017[S]. 北京：中国建筑工业出版社，2017.

［12］中国建筑标准设计研究院．人造板材幕墙：13J103-7[S]. 北京：中国计划出版社，2013.

［13］中国建筑标准设计研究院．外装修（一）：06J505-1[S]. 北京：中国计划出版社，2006.

［14］中国建筑标准设计研究院．内装修 – 墙面装修：13J502-1[S]. 北京：中国计划出版社，2013.

［15］中国建筑标准设计研究院．内装修 – 室内吊顶：13J502-2[S]. 北京：中国计划出版社，2013.

［16］中国建筑标准设计研究院．内装修 – 楼（地）面装修：13J502-3[S]. 北京：中国计划出版社，2013.

［17］中国建筑标准设计研究院．内装修 – 细部构造：16J502-4[S]. 北京：中国计划出版社，2016.

［18］中国建筑标准设计研究院．轻钢龙骨内隔墙：03J111-1[S]. 北京：中国计划出版社，2003.

［19］中国建筑标准设计研究院．内隔墙 – 轻质条板（一）：24J113-1[S]. 北京：中国计划出版社，2024.

［20］中国建筑标准设计研究院．轻钢龙骨石膏板隔墙、吊顶：07CJ03-1[S]. 北京：中国建筑标准设计研究院，2007.

［21］中国建筑标准设计研究院．建筑隔声与吸声构造：08J931[S]. 北京：中国建筑标准设计研究院，2008.

［22］董国群，姜涌，刘嘉，等．装配式内装修墙面系统技术体系与技术要点研究 [J]. 施工技术（中英文），2023，52（21）：109-115.

［23］中华人民共和国住房和城乡建设部．装配式内装修技术标准：JGJ/T 491—2021[S]. 北京：中国建筑工业出版社，2021.

［24］中国工程建设标准化协会．装配式室内墙面系统应用技术规程：T/CECS 1018—2022[S]. 北京：中国建筑工业出版社，2022.

［25］中国工程建设标准化协会．装配式室内地面系统技术规程：T/CECS 1415—2023[S]. 北京：中国建筑工业出版社，2023.

［26］中国建筑标准设计研究院．装配式保温楼地面建筑构造 –FD 干式地暖系统：20CJ95-1[S]. 北京：中国计划出版社，2020.

［27］陆相楠．装配式建筑装饰装修产品选型标准化研究 [D]. 哈尔滨：东北林业大学，2019.

第6章

低碳建筑构造

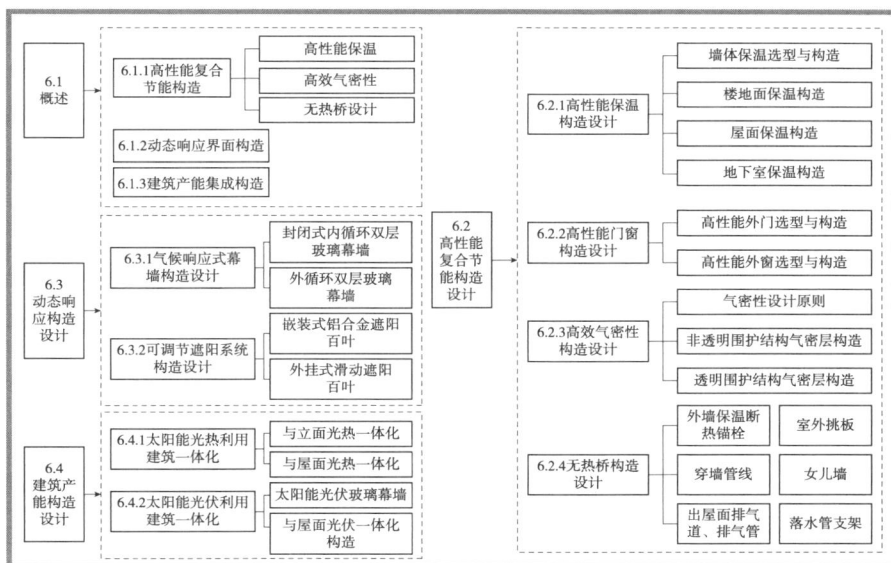

```
┌──────────────────────────────────────────────────────────────────────────────┐
│  ┌──────┐   ┌──────────────┐   ┌──────────────┐      ┌──────────────┐   ┌──────────────┐
│  │ 6.1  │   │6.1.1高性能复合│   │  高性能保温   │      │6.2.1高性能保温│   │墙体保温选型与构造│
│  │ 概述 │   │ 节能构造     │   │  高效气密性   │      │ 构造设计     │   │楼地面保温构造│
│  └──────┘   │              │   │  无热桥设计   │      │              │   │屋面保温构造│
│             └──────────────┘                         │              │   │地下室保温构造│
│             │6.1.2动态响应界面构造│                   └──────────────┘
│             │6.1.3建筑产能集成构造│     ┌────────┐   ┌──────────────┐   ┌──────────────┐
│                                        │  6.2   │   │6.2.2高性能门窗│   │高性能外门选型与构造│
│  ┌──────┐   ┌──────────────┐          │高性能  │   │ 构造设计     │   │高性能外窗选型与构造│
│  │ 6.3  │   │6.3.1气候响应式│   │封闭式内循环双层│  │复合节  │   └──────────────┘
│  │动态响│   │ 幕墙构造设计  │   │玻璃幕墙      │  │能构造  │   ┌──────────────┐   ┌──────────────┐
│  │应构造│   │              │   │外循环双层玻璃 │  │设计    │   │6.2.3高效气密性│   │气密性设计原则│
│  │设计  │   │              │   │幕墙          │  └────────┘   │ 构造设计     │   │非透明围护结构气密层构造│
│  └──────┘   │6.3.2可调节遮阳│   │嵌装式铝合金遮阳│              │              │   │透明围护结构气密层构造│
│             │ 系统构造设计  │   │百叶          │              └──────────────┘
│             │              │   │外挂式滑动遮阳 │              ┌──────────────┐  外墙保温断热锚栓│室外挑板│
│             │              │   │百叶          │              │6.2.4无热桥构造│  穿墙管线│女儿墙│
│  ┌──────┐   ┌──────────────┐   ┌──────────────┐              │ 设计         │  出屋面排气道、排气管│落水管支架│
│  │ 6.4  │   │6.4.1太阳能光热│   │与立面光热一体化│              └──────────────┘
│  │建筑产│   │利用建筑一体化 │   │与屋面光热一体化│
│  │能构造│   │              │   │太阳能光伏玻璃幕墙│
│  │设计  │   │6.4.2太阳能光伏│   │与屋面光伏一体化│
│  └──────┘   │利用建筑一体化 │   │构造          │
└──────────────────────────────────────────────────────────────────────────────┘
```

▲ 低碳建筑构造在可持续发展中扮演了怎样的角色？

▲ 为什么说低碳建筑构造是实现低碳建筑目标的基石？

▲ 低碳建筑构造与建筑构造都有哪些不同？

低碳建筑构造是在满足功能要求的前提下，充分考虑气候特征与场地条件，合理选用低碳建筑材料，科学运用建筑构造原理和方法，进行建筑构造设计，实现降低建筑用能需求，并充分利用可再生能源，减少二氧化碳排放的目的。

低碳建筑构造的主要内容包括：①为降低供暖制冷需求而进行的高性能复合节能构造设计；②为降低建筑通风、照明能耗而进行的动态响应建筑界面生态化设计；③为提高能源利用效率与可持续性而进行的可再生能源建筑利用一体化设计。

6.1.1　高性能复合节能构造

1. 高性能保温

高性能保温是指建筑通过使用高效保温材料和先进的保温构造技术，实现提高建筑围护结构保温性能，减少建筑在冬季的热量散失和在夏季的热量吸收，从而有效减少能量损失，提高建筑能源利用效率。建筑高性能保温主要涉及建筑外墙、屋面、地面等部分的材料选择与构造设计，如图 6-1 所示。

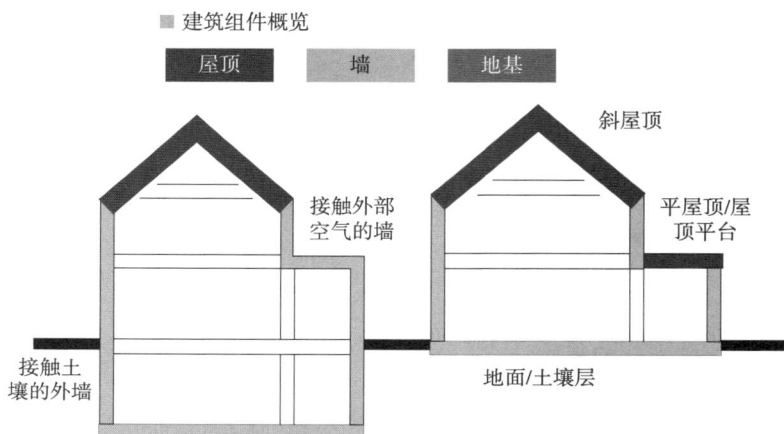

图 6-1　建筑高性能保温位置示意

2. 高效气密性

建筑气密性指建筑物在正常使用条件下，阻止空气渗透的能力，反应了建筑物围护结构在关闭状态时的密封性能。气密性等级越高，热损失越小。

要实现建筑的高效气密性，需要从以下几个方面进行设计：①应进行建筑气密性专项设计，当设计有气密层时，气密层应连续包围整个围护结构，气密性措施应根据不同的建筑结构形式进行选择，并应在建筑施工图中明确标注气密层的位置和不同部位的气密性处理措施，气密层在建筑中的位置示意如图 6-2 所示。②气密性材料的选用应结合当地气候条件和施工现场条件，适用温度、可施工温度、抗紫外线和抗腐蚀等性能指标应满

图 6-2　气密层位置示意

足相关标准要求。③建筑气密性宜按国家标准《近零能耗建筑技术标准》GB/T 51350—2019 的规定进行设计并在围护结构建设完成后进行建筑气密性检测。

3. 无热桥设计

无热桥设计的主要目的是通过减少或消除建筑物中的热桥来减少热量的传输。热桥是指建筑物中由于结构设计、施工材料等原因而导致的能量传输的地方，这些地方通常是窗框、门框、墙角和屋顶等。如果在这些地方没有采取有效的隔热措施，就会导致建筑物室内外因温差过大，造成能量损失。无热桥设计是一种综合性的建筑设计策略，旨在通过优化材料和安装技术，减少建筑物内部的能量损失，实现更高效的能源利用和无热桥效应，从而达到节约能源和改善室内环境的目的。红外成像下的建筑热桥位置如图 6-3 所示。

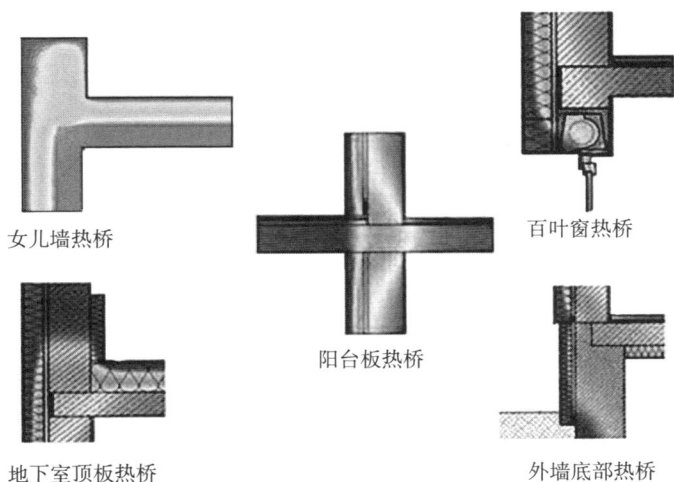

女儿墙热桥

百叶窗热桥

阳台板热桥

地下室顶板热桥

外墙底部热桥

图 6-3　红外成像下的建筑热桥位置

避免热桥产生的低碳设计原则包括：①围护结构的热桥部位应采取消除或削弱热桥的措施，并确保热桥内表面温度高于房间空气露点温度。建筑设计施工图中应明确热桥部位的处理措施，具体措施宜符合现行国家标准《近零能耗建筑技术标准》GB/T 51350—2019 的规定。②严寒和寒冷地区外墙上的悬挑构件宜采用断热桥承重连接件，其承载性能应符合相关国家标准的要求，其连接方式、热工性能应符合设计要求。③外窗洞口区域的热工性能宜按现行国家标准《外窗热工缺陷现场测试方法》GB/T 39684—2020 开展热工缺陷判定。

6.1.2　动态响应界面构造

动态响应的建筑气候界面是通过特定的设计和材料选择，改善建筑的物理环境，如调节室内温度、增加自然采光、优化通风等。同时，动态界面还能够增强建筑的自适应性，使其更好地适应环境变化，降低对环境的依赖和负面影响。动态响应界面构造设计如图 6-4 所示。

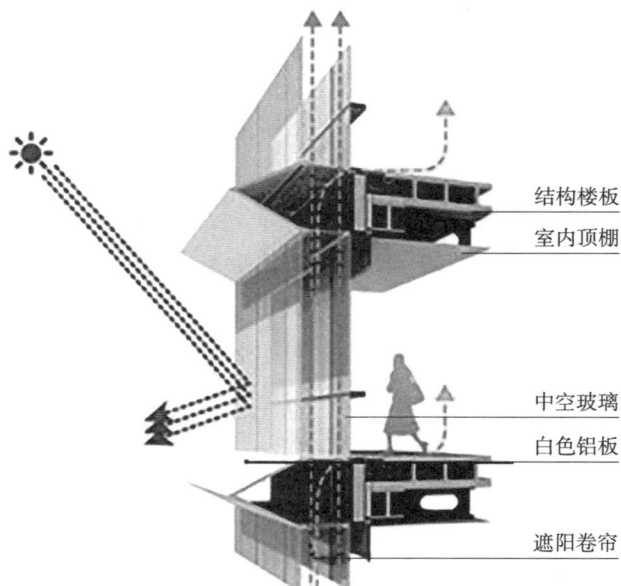

结构楼板
室内顶棚

中空玻璃
白色铝板

遮阳卷帘

图 6-4　动态响应界面构造设计

动态响应界面的构造设计中应遵循以下原则：①动态界面的材料和构造方法应体现可持续性原则，优先使用可再生、可循环或可生物降解的材料，减少对环境的影响。同时，应充分考虑材料的生命周期，确保在使用过程中不会对环境造成危害。②动态界面应具备良好的适应性，能够根据不同的气候、环境和使用需求进行调整和优化。③动态界面应与建筑的整体设计相协调，与建筑的结构、功能和使用方式相融合。在设计中，应充分考虑其与建筑其他部分的连接和过渡，确保整体的美观性和实用性。④动态界面应具备一定的功能性，如调节室内温度、湿度、采光和通风等。通过合理的设计和材料选择，可以实现节能、减排、改善室内环境等多重目标。

6.1.3　建筑产能集成构造

低碳建筑构造产能增效是指在低碳理念的指导下，通过优化建筑设计、结构设计及机电一体化设计，引入可再生能源，实现建筑的节能减排和产能提升。在建筑设计中，可再生能源的应用方式多种多样，包括利用太阳能光伏板将太阳能转化为电能，为建筑提供清洁的电力供应；利用太阳能热水系统，将太阳能用于加热生活用水；利用地源热泵系统，利用地热能进行建筑的制冷和供暖等。建筑产能系统构成如图 6-5 所示。

图 6-5　建筑产能系统构成

要实现建筑产能增效，需要从以下几个方面进行考虑：①在技术经济合理的条件下，建筑冷热源和热水热源应优先选用太阳能光热系统、地源热泵、空气源热泵等；供电系统应优先选用光伏发电、风光互补等。②新建建筑的可再生能源系统应统一规划、同步设计、同步施工、统一验收。③采用太阳能建筑一体化构造设计时，应选择转换效率高的太阳能接收设备进行集成。

高性能复合节能构造设计是一种先进的建筑构造设计理念，旨在通过综合运用多种节能技术和材料，实现建筑能耗的显著降低和环境性能的提升。该设计注重建筑的整体性能和各部分的协同作用，通过优化建筑围护结构，减少能源消耗和环境污染。高性能复合节能构造设计不仅有助于提高建筑的舒适性和健康性，还能降低建筑全生命周期的成本，实现经济效益和生态效益的双赢。

6.2.1　高性能保温构造设计

通过采取提高建筑围护结构热工性能等技术措施，在保证建筑使用功能和室内热环境质量的条件下，减少供暖与空调设备的使用，减少建筑能耗，具有提高人居舒适性和节约能源的双重效能。低碳建筑的外围护结构高性能保温构造设计是一项系统工程，涉及保温、隔热材料及配套材料的选取、系统性能优化、工程设计、施工技术等诸多方面。基本要求是在保障主体结构体系整体性、耐久性、有效性和安全性的基础上，遵循因地制宜、因时制宜的设计理念，以实现通过墙体热量损失的最小化进行优化构造设计。

1. 墙体保温选型与构造

在高性能保温构造设计中应注意：首先，要明确外围护结构的保温目标是最大限度地降低建筑能量损耗，提高能源利用效率。因此，在材料选择上，应优先考虑具有高热阻、低传热系数的保温材料，如 EPS、XPS、石墨聚苯板、岩棉等。其次，相较于一般房屋，低碳建筑需要设置更厚的保温层，通常可达 150~250mm，以确保其优异的保温性能。最后，外墙外保温体系由于很好地解决了外墙体的冷热桥问题，有效降低墙体热量损失，并可根据节能设计目标调整保温层厚度。

1）有机保温板薄抹灰外保温系统

有机保温板薄抹灰外保温系统是将高性能保温隔热材料置于墙体外侧的复合墙体节能技术。该产品的性能已初步成熟，施工工艺也得到了完善，相关技术规程和标准也逐步形成。由于 EPS 板具有吸水率低、透水率小、压缩强度大、重量轻、保温隔热性能好、施工方便等特点，现已广泛应用于民用住宅和公共建筑的外墙外保温工程。EPS 板薄抹灰外保温系统由 EPS 板保温层、抗裂砂浆薄抹面层和饰面涂层构成，EPS 板用胶粘剂固定在基层上，薄抹面层中满铺抗碱玻璃纤维网，该保温墙体的构造如图 6-6 所示。

有机保温板薄抹灰外保温系统基本构造层次及构造设计要点包括：

（1）找平层及基层墙体表面处理：EPS 板薄抹灰外墙外保温系统的基层

基层墙体①	基本构造							构造示意图
	粘结层②	保温层		辅助连接件⑤	抹面层			饰面层⑨
		保温板③	防火隔离带④		底层⑥	增强材料⑦	面层⑧	
混凝土墙，砌体墙	胶粘剂	有机保温板、防火隔离带		锚栓	抹面胶浆	玻纤网	抹面胶浆	涂料、饰面砂浆等

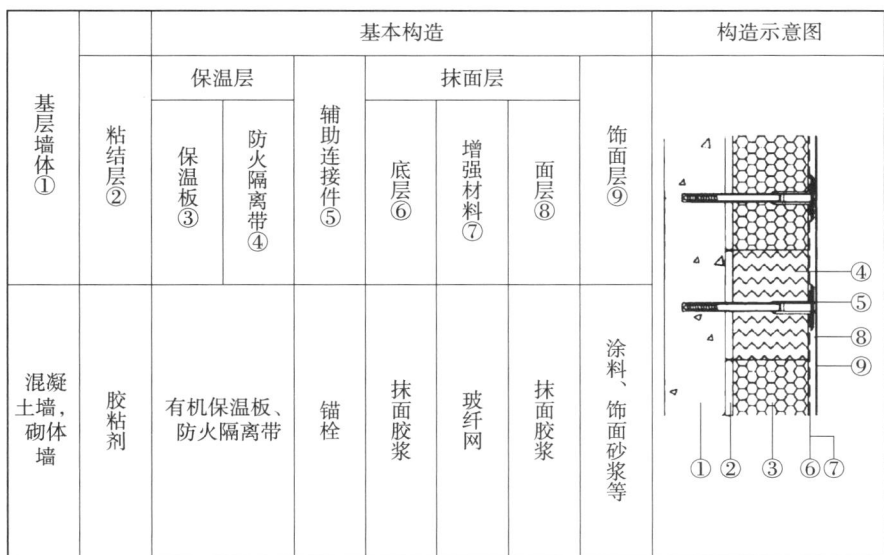

图 6-6　有机保温板薄抹灰外保温系统构造

数字资源 6.1
墙体构造示意

墙体可以是混凝土墙体，也可以是各种砌体墙体。基层墙体的表面应清洁、无油污，并用 20mm 厚的 1∶3 水泥砂浆进行找平层施工，找平层与基层墙体之间必须粘接牢固，无空鼓、脱层等现象。

（2）EPS 板保温层：EPS 板的标准尺寸有 600mm×900mm 和 600mm×1200mm 两种，非标准尺寸或局部不规则处可以现场裁切，但必须注意切口与板面垂直。EPS 板的粘贴方式有点框粘法和条粘法两种。

（3）锚栓：待 EPS 板粘结牢固（正常情况下可待 EPS 板粘结 48h）后安装固定锚栓即按设计要求的位置用冲击钻钻孔，锚深为基层内约为 50mm，钻孔深度约为 60mm，然后用锤子将固定锚栓及膨胀钉敲入。锚栓和膨胀钉的顶部应与 EPS 板表面平齐或略敲入些，以保证膨胀钉尾部进一步膨胀而与基层充分锚固。

（4）抗裂砂浆：拌制好抗裂砂浆后，用抹面抹子将拌制好的抗裂砂浆均匀涂抹在膨胀聚苯板上，然后迅速贴上事先剪切好的玻纤网格布，再用抹平抹子由中间向上、下两边将网格布抹平，使其紧贴底层抹面砂浆。

（5）抹面层：抹面层的厚度以盖住网格布为准，这样就形成了具有保护保温层、防裂、防火、抗冲击作用的构造层。为了避免因温度和湿度变化引起的体积和外形尺寸的变化，抹面层不仅要用抗裂水泥砂浆，还应在砂浆中掺入弹性乳液和助剂，从而使水泥砂浆的柔韧性得到明显提高。

（6）涂料饰面层：待抗裂砂浆层干燥后，刮柔性腻子（水溶性材料）一遍以找平，腻子干燥后再进行饰面涂料施工。饰面涂料应选用高弹性水乳性涂料，其施工方法与普通墙面工艺相同。

2）无机保温板薄抹灰外墙外保温系统

低碳建筑外墙采用的无机保温板薄抹灰外墙外保温系统可以根据不同的无机保温材料和构造方式分为多种类型。以下是一些常见的无机保温板薄抹灰外墙外保温系统的种类：

（1）岩棉板薄抹灰外墙外保温系统

该系统采用岩棉板作为保温材料，通过粘结层固定在基层墙体上，外侧抹上抹面层，最后进行饰面处理。岩棉板具有良好的保温效果、防火性能和耐久性，适用于各种气候条件下的建筑外墙保温工程。

（2）硅酸盐板薄抹灰外墙外保温系统

该系统采用硅酸盐板作为保温材料，硅酸盐板是一种以硅酸盐为主要原料制成的无机保温板材，具有优良的保温性能和防火性能。该系统通过粘结层将硅酸盐板固定在基层墙体上，外侧同样进行抹面和饰面处理。

（3）膨胀玻化微珠无机保温板薄抹灰外墙外保温系统

该系统采用膨胀玻化微珠无机保温板作为保温材料，该保温板以膨胀玻化微珠为主要原料，具有优良的保温性能和防火性能。该系统通过粘结层将保温板固定在基层墙体上，外侧进行抹面和饰面处理。

除了以上几种常见的无机保温板薄抹灰外墙外保温系统外，还有其他类型的无机保温材料和构造方式，如玻化微珠保温砂浆外墙外保温系统、无机保温砌块外墙外保温系统等。这些系统各有其特点和应用场景，可以根据具体工程需求进行选择。无机保温板外墙外保温系统构造如图6-7所示。

无机保温板外墙外保温系统由基层墙体、粘结层、无机保温板（或带）、抹面层（内设耐碱玻璃纤维网格布）和饰面层构成。抹面层包括单层玻璃纤

基层墙体①	基本构造							构造示意图
	粘结层②	保温层③	抹面层				饰面层⑧	
			辅助连接件④	底层件⑤	增强材料⑥	面层⑦		
混凝土墙，砌体墙	胶粘剂	无机保温板	锚栓	抹面胶浆	玻纤网	抹面胶浆	涂料、饰面砂浆等	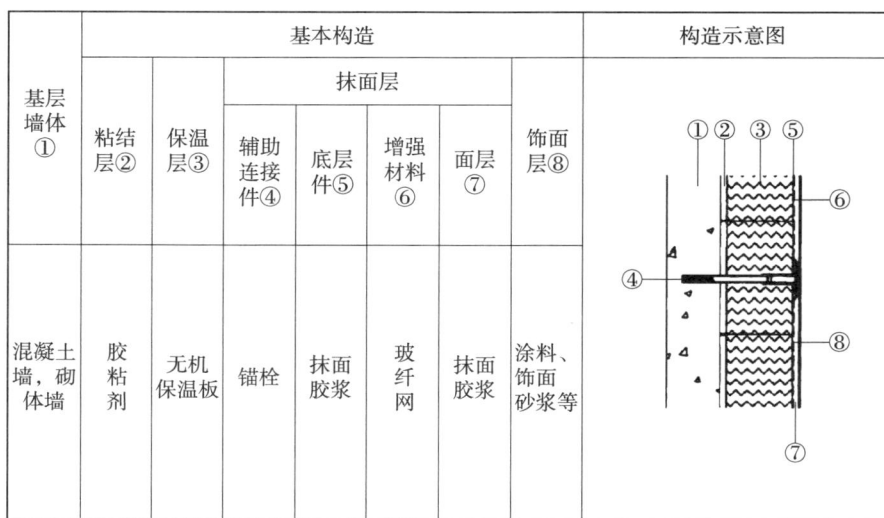

图 6-7　无机保温板外墙外保温系统构造

维网格布（岩棉抹灰单层网系统）和双层玻璃纤维网格布（岩棉抹灰双层网系统）两种形式，基本构造层次及构造设计要点包括：

（1）基层墙体：保温系统的基础，一般为混凝土墙或砖墙。

（2）粘结层：无机保温板通过粘结层固定在基层墙体上。粘结层一般采用专用粘结砂浆，具有良好的粘结强度和耐久性。

（3）保温层：由无机保温板构成，主要功能是阻止热量传递，提高墙体的保温性能。无机保温板具有良好的保温效果、防火性能和耐久性。

（4）抹面层：抹面层位于保温层外侧，一般采用水泥砂浆或专用抹面砂浆。其主要作用是保护保温层，防止其受到外部环境的侵蚀和破坏。

（5）饰面层：饰面层位于抹面层外侧，可以根据需要进行选择，如涂料、瓷砖等。其主要作用是美化建筑外观，同时起到一定的保护作用。

3）夹芯墙体保温系统

为了取得较好的保温效果，特别在北方地区，外墙可采用夹芯保温的构造做法，即把保温材料放在两层墙体中间，靠保温层内侧的墙体为承重构件，靠保温层外侧的墙为保护层，常采用半砖墙或其他板材结构，从而形成夹芯墙体。这种做法对保温材料的保护较为有利。但由于保温材料把墙体分为内外两层，因此在内外层墙之间必须采取可靠的拉结措施。夹芯墙体保温系统构造如图6-8所示。

基本构造				构造示意图
外叶板①	保温层②	内叶板③	拉结件④	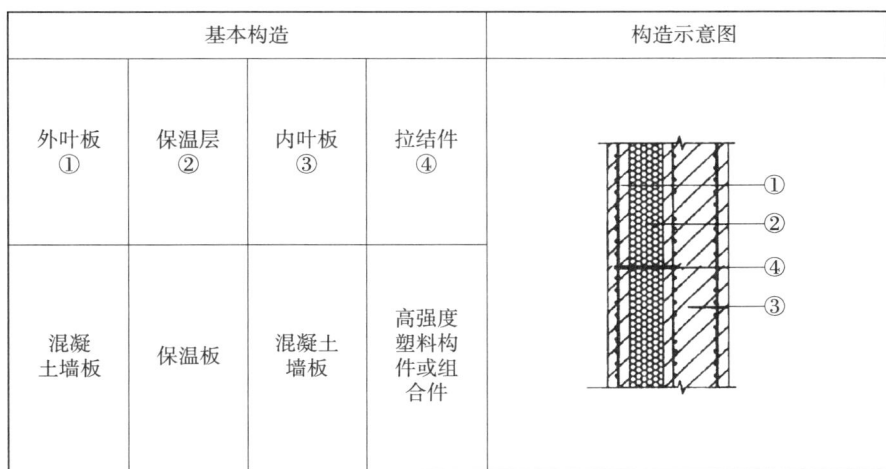
混凝土墙板	保温板	混凝土墙板	高强度塑料构件或组合件	

图6-8 夹芯墙体保温系统构造

夹芯墙体保温系统常与剪力墙结合。剪力墙的保温不同于一般的墙体保温，它是一种典型的保温与结构一体化做法。复合剪力墙保温系统通常采用空间板式钢筋网架，中间夹填保温板（XPS、EPS），然后进行剪力墙混凝土浇筑。复合剪力墙保温的构造从内至外包括内饰面层、承重层、保温层、保护层、外饰面层。内饰面层采用混合砂浆，承重层为钢筋混凝土，保温层为XPS或EPS保温板，保护层为钢丝网片，界面砂浆层为混凝土，外饰面层为水泥砂浆粘贴面砖或粉刷涂料。这种将保温板置于内外两层混凝土之间的做法可同时满足外墙蓄热与各种外饰面对墙体基层的要求，较一般传统保温系统构造更为合理。由于保温材料处于钢筋混凝土之间，其防火性能较普通外保温墙体更好。同时，这种复合体系并不限制保温板材料的选择与规格，适用于不同地区、不同建筑类型的设计。相比于外保温墙体，复合剪力墙保温体系具有更好的综合性能。

2. 楼地面保温构造

1）楼面保温构造

楼面保温构造设计涉及多个方面，包括材料选择、构造层次、热工性能等。在选择保温材料时，需要考虑其导热系数、稳定性、机械强度、性价比、阻燃性能和吸水率等因素。除了保温材料外，还需要一些辅助材料来实现楼面保温构造的设计。例如，隔汽层材料通常使用涂热沥青或与屋面防水材料相同的卷材进行处理。此外，还需要使用胶粘剂、聚合物水泥浆、水泥浆等材料来固定保温层，增强其整体性和防裂性。

楼面保温的构造层次根据不同的保温层位置和设计要求也会有所不同，但一般来说都包括结构层、隔汽层、保温层、保护层等基本层次。

有保温楼面层构造如图6-9所示，各层次的构造设计要求如下：

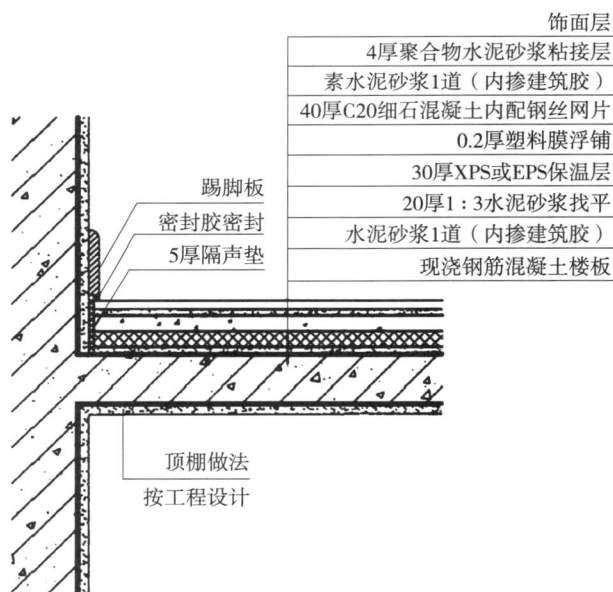

饰面层
4厚聚合物水泥砂浆粘接层
素水泥砂浆1道（内掺建筑胶）
40厚C20细石混凝土内配钢丝网片
0.2厚塑料膜浮铺
30厚XPS或EPS保温层
20厚1:3水泥砂浆找平
水泥砂浆1道（内掺建筑胶）
现浇钢筋混凝土楼板

踢脚板
密封胶密封
5厚隔声垫

顶棚做法
按工程设计

图6-9　有保温楼面层构造

结构层：作为楼面的承重层，以钢筋混凝土楼板作为主要受力构件，承受着上部荷载和自重。

保温层：主要起到保温作用，减少热传递，提高建筑物的能源效率。保温层材料应根据设计要求进行选择，通常选用 XPS、EPS 等保温材料，确保具有良好的保温性能。

隔汽层：设置在结构层与保护层之间，用于阻止室内湿气进入保温层，保持保温层的干燥状态。常用的隔汽层材料有塑料膜、高分子卷材等。

保护层：设置在隔汽层之上，用于保护保温层免受外界的破坏，如踩踏等。常用的保护层材料有水泥砂浆、细石混凝土等。

2）地面保温构造

地面保温构造设计主要目的是提高地面的保温性能，减少能源的浪费，并为居住者提供舒适的室内环境。在地面保温构造设计中，常用的保温材料包括挤塑聚苯乙烯（XPS）保温板、发泡聚氨酯（PU）喷涂保温层、岩棉或玻璃棉保温板等。这些材料具有不同的保温性能、抗压强度、阻燃性能等特点，应根据具体工程需求和设计要求进行选择。此外，还需要选择适当的辅助材料，如防水层材料、胶粘剂、聚合物水泥浆等，用于固定保温层、增强其整体性和防裂性。

地面保温构造如图 6-10 所示：

防水防潮层：设置在垫层与保温层之间，用于阻止地下室土壤湿气进入

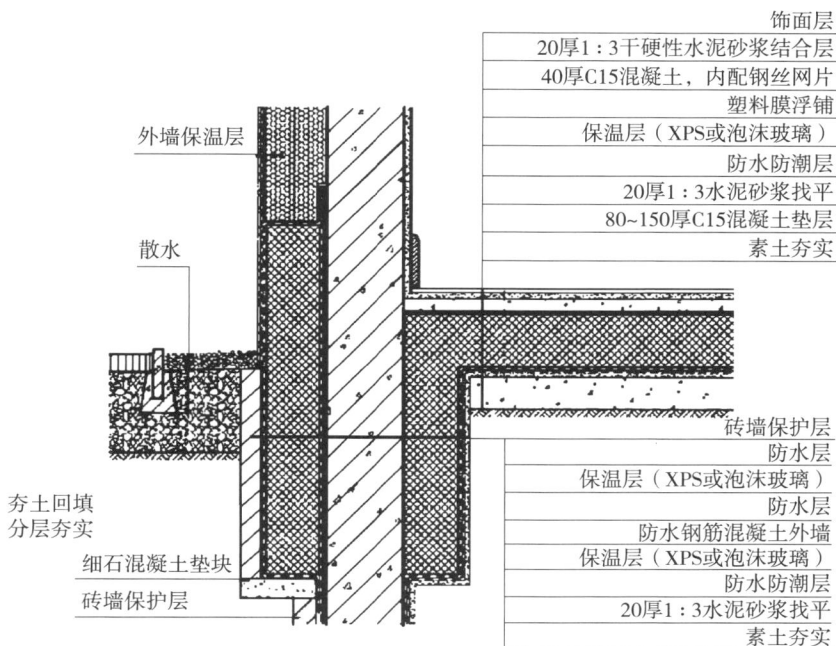

图 6-10　地面保温构造

（图中标注）
饰面层
20厚1:3干硬性水泥砂浆结合层
40厚C15混凝土，内配钢丝网片
塑料膜浮铺
保温层（XPS或泡沫玻璃）
防水防潮层
20厚1:3水泥砂浆找平
80~150厚C15混凝土垫层
素土夯实

外墙保温层
散水
夯土回填
分层夯实
细石混凝土垫块
砖墙保护层

砖墙保护层
防水层
保温层（XPS或泡沫玻璃）
防水层
防水钢筋混凝土外墙
保温层（XPS或泡沫玻璃）
防水防潮层
20厚1:3水泥砂浆找平
素土夯实

保温层，保持保温层的干燥状态。常用的防水防潮层、材料有塑料膜、高分子卷材等。

保温层：在防水层之上铺设保温层。根据设计要求，可以选择 XPS 保温板、PU 喷涂保温层或其他保温材料。保温层的铺设应平整、紧密，确保保温效果。胶粘剂、聚合物水泥浆用于固定保温层，增强其整体性和防裂性。

防水层：在保护层与保温层之间铺设一层防水层，确保地面不受水分侵蚀，为保温层提供干燥的环境。防水层材料如防水涂料、防水卷材等，用于防止水分渗透到保温层中。

砖墙保护层：在防水层之上铺设一层砖墙保护层，用于保护保温层免受外界环境的影响，如踩踏、摩擦等。常用的保护层材料有水泥砂浆、细石混凝土等。保护层的施工应确保坚固、耐磨，防止保温层受损。

此外，为了进一步提高保温效果，还可以在保温层下方设置架空层或空气层，利用空气的热阻性能增强保温效果。

3. 屋面保温构造

1）上人屋面构造

上人屋面的选型与构造设计需综合考虑多种因素，包括承重能力、防水性能、耐久性、美观度以及使用功能等，以此满足人员在其上进行活动，如进行维修、绿化、休闲等。上人屋面的选型主要取决于使用功能、建筑风格和预算等因素。常见的上人屋面类型包括绿化屋面、露台屋面、活动屋面、多功能屋面等。

上人屋面低碳构造如图 6-11 所示。

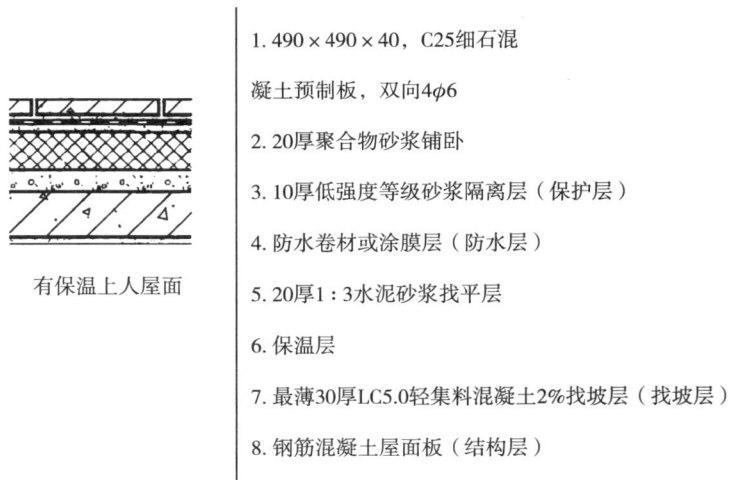

有保温上人屋面

1. 490×490×40，C25细石混凝土预制板，双向4φ6

2. 20厚聚合物砂浆铺卧

3. 10厚低强度等级砂浆隔离层（保护层）

4. 防水卷材或涂膜层（防水层）

5. 20厚1：3水泥砂浆找平层

6. 保温层

7. 最薄30厚LC5.0轻集料混凝土2%找坡层（找坡层）

8. 钢筋混凝土屋面板（结构层）

图 6-11　上人屋面低碳构造

结构层：上人屋面需要承受人员活动产生的荷载，因此必须有足够的承重能力。设计时需根据使用功能和预计的荷载进行计算，选择合适的结构形式和材料。

找坡层：上人屋面需要有良好的排水系统，以确保雨水和其他液体能够迅速排出，避免积水。排水系统的设计应考虑坡度、排水沟、雨水口等因素。

保温层：根据需要上人屋面可以设置保温隔热层，以提高屋面的保温性能和舒适度。

防水层：上人屋面容易遭受雨水和其他液体的侵蚀，因此防水层的设计至关重要。防水层应选用耐久性好、抗老化性能强的材料，并正确施工，确保无渗漏。

保护层：上人屋面的表面应进行防滑处理，以减少滑倒的风险。可以采用防滑地砖、防滑涂料等材料。

2）不上人屋面构造

对于不上人屋面，选型主要侧重于屋面的防水性能、耐久性和维护便利性。不上人屋面常见的选型包括：平屋面、坡屋面、绿化屋面等。对于不上人屋面，材料选择同样重要，但重点更多地放在耐久性、防水性和抗老化性上。

不上人屋面的低碳构造设计如图 6-12 所示：

结构层：结构层是屋面的承重部分，需要确保足够的强度和稳定性。常用的结构材料包括钢筋混凝土、木材等。结构层的设计应根据建筑的使用功能和荷载要求进行。

防水层：防水层是不上人屋面的关键部分，其性能直接影响到屋面的使用寿命。常见的防水材料包括防水卷材、防水涂料等。防水层应铺设在结构

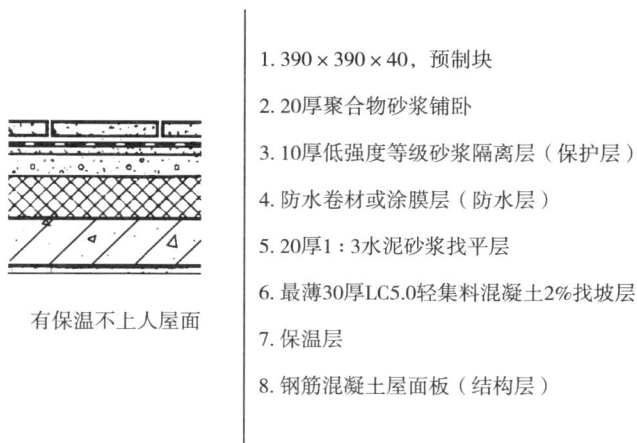

有保温不上人屋面

1. 390×390×40，预制块

2. 20厚聚合物砂浆铺卧

3. 10厚低强度等级砂浆隔离层（保护层）

4. 防水卷材或涂膜层（防水层）

5. 20厚1:3水泥砂浆找平层

6. 最薄30厚LC5.0轻集料混凝土2%找坡层

7. 保温层

8. 钢筋混凝土屋面板（结构层）

图 6-12　不上人屋面低碳构造

层之上，确保完整性和密封性。

保温层：为了提高屋面的保温性能，可以在防水层下方设置保温层。常用的保温材料包括聚苯板、聚氨酯泡沫等。保温层的设置可以有效减少能量的传递和散失，提高建筑的保温效果。

保护层：保护层位于防水层之上，用于保护防水层免受外界环境的侵害。常见的保护材料包括浅色涂料、铝箔、预制块等。保护层的设置可以延长防水层的使用寿命，提高屋面的耐久性。

4. 地下室保温构造

1）供暖地下室外墙与底板构造

供暖地下室外墙与底板的构造设计是确保地下室在寒冷环境中能够正常运行并保持室内温暖的关键，因此针对供暖地下室应分别从外墙和底板两方面来进行构造设计：

（1）供暖地下室外墙保温构造如图6-13所示，主要层次包括：

保温层：外墙通常会设置保温层，以减少热量通过墙体散失。保温材料可以选择聚苯板、挤塑板等高效保温材料，这些材料具有良好的保温性能和施工方便性。

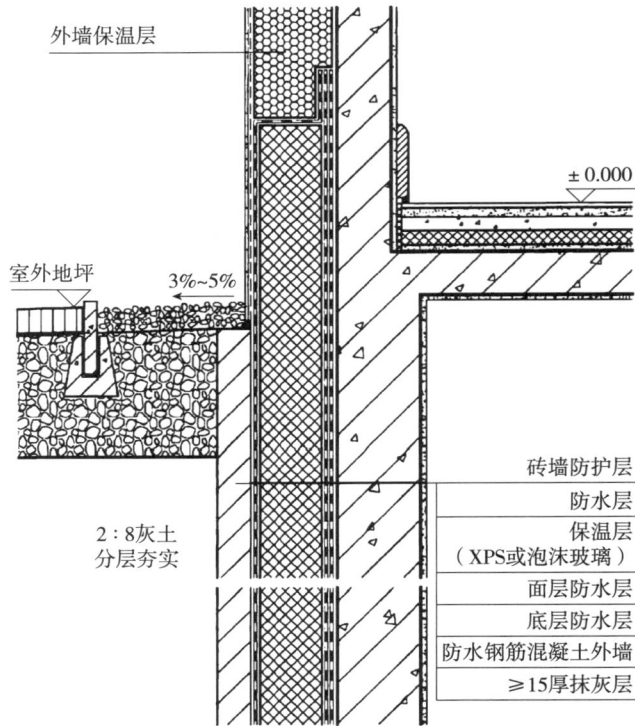

图 6-13 供暖地下室外墙保温构造

防水层：由于地下室处于地下，容易受潮和渗水，因此外墙需要设置防水层，以防止水分浸入室内。防水层可以采用防水卷材、防水涂料等材料，确保墙体的防水性能。

防护层：为了保护保温层和防水层不受外界环境的侵害，可以在外墙外侧设置防护层。防护层可以使用耐候性好的材料，如墙砖等。

（2）供暖地下室底板保温构造如图6-14所示，主要层次包括：

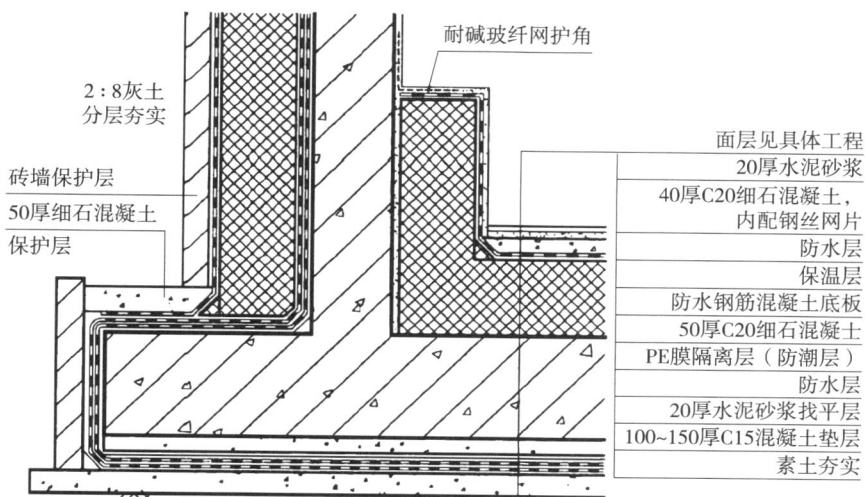

图6-14 供暖地下室底板保温构造

防水钢筋混凝土底板：底板通常采用钢筋混凝土结构，以确保足够的承载力和稳定性。钢筋的布置和连接方式需要符合相关规范和标准，确保结构的安全性。

保温层：底板同样需要设置保温层，以减少热量通过底板散失。保温材料的选择与外墙相似，可以使用聚苯板、挤塑板等高效保温材料。

防潮层：由于底板处于地下，容易受潮，因此需要设置防潮层，以防止潮气浸入室内。防潮层可以使用防水卷材、防水涂料等材料，确保底板的防潮性能。

防水层：底板也需要设置防水层，以防止地下水浸入室内。防水层的设置与外墙相似，可以采用防水卷材、防水涂料等材料。

找平层：在底板上方，通常会设置一层找平层，使地面平整，便于后续的地面装饰或铺设。

地面装饰：根据使用要求，底板上方可以进行地面装饰，如铺设瓷砖、水泥地面、木地板等。

2）非供暖地下室外墙与底板构造

非供暖地下室外墙与底板的构造设计主要侧重于防水、防潮以及结构稳定性，而不像供暖地下室那样强调保温性能。非供暖地下室也应分为外墙和底板两方面来进行构造设计。

（1）非供暖地下室外墙构造如图 6-15 所示，主要层次包括：

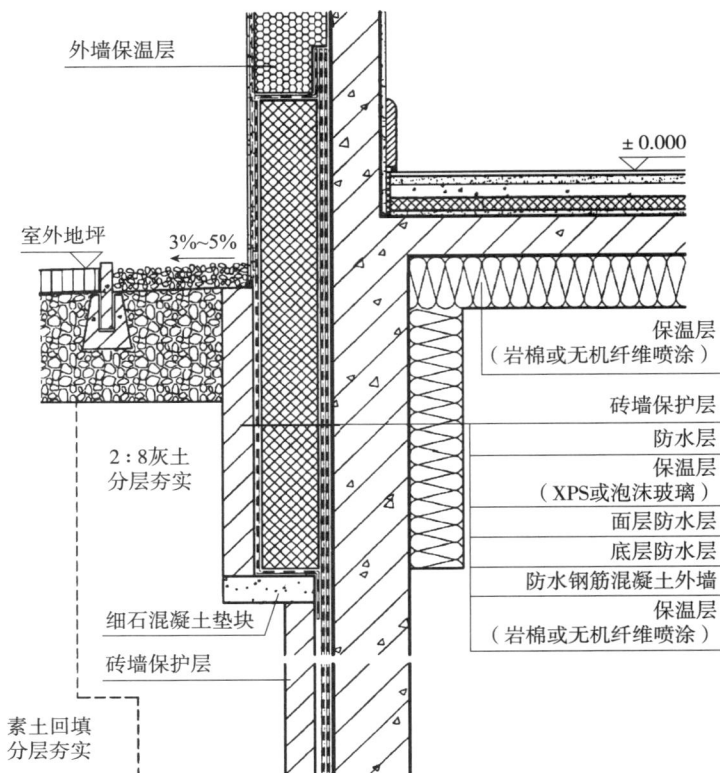

图 6-15　非供暖地下室墙体构造

保护层：非供暖地下室的外墙首要考虑的是防水性能。因此，针对防水层应做好防护，对于埋置于地下部分防水材料外侧应砌砖墙，防止外界因素对防水层的破坏。

防水层：为防止土壤中水汽对地下墙体结构的侵蚀，地下室外墙应设置"底层防水层"和"面层防水层"，通过多层防水设计，增强防水性能，阻止水分渗透至结构层。

结构层：以"防水钢筋混凝土外墙"为主体结构，既承担建筑荷载，又应具备自防水功能。

保温层：对深入地下部分外墙应做内外两部分保温，防止热量通过外墙及顶板出现热量流失，根据部位不同可选择不同保温材料和形式，如墙体内侧可选用"岩棉或无机纤维喷涂"，墙体外侧可选用具有一定抗压能力的"XPS 或泡沫玻璃"保温层。

（2）非供暖地下室底板构造如图 6-16 所示，主要层次包括：

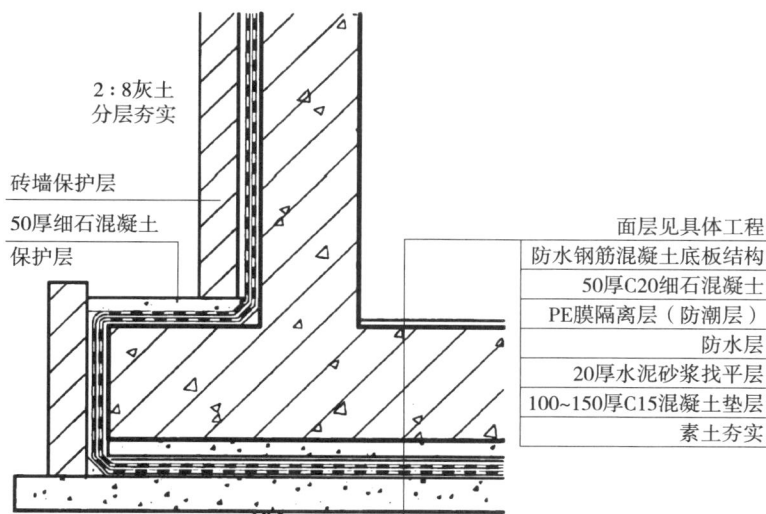

2：8灰土
分层夯实

砖墙保护层
50厚细石混凝土
保护层

面层见具体工程
防水钢筋混凝土底板结构
50厚C20细石混凝土
PE膜隔离层（防潮层）
防水层
20厚水泥砂浆找平层
100~150厚C15混凝土垫层
素土夯实

图 6-16　非供暖地下室底板构造

防水层：底板的防水是非供暖地下室的关键。通常会使用防水卷材、防水涂料等材料，确保底板不受地下水的侵害。

防潮层：与外墙相似，底板也需要设置防潮层，以防止潮气通过底板上升进入地下室。

底板结构：底板通常采用钢筋混凝土结构，以确保足够的承载力和稳定性。钢筋的布置和连接方式需要符合相关规范和标准。

找平层：在底板上方，通常会设置一层找平层，使地面平整，便于后续的地面装饰或铺设。

地面装饰：根据使用要求，底板上方可以进行地面装饰，如铺设瓷砖、水泥地面、木地板等。

3）地下室采光井构造

地下室采光井可通过利用自然光，减少地下室的电力照明需求，从而降低能源消耗和碳排放，实现节能环保。自然光的引入使得地下室空间更加开阔、通透，有助于提升整体空间品质和使用体验。需要注意的是，在设计地下室采光井时，应充分考虑其隔热、保温、防水等性能，确保其在不同气候条件下的稳定性和耐用性。同时，还需注意采光井顶部结构安全性能，防止其在使用过程中出现破损或脱落等安全隐患。因此，在材料的选择方面应注意：①透光材料应具有良好的透光性，还具备足够的强度和抗冲击性，能够抵抗外部物体的撞击。②骨架材料应具有足够的强度和稳定性，能够支撑整个采光顶的结构。③连接件和紧固件通常由钢或铝制成，具有良好的耐腐蚀性和机械性能。④密封材料应具有良好的弹性和耐水性能，能够有效地防止水分通过采光井渗入地下室。

地下室采光井构造如图 6-17 所示，包括以下几个主要部分：

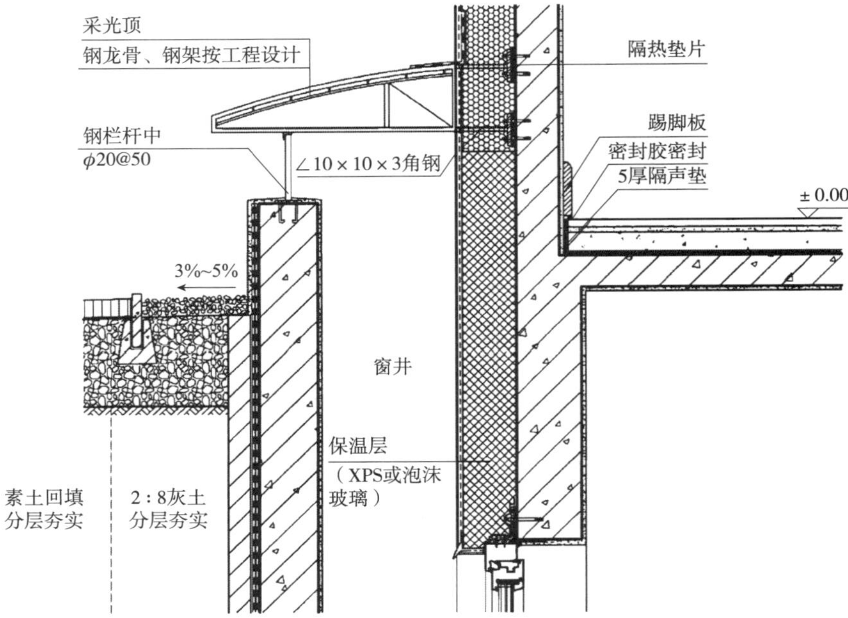

图 6-17　地下室采光井构造

透光材料：采光井的主要功能是将室外光线通过采光井引入地下空间，因此，顶部材料除具备一定的防护作用外，还应使用透光材料。常见的透光材料包括钢化玻璃、透明塑料板或有机玻璃等。这些材料具有良好的透光性能，同时具备一定的结构强度。

保温层：尽管地下室采光井不像外墙那样直接暴露在外部环境中，但仍需要考虑保温性能。保温层铺设于建筑墙体外侧，可以采用聚苯板、挤塑板等保温材料，以减少热量通过采光井散失，提高地下室的保温效果。

结构层：采光井两侧墙体需要承受外部荷载和自身重量，因此需要具备足够的结构强度。采光井两侧墙体结构层通常采用钢筋混凝土结构，通过合理的结构设计，确保采光顶的稳固性和安全性。

防水层：为防止采光井外部土壤中水分渗入内部，采光井外侧墙体应采用外防水构造形式，利用防水卷材对采光井外侧墙体进行整体包覆，并在放水卷材外部砌筑砖墙防护层，防止外界因素对防水层的破坏。

6.2.2　高性能门窗构造设计

在建筑围护结构的门窗、墙体、屋面、地面四大围护系统中，门窗的热工性能最差，直接影响室内热环境质量和建筑耗能，是建筑节能的主要环节。据统计，在供暖或空调的条件下，冬季单玻窗所损失的热量占供热负荷的30%~50%，夏季因太阳辐射热透过单玻窗射入室内而消耗的冷量占空调负荷的20%~30%。因此，增强门窗的保温隔热性能，减少门窗能耗，是改善室内热环境质量和提高建筑节能水平的重要环节。同时，建筑外窗也是得热构件，即通过太阳光透射入室内而获得太阳热能。因此，应该根据当地的气候条件、建筑的功能要求以及其他围护部件的情况等因素来选择适当的门窗材料、窗型和相应的节能技术，这样才能取得良好的节能效果。单独选用节能型材、节能玻璃、五金配件是不能节能的，其中很重要的一点，那就是必须是它们之间最佳技术的组合。

随着我国建筑节能工作的推进及人民经济实力的增强，对节能门窗的要求也越来越高，损耗大、使用寿命短、浪费资源的门窗材料已逐步淘汰，相继而来的是节能门窗呈现出多功能、高技术化的发展趋势。我国门窗技术的发展，由最初的透光和遮风挡雨等基本功能需求发展到节能、舒适、安全、采光灵活等，在技术上从使用普通的平板玻璃发展到使用中空隔热技术（中空玻璃、夹层玻璃）和各种高性能的绝热制膜技术（阳光控制锁膜玻璃、低辐射锁膜玻璃、热反射玻璃等）。现阶段我国已具备生产从双层到四层中空玻璃技术，间隔气体从使用一般的空气，到使用阻热性能更好的惰性气体，门窗产品的保温隔热性能得到大范围提升，已有门窗产品传热系数可达$1.0W/(m^2 \cdot K)$的要求。

衡量建筑门窗性能的指标主要包括太阳得热性能、采光性能、空气渗透防护性能和保温隔热性能四方面。国标《建筑外门窗保温性能检测方法》GB/T 8484—2020和《建筑外门窗气密、水密、抗风压性能检测方法》GB/T 7106—2019中对建筑外门窗的保温隔热性能、窗户的气密性能等提出了明确具体的限值，在设计中要严格遵照执行。

1. 高性能外门选型与构造

建筑外门是指住宅建筑的入口门和房间门。入口门和房间门一般必须具备防盗、保温和隔热等功能。我国现常用外门类型及性能如表6-1所列。

我国现常用外门类型及性能参数 表6-1

门框材料	门的类型	传热系数 $K[W/(m^2 \cdot K)]$	传热阻 R ($m^2 \cdot K/W$)
木材和塑料	单层实体门	3.5	0.29
	夹板门和蜂窝夹芯门	2.5	0.40
	双层玻璃门（玻璃比例不限）	2.5	0.40
	单层玻璃门（玻璃比例<30%）	4.5	0.22

门框材料	门的类型	传热系数 K[W/(m²·K)]	传热阻 R(m²·K/W)
木材和塑料	单层玻璃门（玻璃比例30%~60%）	5.0	0.20
金属	单层实体门	6.5	0.15
	单层玻璃门（玻璃比例不限）	6.5	0.15
	单框双玻门（玻璃比例<30%）	5.0	0.20
	单框双玻门（玻璃比例30%~70%）	4.5	0.22
无框	单层玻璃门	6.5	0.15

窗户在关闭状态可以通过五金件将其与密封条压紧锁定，而入口门只有锁舌一个固定点，所以低碳建筑的入口门必须具有持久的形状稳定性。由于目前采用的密封型材最大变形量为4mm，而根据实践经验，门扇的变形量不允许超过2~3mm，只有这样才能保证门扇四边能够贴紧密封条。尽管如此，门扇的变形量仍然可能超出限值，完全密封是很难做到的。有些生产厂家在门扇上下增加了锁点，增加与门框密封条的压紧力，以防变形。形状稳定性要求也对结构设计提出了要求，同时也要求对门扇进行加固处理。尽管如此，门在安装状态的传热系数不得超过0.80W/(m²·K)。普通门的结构不能满足要求，所以低碳建筑入口门的构造要比普通门厚许多或者必须采用新的安装方式。

最低门槛（15mm）是在无障碍建筑设计中的规范性标准。相比于其他三个侧面，这里与门槛之间只有一道密封。这个位置容易有脏物（泥沙、尘土），有机械损伤（脚垫摩擦，地面物件的碰撞），潮湿，存在缩短寿命和影响功能的危险，进而存在不密封的结果。在公共建筑上通常不允许有门槛。这里可以采用下沉式密封舌条把漏风控制到可以接受的程度。建筑外门安装构造如图6-18所示。

2. 高性能外窗选型与构造

窗户作为建筑围护结构的重要组成构件，除了需要满足视觉、采光、通风、日照及建筑造型等方面的要求外，还应具有保温隔热、得热或散热作用。因此，外窗的大小、形式、材料和构造应兼顾各方面的要求，以取得整体的最佳效果。

窗户的热工性能和气密性是决定其保温节能效果优劣的主要指标：

1）热工性能

窗户的热工性能是指减少窗户传热，要求窗户具有一定保温隔热性能，通常用传热系数 K 值来表示，其值愈小，保温性愈好。影响窗户保温隔热性

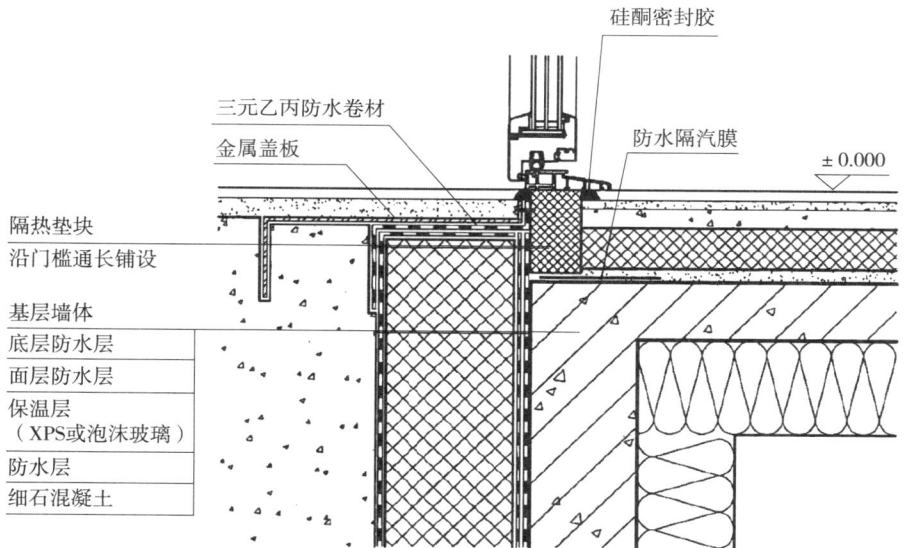

図中の注記:

硅酮密封胶

三元乙丙防水卷材

金属盖板

防水隔汽膜

± 0.000

隔热垫块
沿门槛通长铺设

基层墙体
底层防水层
面层防水层
保温层
（XPS或泡沫玻璃）
防水层
细石混凝土

图 6-18　建筑外门安装构造

能的主要因素有窗框材料、镶嵌材料的热工性能、光物理性能及窗型等。窗框材料的导热系数越小，则窗的传热系数越小，镶嵌材料也是如此。当在镶嵌材料之间形成空气间层时，如中空玻璃、三层或三层以上的玻璃，因热工性能优于单层玻璃，所以其传热系数更小，保温隔热性能大大提高。同理，在同等使用条件下，窗框材料导热系数缩小时，三层玻璃可降为二层使用，也可达到同等效果。或者是双框双玻窗，通过几种低导热材料性能与其组合施工技术实现最佳效果。

2）空气渗透性

建筑窗户的空气渗透性是指空气透过关闭状态窗户的性能，是表征窗户节能的重要性能指标之一。由于窗户在框与扇和扇与扇之间以及扇框与镶嵌材料之间都存在缝隙，如密封不好，空气就会自由通过这些缝隙，产生能量损失。另外，在建筑施工中，窗框与窗墙之间缝隙，也需加以密封，否则同样影响气密性。因此，提高窗户的气密性是降低门窗的能量损失的重要方法。

3）雨水渗透性

建筑窗户的雨水渗透性是指在风雨同时作用下，雨水透过关闭外窗的性能。如果防止雨水渗透，除提高密封性能外，还要求窗户材料本身要有良好的耐水性能。

4）抗风压性能

建筑外窗的抗风压性能是指窗户抵抗风（压）力而产生变形的能力，其性能越好，则抗风能力越强。当窗户受风压作用产生变形后，它的空气渗透性能和雨水渗漏性能就会大大降低，若变形严重，在窗框与窗扇之间出现缝隙，则会导致大量空气对流，增加能耗，同时造成雨水渗入室内，污染或损坏室内设施，节能效果也大大降低。

5）太阳得热系数

太阳得热系数（SHGC）也称为太阳能总透射比，是指通过透光围护结构（如门窗或透光幕墙）的太阳辐射室内得热量与投射到这些围护结构外表面上的太阳辐射量的比值。它既包括直接透过的部分，也包括吸收后放出的热量。太阳能得热系数的理论值范围在 0~1 之间，实际值通常在 0.15~0.80 之间。这个值越小，表示相同条件下，窗户的太阳辐射得热就越少，即阻挡室外热量透过的能力越强，反之则越弱。

低碳建筑的外门窗传热系数，建议依据现行国家标准《建筑外门窗保温性能检测方法》GB/T 8484—2020 规定的方法测定，并符合严寒地区 $K<0.8W/(m^2 \cdot K)$，寒冷地区 $K<1.0W/(m^2 \cdot K)$ 的要求，太阳得热系数 SHGC 应 $\geqslant 0.43$。

为了满足低碳建筑对于外窗的热工性能的要求，应对外窗的玻璃、窗框材料选型及构造设计上给予相应的特殊要求，具体如下：

（1）玻璃

根据充填气体、玻璃间距和涂层的不同类型，三层保温玻璃的传热系数目前可以做到 $K = 0.5~0.8W/(m^2 \cdot K)$，而玻璃边缘间隔条的热损失要大得多。三层保温玻璃的太阳得热系数 g 与涂层有关，一般在 40%~60% 之间。高性能三层玻璃保温窗，一般有两层玻璃镀膜。玻璃采用选择性"低辐射率"或"Low-E"镀膜玻璃，只反射热辐射。为了减少两块玻璃之间的热辐射，每个间隔有一个镀膜，一般在第 2 和第 5 个玻璃面上镀膜（从外往里数），不同玻璃构造层数与镀膜位置如图 6-19 所示。

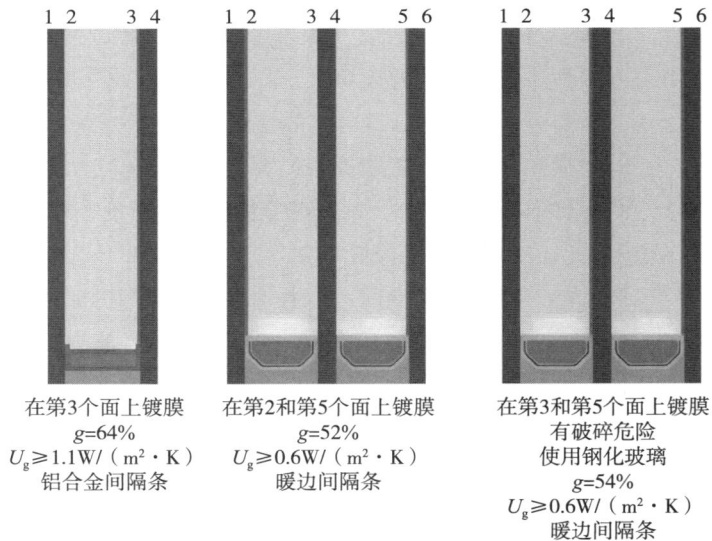

在第3个面上镀膜
g=64%
$U_g \geqslant 1.1W/(m^2 \cdot K)$
铝合金间隔条

在第2和第5个面上镀膜
g=52%
$U_g \geqslant 0.6W/(m^2 \cdot K)$
暖边间隔条

在第3和第5个面上镀膜
有破碎危险
使用钢化玻璃
g=54%
$U_g \geqslant 0.6W/(m^2 \cdot K)$
暖边间隔条

图 6-19 不同玻璃构造层数与镀膜位置

玻璃外侧或内侧镀膜只能略微改善玻璃的传热系数 K。在外侧玻璃外表面镀膜，可以在冬夜避免玻璃外侧形成露水或结冰的问题。特别是天窗，可以通过贴在窗玻璃外表面的热解镀膜来解决。为了优化 K 值，理想的做法是在第 3 和第 5 个面上镀膜，而不是在第 2 和第 5 个面上。然而，假如在三层玻璃的中间一层的某个表面镀膜，在夏季高热辐射条件下会被不均匀地加热，以致破碎。所以，只有在使用钢化玻璃时才推荐在第 3 个面上镀膜，而这种做法由于造价原因只有在特殊情况下才能实现。高性能双层玻璃保温窗的构造与三层玻璃保温窗相似，但只有 4 个面中的 1 个面有涂层（从外数第 3 个面）。

（2）窗框

除了玻璃的热损失外，无保温窗框的热损失也很大。常规窗框的传热系数是典型三玻保温窗的两倍多，并且窗框比例占到 30%~40%，在典型窗户尺寸中占比是比较高的。所以，高性能玻璃必须搭配良好保温的窗框。

窗框和玻璃的面积比通常取决于窗洞口的尺寸，与保温窗框多少没有关系。典型的外框宽度在 120~140mm。经过优化的有保温的窗框和标准窗框都是这个尺寸，厚度为 70mm。当平均窗户尺寸为 1.23m×1.48m 时，窗框比例为 34%，小窗的窗框比例可能会超过 40%。优化窗框热工性能最重要的措施是加大窗框的安装深度，以便能够安装保温层。70mm 窗框厚度对于低碳建筑来说偏小，即使对于导热系数很低的材料也显得偏小。增加玻璃在窗框的安装深度并采用暖边间隔条可以减少热损失，目前在超低能耗建筑、近零能建筑上已经被视为窗户的"常规技术"，采用该技术后窗框断面温度分布如图 6-20 所示。

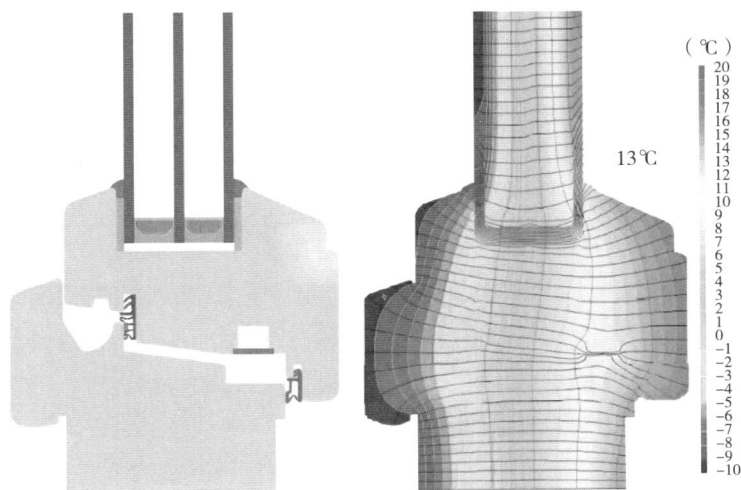

图 6-20　保温窗框断面温度分布

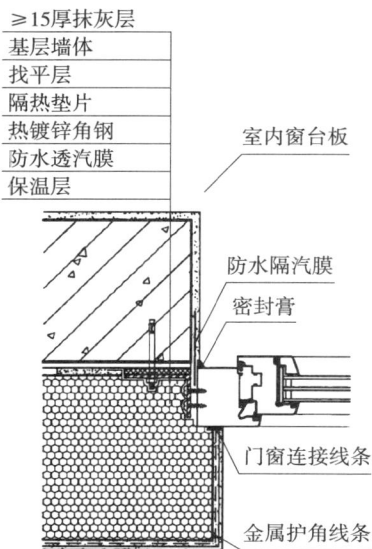

≥15厚抹灰层
基层墙体
找平层
隔热垫片
热镀锌角钢
防水透汽膜
保温层
室内窗台板
防水隔汽膜
密封膏
门窗连接线条
金属护角线条

图 6-21　外窗外挂式安装构造

保温窗框无论采用什么材料，必须注意保温层应尽可能不中断并且"直线"盖住窗框。除了上述保温窗框的热工性能，窗框四周的气密性构造当然也非常重要。目前通常采用三道密封，以此实现防雨和功能安全的要求。

（3）安装方式

低碳建筑中外门窗宜采用外挂式安装方式，安装在外墙外侧，即窗框外径尺寸与窗洞口内径尺寸齐平，让外墙保温尽可能多地覆盖窗框，同时外门窗与墙体的连接有防水透汽膜、防水隔汽膜和预压密封带组成的完整密封、透气系统。以上做法保证门窗的抗结露性能和气密性，避免门窗和结构之间发霉和渗漏的产生，能够让门窗更好的发挥保温隔热性能的同时，保持室内健康的居住环境。外窗外挂式安装构造如图 6-21 所示。

6.2.3　高效气密性构造设计

1. 气密性设计原则

为保证低碳建筑的整体气密性，减少冷风渗透造成的能量损失，应针对建筑进行完整的气密层设计。气密层是指无缝隙的可阻止气体渗漏的围护层，其并不是由某种特殊材料层形成，而是由具有气密性的围护结构自然构成的，适用于构筑气密层的材料包括浇筑良好的混凝土、砌体墙体内表面的抹灰层（厚度 >15mm）防水隔汽膜、硬质木板，如密度板、三合板等。不可用于构筑气密层的材料包括砌体墙体（砂浆填缝）、刨花板、软木纤维板、带有孔眼的薄膜、带 / 不带气口的模塑聚苯板、包装胶带、聚氨酯发泡胶等。

气密性外围护结构必须能用一支铅笔在剖面图上完整走通，而没有需要让开的地方。在设计时一定要考虑以后的施工。尽量避免穿透墙体，尤其是气密性相关节点处理以后，做气密层大面积的抹灰时，要一气呵成，避免间断，防止漏气发生。

1）平面气密层设置位置

在建筑平面设计阶段，应合理确定各功能房间位置，并详细标记出供暖空间与非供暖空间位置。应明确标注气密层的位置，确保其能将整个建筑外围护结构围合起来，并选择合理的材料进行气密性处理。气密层构造设计应采用简洁的平面和节点设计，减少或避免出现气密性难以处理的节点。建筑气密性设计的关键是"一层连续不断的气密性围护结构"，平面气密层位置如图 6-22 所示。

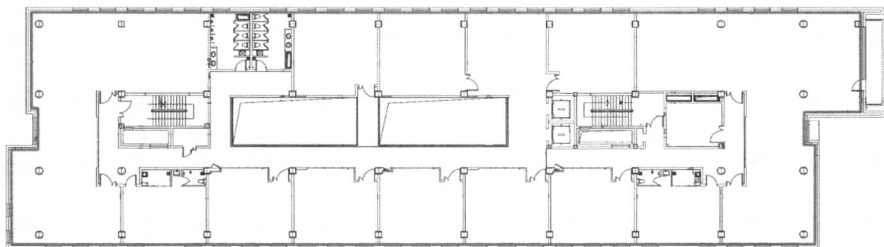

图 6-22　平面气密层位置

2）剖面气密层设置位置

在建筑剖面设计阶段，气密层一般位于外墙内侧，它同时可以作为隔汽层。其中管线穿墙是气密层设计中应注意的关键节点，因此在设计阶段必须限制这种穿透口的数量。在材料选择上，应选择适用的气密性材料做节点气密性处理，如紧实完整的混凝土、气密性薄膜、专用膨胀密封条、专用气密性处理涂料等材料，包装胶带、聚氨酯发泡、防水硅胶等材料不适合做节点气密性处理材料。对于外墙的外门窗，除应选用气密性等级高的以外，还需安装在靠近结构墙的外侧，在洞口缝隙处用专业密封胶进行密封，内侧还要进行连续性的抹灰。对门洞、窗洞、电气接线盒、管线贯穿处等易发生气密性问题的部位，应进行节点设计并对气密性措施进行详细说明，剖面气密层位置如图 6-23 所示。

图 6-23　剖面气密层位置

2. 非透明围护结构气密层构造

1）外墙气密层构造设计

外墙气密层构造设计是确保建筑物外墙密封性能的关键环节，其主要目的是防止空气通过墙体渗透，从而保持室内环境的舒适性和节能效果。外墙气密层拼缝处应选择高质量的密封材料，如密封条、密封胶或密封剂等，这些材料应具有良好的弹性和耐老化性能，以确保长期的密封效果。为了增强气密层的防水性能，可以选择防水材料如防水卷材、防水涂料等，用于增强墙体的防水能力。

在外墙的气密层构造设计中，外墙表面应平整、光滑，无明显的缝隙和孔洞。可以使用外墙涂料或防水涂料进行表面处理，以提高墙体的气密性和防水性。墙体气密性首先是在高效保温隔热基础上，通过室内一侧的连续性的抹灰来控制，在抹灰层内压入海吉布来确保抹灰层的整体性不开裂；其次是低碳建筑保温层均超过100mm厚，需采用双层错缝搭接，缝隙内打发泡聚氨酯密封来确保外保温的整体性。外墙气密性构造如图6-24所示。

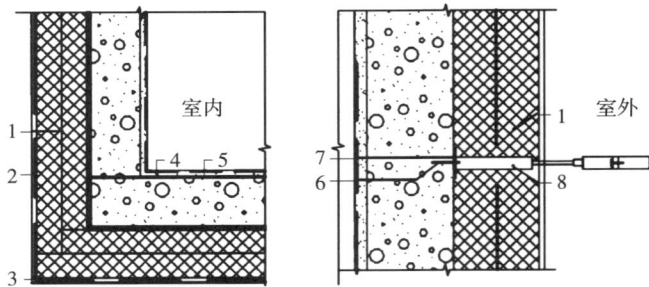

图 6-24　外墙气密层构造
1—2×100 厚 GPS 双层错缝铺设；2—耐碱网格布；3—护角
4—内墙做法；5—海吉布气密层；6—φ10×4 ALC 专用塑料锚栓
7—3 厚石棉垫；8—2 厚不锈钢构件

2）屋面气密层构造

屋面气密层构造设计的主要目标是防止空气通过屋面结构渗透，保持建筑内部环境的舒适性和节能效果。屋面气密层通常与防水材料结合使用，如防水卷材、防水涂料等，以增强屋面的防水性能。为了提高屋面的保温效果，可以选择适当的保温材料，如聚苯板、挤塑板等，放置在气密层与防水层之间。

在屋面的气密层构造设计中，应利用防水构造设计设置两道气密层。一层是在保温层之上施工气密层，粘贴隔汽性能的防水卷材作为室外侧的气密层，使用密封材料将屋面各部位密封严实。另一层是在室内侧采用连续性抹灰，粘贴海吉布和密封胶抹面作为气密层。屋面气密层构造如图 6-25 所示。

3. 透明围护结构气密层构造

透明围护结构气密层构造主要是指建筑外门窗与墙体交接处的气密性构造处理。良好的外门窗气密层设计可以减少冬季冷风渗透，降低夏季非受控通风导致的供冷需求增加，避免湿气侵入造成的建筑发霉、结露和损坏，从而提高居住者的生活品质。

外窗气密层构造设计中应注意门窗框与墙体之间的接口应设置专门的密封槽，并使用密封材料进行填充和密封。确保密封材料填充饱满、均匀，无气泡和孔洞，以此确保节点的密封性和稳定性。具体做法为沿窗框四周粘贴预压膨胀密封胶条，在洞口缝隙处填充发泡聚氨酯，将粉红色防水透气膜（室内）和防水隔汽膜（室外）用密封胶粘贴于窗框的外侧与内侧，并粘贴预压膨胀密封胶带，再用混合砂浆进行无断点的抹灰处理，具体构造如图 6-26 所示。

数字资源 6.3
屋顶保温防水构造

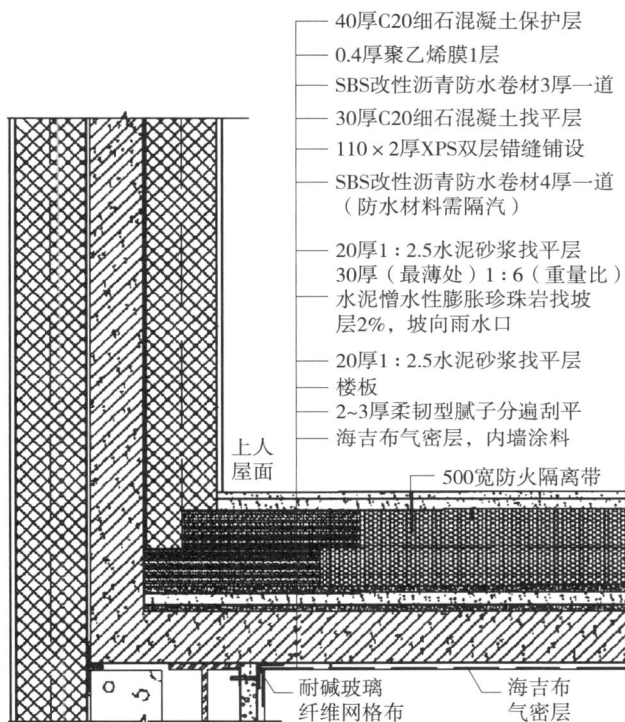

图 6-25　屋面气密层构造

40厚C20细石混凝土保护层
0.4厚聚乙烯膜1层
SBS改性沥青防水卷材3厚一道
30厚C20细石混凝土找平层
110×2厚XPS双层错缝铺设
SBS改性沥青防水卷材4厚一道（防水材料需隔汽）
20厚1∶2.5水泥砂浆找平层
30厚（最薄处）1∶6（重量比）水泥憎水性膨胀珍珠岩找坡层2%，坡向雨水口
20厚1∶2.5水泥砂浆找平层
楼板
2~3厚柔韧型腻子分遍刮平
海吉布气密层，内墙涂料
500宽防火隔离带

上人屋面

耐碱玻璃纤维网格布　　海吉布气密层

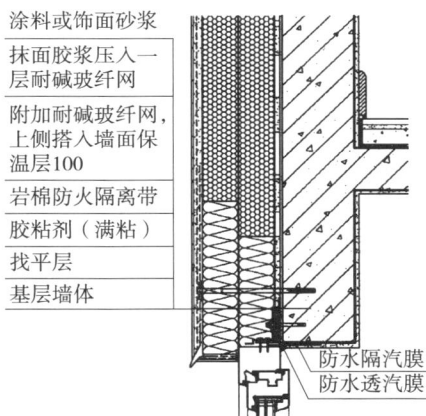

图 6-26　外窗气密层构造

涂料或饰面砂浆
抹面胶浆压入一层耐碱玻纤网
附加耐碱玻纤网，上侧搭入墙面保温层100
岩棉防火隔离带
胶粘剂（满粘）
找平层
基层墙体

防水隔汽膜
防水透汽膜

6.2.4　无热桥构造设计

建筑的无热桥设计是低碳建筑构造设计的重要方面，其设计原则是通过减少或消除建筑物中的热桥来减少热量的传输，从而提高建筑物的隔热性能。热桥通常是由于结构设计、施工材料等原因导致的热量容易传输部位。对于容易出现热桥的位置，如女儿墙、挑出楼板、管道穿屋面等，需要特别关注。在这些位置，应使用特制的隔热构件，以避免热桥的产生。

1.外墙保温断热锚栓

外墙保温断热锚栓安装与构造是外墙保温系统无热桥设计中非常关键的一部分。锚栓主要用于固定保温板,确保其牢固性和稳定性。断热锚栓在材料的选择上应注意,锚栓材料通常选择不锈钢或经过镀锌处理的钢材作为锚栓材料,因为这些材料具有良好的耐候性和抗腐蚀性,可以确保锚栓的长期使用寿命。在配套材料上应注意,根据锚栓的类型和规格,选择适当的垫圈、螺母和其他紧固件。

在构造设计中应注意以下几点:①锚栓的长度应能够穿透保温板并深入主体结构至少50mm,以确保其稳固性,具体长度应根据保温板的厚度和主体结构的材质来确定。②锚栓的固定间距通常为600mm×600mm,但也可以根据具体情况适当调整,间距不应超过厂家规定的最大间距,以确保保温板的整体稳定性和承重能力。③锚栓的布局应均匀分布,避免集中在同一区域,以防止保温板出现局部应力集中和变形。具体构造如图6-27所示。

2.室外挑板

线性热桥通常是由于建筑结构中不同材料的导热性能差异造成的,特别是在空调板等建筑构件中,由于保温材料与周围结构的导热性能不同,容易导致热量在这些部位集中传递,从而造成能量损失。针对空调板、太阳能搁板等外挑构件,空调板断热构造如图6-28所示。

在构造设计中应注意:

保温材料选择:选择导热系数低、保温性能好的材料用于挑板部位的保温。

保温层连续性:确保保温层在挑板部位的连续性,避免出现保温层断裂或空隙,从而减少热量通过这些部位传递的可能性。

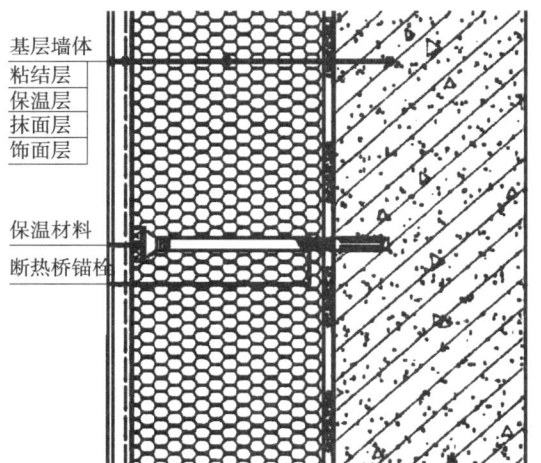

图 6-27 外墙保温断热锚栓构造

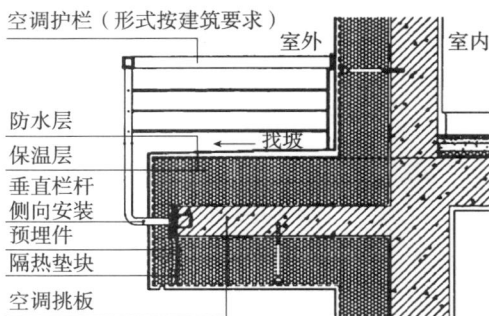

图 6-28 空调板断热构造

断热桥处理：在挑板与外墙或其他构件的连接处，使用断桥材料或特殊处理来阻断热量传递的路径。

加强保温层：在挑板周围的保温层中，可以适当增加保温材料的厚度，以提高该区域的保温效果。

密封处理：确保挑板与外墙或其他构件之间的连接处密封良好，防止空气流通和热量传递。可以使用密封胶、泡沫填充物等材料进行密封处理，确保连接处不出现缝隙。

3. 穿墙管线

设备管线在穿建筑外围护结构处，一般不进行密封，这样容易形成内外热量交换通道，形成热桥。在低碳建筑构造设计中，针对穿墙风管、线管应进行无热桥构造设计，其主要目标是确保建筑外墙的保温性能和气密性，防止由于风管和线管穿过外墙而产生的热桥效应。因此，在穿墙风管、线管无热桥构造设计的材料选择中应注意，保温材料选择高质量的保温材料，如聚苯板、挤塑板等，这些材料应具有良好的保温性能和抗老化性能。密封材料选择耐候性好、弹性大的密封材料，如硅酮密封胶、聚氨酯密封胶等。穿墙套管选择具有一定厚度的穿墙套管，材质可以是金属或塑料，以确保套管与墙体之间的保温和密封效果。

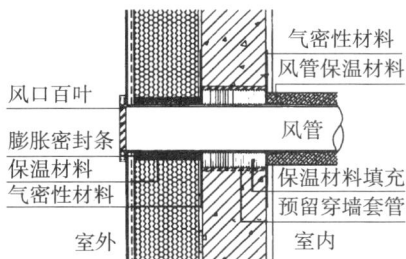

在构造设计中应重点关注以下几个方面：①在风管、线管穿过外墙的位置设置套管，套管长度应至少比风管、线管长出 50mm，以便与墙体紧密贴合。套管内壁应光滑，以减少摩擦和阻力。②在套管与墙体之间填充保温材料，确保保温材料与墙体和套管紧密贴合，无缝隙和空洞。保温层的厚度应根据外墙的保温要求来确定。③使用密封材料对套管与墙体之间的缝隙进行密封处理，确保密封材料填充饱满、均匀，无气泡和缝隙。④在保温层外侧设置防护层，以防止保温材料受到损坏和污染。防护层可以使用金属网、玻璃纤维布等材料。风管断热构造如图 6-29 所示。

图 6-29 风管断热构造示意图

4. 女儿墙

建筑中的女儿墙连通屋面结构梁，材质一般为钢筋混凝土，若女儿墙在无保温的情况下，冬夏温度接近室外温度，与室内温度相差较大，女儿墙将通过结构梁和板与室内进行热量交换，就会出现结构性热桥。同时，因建筑外围护墙体做了外保温之后，结构墙体温度无论冬夏季节均接近室内温度，从而造成女儿墙与外墙接触部位温差变化幅度较大，导致接触部位产生温度裂缝，对建筑造成隐患。因此，女儿墙无热桥构造设计是确保建筑物外墙保温性能的重要部分，其设计需要特别注意热桥现象的产生，以避免热量通过女儿墙传递到建筑内部，从而影响保温效果。

女儿墙无热桥构造设计中在材料选择方面应注意，保温材料选择导热系数低、保温性能好的材料，如聚苯板、挤塑板等。防水材料选择耐候性好、防水性能可靠的防水材料，如防水卷材、防水涂料等。女儿墙的墙体材料应具有良好的保温性能和抗风压性能，如加气混凝土、轻质复合墙板等。

在构造设计中应注意：①在女儿墙的内侧和外侧分别设置保温层，确保保温层与墙体紧密贴合，无缝隙和空洞。②在女儿墙的内侧和外侧设置防水层，以防止水分通过女儿墙渗透到建筑内部。防水层应与保温层紧密结合，确保防水效果。③在女儿墙与屋顶的交接处设置热桥隔断，如使用保温材料填充交接处的缝隙，以减少热量通过该区域的传递。④对于女儿墙与屋顶、女儿墙与外墙的交接处等节点部位，应进行详细的构造设计，确保节点的保温性能和防水性能。女儿墙无热桥构造如图6-30所示。

5. 出屋面排气道、排气管

出屋面排气道、排气管的无热桥构造设计旨在防止热量通过排气道、排气管与屋面保温层之间的热桥传递，从而保持建筑的整体保温效果。出屋面排气道、排气管无热桥构造设计在材料选择上应注意，保温材料选择高质量的保温材料，如聚苯板、挤塑板等，这些材料应具有良好的保温性能和抗老化性能。密封材料选择耐候性好、弹性大的密封材料，如硅酮密封胶、聚氨酯密封胶等，用于排气道、排气管与保温层之间的密封。管道材料选择热阻较大的管道材料，如PVC、PE等塑料管道，以减少热量通过管道传递。

在构造设计过程中应注意：①保温材料应具有连续性，确保排气道、排气管周围的保温材料与屋面保温层在材料和厚度上保持一致，形成一个连续的保温层，避免热量通过这些部位传递。②在排气道、排气管穿过保温层的位置，使用专门的断桥材料进行处理，以阻断热量从室内传递到室外或从室外传递到室内。③在密封和连接处理方面，应确保排气道、排气管与屋面之间的连接处密封良好，防止空气流通和热量传递。④在排气道、排气管的顶部和外侧，使用热反射材料，如铝箔等，以减少太阳辐射热对这些构件的影响，减少热量通过辐射方式传递到室内。出屋面排气道、排气管无热桥构造如图6-31所示。

6. 落水管支架

落水管支架无热桥构造设计是为了确保建筑外墙的保温效果，防止热量通过落水管支架传递到室内，造成能量损失和降低建筑的保温性能。在落水管支架无热桥构造设计中应注意：①落水管支架应使用保温材料进行包裹，确保它们与外部环境隔绝。保温材料的选择应与外墙保温层相协调，以保持

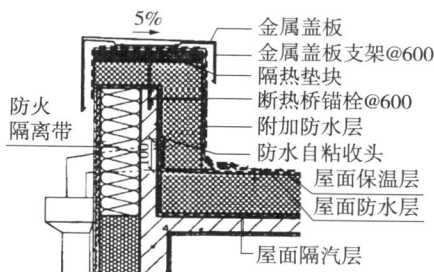

图 6-30 女儿墙无热桥构造

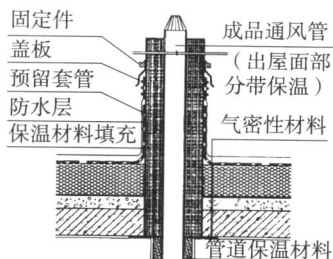

图 6-31 出屋面排气道、排气管无热桥构造

整体的热工性能。②在落水管支架穿过外墙保温层的位置，应使用断桥材料进行处理。③确保落水管支架与外墙之间的连接处密封良好，防止空气流通和热量传递。可以使用密封胶、泡沫填充物等材料进行密封处理，确保连接处不出现缝隙。④落水管支架应避免直接与外墙保温层接触。支架可以使用隔热材料制成，或者在外墙保温层上设置隔热垫片，以减少热量通过支架传递到室内。落水管支架无热桥构造如图 6-32 所示。

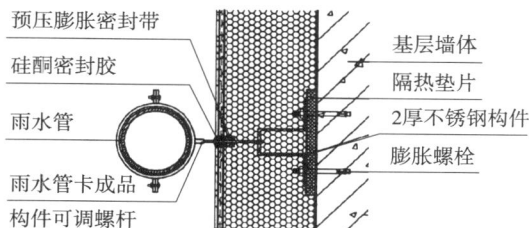

图 6-32 落水管支架无热桥构造

6.3 动态响应构造设计

动态响应的围护结构构造设计是一个复杂且前沿的课题，它涉及多个领域的知识和技术的整合，是实现低碳建筑和可持续发展的重要手段，其主要强调构造设计与自然环境相融合，作为自然生态系统的一部分，完成能量交换与物质循环。

6.3.1 气候响应式幕墙构造设计

1. 封闭式内循环双层玻璃幕墙

封闭式内循环双层玻璃幕墙的外幕墙是密闭的，常采用中空玻璃以减少外界温度变化对室内的影响。内侧通常为单层玻璃有框玻璃幕墙或单层玻璃门、窗。内、外幕墙的热通道宽度常为 150~300mm，但也有些工程为了清洗、检修和保养方便，其宽度达 500~600mm。为了提高节能效果，可以在通

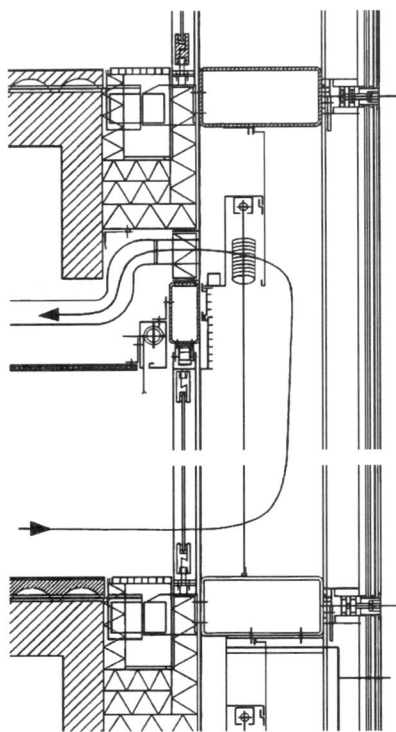

图 6-33 封闭式内循环双层玻璃幕墙运行示意

道内设置电动百叶窗或电动卷帘，以便在夏季起遮阳的作用，减少太阳辐射热产生的通道温升，提高制冷效果。另外，还可以选择外侧为热反射玻璃的中空玻璃作为幕墙玻璃，这样可以极大地反射太阳辐射热，降低热通道的温度。其运行示意如图 6-33 所示。

封闭式内循环双层玻璃幕墙的构造设计要点包括：

①保证内循环通风的形成。双层内循环幕墙只有在热通道内的空气真正地流动起来，才能实现所有的功能，达到设计的物理性能。一般将内、外两层玻璃幕墙设计成密封体系，在内层玻璃下部设置进风口，在上部设置排风口，将室内的空气通过进风口、热通道、排风口，再经过顶棚内的排气管道与安装在每层的抽风机相连。

②选择热通道内空气流动的速度。风速不仅决定了排风机的型号，决定了双层内循环玻璃幕墙的工作状况，还应和中央空调系统送风量相匹配。选择玻璃内表面与室内空气间的允许温差应根据房间的功能、要求达到的舒适性以及双层内循环幕墙的工作工况来确定。

③降低玻璃幕墙骨架的"冷桥"传热量。应根据幕墙的结构，对铝合金骨架采取隔热措施以隔断热量的传递。隔热方式常用三种方式：a. 拉栓断热式；b. 穿条断热式；c. 注胶断热式。

④提高外层玻璃幕墙的密封性能，不仅可以降低室内外热量的传递，更有利于热通道内空气循环的形成。

⑤降低铝合金遮阳百叶的吸收率，提高反射率。根据建筑设计的需要选择合适的铝合金遮阳百叶可有效降低太阳能向室内的辐射，从而节约能量。

封闭式内循环双层玻璃幕墙进风口、出风口节点构造如图 6-34、图 6-35 所示。

2. 外循环双层玻璃幕墙

开敞式外循环双层通风玻璃幕墙和"封闭式内通风体系"的热通道幕墙恰恰相反，其外层是由单片玻璃及非绝（隔）热框材组成的敞开结构，内层由绝热框材和中空玻璃组成两层玻璃幕墙之间的热通道一般装有可自动调控的百叶窗帘或垂帘。在热通道的上、下两端有排风和进风装置。其运行示意如图 6-36 所示。

由图 6-36 可见，冬天，内、外两层玻璃幕墙中间的热通道由于阳光的照射，温度升高，提高了内侧幕墙外表面的温度，减少了建筑物供暖的运行费用。夏天，内、外两层玻璃幕墙中间热通道的温度很高，这时可打开热通道上、下两端的排气、进风口装置,在热通道内由于热压效应产生自下而上的气流。从下进气口进入的气流,通过热通道从上出气口排出,这种自下而上的气流运动带走了通道内的热量,可以降低内侧幕墙的外表面温度,减少空

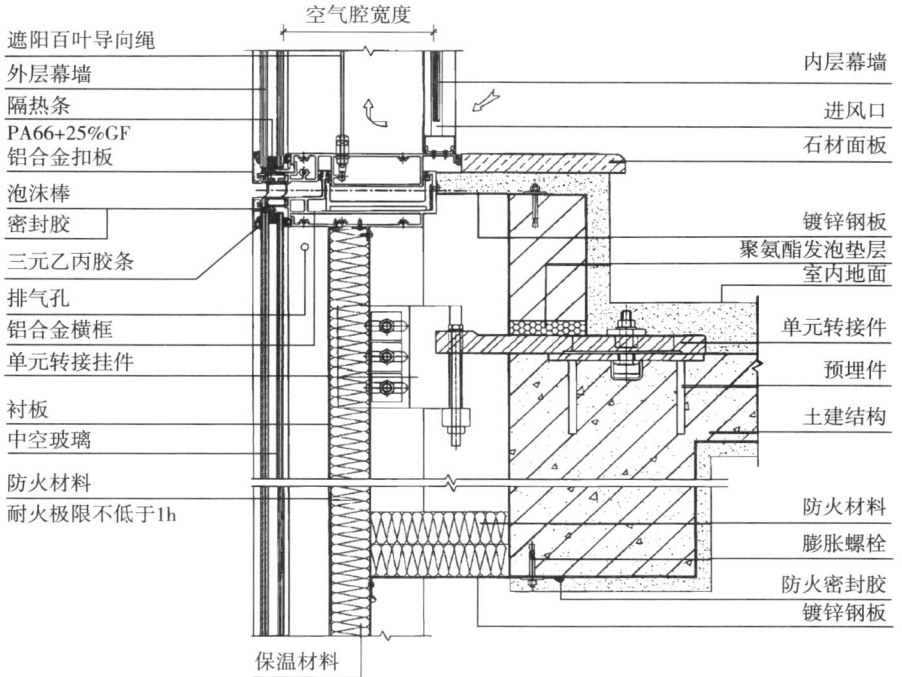

图 6-34 封闭式内循环双层玻璃幕墙进风口节点构造

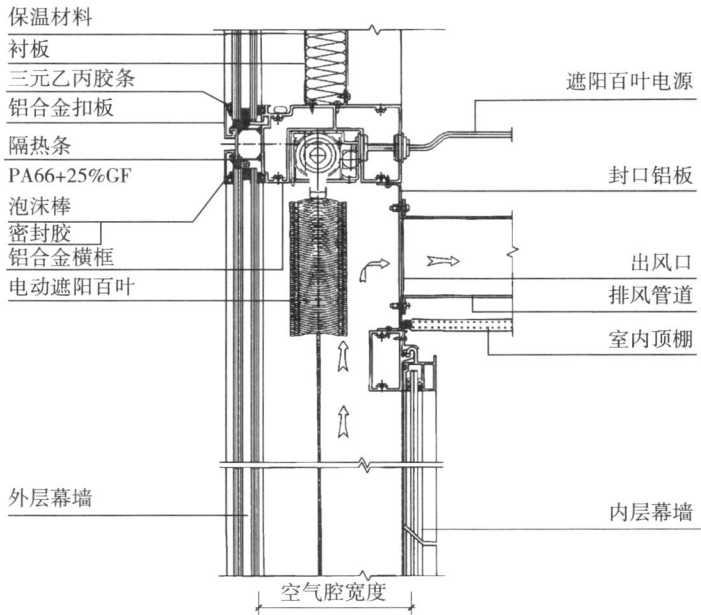

图 6-35 封闭式内循环双层玻璃幕墙出风口节点构造

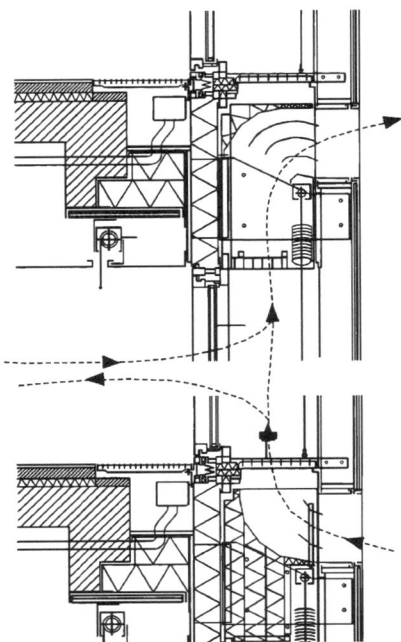

图 6-36 开敞式外循环双层玻璃幕墙运行示意

调制冷负荷。

"开敞式外通风体系"热通道玻璃幕墙除具有"封闭式内通风体系"热通道玻璃幕墙在遮阳、隔声等方面的优点之外，在舒适、节能等方面更为突出，提供了高层和超高层建筑物自然通风的可能，从而最大限度地满足使用者在生理和心理方面的需求。由于以上这些优点，使其成为当今世界上所采用的最先进的幕墙体系之一，现代的"节能和智能玻璃幕墙"大多采用这种体系。

开敞式外循环双层通风玻璃幕墙在构造设计中应注意：

（1）热通道参数设计。进、出风口面积比应控制在一定比例之间，以利于控制进、出口空气流动速度，降低噪声；满足幕墙内层玻璃内表面温度与室内空气温差变化的要求，提高室内环境的舒适度。设计师需要综合考虑室内外空间建筑设计的需要，选择合理的幕墙体系。计算进、出风口风压、空气流速的大小，以控制噪声和空气流动的阻力；考虑维修、检查的需要，"热通道"宽度最好能满足一个正常人进入的空间。

（2）防尘与清洗设计。结构的防尘是相对防尘，特别是我国北方大部分地区春秋季节风沙天气较多，尤其可吸入颗粒物和昆虫非常严重，因此在进行外循环玻璃幕墙结构设计时应充分考虑防尘与清洗形式以适合我国的实际情况，在进、出风口采用电动调节百叶装置，以控制进、出风口风速的大小，并且在通风装置中设置空气过滤装置，根据不同地理环境和室外空气污染程度的不同，以及对空气过滤功能要求的不同，可以选择具有清除空气异味的活性炭、防尘空气过滤棉，玻璃纤维过滤板等过滤材料，并且从结构上考虑从室内对过滤网的拆换和清洗的需要。

（3）遮阳设计。开敞式双层外循环玻璃幕墙必须考虑设计安装遮阳装置，在夏季以降低太阳辐射热进入室内，节约空调能耗。由于遮阳百叶材质和颜色的不同，遮阳百叶的遮阳效果也不同，常选择发射率较低、反射率较高的遮阳百叶。

（4）控制系统。外循环双层通风玻璃幕墙的控制系统主要用于进出风口的开启、关闭，遮阳系统的调整，以及热通道内铝合金遮阳百叶的升降和角度的调整，可以采取电动或手动操作，也可采取单动或联动控制系统。智能化的楼宇控制系统也可采用高智能的感光控制系统，全面实现全自动控制。

具体进风口、出风口节点构造如图 6-37、图 6-38 所示。

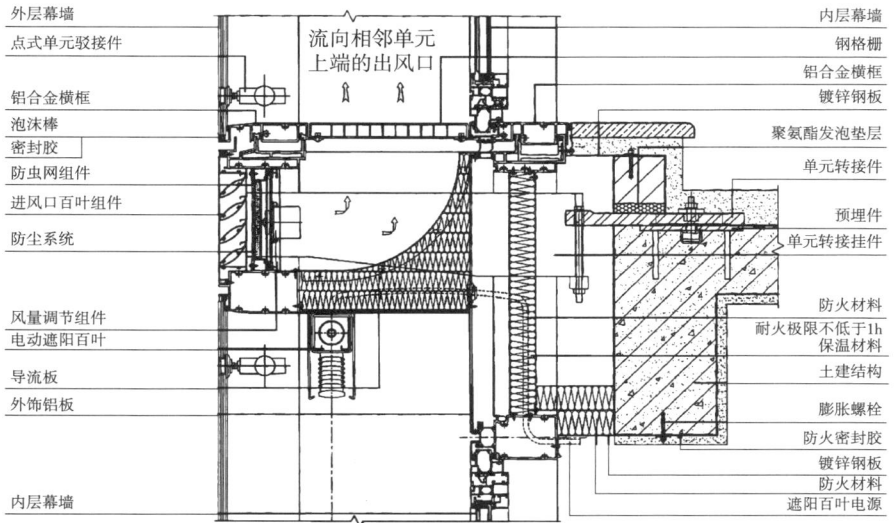

图 6-37　开敞式外循环双层玻璃幕墙进风口节点构造

外层幕墙
点式单元驳接件
铝合金横框
泡沫棒
密封胶
防虫网组件
进风口百叶组件
防尘系统
风量调节组件
电动遮阳百叶
导流板
外饰铝板
内层幕墙

流向相邻单元
上端的出风口

内层幕墙
钢格栅
铝合金横框
镀锌钢板
聚氨酯发泡垫层
单元转接件
预埋件
单元转接挂件
防火材料
耐火极限不低于1h
保温材料
土建结构
膨胀螺栓
防火密封胶
镀锌钢板
防火材料
遮阳百叶电源

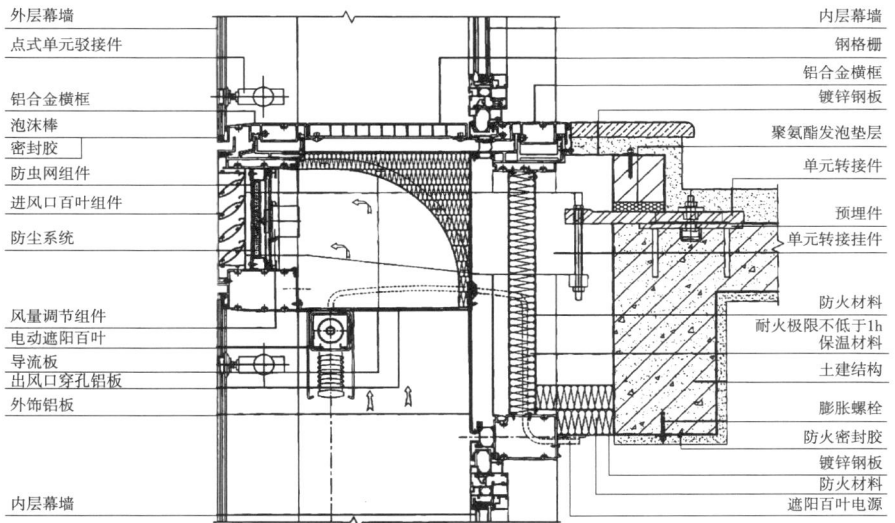

图 6-38　开敞式外循环双层玻璃幕墙出风口节点构造

外层幕墙
点式单元驳接件
铝合金横框
泡沫棒
密封胶
防虫网组件
进风口百叶组件
防尘系统
风量调节组件
电动遮阳百叶
导流板
出风口穿孔铝板
外饰铝板
内层幕墙

内层幕墙
钢格栅
铝合金横框
镀锌钢板
聚氨酯发泡垫层
单元转接件
预埋件
单元转接挂件
防火材料
耐火极限不低于1h
保温材料
土建结构
膨胀螺栓
防火密封胶
镀锌钢板
防火材料
遮阳百叶电源

6.3.2　可调节遮阳系统构造设计

　　可调节遮阳系统是一种可以根据不同环境条件和需求，对光线进行有效遮挡和调节的灵活且高效的遮阳解决方案，广泛应用于各种场所，如办公室、会议室、医院、住宅区以及公共场所等。在这些地方，它可以根据具体需求调节室内光线和温度，提高环境的舒适度，保护设备和视力，甚至起到防盗、防火的作用。主要的遮阳形式包括以下两种，一种是嵌装式铝合金遮阳百叶，另一种是外挂式滑动遮阳百叶。

1. 嵌装式铝合金遮阳百叶

1）嵌装式 Z 形铝合金百叶帘

嵌装式 Z 形铝合金百叶帘是一种常见的建筑外遮阳装饰材料，具有独特的 Z 形设计，适用于各种建筑类型。嵌装式 Z 形铝合金百叶帘为满足室外环境使用，主要材料为铝合金。在其横截面设计中采用 Z 形状，使其具有良好的强度和刚性。百叶的连接件通常采用不锈钢或铝合金等材料连接百叶帘板与支撑结构，并确保其稳固性。叶帘表面经过阳极氧化处理或喷涂处理，以增加其表面的耐候性和装饰效果。其适用于阳台、露台等户外空间的遮阳装饰，能够有效阻挡阳光直射，减少室内温度，提升舒适度。

嵌装式 Z 形铝合金百叶帘在构造设计中应注意：①该遮阳构件适用于建筑的东、西、南向外窗。②保温材料应将固定外遮阳设施完全包覆，或从固定外遮阳悬挑处将热桥阻断。③与外墙外保温系统相连的节点处采用有效的构造措施，防止形成结构性热桥。④百叶帘侧轨支架的数量及分布位置根据产品标准设计。⑤热镀锌承重支架的数量及分布位置根据产品的重量及抗风压等级标准设计。⑥百叶帘罩盒高度由百叶帘叶片宽度及遮阳帘总高度确定。⑦内嵌 Z 形铝合金百叶帘上口的安装方式可在以下情况下使用：蒲福风力小于 8 级，且单幅遮阳帘面积不超过 6m。侧轨固定点应能承受遮阳帘自重及最大风力带来的风压。具体构造如图 6-39 所示。

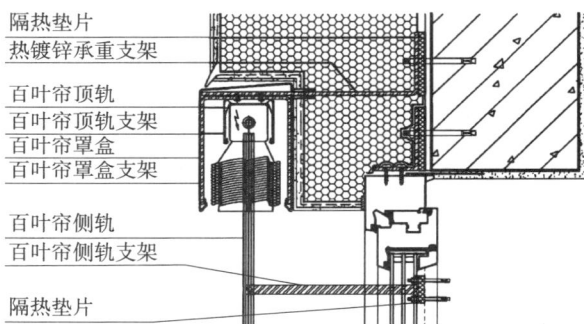

图 6-39 嵌装式 Z 形铝合金百叶帘构造

2）嵌装式卷包式铝合金百叶帘

嵌装式卷包式铝合金百叶帘在低碳建筑中是较为常见的窗帘类型，在材料选择方面主要由铝合金制成，具有轻巧、耐用、抗腐蚀，并且易于清洁，适用于长期使用的特点。一些连接部件和配件可采用塑料材料，有助于减轻整体重量并提高操作的顺畅度。百叶帘的遮挡部分通常采用易于清洁且具有较好的遮光效果的织物，如聚酯纤维或聚酯纤维与涤纶混合物。嵌装式卷包式铝合金百叶帘适用于住宅、商业建筑、公共场所等多场景。

嵌装式卷包式铝合金百叶帘在构造设计中应注意：①该遮阳构件适用于建筑的东、西、南向外窗。②保温材料应将固定外遮阳设施完全包覆，或从固定外遮阳悬挑处将热桥阻断。③与外墙外保温系统相连的节点处采用有效的构造措施，防止形成结构性热桥。④遮阳构件中应设置拉绳或遥控器来控制百叶帘的上卷和下降，以及百叶片的旋转角度，提高使用的便捷性和舒适性。具体构造如图 6-40 所示。

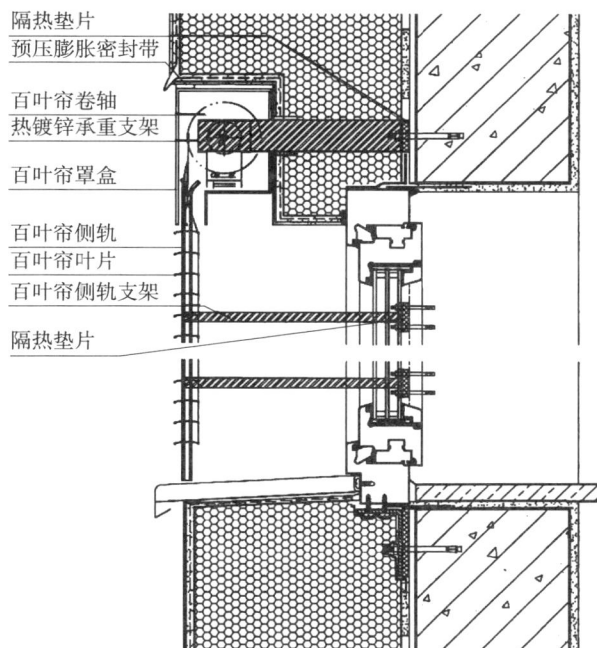

图 6-40　嵌装式卷包式铝合金百叶帘构造

3）嵌装式折叠滑动式百叶窗

嵌装式折叠滑动式百叶窗是结合了折叠和滑动的设计，在材料的选择方面，框架材料通常由铝合金或其他轻量且坚固的材料构成，确保窗帘系统的稳定性和耐用性。百叶窗的遮挡部分可以采用多种材料，如织物（聚酯纤维、涤纶等）或者木材，以提供不同的外观和遮光效果。滑轨和连接件使用高质量的滑轨和连接件，确保窗帘的平稳折叠和滑动操作。同样，该遮阳系统也适用于现代住宅、商业空间和景观窗户。该系统相比前两种遮阳构件，具有节省空间、遮挡灵活、美观实用的优点，但是相对来说造价较高、安装复杂、维护相对麻烦的缺点。

在构造设计中应注意：①该遮阳构件同样适用于建筑的东、西、南向外窗。②从固定外遮阳悬挑处将热桥阻断。③与外墙外保温系统相连的节点处采用有效的构造措施，防止形成结构性热桥。④热镀锌角钢的数量及分布位置根据产品的重量及抗风压等级标准设计。⑤百叶窗固定方式按照结构安全和产品要求计算确定。具体构造如图 6-41 所示。

2. 外挂式滑动遮阳百叶

1）外挂推拉滑动式百叶窗

外挂推拉滑动式百叶窗是附属于窗口外墙安装的一种遮阳构件，其在材料选择方面有如下要求：外挂推拉滑动式百叶窗的窗框材料通常由铝合金、塑料或木材制成。百叶通常由铝合金、PVC、木材或布料等材料制成。外挂推拉滑动式百叶窗以其灵活的推拉功能、良好的遮阳效果和装饰性能，在家庭和商业建筑中得到广泛应用，是一种常见的窗户装饰和遮阳系统。

在构造设计中应注意：①该遮阳构件同样适用于建筑的东、西、南向外窗。②保温材料应将固定外遮阳设施完全包覆。③与外墙外保温系统相连的节点处采用有效的构造措施，防止形成结构性热桥。④热镀锌角钢的数量及分布位置根据产品的重量及抗风压等级标准设计。⑤百叶窗固定方式按照结构安全和产品要求计算确定。具体构造如图 6-42 所示。

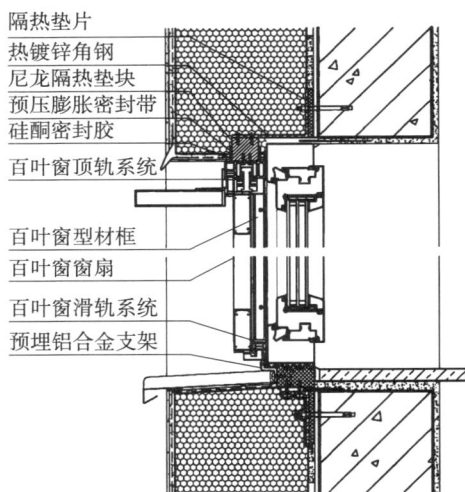

图 6-41　嵌装式折叠滑动式百叶窗构造

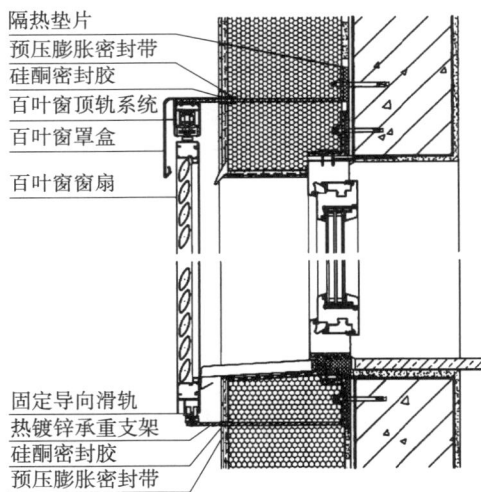

图 6-42　外挂推拉滑动式百叶窗构造

2）外挂无轨道滑动式百叶窗

外挂无轨道滑动式百叶窗是一种特殊设计的窗帘系统，具有独特的外观和操作方式。在材料选择方面，百叶片通常由耐用的材料制成，如铝合金、PVC（聚氯乙烯）、木材或者织物，以提供不同的外观和遮光效果。外挂结构通常采用坚固的金属材料，如铝合金，以确保窗帘的稳定悬挂和平稳操作。

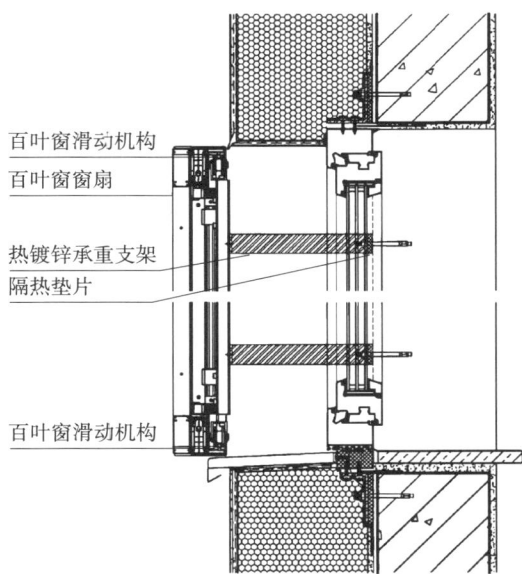

百叶窗滑动机构
百叶窗窗扇

热镀锌承重支架
隔热垫片

百叶窗滑动机构

图 6-43 外挂无轨道滑动式百叶窗构造

悬挂系统用坚固的悬挂系统，可能包括钢索或链条，以支持整个窗帘的悬挂和操作。该类型遮阳以其独特外观、简洁操作和适应性广泛的优点适应于现代家居、商业空间和形状独特或者大型的窗户。

其构造设计应满足以下几个方面：①与传统百叶窗不同，外挂无轨道滑动式百叶窗通常没有地面或顶棚的轨道系统，使得其外观更为简洁。②百叶窗的上部或侧部连接有外挂装置，通过这个装置，百叶窗可以沿着墙面滑动，实现开合和遮挡的功能。③用户可以通过手动拉绳、遥控器或自动化系统来控制外挂无轨道滑动式百叶窗的开合，提供更便捷的使用体验。具体构造如图 6-43 所示。

6.4 建筑产能构造设计

产能建筑在建筑节能领域具有重要意义，它代表了建筑节能的最高目标。随着建筑低碳节能标准不断提高，产能建筑的崛起是大势所趋。通过产能建筑，不仅可以满足建筑自身的能源需求，还可以向外部供能，有助于实现能源的可持续利用和减少碳排放。与建筑结合最为紧密和成熟的建筑产能技术主要为太阳能热水系统、太阳能光伏系统、太阳能光电系统、太阳能照明系统、地源热泵系统等，在构造设计方面，主要是如何将太阳能利用设备实现与建筑的同步设计、同步施工、同步验收、同步后期管理，从而达到建筑节能和增强建筑美观的双重效果。

6.4.1 太阳能光热利用建筑一体化

1. 与立面光热一体化

建筑立面太阳能集热器布置通常有两种形式，直立式和倾斜式。

直立式是集热器与墙面平行，与墙面结合紧密，外观具有一定的装饰效果，但热效率低。倾斜式是集热器与墙面有一定的角度，外观装饰效果不如直立式，但接受太阳照射效果优于直立式，设计时要充分考虑支架与预埋件的固定、集热器与墙面结合处管道穿墙的防水措施、管线隐蔽埋设及安装检修措施。墙面的布置主要采用分体式太阳能热水系统。

直立式太阳能光热一体化设计中，建筑南向的外墙面相对有限，因此一般只能选用太阳能热水系统的分散供热类型。设计中还应注意处理好与住宅阳台、外窗、空调机位等立面元素的关系。

在太阳能集热器布局设计中应注意，若建筑外墙窗洞面积大，而墙面面积小，不能满足集热器面积要求，则不可选用此安装方式；集热器应针对损坏坠落而发生意外进行防护性设计；如果集热器放置在南墙一侧，在设计时应该事先确定管线的位置和建筑平面的布局，尽量避免室内有明管线穿过，以免影响居室环境。

在一体化构造设计中应注意，建筑和给水排水专业配合设计使集热器与室内贮水箱连接管线隐蔽设置，避免外露；若建筑外墙窗洞面积大，相对墙面面积少，可选择在屋面、阳台等处的集热器安装方式；在建筑外墙按集热器长度分段增加挑板，对防止集热器损坏坠落有一定效果。墙面集热器构造如图6-44所示。

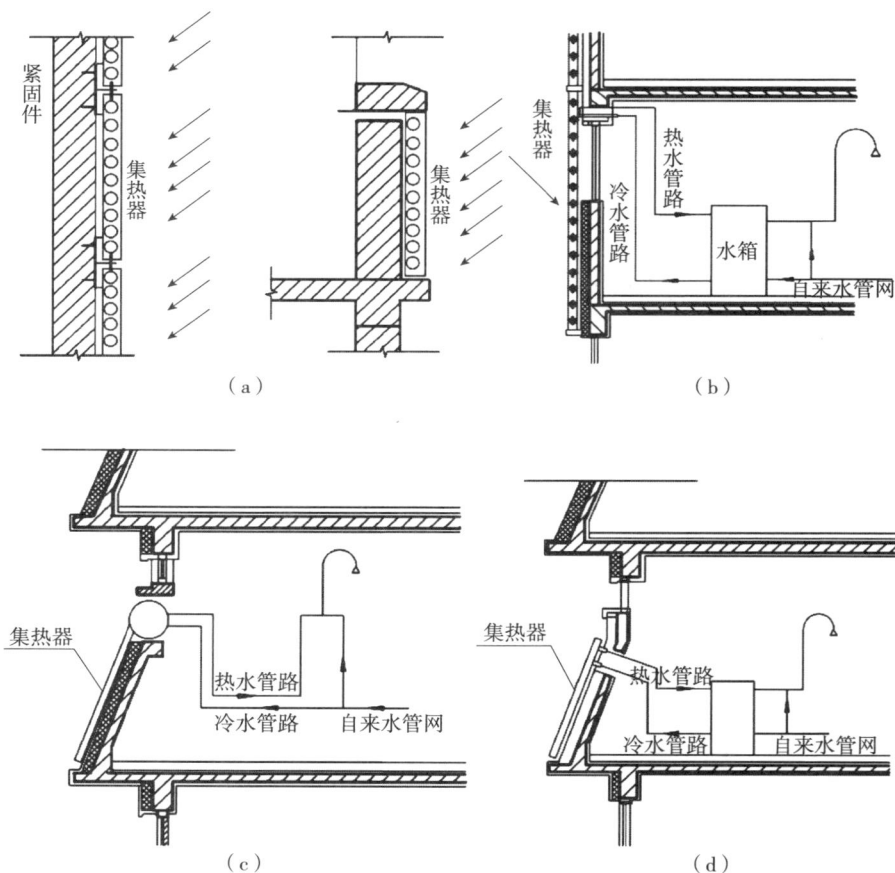

图6-44　墙面集热器构造
（a）直立式集热器示意图；（b）直立式集热器构造示意图；
（c）倾斜式集热器构造示意图；（d）倾斜式集热器构造示意图

2. 与屋面光热一体化

屋面是建筑与外环境接触较大的外界面，也是建筑设置太阳能设备的最佳部位。建筑屋面太阳能一体化设计不同的构造做法，各有优点和适用范围。这里主要列出它们各自在一体化设计中的特点和构造问题，并提出了一定的解决方法。

1）平屋面（钢筋混凝土、钢构架）

（1）阵列支架式集热器

阵列支架式集热器是平屋面集热器布置中最常见、安装较简单的一种方式，其要求是将集热器按最佳倾角安装在设有基座上的单排支架上，集热器多排布置，支架间须留有足够的排间距（ $D \geqslant 1.4H$ ）。平屋面的支架排列应整齐有序，互不遮挡。当成规模安装时，常将支架单元在屋顶组合成锯齿阵列或者在立面组合成百叶阵列，形成一种韵律。管线布置及施工安装方便，集热器及支架与屋面结构的连接技术难度相对较小，日常检修安全便利。

在一体化设计中，系统可采用太阳能热水系统的集中供热、集中 – 分散供热类型。同时应注意，屋面面积必须满足根据计算所得的集热器所需的面积指标，假如屋面面积不能够满足集热器所需面积，太阳能热水系统的设置就将受到限制。在屋面女儿墙的高度满足建筑规范要求的前提下，计算前排集热器与女儿墙的间距。同时应根据行人视线角度，协调处理女儿墙与集热器的关系和高度，使集热器尽量不外露，以免影响立面造型。

平屋面阵列支架式集热器构造简易、成本低廉、寿命期结束后容易更换。这种方式早期的应用常见于对现有建筑的屋顶进行主动利用太阳能的改造，尤其是户用的太阳能系统。具体构造如图 6-45 所示。

（2）整体支架式集热器

整体支架式集热器是采用金属支架或混凝土支架搭建成有角度的大型支架，能够纵横连续布置集热器，有充分接收阳光的良好位置。由于没有单排排距间的宽度要求，此种布置形式相对增加了屋面可利用集热面积。这种形式方便管线布置，日常检修安全便利。尤其是混凝土支架在立面美观的前提下，其耐久性及安全性均优于金属支架，并且较大的柱间距还不影响屋面的其他设备布置。

在一体化设计过程中受到诸多限制，例如由于体型较大，对建筑立面有影响，因此前期的立面造型设计尤为重要。屋檐处的造型不可外伸至墙外，必须外伸的应有必要的保护措施，杜绝集热器损坏坠落发生意外的可能。因此，在立面造型设计中，金属支架需要建筑、结构设计师共同完成，才能达到既美观又安全的设计需求。该形式适用于低于 18 层的居住建筑，尤其是改建增设太阳能热水系统的小高层或高层（12~18 层）。具体构造如图 6-46 所示。

（3）屋架式集热器

屋架式集热器与支架式集热器的不同之处是混凝土支架位于屋顶上方且

槽钢固定支架

钢板焊接

PVC防水层
水泥砂浆保护层
水泥炉渣找坡层
聚氨酯发泡保温层
水泥砂浆找平层
钢盘混凝土层面板

预埋铁件

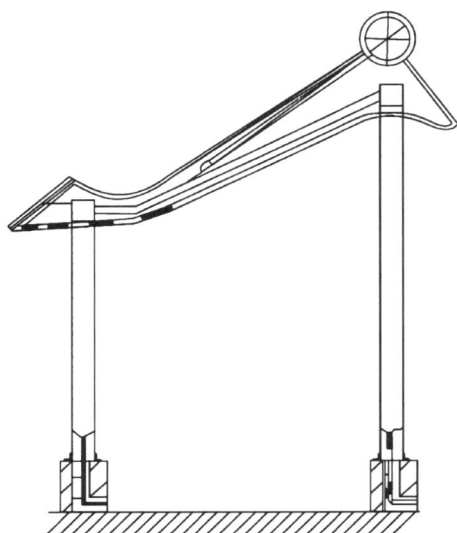

图 6-45　平屋面阵列支架式集热器构造　　　　图 6-46　平屋面整体支架式集热器构造

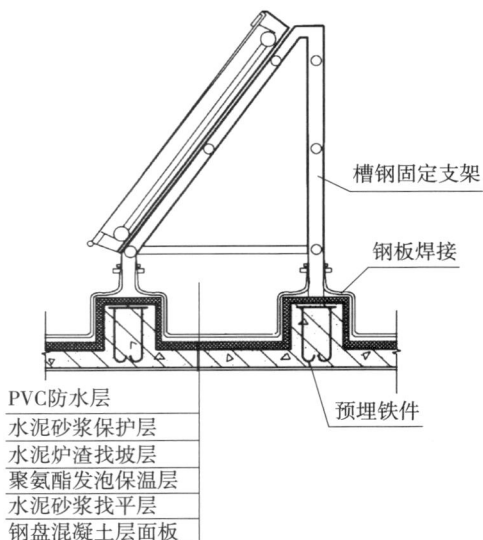

无角度，呈水平状，混凝土支架需与建筑形式统一设计，以满足美观及一体化的要求。集热器朝向及倾角可根据需要确定，可自由选择集光材料，因而建筑处理方式灵活、能效高。但是，总体坡度不宜过大，宜布置主要在小倾角状态下工作的光伏集热器。屋架式拓展了屋顶作为休憩空间的功能，扩大了住户的室外活动场所。同时减少屋顶材料反复热胀冷缩产生的疲劳与长期日晒雨淋产生的老化，显著延缓防水层失效。遮蔽太阳直射辐射并有利于通风、散热和隔热，实际效果则随不同的建筑热工设计分区而异。

太阳能热水系统可采用集中供热、集中 - 分散供热等类型。在一体化设计过程中应注意，太阳能集热器单元模块必须与构架完美统一，这是建筑师与太阳能产品供应方的总体目标。

支架属于特制产品，有待形成模数制的构件现场组装，以便工业化生产和推广；支架不利于承受较大的风荷载，在强风地区应谨慎采用；支撑结构费用稍高，屋顶的绿化和小品布置也需要额外费用。适用于新建的小高层居住建筑。

在一体化构造设计中，平面屋架式集热器构造相对简单，但支撑结构体量在所有集成方式中是最大的。为了避免对屋顶结构层和防水层的影响及降低热桥作用，对于新建建筑，宜采用钢筋混凝土柱和在斜梁上辅以预埋螺栓作为支撑结构；而对已建建筑进行太阳能主动利用改造时，宜采用混凝土基座预埋螺栓轻钢结构作为支撑结构，为了减少屋面构造层在基座下端产生过大变形以致破裂，可在基座下加混凝土垫板。不应采用破坏防水层的膨胀螺栓固定方式和直接将轻钢结构与屋顶结构层钢筋相连的方式。具体构造如图 6-47 所示。

2）坡屋面（瓦、金属板）

（1）叠合式

叠合式是指集热器与建筑围护结构紧贴在一起的集成方式，仍以建筑围护结构完成集热器不具备的部分围护功能，根据与围护结构紧贴的程度，分为嵌入式和紧贴式。由于集热器背面紧贴围护结构，散热受限，因此真空管或平板集热器更适合采用这种方式。

①嵌入式

嵌入式集热器与屋面倾斜角度一致，嵌入屋面层，与屋面结合紧密，外观具有天窗的效果，集热器为平板式，外观效果较佳。目前常见的有两种做法：一是屋面结构层局部下沉；二是屋面局部仅取消屋面瓦及挂瓦条。

太阳能热水系统可采用集中供热、集中－分散、分散供热等多种类型。设计时要充分考虑支架与预埋件的固定、集热器与坡屋面结合处排水及防水措施、管线隐蔽埋设及安装检修措施。在建筑设计时宜根据太阳能集热器接受阳光的最佳角度，来确定坡屋面的坡度，否则热效率将受屋面坡度的制约。屋面结构局部下沉，设计及施工中要保证保温层、防水层的连续性，处理好局部防水嵌缝，并协调好屋面排水及下沉部分排水统一性。该类型适用于多层居住建筑及别墅建筑，坡屋面嵌入式集热器构造如图 6-48 所示。

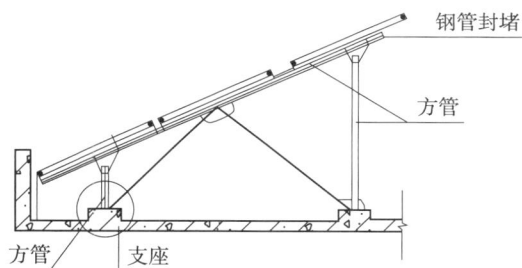

图 6-47　平屋面屋架式集热器构造

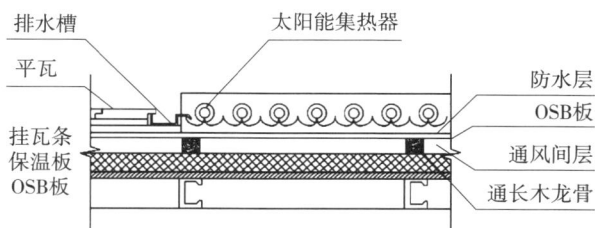

图 6-48　坡屋面嵌入式集热器构造

②紧贴式

紧贴式集热器略高于屋面。从与屋面结合角度看，不如嵌入式美观，但对建筑、结构带来的设计难度相对小，集热器在与屋面瓦（深蓝色）颜色一致的情况下，能够满足立面统一，但在与屋面瓦（橙色）颜色不一致的情况下，外观效果较差。集热器为真空管或平板式效果均可。

在一体化构造设计时，可采用太阳能热水系统的集中供热、集中－分散、分散供热等类型。建筑设计应尽量满足集热器最佳角度，以满足太阳能系统的热效率。设计时要充分考虑支架与预埋件的固定、集热器与坡屋面结合处排水通畅及相应的防水措施、管线隐蔽埋设及安装检修措施。屋面安装固定构件穿过屋面防水层及屋面瓦处用建筑防水膏嵌牢，并应定期检查补嵌。若

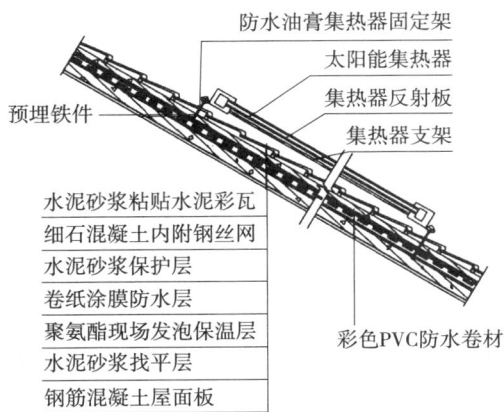

防水油膏集热器固定架
太阳能集热器
集热器反射板
集热器支架
预埋铁件

水泥砂浆粘贴水泥彩瓦
细石混凝土内附钢丝网
水泥砂浆保护层
卷纸涂膜防水层
聚氨酯现场发泡保温层
水泥砂浆找平层
钢筋混凝土屋面板

彩色PVC防水卷材

图 6-49　坡屋面紧贴式集热器构造

对支架与预埋件的固定、集热器与坡屋面结合处排水、防水措施、管线隐蔽埋设及安装检修措施考虑不周，将会出现相应安装不牢固、排水不畅或管线不隐蔽等隐患。该系统适用于多层居住建筑及别墅建筑。具体构造如图 6-49 所示。

　　紧贴式看起来只是加厚了围护结构，对建筑形态影响不大，当建筑外装饰材料昂贵时，集光器是很好的替代装饰。如果集热器没有半嵌在底板中的真空管，只要保证足够管间间距，使其柱面接收辐射的有效截面不会减少，从而在立面上也可保持较高能效。如果采用平板集热器，虽然在立面能效不如真空管集热器，但其保温层可改善围护结构的保温及隔热性能。若不希望炎热季节产生过量热水，则叠合于屋顶的集热器倾角可设大些，但不便于在较平缓的屋顶上满铺，仅适合在屋脊、檐口上部、女儿墙等处进行局部叠合。由于辐射热能主要储存在保温水箱中而不被围护结构所直接吸收，因此屋顶的热水系统不仅较冷季节可做特朗勃墙，炎热季节也可作为水冷系统保持屋顶温度不致过高。

6.4.2　太阳能光伏利用建筑一体化

1. 太阳能光伏玻璃幕墙

1）双层光伏幕墙

　　太阳能光伏一体化构造的双层光伏幕墙结合了建筑外墙和光伏发电技术，旨在实现建筑外墙的隔热、隔声功能，同时兼顾太阳能发电的效益。双层光伏幕墙的材料主要分为外层、内层、隔热材料和辅助材料四部分。

　　外层构件主要为玻璃和框架，其中通常采用高透明度的玻璃作为外层构件，以确保建筑外观的透明度和光线透过。设计时选用高强度铝合金框架用于支撑和连接外层的玻璃构件，提供结构强度和耐候性。内层构件同样为玻璃和铝合金支架，其中内层使用集成了光伏电池的透明或半透明玻璃，以收集太阳能并转换为电能。铝合金支架用于支持光伏玻璃的结构，同时提供必要的倾斜角度，以最大限度地吸收阳光。隔热绝缘材料是在双层光伏幕墙内外层之间，填充高效隔热绝缘材料，以提高建筑的隔热性能。辅助材料包括用于固定、密封和隔离不同材料之间密封胶，防止水分渗透和热量损失。还有由钢或铝制的支撑结构，用于支持整个双层光伏幕墙系统。

　　在一体化构造设计方面应注意：①外层构造除通过铝合金框架对透明玻

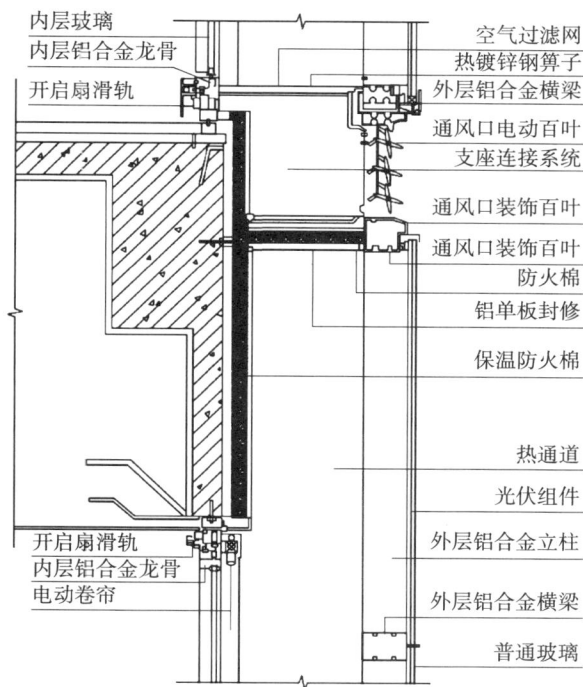

内层玻璃
内层铝合金龙骨
开启扇滑轨

空气过滤网
热镀锌钢箅子
外层铝合金横梁
通风口电动百叶
支座连接系统
通风口装饰百叶
通风口装饰百叶
防火棉
铝单板封修
保温防火棉

热通道
光伏组件
外层铝合金立柱
外层铝合金横梁
普通玻璃

开启扇滑轨
内层铝合金龙骨
电动卷帘

图 6-50 双层光伏幕墙构造

璃进行支撑和固定外，还需使用密封胶确保外层构件之间的连接紧密，防止水分和空气渗透。②内层构造应将集成了光伏电池的玻璃安装在建筑内侧，利用铝合金支架调整倾斜角度以获得最佳太阳能吸收效果。③在内外层之间填充高效隔热绝缘材料，提高建筑的隔热性能，降低能耗。④支撑结构应与建筑结构主体有效连接，确保整个双层光伏幕墙系统的稳定性。同时，应采取防水措施，防止雨水渗透到建筑结构内部。具体构造如图 6-50 所示。

双层光伏幕墙的这种一体化设计可以同时实现建筑的美观性、隔热性以及可再生能源的利用，是一种环保高效的建筑外墙解决方案。

2）点支式光伏幕墙

点支式光伏幕墙是太阳能电池板通过点支方式连接到建筑外墙上。这种设计既能实现建筑外墙的功能，又能利用太阳能发电，达到节能环保的效果。点支式光伏幕墙的设计灵活性较高，适用于各种建筑外墙形式，同时具备美观和高效利用太阳能的优点。

在材料的选择方面，太阳能电池板与框式光伏幕墙类似，太阳能电池板是点支式光伏幕墙的关键组件，电池板可以采用硅晶体电池、多晶硅电池或薄膜太阳能电池等不同类型，用于将太阳光转化为电能。点支系统通常使用不锈钢或铝合金制成的支撑点和连接件，通过螺栓或其他固定装置将电池板安装在建筑外墙上。支撑结构与框式光伏幕墙类似，通常采用轻质的铝合金或钢材制成，确保足够的强度和稳定性。辅助材料包括连接件、密封胶条、安装配件等，用于连接和固定太阳能电池板和支撑结构，同时确保点支系统的密封性和稳定性。

在一体化构造设计方面应注意：①安装点支式光伏幕墙的第一步是在建筑外墙上安装支撑结构，支撑结构可以预先设计并制造成模块化组件，以便安装和调整。②使用点支系统将太阳能电池板连接到支撑结构上，连接件通过预先设计的固定孔位穿过电池板，并通过螺栓或其他连接件将其紧固在支撑结构上。③应在点支系统与太阳能电池板之间以及电池板之间进行密封处理，使用密封胶条或其他密封材料，确保点支式光伏幕墙的密封性和防水性。④完成安装后，对点支式光伏幕墙进行整体调试和检测，确保太阳能电池板的正常发电和系统的稳定性。具体构造如图 6-51 所示。

3）单元式光伏幕墙

单元式光伏幕墙是指将铝合金骨架、玻璃、光伏组件、垫块、保温材料、减震和防水材料以及装饰面料等构件事先在工厂组合成带有附加连接件的光伏幕墙单元。单元式光伏幕墙具有结构简单、安装方便、不占用室内空间等优点，能够为建筑提供可再生能源，并在外观上增加现代感和科技感。

单元式光伏幕墙材料的选择应注意，光伏单元组件中一般选择硅晶体光伏板作为光伏单元，因其具有较高的光电转换效率和良好的耐久性，也可以选择柔性的薄膜太阳能电池，其适用于曲面或异形建筑表面。结构支撑体以铝合金或钢构支架为宜，因其同时具有足够的强度和耐候性。在背板和密封材料的选择上，一般在光伏单元和建筑外墙之间安装背板，用于支撑和固定光伏单元，同时保护建筑结构。在连接处使用密封胶进行密封，防止水分渗透并提高幕墙的防水性能。

在一体化构造设计方面应注意：①根据设计要求，在支撑结构上安装光伏单元，确保光伏板的倾斜角度和朝向能够最大限度地吸收太阳能。②使用连接件将光伏单元固定在支撑结构上时，应保持适当的间距和布局。③在光伏单元和建筑外墙之间安装背板，确保光伏板的支撑和保护。④使用密封胶对连接处进行密封处理，防止水分渗透并提高幕墙的防水性能。具体构造如图 6-52 所示。

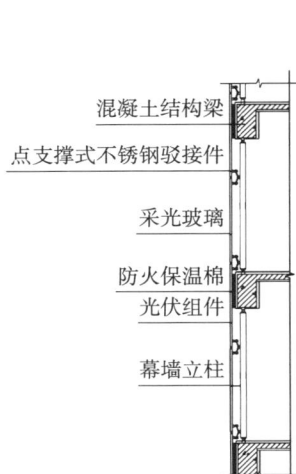

图 6-51 点支式光伏幕墙构造

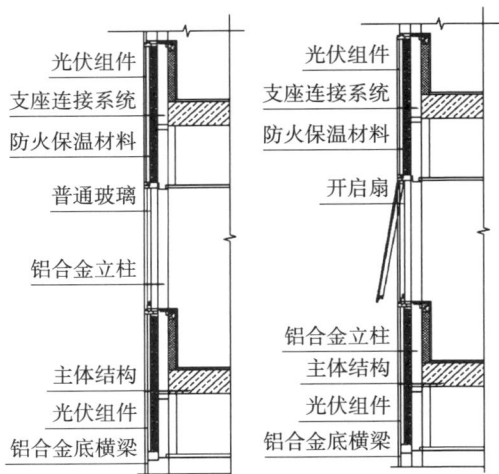

图 6-52 单元式光伏幕墙构造

2. 与屋面光伏一体化构造

1）架空式光伏屋面

架空式光伏屋面是通过在建筑屋顶上架设支撑结构，将太阳能电池板安装在架空的支撑结构上，从而实现太阳能发电。架空式光伏屋面的材料选择应注意：太阳能电池板是架空式光伏屋面的核心组成部分，通常采用硅晶体电池、多晶硅电池或薄膜太阳能电池等材料制成。支撑结构通常采用轻质的铝合金或钢材制成，同时需要考虑抗风、抗震等因素，以支持太阳能电池板的重量，并确保其稳定性。用于连接太阳能电池板与支撑结构的连接件，通常采用不锈钢或铝合金材料制成，具有良好的耐候性和耐腐蚀性。辅助材料包括密封胶条、防水材料、接地系统等，其性能应确保架空式光伏屋面的密封性、防水性和安全性。

在一体化构造设计方面：①支撑结构通常采用预先设计的模块化组件，例如支撑柱、横梁等，以便于安装和调整。②太阳能电池板通过连接件固定在支撑结构上，确保其稳固性和安全性。③在安装完成后，对架空式光伏屋面进行防水处理，确保屋顶的防水性能。这包括使用防水材料和密封胶条等，防止雨水渗透到建筑内部。④应将架空式光伏屋面与地面接地，以确保系统的安全性和稳定性。架空式光伏屋面的设计使得其具有较强的适应性，适用于各种建筑屋顶形式，并且能够最大限度地利用太阳能资源进行发电，具有良好的节能环保效果。具体构造如图 6-53 所示。

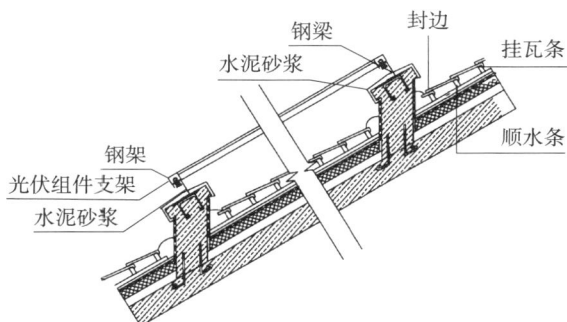

图 6-53　架空式光伏屋面构造

2）嵌入式光伏屋面

嵌入式光伏屋面指的是将光伏组件嵌入建筑屋面内的一种形式。在这种形式下，光伏组件位于建筑最外侧的保护层内，融合于屋顶构造层之中，从而实现光伏与建筑的一体化。这不仅为建筑提供了可再生能源，满足了发电的需求，同时也作为建筑物的一个组成部分，具有规则的形状，与整个建筑结构相协调。

嵌入式光伏屋面的材料选择应注意以下问题，光伏组件以使用硅晶体光伏板为主，因其具有较高的光电转换效率和较长的使用寿命。同时，也可以选择柔性的薄膜太阳能电池，其适用于曲面或异形屋顶表面。在屋顶结构材料选择方面，通常是具有耐候性和耐久性的建筑材料，如混凝土、金属板或屋顶瓦片。在光伏组件下方设置防水层，确保屋顶的防水性能。屋顶下方设置支撑结构通常使用钢架或铝合金支架。

在一体化构造设计方面：①首先对建筑屋顶进行清洁和准备，确保表面平整、无障碍物，并检查屋顶结构的稳固性。②根据设计要求，在支撑结构上安装光伏组件，确保光伏板的倾斜角度和朝向能够最大限度地吸收太阳能。同时，应保持适当的间距和布局。③在光伏组件下方设置防水层，确保屋顶的防水性能，并防止水分渗透到建筑内部。具体构造如图 6-54 所示。

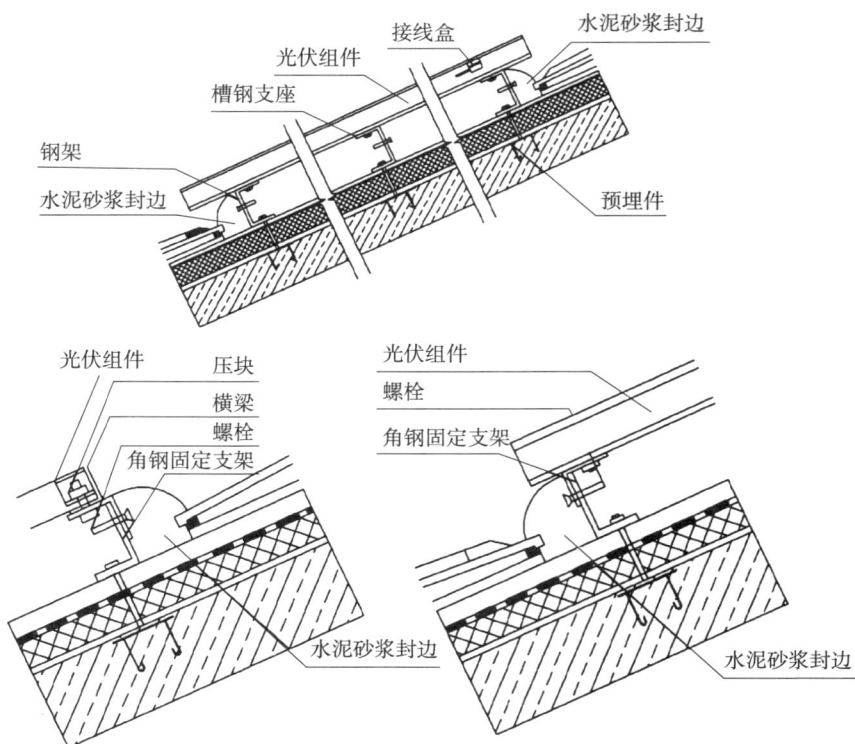

图 6-54 嵌入式光伏屋面构造

3）光伏瓦屋面

光伏瓦屋面是一种创新的建筑屋面解决方案，它结合了传统屋面材料的功能与现代太阳能技术的优势。具体来说，光伏瓦是一种特殊的屋面瓦片，其表面集成了太阳能电池板，能够将太阳能转化为直流电能。这种瓦片不仅具备传统瓦片的防水、隔热、保护建筑等功能，更能够作为一种发电设备，为建筑提供清洁能源。

光伏瓦屋面在材料的选择上最为重要的是光伏瓦，其表面集成了太阳能电池，通常采用硅晶体或其他高效率的光伏材料，并且在外观和尺寸上通常设计成与传统屋顶瓦片相似，以实现一体化的外观。屋顶结构材料选择具有足够耐候性和耐久性的屋顶材料，以支持光伏瓦的安装，并确保整体结构的稳定性。同时，在光伏瓦下方设置防水层，保护建筑内部免受水分渗透。

在一体化构造设计方面：①清理和准备屋顶表面，确保表面平整、清洁，并检查屋顶结构的稳固性。②借鉴于传统瓦片安装方式进行构造设计。③在光伏瓦下方设置防水层，确保光伏瓦屋面具备良好的防水性能，防止水分渗透到建筑内部。通过光伏瓦屋面的设计，建筑可以同时享受传统瓦屋面的外观和太阳能发电的益处，实现了建筑一体化的太阳能利用。具体构造如图 6-55 所示。

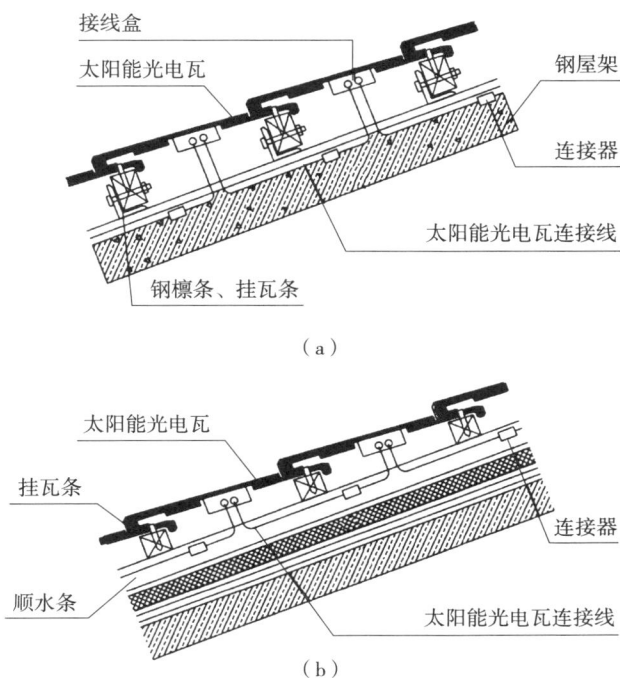

接线盒
太阳能光电瓦
钢屋架
连接器
太阳能光电瓦连接线
钢檩条、挂瓦条

（a）

太阳能光电瓦
挂瓦条
连接器
顺水条
太阳能光电瓦连接线

（b）

图 6-55　光伏瓦屋面安装构造
（a）纵向连接线（平改坡）;（b）横向连接线（平改坡）

4）柔性光伏屋面

柔性光伏屋面使用薄膜太阳能电池技术，将光敏材料直接放置在柔性基材上，制造出轻薄、柔软的太阳能电池板。这种电池板可以直接安装在任何类型的屋顶上，如瓦片、金属板、屋面材料等，而不需要额外的结构支撑。这不仅减少了安装成本和工时，还最大限度地保持了建筑外观的一致性。

柔性光伏屋面的光伏材料主要使用柔性太阳能电池，通常为非硅基材料，如有机聚合物或柔性薄膜太阳能电池。这些材料可以以柔软、轻薄的形式覆盖在建筑物的曲面或平面表面上。基底材料通常采用轻型且具有一定柔韧性的材料，如聚合物薄膜、聚酯膜或其他合适的基底材料，同时需要具备良好的耐候性和防水性能，以保护建筑内部不受水分侵害。

在一体化构造设计方面：①清理和准备屋顶表面，确保表面平整、清洁，并检查屋顶结构的稳固性。②根据建筑的形状和结构设计制订柔性光伏屋面的覆盖方案。③通常采用粘合、夹持或混合方式固定在基底材料上，因此应根据建筑的曲面或平面结构进行适当的裁剪和安装，确保光伏层覆盖完整且平整。④确保连接电缆和接线盒的防水处理，以防止水分渗透和损害电气设备。通过柔性光伏屋面的设计，建筑可以在不影响外观的情况下利用太阳能，实现清洁能源的利用和建筑一体化。屋面柔性组件安装构造如图 6-56 所示。

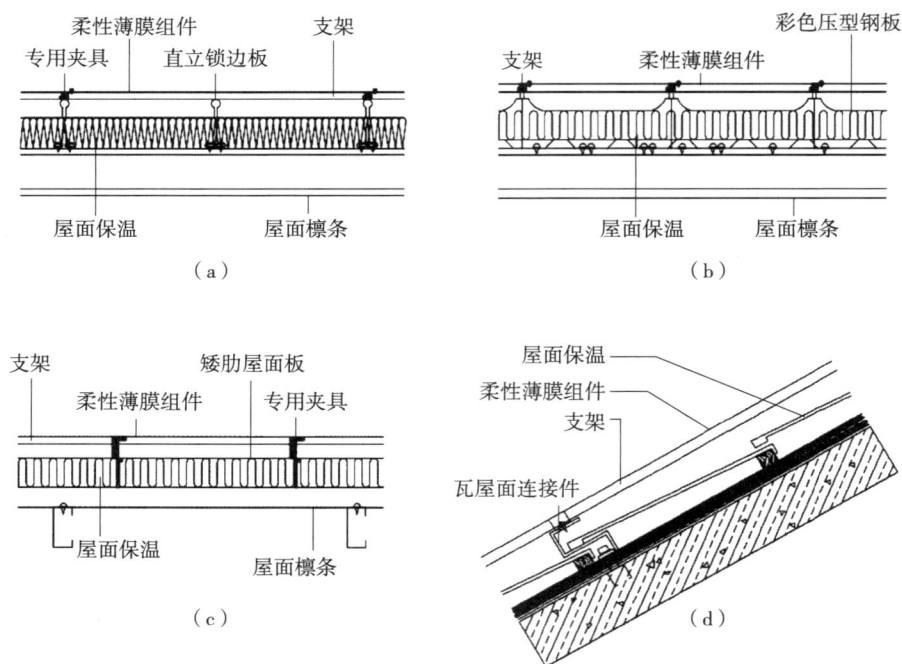

图 6-56　屋面柔性组件安装构造
（a）直立锁边屋面系统；（b）压型钢板屋面系统；（c）矮肋屋面系统；（d）瓦屋面系统

课后习题

1. 低碳建筑构造的主要内容包括哪几个方面？

2. 建筑中的产能集成构造主要涉及哪几类可再生能源？

3. 针对非透明围护结构的高性能保温构造设计，常见的保温材料有哪些？

4. 在设计高性能门窗时，应如何考虑其保温、隔热和通风性能？有哪些门窗材料和设计技术可以提高这些性能？

5. 在建筑设计中，如何确保建筑的气密性？有哪些关键的构造节点和密封材料需要注意？

6. 什么是热桥？在建筑中，热桥是如何形成的？它们对建筑的保温性能有何影响？在设计无热桥构造时，应如何选择合适的材料和构造方式？

7. 气候响应式幕墙是如何根据气候条件自动调节其性能的？其背后的工作原理是什么？

8. 在设计气候响应式幕墙时，需要考虑哪些气候因素？这些气候因素如何影响幕墙的构造设计？

9. 可调节遮阳系统的主要组成部分有哪些？它们是如何协同工作的以实现遮阳效果的调节？

10. 太阳能光热利用建筑一体化构造设计中，与墙体、屋面一体化构造设计有哪几种方式？各有什么优缺点？

11. 在太阳能光伏利用建筑一体化构造设计中，如何选择合适的光伏板类型（如屋顶光伏板、幕墙光伏板、阳台光伏板等）以匹配建筑的功能需求和外观风格？

本章参考文献

［1］ 冷超群，李长城，曲梦露. 建筑节能设计 [M]. 北京：航空工业出版社，2016.

［2］ 韩喜林. 建筑保温施工与工程质量缺陷对策 [M]. 北京：中国建材工业出版社，2015.

［3］ 杨维菊. 建筑构造设计下册 [M]. 2 版. 北京：中国建材工业出版社，2017.

［4］ 梁方岭. 节能型建筑幕墙设计、施工与安全管理 [M]. 北京：中国建筑工业出版社，2019.

［5］ 韩喜林. 节能建筑设计与施工 [M]. 北京：中国建材工业出版社，2008.

［6］ 赵嵩颖，张帅. 建筑节能新技术 [M]. 北京：化学工业出版社，2013.

［7］ 史洁. 高层住宅建筑太阳能系统整合设计 [M]. 上海：同济大学出版社，2012.

［8］ 杨维菊. 绿色建筑设计与技术 [M]. 南京：东南大学出版社，2011.

［9］ 贝特霍尔德·考夫曼，沃尔夫冈·费斯特，德国被动房设计和施工指南 [M]. 徐智勇，译. 北京：中国建筑工业出版社，2015.

［10］ 李德英. 建筑节能技术 [M]. 2 版. 北京：机械工业出版社，2017.

［11］ 中华人民共和国住房和城乡建设部，国家市场监督管理总局. 近零能耗建筑技术标准：GB/T 51350—2019[S]. 北京：中国建筑工业出版社，2019.

［12］ 中国建筑标准设计研究院. 被动式超低能耗建筑——严寒和寒冷地区居住建筑：23J908-8[S]. 北京：中国标准出版社，2024.

［13］ 华东建筑集团股份有限公司. 建筑太阳能一体化光伏组件安装设计图集 [M]. 上海：同济大学出版社，2018.

［14］ 雍本. 幕墙工程施工手册 [M]. 3 版. 北京：中国计划出版社，2017.

第7章

低碳建筑构造设计案例

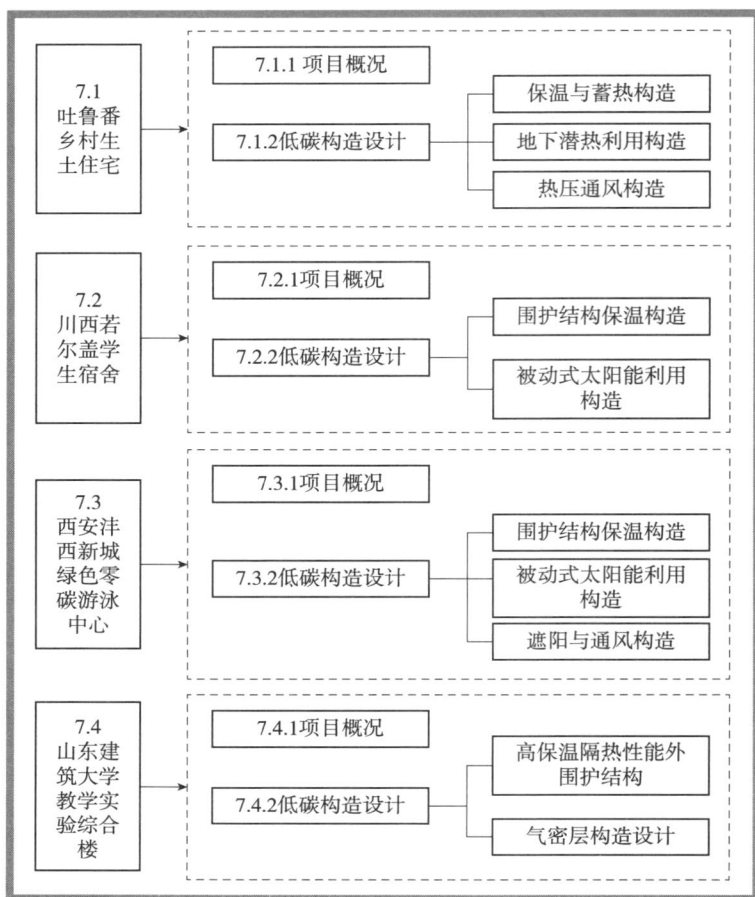

▲ 不同地域资源条件对低碳建筑设计策略的影响?

▲ 建筑围护结构的低碳构造设计策略有哪些?

▲ 太阳能光伏、光热建筑利用的主要方式有哪些?

　　建筑能否真正实现低碳,除了选取适宜的低碳设计策略,更离不开低碳建筑材料与构造的支持。本章依据乡村建筑、城市居住建筑、中小型公共建筑、大型公共建筑等建筑类型,选取 4 个典型低碳建筑工程案例。在项目背景条件和低碳设计策略分析的基础上,介绍对应的低碳构造设计,便于理解低碳构造与低碳建筑的关系,也为实际工程中低碳构造设计提供借鉴。

7.1 吐鲁番乡村生土住宅

7.1.1 项目概况

吐鲁番是古丝绸之路上的重镇，也是当代连接我国内陆、南北疆以及中亚地区的交通枢纽。当地生土建筑历史悠久，积淀深厚，为了传承优秀文化、推进建筑绿色发展，吐鲁番市政府依托富民安居工程，拟建设绿色乡村生土住宅区。住宅区用地位于吐鲁番市亚尔乡英买里村，场地东西跨度约343m，南北跨度约202m，用地面积47700m²。规划建设住宅72户，建筑面积10975.6m²，建筑密度15.77%，容积率0.23。

受当地政府委托，西安建筑科技大学绿色建筑研究中心联合昆明有色冶金设计研究院，开展绿色乡村生土示范住宅研发。示范住宅共两层，半地下层为夏季卧室，一层为客厅、餐厅、厨房与卫生间，二层为冬季卧室。其中A户型宅基地面积365.8m²，庭院面积165.7m²，住宅面积200.1m²，独立储藏间面积17.10m²，屋顶葡萄晾房面积40.10m²。B户型宅基地面积724.34m²，其中庭院面积487.97m²，住宅面积206.4m²，独立储藏间面积29.97m²，屋顶葡萄晾房面积74.52m²。（图7-1）

图7-1 吐鲁番乡村生土住宅建成照片

吐鲁番乡村生土住宅低碳设计策略见数字资源7.1。

数字资源7.1
吐鲁番乡村生土住宅低碳设计策略

7.1.2 低碳构造设计

1. 保温与蓄热构造

生土建筑建造的痛点，主要体现为结构受力与构造耐久两个方面：生土为刚性材料，且受压强度较低，倘若直接作为承重构件使用，较难达到抗震和抵抗不均匀沉降等性能要求。生土材料容易受潮、霉变，进而影响围护结构耐久性与室内环境品质。

277

本项目采用生土墙与钢筋混凝土框架混合承重的结构体系，其中生土墙自承重、自保温，钢筋混凝土框架可以辅助生土墙体承重，同时还增强生土墙受力的稳定性，作用近似于砌体结构中的构造柱与圈梁。此外在易受水汽侵蚀的部位，将普通生土替换为改性生土或土原浆（增加5%水泥添加剂），部分位置采用黏土砖替代土坯进行处理。

1）生土墙体构造

生土墙厚500mm，采用100mm×200mm×300mm的土坯砌筑而成。墙面则采用30mm厚改性生土抹灰打底，再刷土原浆，其中外墙面采用土原色，内墙面为白色（图7-2a）。

钢筋混凝土框架柱截面300mm×300mm，框架梁截面250mm×300mm被生土墙包裹于内侧，便于建筑断热桥。沿着框架柱垂直方向，采用钢丝网片拉结柱体与生土墙，钢丝网片垂直间隔不大于1200mm，深入墙体长度500~600mm。（图7-2b）

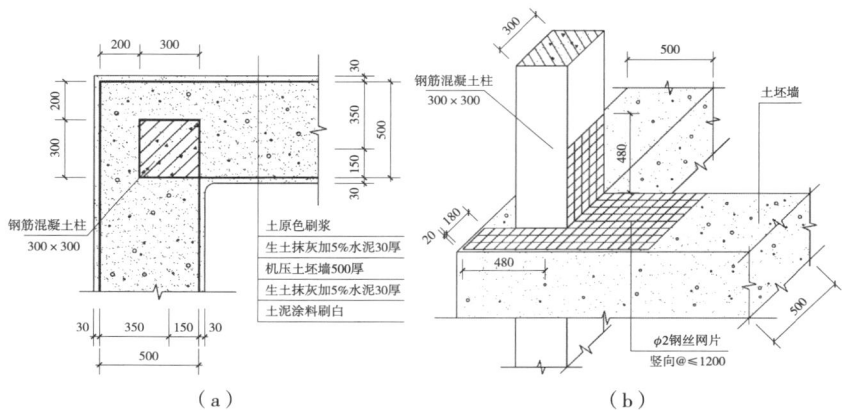

（a）　　　　　　　　　　　　　　　　　（b）

图7-2　生土墙体构造
（a）墙体构造；（b）混凝土柱与生土墙体的连接

2）覆土屋面构造

屋面构造考虑保温、蓄热、防水等性能要求。为了充分发挥可再生材料的保温与蓄热作用，屋面采用植物草席为底，其上铺设200mm植物草，再覆盖200mm厚保温土层；吐鲁番年均降水量不足16.6mm，屋面防水需求较低，参照城镇建筑涂料防水做法，采用改性土原浆，在覆土层上方抹面处理。

此外，覆土屋面自重较大，当为不上人屋面时，采用圆木骨架进行承重，骨架下层采用直径150mm的圆木檩条，间距1200mm，上层为直径60mm圆木格栅，间距600mm。该骨架搁置在钢筋混凝土梁上方，通过预埋的圆钢固定。当为上人屋面时，下层改用150mm×70mm的工字钢檩条承重，上层仍为圆木格栅。（图7-3a）

3）楼地面构造

楼面构造与上人屋面构造近似，不同之处在于楼面对保温、蓄热性能要求较低，因而未设置植物草保温层，且覆土层厚度减小到100mm。此外，面层无防水要求，因而采用空铺木地板。

一层建筑功能为客厅、餐厅，在冬季使用频率较低，因而地面构造未进行保温处理。其垫层为原土夯实和200mm厚素土夯实，基层为实铺的单层黏土砖，面层为25mm厚水泥砂浆。近地面处的外墙，采用内土外砖的砌筑方式，并实铺防水面砖，形成砖砌贴面勒脚（图7-3b）。

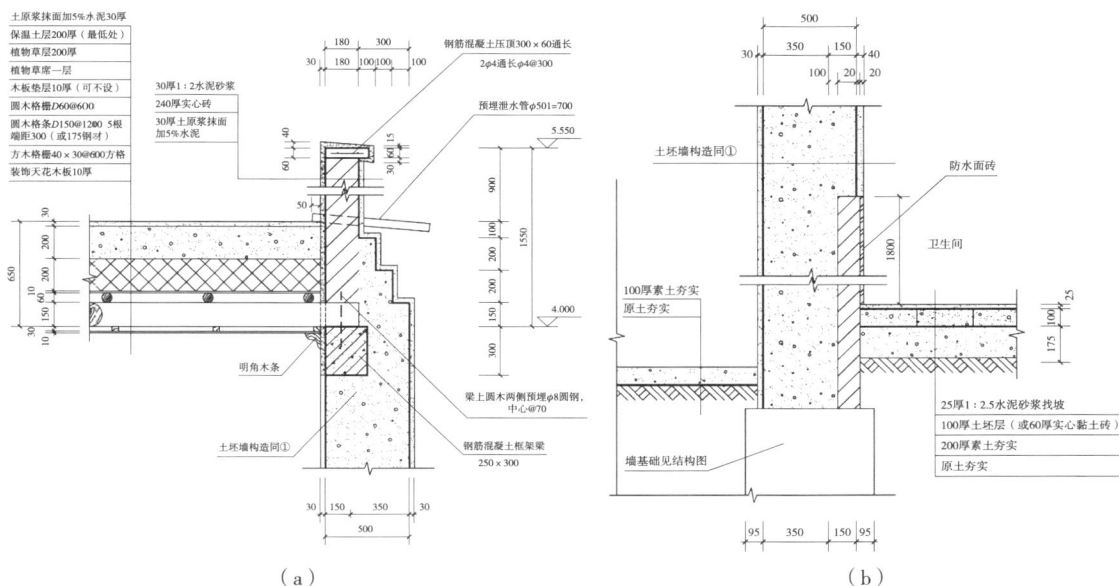

图7-3 屋面与地面构造
（a）覆土屋面；（b）生土地面

2. 地下潜热利用构造

吐鲁番地区夏季干燥、炎热，本项目延续当地下沉式建筑传统，设置半地下"夏卧室"，利用浅层地热能应对夏季正午的极端高温气候。考虑生土材料易受潮、霉变的特点，半地下室墙体均采用500mm厚黏土砖墙，室内抹面采用改性土原浆刷白。地面采用原土夯实和素土夯实，实铺一层黏土砖，并用水泥砂浆进行面层处理（图7-4）。

3. 热压通风构造

为了更好地利用浅层地热降温，半地下卧室的内墙设置可开启高窗，将冷空气带入一层客厅空间。高窗紧邻框架柱设置，运用混凝土框架固定门框或窗框。部分窗洞侧面无法紧邻框架柱布置时，在生土墙体中预埋木砖进行固定。窗洞上边缘与框架梁平齐，此时框架梁兼做过梁的作用（图7-5a）。

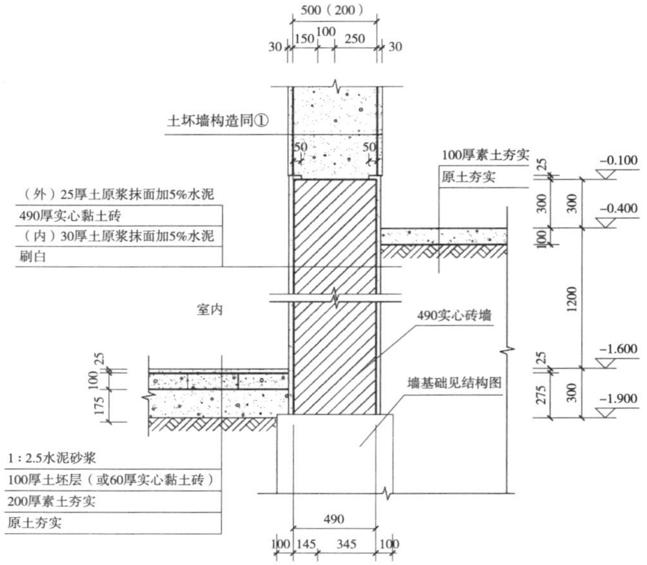

图 7-4 半地下室墙体构造

在一层楼梯间楼板预留洞口，上部设置拔风井，以加强室内空气流动。井道位于二层葡萄晾房内，截面尺寸为 1800mm×600mm，高出晾房屋面约 600mm。井道采用 100mm×100mm 方木形成木骨架，搁置在楼板的圆木（钢）椽条上。井壁采用 100mm 厚木板围合而成，井壁顶部设置百叶通风洞口，井道顶部盖以 15mm 厚木板（图 7-5b）。

吐鲁番乡村生土住宅项目施工手册见数字资源 7.2。

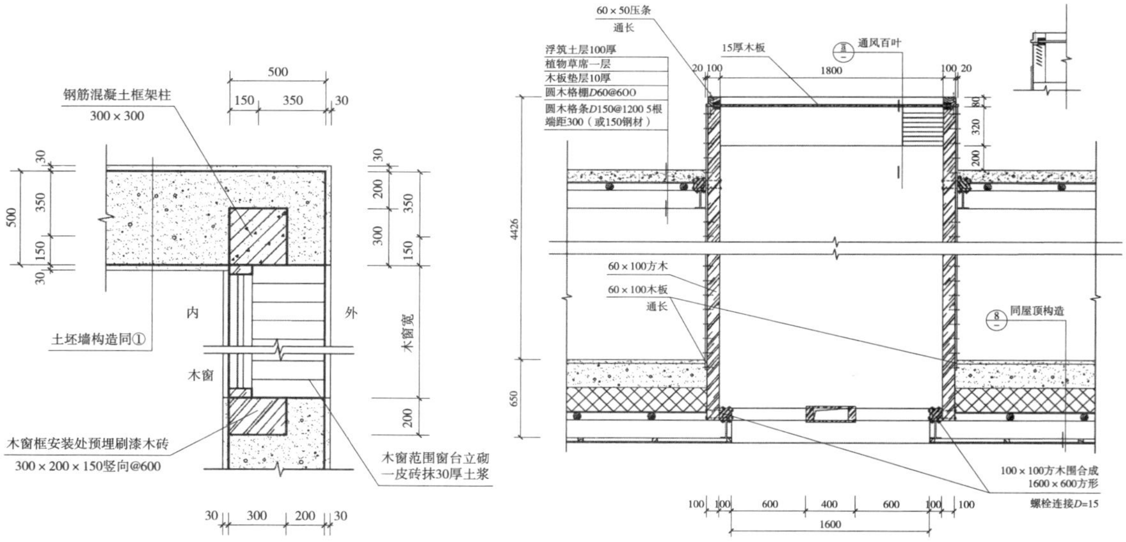

数字资源 7.2
吐鲁番乡村生土住宅
项目施工手册

（a）

（b）

图 7-5 窗、洞口构造
（a）窗户构造；（b）热压通风口构造

7.2.1 项目概况

若尔盖县阿西乡下热尔小学学生宿舍楼，位于青藏高原东北部的四川省阿坝州若尔盖县，为社会捐助结合政府拨款援建的小学学生宿舍。该项目由中国建筑西南设计研究院设计，中国扶贫基金会资助建设完成。

若尔盖县平均海拔 3515m，年平均气温 −1.1℃，最冷月平均温度为 −10℃，最低气温低达 −20℃，常年无绝对无霜期，长冬无夏。学校原有的宿舍楼是建设于 20 世纪 80 年代的砖木结构，由教室改建而成，热工性能受限于时代条件。此外，当地化石能源匮乏，供暖和生活炊事燃料主要为牛粪，缺乏供暖设施。因此冬季宿舍楼室内温度低，孩子们需要裹着厚棉衣棉被入睡，整个冬天受冻疮的困扰和折磨。

该项目建筑面积 1255m²，地上三层宿舍，包括 21 间宿舍，屋顶阁楼设有通间的室内活动室（图 7-6）。在未采用任何供暖设备的前提下，该项目通过精细化建筑设计，使全年室内温度不低于 12℃。建筑中耗能设施只有照明系统，在使用过程中碳排放量极低，为建筑师实施零碳建筑设计提供参考和借鉴。

图 7-6　川西若尔盖学生宿舍项目鸟瞰

川西若尔盖学生宿舍项目介绍见数字资源 7.3。

7.2.2 低碳构造设计

数字资源 7.3
川西若尔盖学生宿舍
项目介绍

本项目低碳构造设计主要体现在两个方面。一方面，北侧围护结构保温，外墙采用夹芯保温的方式，内外页墙体间设置拉结，夹芯墙内铺设 80mm 厚现场发泡聚氨酯保温层；在走廊内墙处增设保温层。另一方面，屋顶和南墙的被动式太阳能利用。屋顶上设置可开启天窗，进行直接受益式太阳能利用；南墙使用蓄热墙式太阳能利用，最外层为单层玻璃幕墙，幕墙内是双层中空可开启玻璃窗和涂刷了深色氟碳漆保温的集热蓄热墙体，两者之间形成 50mm 空气层进行保温（图 7-7）。

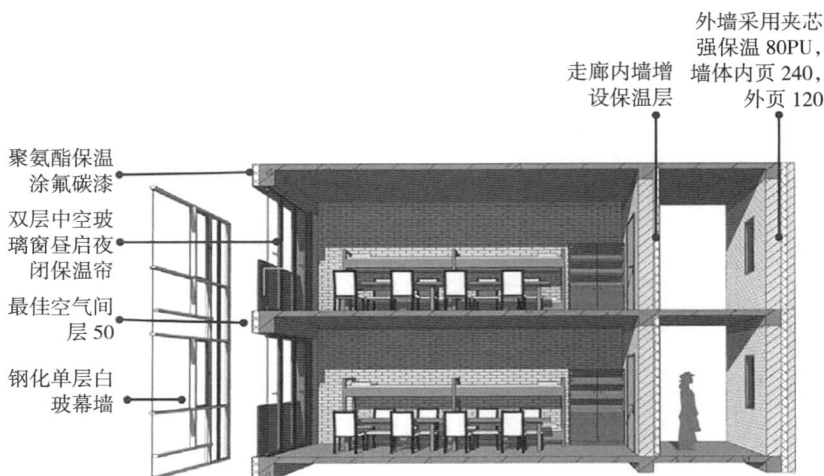

图 7-7　墙身保温大样图

（图中标注文字）
外墙采用夹芯强保温 80PU，墙体内页 240，外页 120
走廊内墙增设保温层
聚氨酯保温涂氟碳漆
双层中空玻璃窗昼启夜闭保温帘
最佳空气间层 50
钢化单层白玻幕墙

1. 围护结构保温构造

1）北侧墙体

若尔盖地区常年寒冷，因此在进行建筑围护结构设计时，需要考虑保温的问题。宿舍楼使用传统的砖混结构体系，提供抗震性能的同时，提高建筑蓄热能力。宿舍楼北侧区域为直跑楼梯和储藏间等辅助功能区。外墙采用双层砖砌墙夹芯保温的保温方式。内层为 240mm 厚页岩实心砖墙、外层为120mm 厚砖墙，中间保温层为 100mm 厚聚氨酯。再用乳白色外墙涂料做饰面层。（数字资源 7.4）。

2）北侧屋面

北侧部分屋面围合主要使用功能，为减少热损失和防止室内结露，需要做好保温的措施。屋面为倒置式保温屋面构造，具体构造做法是，先在钢筋混凝土面板上刷纯水泥浆结合层 1 道，再铺设 10mm 厚水泥砂浆做找平层；接着用 1.5mm 厚聚氨酯涂膜做防水层，其上用 80mm 厚聚氨酯发泡做保温层，再用 30mm 厚细石混凝土整浇，并添加 5% 防水剂；最后钉粘沥青瓦，叠合顺主导风向自下向上粘贴。

3）架空楼板

该项目北侧部分空间楼板底下属于室外环境，因此使用架空楼板的保温方法。架空楼板的构造做法是，将钢筋混凝土楼梯板与北侧外墙和走廊内墙搭接在一起，下方留出一定高度的间隙，在下层现浇钢筋混凝土结构层下方

打塑料螺栓，并铺设 80mm 厚聚氨酯发泡保温层，在楼板下方的空隙中保持相对稳定的温度，有效降低建筑物的热传导率和能耗；保温层下铺设 3mm 厚耐碱腻子，压入两层玻纤网格布，抹平压实，最后刷外墙乳白色涂料两道。

4）地面与台阶

首层地面是建筑和土壤直接接触的部分，热量容易通过墙体附近的室内地面流失，因此外墙周边地面需加强保温处理。且首层地面容易受潮和地下水的侵蚀，因此还需加强地面防潮和防水的处理。

地面保温构造做法是素土夯实层上铺设结构层。结构层上方铺设 100mm 厚聚氨酯用于地下保温，为防止保温层受潮，在其下方铺设 1 : 2.5 水泥砂浆，掺 5% 防水剂做防潮层，并于防潮层与保温层之间铺设防水层。保温层上方铺设 60mm 厚面层，延伸至外墙保温层上方。

台阶构造做法可以分为平台和踏步两部分。平台处是将原土回填夯实再铺设 250mm 厚碎砖石或沙加卵石垫层夯实，在其上铺设 30mm 厚夯实粗砂垫层，最后铺设 60mm 厚实心砖立铺挤紧码放，并用细砂扫缝。踏步处是在 60mm 厚素混凝土垫层上方铺设由 1 : 1.5M10 混合砂浆砌筑的 60mm 厚实心砖块，最上层砖块厚度为 240mm（图 7-8）。

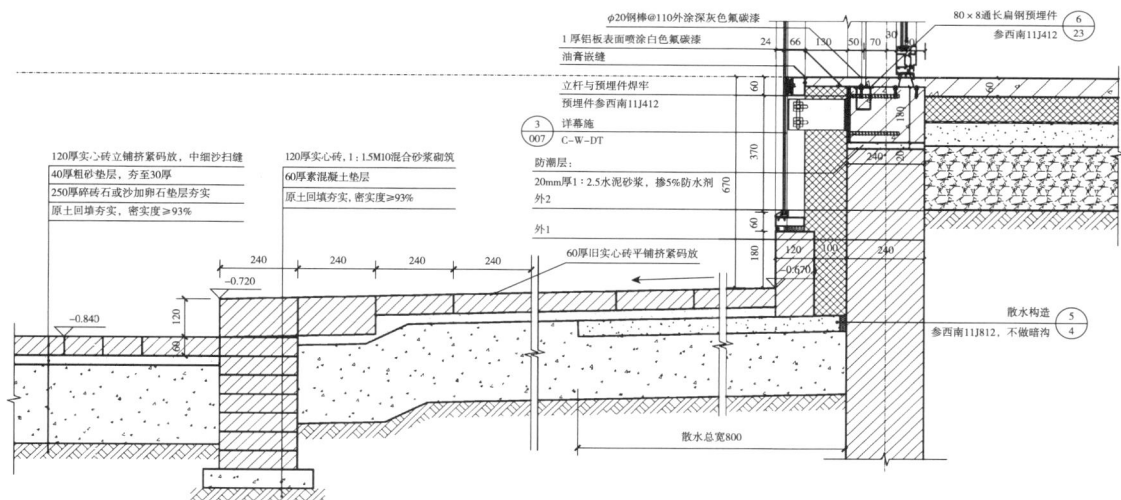

图 7-8 地面与台阶

2. 被动式太阳能利用构造

1）直接受益式屋面

若尔盖地区属全国太阳高辐射区，太阳能资源丰富，且位于严寒地区具有冬季供暖需求。该项目屋顶阁楼为昼间活动空间，在其南侧屋面上设置可开启天窗，冬季白天进行直接受益式太阳能利用，在夜间可以起到缓冲室外气候对顶层宿舍影响的保温作用。与此同时，在夏季太阳辐射强烈时，可开启天窗进行降温。

天窗固定在南向坡屋顶结构层，其底部设置檐沟排水。檐沟构造做法是，在钢筋混凝土结构层上用10mm厚1∶3水泥砂浆做找平层，再用1.5mm厚聚氨酯涂膜做两道防水层，并延伸至屋面，其上铺设3mm厚耐碱水泥腻子，压入玻纤网格布，最后使用10mm厚1∶2水泥砂浆掺水重5%防水剂做保护层（图7-9a）。

天窗上部屋面和北向坡屋面未开设天窗且不进行保温处理。具体构造做法是，在钢筋混凝土结构层上做1道结合层和15mm厚1∶3水泥砂浆找平层，其上铺1.5mm厚聚氨酯涂膜防水层；然后铺设加5%防水剂的30mm厚C20细石混凝土整浇层，内配钢筋与墙体、地面整浇层钢筋铆接或焊接；最后钉粘沥青瓦叠合贴合主导风向自下而上粘贴。屋脊两侧大于等于150mm需多设1道防水层，同时青瓦面层上多加1mm厚镀锌钢板（图7-9b）。

2）直接受益式窗户

阁楼楼顶活动室除了开设天窗，还在南向墙体上设置了可开启的窗户，进行直接受益式太阳能利用。窗户构造做法是，在南侧夹芯保温围护墙体上用水泥钉锚固1mm厚、120mm宽镀锌钢板进行隔热，其上现浇60mm厚混凝土带做窗台，窗框通过膨胀螺栓锚固在现浇混凝土带内设钢筋上。窗框与窗台接缝处使用耐候密封胶进行密封处理，防止窗框四周形成冷热交换区产生结露（数字资源7.5）。

3）集热蓄热墙体

集热蓄热墙是被动式太阳能利用的一种方式，相比于直接受益式来说，它的最大特点是可将热量保存，于夜间进行使用。建筑南向墙体为集热蓄热墙，由外侧窗、空气夹层和内侧窗墙结构三部分组成。利用阳光照射到外面有玻璃罩的深色蓄热墙体上，加热透明玻璃和厚墙外表面之间的夹层空气，通过热压作用使空气流

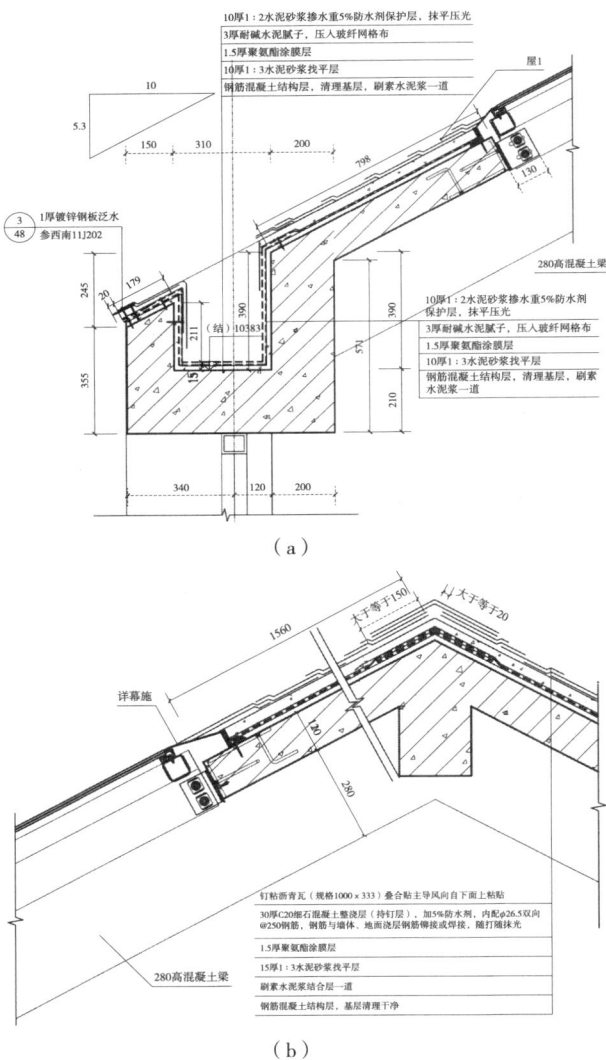

图7-9 南侧屋面构造
（a）屋檐节点；（b）屋脊节点

入室内，向室内供热，同时墙体本身直接通过热传导向室内放热并储存部分能量，夜间墙体储存的能量释放到室内。

该项目南墙最外层采用钢化单层白玻璃幕墙作为第一层集热构件，最大限度让太阳辐射热量进入室内。内侧窗户采用 1500mm 宽，双层中空玻璃保温节能落地窗，夜间关闭，昼间开启；内侧墙体采用在 240mm 页岩实心砖墙上铺设 80mm 厚喷涂聚氨酯保温层，外侧涂刷深色氟碳漆的构造做法，墙体外表面为深色，利于集热。外侧窗与内侧窗墙结构之间形成 50mm 厚空气夹层作为集热腔，使集热与换热效率最高（图 7-10）。

（a）

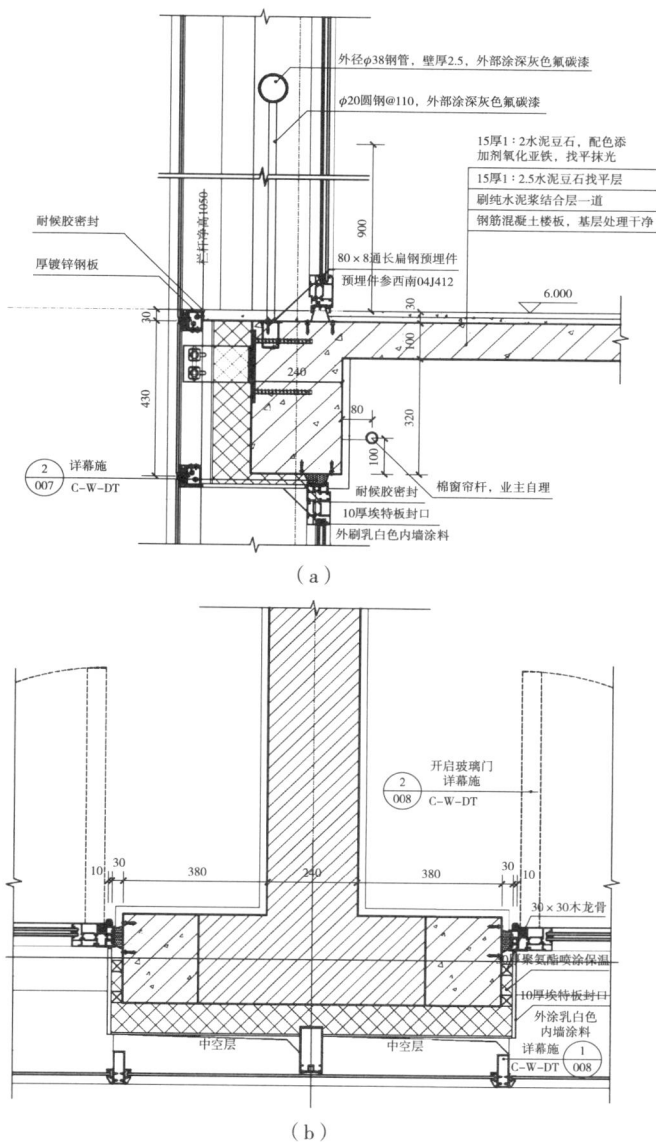

（b）

图 7-10 南侧墙体构造
（a）剖视图；（b）俯视图

285

7.3.1 项目概况

西安沣西新城绿色零碳游泳中心项目，由中联西北工程设计研究院有限公司华盛建筑设计研究院设计完成，于2022年6月建成，获2021年中国建筑节能协会颁发的"近零能耗建筑"证书，这也是全国首个AAA级装配式近零能耗游泳馆。

该项目位于陕西省西安市西咸新区沣西新城，既作为沣西中小学的配套教学用房使用，又与相邻风雨操场体育馆一起提供运动健康等课程，同时也可在空闲时间面向社会开放，成为大众游泳健身场所。

该项目规划用地面积为21150.1m²，建筑基底面积为6476.9m²，总建筑面积为10610.01m²。游泳馆由泳池区和辅助区两部分组成，3600m²的通高泳池区，由50m标准长池（池深1.4~1.8m）、25m标准短池（池深1.1~1.3m）、儿童戏水池（池深0.6m）、热水池（池深0.6m）组成，辅助区设局部二层，其中一层为泳池配套的淋浴、更衣等辅助空间。其中男更衣柜600个，女更衣柜400个；二层为2700m²健身中心。项目设1400m²地下室，主要功能为设备层（图7-11）。

西安沣西新城绿色零碳游泳中心低碳设计策略详见数字资源7.6。

数字资源7.6
西安沣西新城绿色零碳游泳中心低碳设计策略

图7-11 西安沣西新城绿色零碳游泳中心

7.3.2 低碳构造设计

1. 围护结构保温构造

本项目采用装配式的钢结构，是建筑结构系统由钢（构）件构成的装配式建筑。钢结构属于柔性结构，自重较轻，因此建筑物承受的地震力较小，

有更好的抗震性能。装配式钢结构将钢板或型钢在专业工厂加工制作成构件，制作精度高，周期短。安装时采用大量螺栓连接，缩短工期，且易于拆卸方便回收利用。此外，钢结构梁柱截面更小可获得更多使用面积。

装配式钢结构建筑因钢构件数量多、种类庞杂、交接节点复杂，所以极易出现热桥，因此本项目采用蜂窝保温板的外保温构造，由专业厂商制作安装。具体做法是在 200mm×150mm 的钢檩条上固定 100mm×100mm Q235 的方钢管，其上再垂直固定 50mm×50mm Q235 方钢管，形成钢骨架，接着在骨架外部伸出 U 形铝合金角码，用于固定安装保温材料，保温材料与固定角码之间设置断热桥铝合金收边型材，阻隔金属板与保温材料之间的热量传递，达到较高的保温节能效果（见数字资源 7.7）。

为了增强结构的密闭性，在角码外部设置软硬共挤防水胶条，内部设置了泡沫轴及硅酮耐候密封胶，增强气密性，防止冷空气渗透。在保温层的外表面设置 1.0mm 厚 3005 铝合金面板作为涂料层，对保温材料进行防水保护。

2. 被动式太阳能利用构造

在冬季充分利用阳光房的集热效应，借助泳池区域南侧幕墙及斜屋面天窗采光体系进行集热。阳光透过玻璃幕墙及天窗照射在泳池内八条泳道上，加热泳池水，同时水池又具有良好的蓄热能力，夜间泳池水所储存的热量释放到室内，加热水池上方空间的空气，通过热压作用使热空气流入室内，向室内供热，使室内冬季夜晚温度不至于过低。最大限度地让太阳辐射得热被泳池空间和泳池水储存，大幅度提升游泳馆的室内环境温度和舒适度，降低供暖系统能耗需求。

建筑屋面采用有组织排水，从雨水管收集的雨水可进行回收利用。在屋顶设天沟内排水收集屋面雨水，天沟内排水结构在保温层上设雨水斗，底座与天沟氩弧焊连接，并用密封膏密封，雨水管穿过 140mm 厚硬质憎水岩棉板，雨水管道长包 60mm 厚橡塑。此外，由于泳池内湿度较大，产生的冷凝水极易对钢结构产生影响，本项目在钢梁上增设与成品天窗等长的冷凝水槽，利用斜屋面有组织收集建筑内少量湿气所产生的结露水（图 7-12）。

借助游泳馆宽大平直的屋面，采用 BIPV 形式打造太阳能光伏发电系统，将太阳能发电（光伏）产品集成到建筑上。大面积铺设光伏板，节约了传统能源消耗量，大幅度减少了建筑运行产生的碳排放。

光伏板范围内的屋面仍然进行外保温处理，基层为 0.5mm 厚穿孔压型钢板，穿插 200mm×150mm 钢檩条形成屋面板，在保温层与屋面板之间设置 100mm×100mm Q235 方钢管作为骨架，接着用螺栓固定 300mm×300mm 的防腐木块作为光伏板基础，螺栓锚固处用密封膏密封，并放置高强度聚氨酯隔热垫块，最后用附加防水层将防腐木块与保温层包裹，以这样的形式可使

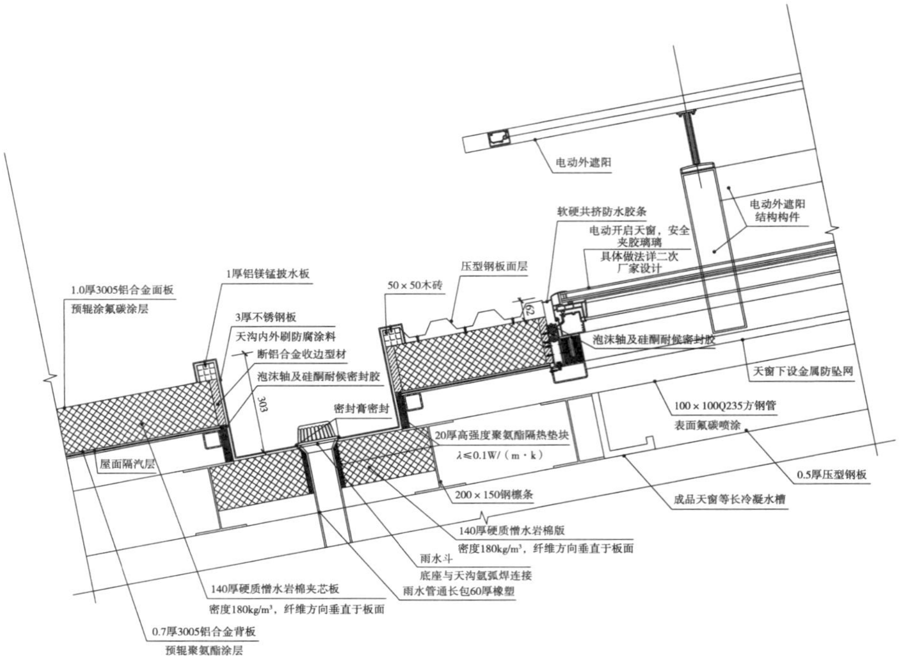

图 7-12 天窗构造

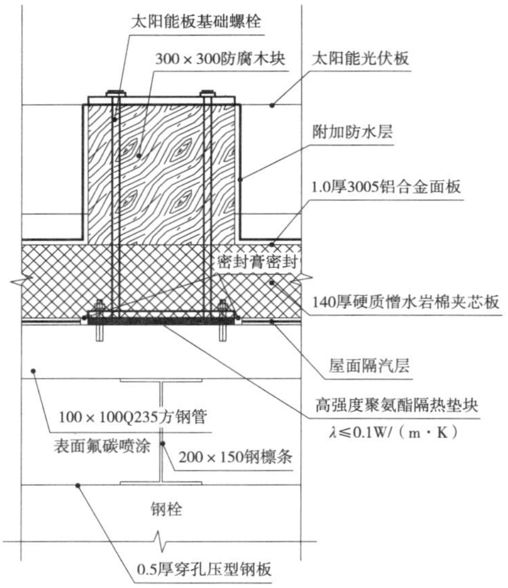

图 7-13 屋面太阳能光伏板基础节点

基础与屋面主体连接牢固，降低了变形的可能和对屋面防水、保温层构造的影响（图 7-13）。

3. 遮阳与通风构造

1）电动外遮阳系统

本项目在泳池屋顶天窗和南向玻璃幕墙外侧均设置电动外遮阳系统，夏季外遮阳构件，有效阻隔太阳热辐射，减少了外窗辐射得热，从而降低室内的空调冷负荷，提高室内的热舒适度。此外，避免强烈的阳光直射室内，造成眩光引起人体视觉不适。

外遮阳构造结合建筑钢结构明框玻璃幕墙进行设置。以断面为 100mm×100mm Q235 方钢管为框架，玻璃面板周边均嵌入型材的凹槽内。其特点在于钢结构本身兼有骨架结构和固定玻璃的双重作用。电动外遮阳构造穿过玻璃面板，嵌入式安装在玻璃幕墙中，与整面玻璃幕墙连在一起，与主体建筑结构可靠连接，提高外遮阳系统的稳定性（图 7-14）。

2）可开启电动窗系统

建筑南侧玻璃幕墙、二层北侧高窗及屋面天窗均采用可开启电动窗系统，强化自然通风，巧妙解决游泳馆面临的除湿、除热等能耗痛点。夏季打开电动外遮

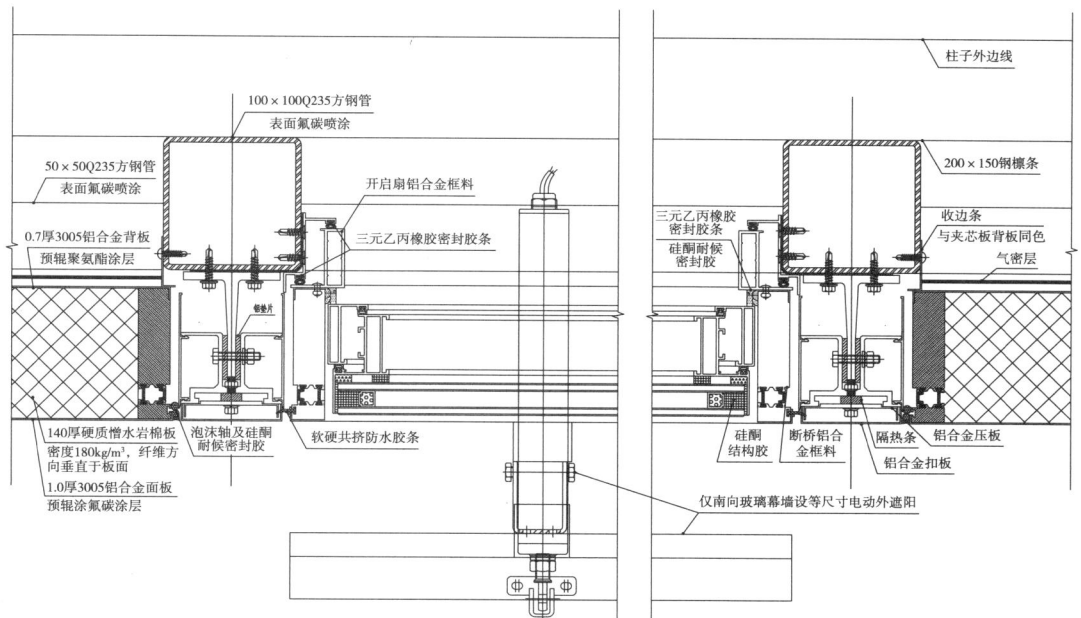

50×50Q235方钢管
表面氟碳喷涂

0.7厚3005铝合金背板
预辊聚氨酯涂层

100×100Q235方钢管
表面氟碳喷涂

开启扇铝合金框料

三元乙丙橡胶密封胶条

铝垫片

140厚硬质憎水岩棉板
密度180kg/m³，纤维方
向垂直于板面

1.0厚3005铝合金面板
预辊涂氟碳涂层

泡沫轴及硅酮
耐候密封胶

软硬共挤防水胶条

柱子外边线

200×150钢檩条

三元乙丙橡胶
密封胶条

硅酮耐候
密封胶

收边条
与夹芯板背板同色

气密层

硅酮
结构胶

断桥铝合
金框料

隔热条

铝合金压板

铝合金扣板

仅南向玻璃幕墙设等尺寸电动外遮阳

图 7-14 外墙及玻璃幕墙平面节点

阳系统，减少太阳辐射进入室内，降低室内温度。并将开启窗全部打开，与室外空间形成对流，带走室内湿气，加速人体皮肤表面水分蒸发，提高人体舒适度。

屋面天窗采用电动开启下悬窗，将合页（铰链）装于窗下侧，下悬窗开启朝向室内，在通风效果上更有优势，且不会因外力作用导致锁扣变形相对更安全；南侧玻璃幕墙及二层北侧高窗均采用上悬窗，可开启70°，上悬窗是将合页（铰链）装于窗扇上侧，向室外方向开启，雨水不易进入室内，防雨性较好，开启后即使下雨也可不用关窗，保证室内自然通风。可开启电动窗细部构造如图 7-15 所示。

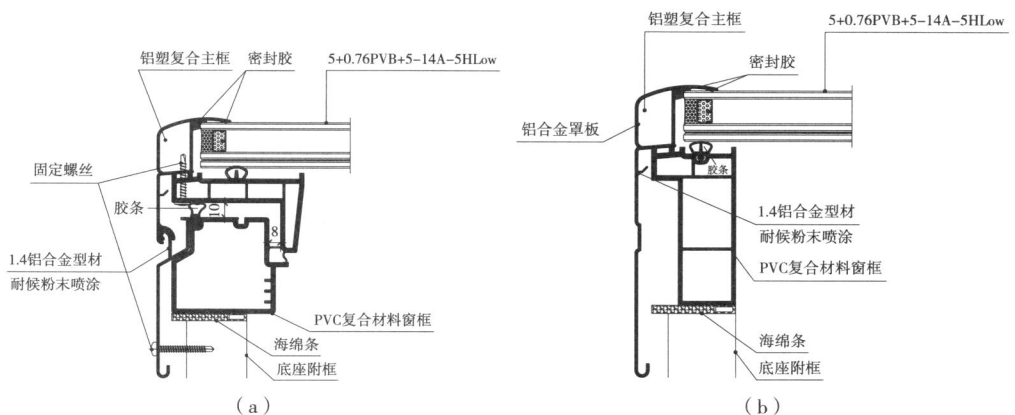

铝塑复合主框
密封胶
5+0.76PVB+5-14A-5HLow

固定螺丝
胶条
1.4铝合金型材
耐候粉末喷涂
PVC复合材料窗框
海绵条
底座附框

（a）

铝塑复合主框
5+0.76PVB+5-14A-5HLow
密封胶
铝合金罩板
胶条
1.4铝合金型材
耐候粉末喷涂
PVC复合材料窗框
海绵条
底座附框

（b）

图 7-15 可开启电动窗窗框节点
（a）开启部位窗框节点；（b）固定部位窗框节点

7.4.1 项目概况

山东建筑大学教学实验综合楼是国内首栋钢结构装配式超低能耗建筑，也是住房和城乡建设部国际科技合作项与第一批山东省被动式超低能耗绿色建筑示范工程项目。除在严格执行《德国被动房认证标准》的基础上，还通过装配式超低能耗建筑研究与创新实验平台开发，对国内既有装配式技术与建筑节能技术进行了改造与再升级。2017 年 3 月 30 日，通过德国能源署、住房和城乡建设部科技与产业化发展中心专家组现场检验顺利验收。该项目从节流、开源、产业化等方面入手，开展针对被动式超低能耗绿色建筑的钢结构装配式技术体系、被动式技术体系、室内舒适性控制技术以及可再生能源应用关键技术的研究与开发，为研究寒冷地区装配式超低能耗建筑适宜技术提供了科学依据和数据支持。

山东建筑大学教学实验综合楼项目位于山东建筑大学新校区内图书信息楼南侧，总建筑面积 9696.7m²。为多层公共建筑，地上 6 层，其中一层、二层主要是实验室，三~六层主要是研究室（图 7-16）。该项目预制装配率达 90%，采用钢框架结构外挂蒸压加气混凝土墙板的整体装配式形式，遵循被动式超低能耗建筑的基本原则，采用了高隔热保温的围护结构体系、无热桥处理技术、高气密处理技术、高效新风热回收系统、室内舒适性控制技术、温湿度独立控制技术等关键技术。

山东建筑大学教学实验综合楼低碳设计策略见数字资源 7.8。

数字资源 7.8
山东建筑大学教学实验
综合楼低碳设计策略

图 7-16 山东建筑大学教学实验综合楼建成照片

7.4.2 低碳构造设计

1. 高保温隔热性能外围护结构

项目外墙采用导热系数较小 [λ=0.16W/（m·K）] 的蒸压加气混凝土

外墙板作为主体，并采用 200mm 石墨聚苯板 [$λ$=0.032W/（m·K）] 作为外墙外保温材料，墙体整体传热系数 [K=0.14W/（m²·K）]。建筑屋顶找坡材料采用导热系数较小 [$λ$=0.07W/（m·K）] 的水泥憎水型珍珠岩，并采用 220mm 厚挤塑聚苯板 [$λ$=0.03W/（m·K）] 作为屋面保温材料，屋顶整体传热系数 0.14W/（m²·K）（数字资源 7.9）。

透明外门窗采用被动式节能窗，塑料窗框（外加铝合金扣板），配置双银 Low-E 三层中空玻璃，中空玻璃采用暖边间隔条密封，间层填充惰性气体氩气，传热系数 1.0W/（m²·K），太阳得热系数 0.32。天窗部分采用威卢克斯中悬木质天窗，传热系数 0.90W/（m²·K），太阳得热系数 0.42W/（m²·K）。

2. 气密层构造设计

针对外门窗洞口处的气密性构造做法为，将防水透气膜粘贴于室外窗框处，防水隔气膜粘贴于室内窗框处，将缓慢回弹高压缩率海绵胶条贴于窗框和洞口间。门窗框与洞口连接固定时，需采用隔热断桥处理的橡胶垫片，将外保温层全包裹窗框。室内外两侧均需要进行连续性抹灰处理。然后，用粘结胶粘贴海吉布，再抹腻子两道。（图 7-17）

针对预留洞口与管道间处，预留管道洞口缝隙用防火岩棉填充，然后，在洞口上下两端分别粘贴密封胶带，再用混合砂浆抹平洞口上下两端，并在室内外两侧均用连续性抹灰处理（图 7-18）。

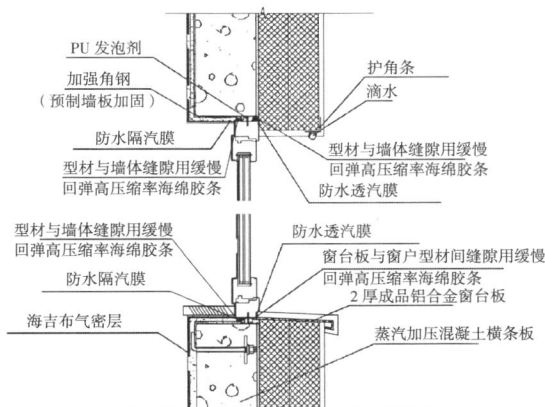

图 7-17 外窗洞口处气密性构造做法详图

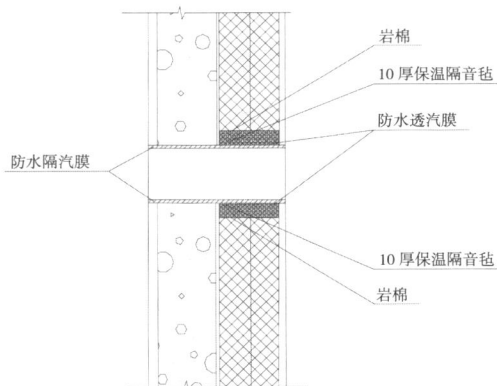

图 7-18 穿墙管道处气密性构造做法详图

针对室外预制墙板与楼板连接处的线性缝隙构造设计，在缝隙外侧的上下端口处，填充 ALC 专用密封胶，粘贴 50mm 厚的聚苯板。在聚苯板上下两端分别塞入缓慢回弹高压缩率海绵胶条，用密封胶将上下缝隙口抹平，再涂抹耐候防水密封胶和用混合砂浆抹平；室内侧气密性做法室内侧用密封胶填实缝隙口，粘贴海吉布气密层，并使其延伸底层楼板 300mm 处（图 7-19）。

针对外挑阳台与建筑主体连接处，该节点有两部分需要做气密性处理，一处为门洞口与阳台板连接处（可参考门窗洞口气密性做法），另一处为阳台板与结构连接处。室外侧先用 ALC 专用密封胶填充空隙，然后放入断热高压缩缓慢回弹胶条，再用密封胶抹缝，然后，涂抹耐候防水密封胶（图 7-20）。

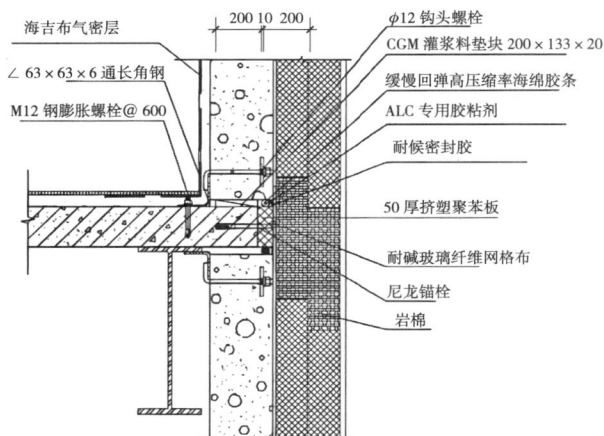

图 7-19　室外墙板与楼板连接处气密性做法

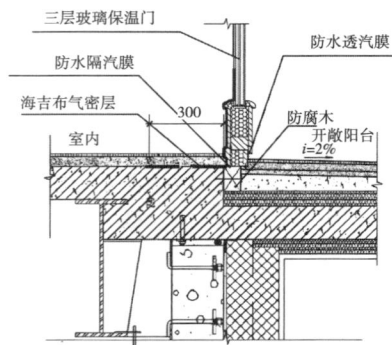

图 7-20　挑阳台与结构连接处气密性做法

针对预制墙板与钢结构连接处，板与钢结构间缝隙用 ALC 专用胶粘剂，然后，塞入缓慢回弹高压缩率海绵胶条，在缝隙口外侧，涂抹耐候防水密封胶，抹灰处理；室内侧，用防火石膏板包裹工字钢，用混合砂浆打底，粘贴海吉布气密层，再用粘结胶涂抹海吉布面层（图 7-21）。

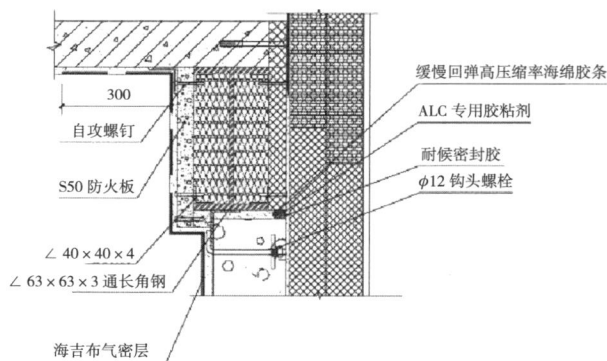

图 7-21　室外墙板与钢结构连接处气密性做法

经过以上气密性构造设计，在竣工验收阶段通过鼓风门气密性测试系统进行测试，得到检测结果为，负压状态下为 0.39 次 /h，正压状态下为

0.42 次 /h。因此，该建筑完全符合德国被动房气密性（$N_{50} \leqslant 0.6$ 次 /h）的标准。在高性能保温围护结构及高气密性构造设计的前提下，为该建筑实现低碳目标建立了关键基础前提。通过对本项目进行分析，夏季冷需求为 24.2kWh/m^2，小于标准值规定的 25kWh/m^2，冬季热需求为 4.17kWh/m^2 远远低于标准值规定的 15kWh/m^2，显著降低了建筑冷热负荷需求。将项目的最终冷热需求转换为能耗后，通过与《民用建筑能耗标准》GB/T 51161—2016 规定约束值相比，项目每年可节约非供暖用电 203622.3kWh，节约供暖用煤 58.9tce，节省能源费用支出 15.1 万元，减少二氧化碳排放 251.7t，建筑环境效益十分明显。

课后习题

1. 吐鲁番乡村生土住宅的低碳设计策略有哪些？
2. 川西若尔盖学生宿舍采用的低碳建筑构造措施有哪些？
3. 山东建筑大学教学实验综合楼的低碳构造措施有哪些？

本章参考文献

［1］ 清华大学建筑节能研究中心 . 中国建筑节能年度发展研究报告农村住宅专题 [M]. 北京：中国建筑工业出版社，2020.
［2］ 中华人民共和国住房和城乡建设部 . 民用建筑热工设计规范：GB 50176—2016[S]. 北京：中国建筑工业出版社，2016.
［3］ 靳冉，何文芳，杨柳 . 极端干热气候乡土建筑用能模式与能耗强度 [J]. 建筑节能，2023，51（7）：24–30.
［4］ 清华大学建筑技术科学系著中国气象局气象信息中心气象资料室 . 中国建筑热环境分析专用气象数据集 [M]. 北京：中国建筑工业出版社，2005.
［5］ Wenfang He，Zhenying Wu，Ran Jin，et al. Organization and evolution of climate responsive strategies, used in Turpan vernacular buildings in arid region of China[J]. Frontiers of Architectural Research，2023，12（3）：556–574.
［6］ Liu Yang，Rong Fu，Wenfang He，et al. Adaptive thermal comfort and climate responsive building design strategies in dry–hot and dry–cold areas——Case study in Turpan，China[J]. Energy & Buildings，2020，209（2）：109678.
［7］ 闻金石，郭佳，钟辉智 . 绿色实践中的 BIM 应用——以若尔盖暖巢项目为例 [J]. 建筑设计管理，2015（4）：64–67.
［8］ 高庆龙，钱方，戎向阳 . 建筑师实施的零碳建筑设计策略——四川若尔盖暖巢设计总结 [J]. 世界建筑，2021，6：14–17.
［9］ 中华人民共和国住房和城乡建设部，国家市场监督管理总局 . 近零能耗建筑技术标准：GB/T 51350—2019[S]. 北京：中国建筑工业出版社，2019.
［10］ 倪欣，王福松，刘涛 . 西北地区近零能耗建筑设计策略 [M]. 北京：中国建材工业出版社，2024.